a)

b)

c)

d)

e)

f)

图 1-23　变压器常见类型

g)

h)

i)

j)

k)

l)

图 1-23　变压器常见类型（续）

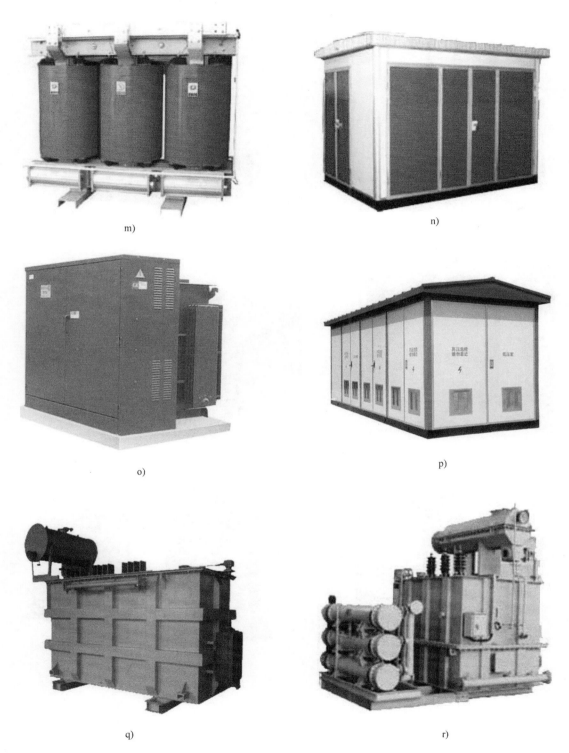

m)

n)

o)

p)

q)

r)

图 1-23 变压器常见类型（续）

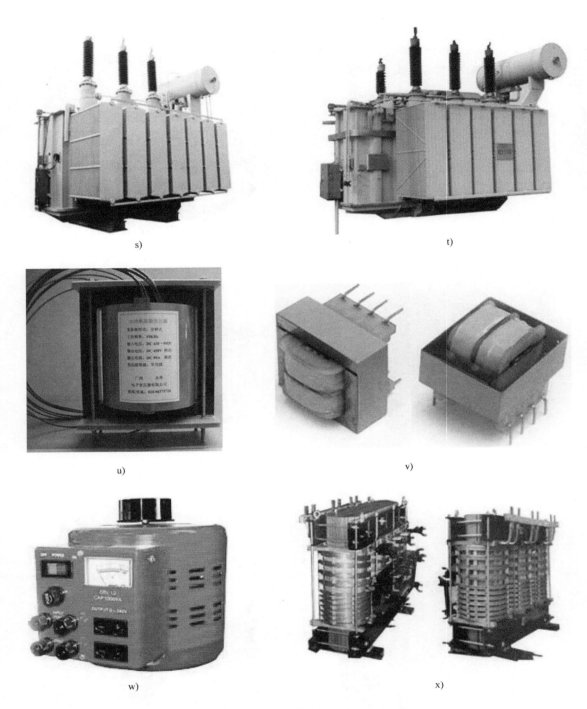

图 1-23　变压器常见类型（续）

"十四五"职业教育国家规划教材

 "十二五"职业教育国家规划教材

经全国职业教育教材审定委员会审定

高等职业教育机电类专业教学改革系列教材

高职高专水利水电类专业系列教材

电机及应用

第 3 版

主　编　李付亮　阮湘梅

副主编　杨豪虎　龙育才　何　瑛

参　编　张　旺　刘　茜　杨　明　李文进

主　审　郭稳涛

机 械 工 业 出 版 社

本书遵从高职教育的特点，注重专业技能的培养，以工作为导向，采用模块化编写方式，注重设备的选用、设备的运行管理、设备的控制（或试验）和设备的维护，以此培养学生的工作意识。

全书分 4 个模块，共 15 个学习情境，主要内容包括变压器的选用、运行管理、试验和维护；三相异步电动机的选用、运行管理、控制和维护；直流电机的选用、运行管理、控制和维护；同步电机的选用、运行管理和同步发电机的维护。

本书可作为高职高专院校水利水电类、机电类等相关专业的教学用书，也可供水电站、电力网相关专业工程技术人员参考。

为方便教学，本书配有完善的数字化在线开放学习资源，读者可登录课程网站（http://www.xueyinonline.com/detail/88865645）学习。本书还配有电子课件、电子教案、教学计划、教学动画与视频、习题、测试题、拓展学习资料等，凡使用本书作为授课教材的教师可登录机械工业出版社教育服务网（www.cmpedu.com）下载。咨询电话：010-88379375。

图书在版编目（CIP）数据

电机及应用/李付亮，阮湘梅主编 . —3 版 . —北京：机械工业出版社，2019.9（2024.7 重印）

"十二五"职业教育国家规划教材　经全国职业教育教材审定委员会审定

ISBN 978-7-111-63885-8

Ⅰ. ①电…　Ⅱ. ①李…　②阮…　Ⅲ. ①电机学-高等职业教育-教材　Ⅳ. ①TM3

中国版本图书馆 CIP 数据核字（2019）第 214548 号

机械工业出版社（北京市百万庄大街 22 号　邮政编码 100037）
策划编辑：高亚云　责任编辑：高亚云　王宗锋
责任校对：张　征　封面设计：鞠　杨
责任印制：常天培
北京机工印刷厂有限公司印刷
2024 年 7 月第 3 版第 12 次印刷
184mm×260mm · 20.75 印张 · 2 插页 · 516 千字
标准书号：ISBN 978-7-111-63885-8
定价：48.00 元

电话服务　　　　　　　　　　网络服务
客服电话：010-88361066　　　机 工 官 网：www.cmpbook.com
　　　　　010-88379833　　　机 工 官 博：weibo.com/cmp1952
　　　　　010-68326294　　　金 书 网：www.golden-book.com
封底无防伪标均为盗版　　机工教育服务网：www.cmpedu.com

关于"十四五"职业教育
国家规划教材的出版说明

为贯彻落实《中共中央关于认真学习宣传贯彻党的二十大精神的决定》《习近平新时代中国特色社会主义思想进课程教材指南》《职业院校教材管理办法》等文件精神，机械工业出版社与教材编写团队一道，认真执行思政内容进教材、进课堂、进头脑要求，尊重教育规律，遵循学科特点，对教材内容进行了更新，着力落实以下要求：

1. 提升教材铸魂育人功能，培育、践行社会主义核心价值观，教育引导学生树立共产主义远大理想和中国特色社会主义共同理想，坚定"四个自信"，厚植爱国主义情怀，把爱国情、强国志、报国行自觉融入建设社会主义现代化强国、实现中华民族伟大复兴的奋斗之中。同时，弘扬中华优秀传统文化，深入开展宪法法治教育。

2. 注重科学思维方法训练和科学伦理教育，培养学生探索未知、追求真理、勇攀科学高峰的责任感和使命感；强化学生工程伦理教育，培养学生精益求精的大国工匠精神，激发学生科技报国的家国情怀和使命担当。加快构建中国特色哲学社会科学学科体系、学术体系、话语体系。帮助学生了解相关专业和行业领域的国家战略、法律法规和相关政策，引导学生深入社会实践、关注现实问题，培育学生经世济民、诚信服务、德法兼修的职业素养。

3. 教育引导学生深刻理解并自觉实践各行业的职业精神、职业规范，增强职业责任感，培养遵纪守法、爱岗敬业、无私奉献、诚实守信、公道办事、开拓创新的职业品格和行为习惯。

在此基础上，及时更新教材知识内容，体现产业发展的新技术、新工艺、新规范、新标准。加强教材数字化建设，丰富配套资源，形成可听、可视、可练、可互动的融媒体教材。

教材建设需要各方的共同努力，也欢迎相关教材使用院校的师生及时反馈意见和建议，我们将认真组织力量进行研究，在后续重印及再版时吸纳改进，不断推动高质量教材出版。

机械工业出版社

第 3 版前言

本书是"十二五"职业教育国家规划教材修订版，自 2015 年第 2 版出版以来，作为水利水电类、机电类专业"电机应用技术"课程教材，以其鲜明的职业教育特色、科学合理的内容，得到了许多高职院校同行的认可。

为落实《国家职业教育改革实施方案》对于教材改革的要求，在第 2 版基础上，收集使用反馈情况，并根据行业产业发展情况，依据高等职业院校水利水电类专业人才培养方案及课程教学标准中对本课程的要求，紧跟产业发展趋势和行业人才需求的最新变化，结合最新专业建设和教学改革需要，在保留原教材主体内容与特色的基础上，修订新版。

相较于前版，本次修订主要进行了以下创新：

（1）坚持全面育人理念。教材深入挖掘电机应用技术课程的育人元素，以工作能力培养为抓手，实现知识掌握、专业能力、方法能力以及社会能力四位一体的塑造，如制造强国战略、质量强国战略、绿色低碳理念、工匠精神、劳模精神、安全用电意识、团队协作能力、沟通表达能力，隐性融入知识讲解中，实现报国、成才相统一。

（2）以培养生产一线的高素质技术技能型人才为目标，强化行业特点，依据岗位需求组织教学内容。以学习领域为载体、职业实践为主线，遵循职业教育规律和技能人才成长规律，科学设置 15 个学习情境，通过"学习目标→基础理论→技能培养"阶梯性强化学生职业素养的养成和专业知识的积累。技能评价与实训不仅覆盖了知识要点，还包括了设备操作、安全文明生产、操作规范、自我评价等综合素质养成方面的要求，推动教材与职业标准、岗位素质、工作规范的全面对接。

（3）突出领域先进技术。教材服务于水利水电行业、先进制造行业，本着"必需、实用、够用"的原则，精选教学内容，突出体现电机领域高端装备、新材料、人工智能与新技术，实现与企业需求"零代沟"。

（4）课程建设与教材编写融合推进，信息化资源丰富。响应教育数字化，加强数字化资源建设。本书配有完善的数字化在线开放学习资源，如课程标准、电子教案、授课计划、精选教材文本、电子课件、教学视频、自学指导、考试资料、教学成效等拓展资源，读者可在"学银在线"免费获取（http：//www. xueyinonline. com/detail/88865645），激发学习兴趣，掌握完整的课程知识体系，也可服务于技能培训人员需要。

本次修订由李付亮、阮湘梅任主编；杨豪虎、龙育才、何瑛任副主编；张旺、刘茜、杨明、李文进参与编写。全书由李付亮、阮湘梅统稿。郭稳涛任本书主审，他对本书的编写提出了许多宝贵的意见和建议，在此表示真诚的谢意。

由于编者水平有限，书中错误及疏漏之处在所难免，欢迎相关使用院校的师生反馈教材使用意见和建议，我们将认真组织力量进行研究，在后续重印及再版时吸收改进。

编者

第 2 版前言

第 1 版教材投入使用以来，全国有多所职业院校选择使用，也得到了各个使用学校师生的好评。但是，随着专业建设和课程改革的深入，以及高职生源情况和人才培养模式的变化，发现第 1 版的教材不能完全满足目前的教学需要，主要体现在：教材中有很大一部分内容还是强调了学科的系统性，理论性较强，职业性、实践性有所欠缺，不能完全满足技术技能型人才的培养需要。同时，电机领域出现了新技术、新标准，也需要修订教材时进行吸纳，使之体现专业领域发展的新动态。因此，我们决定对第 1 版教材进行修订。

在本书的修订工作中，着重做了以下工作：

1. 进一步简化了内容的理论性。删除了一些繁琐的理论推导，如相量图的绘制过程、复杂的理论计算例题。增加了部分典型实践案例和大量的不同类型的电机图片，有利于训练学生的技能。

2. 丰富了技能实战题库。补充了大量的应知题目，有利于引导学生自学并检验学习成效，并用典型的实践问题细化了应会题目，使应知考核针对性更强。

3. 采用了双色印刷。对重点难点内容加以突出；使正文所述和图形中的点、线、面相对应，一目了然。

本书修订由湖南水利水电职业技术学院李付亮任主编，并修订了学习情境 1、学习情境 2、学习情境 3、学习情境 4；湖南水利水电职业技术学院阮湘梅任第 2 主编，参与修订了学习情境 13、学习情境 14、学习情境 15；益阳职业技术学院欧仕荣（副主编）参与修订了学习情境 9、学习情境 10、学习情境 11、学习情境 12；娄底职业技术学院祖国建（副主编）参与修订了学习情境 5、学习情境 6；湖南理工职业技术学院何瑛（副主编）、湖南五凌电力有限公司何峻（参编）参与修订了学习情境 7、学习情境 8。全书由李付亮统稿。

由于编写者水平有限，加上时间仓促，书中的错误及疏漏之处在所难免，欢迎广大读者批评指正。

编者

第1版前言

本书从高职教育的实际情况出发，注重学生能力培养。紧扣高职办学新理念，结合高职教学的基本要求，紧密结合工作实际，以常用电机为载体，突出学生在电机的选用、电机的运行管理、电机的控制（或试验）和电机的维护方面的技能训练。

本书在内容选取及安排上具有以下特点：

1. 通过校企合作，对相关职业岗位进行调研后，归纳出了从事实际电机工作的 4 个不同岗位，依据工作要求进行了教学内容的选取。

2. 为方便学生自主学习，每个学习情境开始都提出了学习目标，包括知识目标、专业能力目标、方法能力目标和社会能力目标。

3. 为进一步突出技能培养目标，每个学习情境的内容先安排理论基础，后安排技能培养，并给出了较为详细技能培养评价指标。

4. 本书采用国际通用的图形符号、名词与术语。

本书由湖南水利水电职业技术学院李付亮任第一主编，并编写了学习情境1、学习情境2、学习情境3、学习情境4；益阳职业技术学院欧仕荣任第二主编，编写了学习情境9、学习情境10、学习情境11；湖南水利水电职业技术学院阮湘梅任第一副主编，编写了学习情境13、学习情境14、学习情境15；娄底职业技术学院祖国建任第二副主编，编写了学习情境5、学习情境6；湖南理工职业技术学院何瑛任第三副主编，编写了学习情境7、学习情境8；湖南水利水电职业技术学院李文进、杨明编写了学习情境12。全书由李付亮统稿，由湖南机电职业技术学院庹朝永任主审。

在本教材的编写过程中，得到了长沙电机厂、长沙同庆电气信息有限公司等单位的大力支持，在此表示衷心的感谢！

由于编写者水平有限，加上时间仓促，书中的错误及疏漏之处在所难免，欢迎广大读者批评指正。

编者

目　　录

模块1 变 压 器

学习情境1 变压器的选用

1.1 学习目标

【知识目标】 掌握变压器的基本工作原理；熟悉变压器的分类方法；熟练掌握变压器各组成部分的名称和作用；熟练掌握变压器铭牌上各技术参数的内涵；了解三绕组变压器、自耦变压器、分裂变压器的结构、工作原理；熟练掌握选择变压器的方法。

【能力目标】 培养学生电气设备规程规范的使用能力；培养学生根据生产实际需要选择变压器的能力。

【素质目标】 培养自主学习的能力，激发学习兴趣；激发学生的爱国主义精神；夯实安全用电意识和节能环保意识。

1.2 基础理论

1.2.1 变压器的基本原理及分类

变压器是一种静止的电器，它的功能是将一种等级的电压和电流，转变成为同频率的另一种等级的电压和电流。用于在电力系统中传输和分配电能的变压器称为电力变压器。在电源端，电力变压器用于升高电压、减小电流，以降低输电线路上的电能损耗；在受电端，用于降低电压，以满足电气设备的用电要求。

中国变压器行业从 20 世纪 50 年代萌芽，当时所生产的变压器主要模仿苏联，没有自主研发变压器的能力。到了 20 世纪 90 年代初期，中国研发出了 S9 型配电变压器，与之前的变压器系列相比，损耗下降有了大幅度的改进。目前国内企业已经可以生产多种变压器，包括超高压变压器、换流变压器、全密封式变压器、环氧树脂干式变压器、卷铁心变压器、组合式变压器等。近年来，在电网改造、轨道交通系统提速升级、城市地铁、城际高铁等项目的带动下，我国变压器产业呈现高速发展的态势。目前我国变压器生产总量位居世界前列，不但满足中国市场的需求，并向几十个国家和地区出口。中国研发出的渐开线铁芯变压器和非晶合金铁芯变压器，单变容量可达到 1500MVA，电压等级最高可达 1100kV。一路筚路蓝缕，目前我国已经成为世界先进变压器制造国家。

1. 基本原理

变压器是利用电磁感应定律工作的。最简单的变压器是由两个绕组（又称线圈）、一个铁心组成的，如图 1-1a 所示。两个绕组套在同一铁心上。通常，一个绕组接电源，另一个绕组接负载。一般把前者叫作一次绕组（或一次侧）；把后者叫作二次绕组（或二次侧）。

当一次侧接上电压为 u_1 的交流电源时，一次绕组将流过交流电流，并在铁心中产生交变磁通 $\dot{\Phi}_m$，该磁通交链一、二次绕组，如图 1-1b 所示。根据电磁感应定律，$\dot{\Phi}_m$ 在一、二次绕组中产生的感应电动势分别为

$$e_1 = -N_1 \frac{\mathrm{d}\Phi}{\mathrm{d}t}$$

$$e_2 = -N_2 \frac{\mathrm{d}\Phi}{\mathrm{d}t}$$

式中　N_1——一次绕组匝数；

　　　N_2——二次绕组匝数。

$$\frac{e_1}{e_2} = \frac{N_1}{N_2} \tag{1-1}$$

由式（1-1）可知，一、二次绕组的匝数不等，是变压的关键；另外，还可以看出，此类变压器一、二次侧之间没有电的直接联系，只有磁的耦合，交链一、二次绕组的磁通起着联系一、二次侧的桥梁作用，而变压器一、二次侧的频率还是一样的。

如果二次侧接上负载，则在 e_2 的作用下将产生二次电流，并输出功率，说明变压器起了传递能量的作用。

后面将要讲到的各类变压器，尽管其用途和结构可能差异很大，但变压器的基本原理是一样的，且其核心部件都是绕组和铁心。

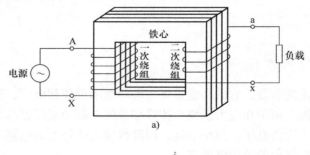

a)

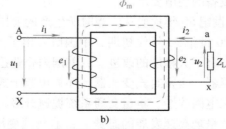

b)

图 1-1　变压器基本结构及原理示意图

a）变压器基本结构示意图　b）变压器基本原理示意图

2. 分类

为了适应不同的使用目的和工作条件，变压器有很多类型，下面择其主要的进行介绍。

按其用途不同，变压器可分为电力变压器（又可分为升压变压器、降压变压器、配电变压器等）、仪用变压器（电压互感器等）、试验变压器和整流变压器等。

按绕组数目可分为双绕组变压器、三绕组变压器及多绕组变压器。

按相数可分为单相变压器、三相变压器及多相变压器。

按调压方式可分为无励磁调压变压器、有载调压变压器。

按冷却方式不同可分为干式变压器、油浸式变压器、油浸风冷变压器、强迫油循环变压器和强迫油循环导向冷却变压器等。

1.2.2　变压器的基本结构

各类变压器的结构是很不相同的。这里以中型的油浸风冷变压器为例，扼要地介绍一下其主要部件。图 1-2 是变压器结构图，图 1-3 是变压器器身结构示意图。

变压器主要由以下几部分组成：

$$
变压器\begin{cases}
器身\begin{cases}铁心 \\ 绕组\end{cases} \\
绝缘套管 \\
引线装置（包括分接开关） \\
油箱（包括套管、阀门等） \\
保护装置（包括储油柜、吸湿器、安全气道、气体继电器、净油器、温度计等） \\
冷却装置
\end{cases}
$$

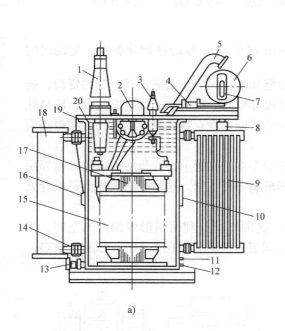

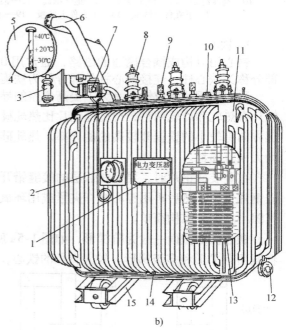

a)　　　　　　　　　　　　　　　　　b)

图 1-2　变压器结构

　　　　a）侧面　　　　　　　　　　　　　　　　b）正面

1—高压套管　2—分接开关　3—低压套管　4—气体继　　　1—铭牌　2—信号式温度计　3—吸湿器　4—油位表
电器　5—安全气道（防爆管）　6—储油柜　7—油位计　　　5—储油柜　6—安全气道　7—气体继电器　8—高压
8—吸湿器　9—散热器　10—铭牌　11—接地螺栓　　　　绝缘套管　9—低压绝缘套管　10—分接开关
12—油样活门　13—放油阀门　14—阀门　15—绕组　　　11—油箱　12—放油阀门　13—器身
（线圈）　16—信号式温度计　17—铁心　18—净油器　　　　14—接地　15—小车
19—油箱　20—变压器油

下面对变压器各部分逐一介绍。

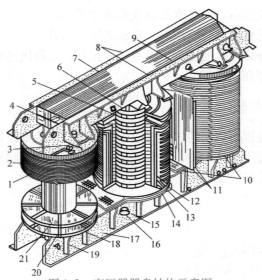

图 1-3　变压器器身结构示意图

1—压板　2—绝缘纸圈　3—压锭　4—方铁　5—低压绕组　6—角环　7—铁轭　8—上夹件　9—上夹件绝缘
10—高压绕组　11—相间隔板　12—绝缘纸筒　13—油隙撑条　14—铁心柱　15—下夹件腹板　16—铁轭螺杆
17—下夹件下肢板　18—下夹件上肢板　19—下夹件加强筋　20—平衡绝缘　21—下铁轭绝缘

1. 铁心

铁心用以构成耦合磁通的磁路，通常用 0.35mm 或 0.5mm 厚的硅钢片叠成。套绕组的部分称为铁心柱，连接铁心柱的部分称为铁轭。

采用硅钢片制成铁心是为了提高磁路的导磁性能和减小涡流、磁滞损耗，节约资源，硅钢片有热轧和冷轧两种，冷轧硅钢片比热轧硅钢片磁导率高、损耗小、具有方向性，即沿轧辗方向有较小的铁损和较高的磁导率。热轧硅钢片的两面都涂有绝缘漆，以防止片间短路而增大涡流损耗。

在叠装硅钢片时，要把相邻层的接缝错开，如图 1-4a、b 所示，即每层的接缝都被邻层硅钢片盖掉。然后再用穿心螺杆夹紧或用环氧树脂玻璃布带扎紧。这种叠法的优点是接缝处气隙小、夹紧结构简单。

铁心柱的截面一般为阶梯形，如图 1-5a 所示，这可以充分利用圆形线圈内的空间，铁轭截面有 T 形和多级梯形。较大直径的铁心，叠片间留有油道（见图 1-5b），以利于散热。

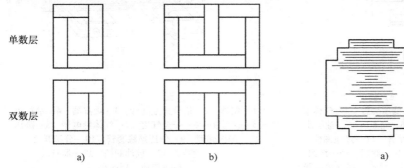

图 1-4　变压器铁心的交替装配

a）单相变压器　b）三相变压器

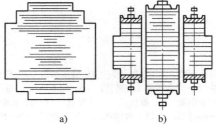

图 1-5　铁心柱截面

a）阶梯形截面　b）带油道

按照绕组套入铁心柱的形式，铁心又可分为心式结构和壳式结构两种，如图1-6、图1-7所示。

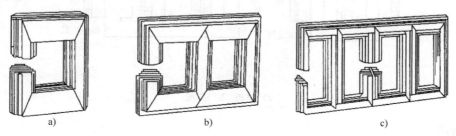

图1-6 心式变压器的铁心结构

a）单相双柱心式 b）三相三柱心式 c）三相五柱心式

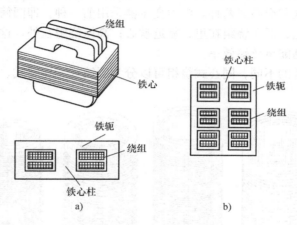

图1-7 壳式变压器的铁心和绕组

a）单相壳式变压器 b）三相壳式变压器

三相心式变压器铁心可有三柱式和五柱式两种，如图1-6b、c所示。

近代大容量变压器，由于受到安装场所空间高度和铁路运输条件的限制，必须降低铁心的高度，常采用五柱式铁心结构，如图1-6c所示。在中央三个铁心柱上套有三相绕组，左右两侧铁心柱为旁轭，旁轭上没有绕组，专门用来作导磁通路。经过计算，铁轭截面及高度与三相心式变压器比较，可减为原来的$1/\sqrt{3}$。

壳式变压器的铁心包围着变压器的上下和侧面，如图1-7所示。这种结构的变压器机械强度较好，铁心容易散热，但用铁量较多，制造也较为复杂，小型干式变压器多采用这种结构形式。

变压器在运行试验时，为了防止由于静电感应在铁心或其他金属构件上产生悬浮电位而造成对地放电，铁心及其构件（除穿心螺杆外）都应接地。

心式变压器的一次、二次绕组套装在铁心的同一个铁心柱上，如图1-8所示，这种结构比较简单，有较多的空间装设绝缘，装配容易，用铁量较少，适用于容量大、电压高的变压器，一般电力变压器均采用心式结构。

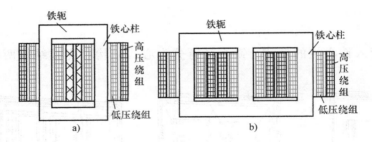

图 1-8　心式变压器的铁心和绕组

a）单相　b）三相

2. 绕组

绕组是变压器的电路部分，一般用有电缆纸绝缘的铜线或铝线绕成。为了使绕组便于制造和在电磁力作用下受力均匀以及有良好的机械性能，一般将绕组制成圆形。它们在心柱上的安排方法可有同心式和交叠式两种。电力变压器采用前一种，即圆筒形的高、低压绕组同心地套在同一铁心柱上，低压绕组在里，靠近铁心；高压绕组在外。这样放置有利于绕组对铁心的绝缘，还能提高能量传输效率。

根据绕组绕制方法的不同，同心式绕组可以分为圆筒式、连续式、纠结式和螺旋式等几种，如图 1-9 所示。

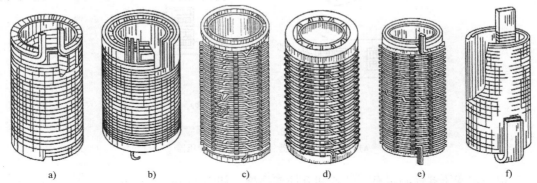

图 1-9　变压器同心式绕组形式

a）双层圆筒式　b）多层圆筒式　c）连续式　d）纠结式　e）螺旋式　f）铝箔筒式

1）圆筒式（含双层和多层）绕组绕制方便，但机械强度较差，它是由一根或几根并联的绝缘导线沿铁心柱高度方向连续绕制而成的，通常用于每柱容量在 200kV·A 以及电压在 10kV 以下的变压器中。

2）多层圆筒式绕组线端侧放置静电屏，层间绝缘为电缆纸或油道。一般用于每柱容量为 630kV·A 及以下的高压或低压绕组中。

3）连续式绕组是由单根或多根扁漆包线盘绕，沿轴线分若干段绕制成线饼，一般用于容量在 630kV·A 以上、电压为 35～110kV 的高压绕组和 10000 kV·A 以上的中压和低压绕组中。

4）纠结式绕组与连续式相似，但焊接头较多。通常用于容量在 31500kV·A 以上、电压为 220kV 及以上的大容量高压变压器中，其高压绕组广泛采用纠结式绕组来改善防雷性能。

5）螺旋式绕组是由多根扁漆包线沿径向并联排列，然后沿铁心柱轴向像螺纹一样，一匝跟着一匝绕制而成，这时一个线饼就是一匝，当并联导线太多时，可把并联导线沿轴向分成两排，绕成双螺旋式线圈，一般用于容量在 800～10000kV·A、电压在 35kV 以下的大电流变压器的低压绕组中。为了减少导线中的附加损耗，在绕组过程中需要将导线进行换位。

6）铝箔筒式绕组与多层圆筒式相似，但每一层为一匝，铝箔的宽度等于绕组的高度。常用于中小型变压器中。

几根导线并联起来绕制绕组时要换位。所谓换位，即让各导线在绕制时互换里、外层的位置，目的是为了使各股导线最终阻抗相等，运行时电流分配均匀，从而减少导线中的附加损耗。

交叠式绕组又称饼式绕组，它由高低压绕组分成若干线饼，沿着铁心柱的高度方向交替排列。为了便于绕线和铁心绝缘，一般最上层和最下层放置低压绕组，如图 1-10 所示。交叠式绕组的主要优点是漏抗小、机械强度好、引线方便。这种绕组仅用于壳式变压器中，如大型电炉变压器就采用这种结构。

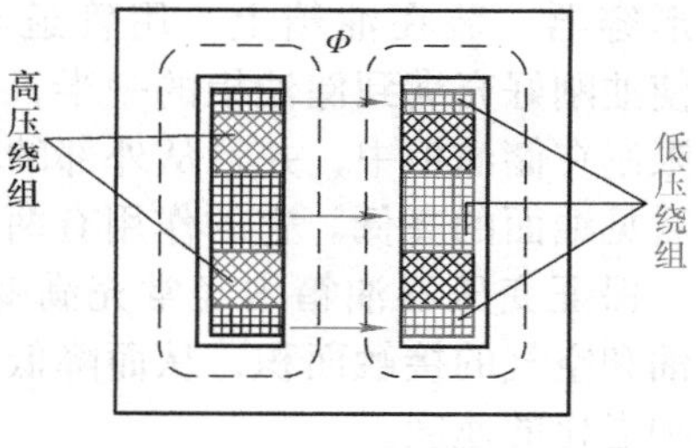

图 1-10 交叠式绕组

3. 绝缘

导电部分之间及导电部分对地都需绝缘。变压器的绝缘包括内绝缘和外绝缘。内绝缘指的是油箱内的绝缘，包括绕组、引线、分接开关的对地绝缘、相间绝缘（又称主绝缘）以及绕组的层间、匝间绝缘（又称纵绝缘）；外绝缘指的是油箱外导线出线间及其对地的绝缘。

绝缘套管：由外部的瓷套和其中的导电杆组成，其作用是使高、低压绕组的引出线与变压器箱体绝缘。它的结构取决于电压等级和使用条件。电压不大于 1kV 时采用实心瓷套管；电压在 10～35kV 时采用充气式或充油式套管；电压不小于 110kV 时采用胶纸电容式套管。绝缘套管如图 1-11 所示。为了增加表面放电距离，套管外形做成多级伞形。

变压器油：变压器油箱里充满了变压器油。对变压器油的要求是：高的介质强度和低的黏度，高的燃点和低的凝固点，且不含酸、碱、硫、灰尘和水分等杂质。变压器油的作用有两个：加强绝缘和散热。

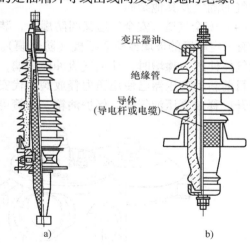

图 1-11 绝缘套管
a) 110kV 胶纸电容式 b) 35kV 充油式

4. 分接开关

变压器常利用改变绕组匝数的方法来进行调压。为此，把绕组引出若干抽头，这些抽头叫作分接头。用以切换分接头的装置，称为分接开关。分接开关又分为无励磁分接开关和有载分接开关。前者必须在变压器停电的情况下切换，因影响供电可靠性，输电变压器中已淘汰；后者可以在不切断负载电流的情况下切换。

5. 保护装置（见图 1-12）

（1）油箱 油浸式变压器的外壳就是油箱，箱中盛满了变压器油。油箱可保护变压器铁心和绕组不受外力作用和潮湿的侵蚀，并通过油的对流，把铁心和绕组产生的热量传递给箱壁和散热管，再把热量散发到周围的空气中。一般说来，对容量为 20kV·A 以下的变压器，油箱本身表面能满足散热要求，故采用平板式油箱；容量为 20～30kV·A 的变压器，采用排管式油箱；对于 2.5～6.3MV·A 的变压器，所需散热面积较大，则在油箱壁上装置若干只散热器，加强冷却；容量为 8～40MV·A 的变压器在散热器上还另装风扇冷却；对 50MV·A 及以上的大容量变压器，采用强迫油循环冷却方式。

（2）储油柜 储油柜俗称油枕。它是一个圆筒形容器，装在油箱上，用管道与油箱连通，使油刚好充满到储油柜的一半，油面的升降被限制在储油柜中，并且从外部的玻璃管中可以看见油面的高低。它的作用有两个：调节油量，保证变压器油箱内经常充满变压器油；减少油和空气的接触面积，从而降低变压器油受潮和老化的速度。

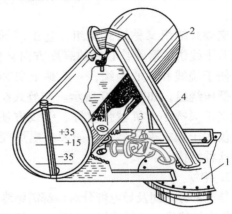

（3）吸湿器 吸湿器又叫呼吸器。通过它使大气与储油柜内连通。当变压器油热胀冷缩时，气体经过它进出，以保持油箱内压力正常。吸湿器内装有硅胶，用以吸收进入储油柜中空气的潮气及其他杂质。

图 1-12 储油柜、安全气道、气体继电器

1—油箱 2—储油柜 3—气体继电器 4—安全气道

（4）安全气道 安全气道又叫防爆管，装在油箱顶盖上，由一根长钢管构成。它的出口处装有一定厚度的玻璃或酚醛纸板（防爆膜）。它的作用是当变压器内部发生严重故障产生大量气体使压力骤增时，让油气流冲破玻璃，向外喷出，以降低箱内压力，防止油箱爆裂。

目前新型变压器已使用压力释放阀替代安全气道。其原理是当油气压力达到一定值时阀门打开、释放高压油气流，保护油箱，弹簧可使之复位。

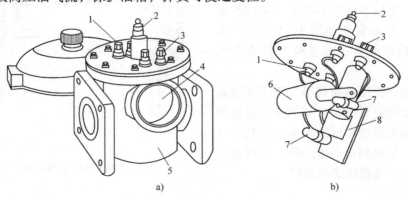

图 1-13 气体继电器的外形和结构

a）外形图 b）结构图

1—接跳闸回路 2—放气孔 3—接信号回路 4—观察窗 5—外壳 6—浮筒 7—水银开关 8—挡板

（5）气体继电器 气体继电器装在油箱和储油柜的连管中间，作为变压器内部故障的保

护设备。气体继电器的外形和结构如图 1-13 所示，其内部有一个带有水银开关的浮筒和一块能带动水银开关的挡板。当变压器内部发生故障时，产生的气体聚集在气体继电器上部，使油面下降、浮筒下沉，接通水银开关而发出预告信号；当变压器内部发生严重故障时，油流冲破挡板，挡板偏转时带动一套机构使另一个水银开关接通，发出故障信号并跳闸。

（6）净油器　净油器又称热虹吸过滤器。它是利用油的自然循环，使油通过吸附剂进行过滤、净化，以改善运行中变压器油的性能，防止油的迅速老化。

（7）温度计　温度计用以测量油箱内的上层油温，监测变压器的运行温度，保证变压器的安全运行。

1.2.3　变压器的铭牌

每台设备上都装有铭牌，用以标明该设备的额定数据和使用条件。这些额定数据和使用条件所表明的是制造厂按照国家标准在设计及试验该类设备时，必须保证的额定运行情况。所谓额定值，是保证设备能正常工作，且能保证一定寿命而规定的某量的限额。变压器的铭牌上主要有以下几项：

额定容量——额定视在功率，用 S_N 表示，单位用 kV·A 或 MV·A 表示。双绕组变压器一、二次侧的额定容量是相等的。

额定电压——单位用 kV 表示。一次绕组额定电压 U_{1N}，是指规定加到一次侧的电压；二次绕组额定电压 U_{2N} 指的是分接开关放在额定电压位置，一次侧加额定电压时二次侧的开路电压。对于三相变压器，额定电压指线电压。

额定电流——单位用 A 或 kA 表示。对于三相变压器，额定电流指的是线电流，可以根据相对应绕组的额定容量和额定电压算出。

对于单相变压器：一次额定电流 $I_{1N} = S_N/U_{1N}$；二次额定电流 $I_{2N} = S_N/U_{2N}$。

对于三相变压器：$I_{1N} = S_N/\sqrt{3}U_{1N}$，$I_{2N} = S_N/\sqrt{3}U_{2N}$。

额定频率——单位用 Hz 表示。我国的电力行业额定频率是 50Hz。

额定温升——变压器内绕组或上层油温与变压器周围大气温度之差的允许值。根据国家标准，周围大气的最高温度规定为 40℃时，绕组的额定温升为 65℃。

型号——标明该变压器的类别和特点，其文字部分采用汉语拼音字头表示。例如 SFP－63000/110，"S"表示"三相"；"F"表示"风冷"；"P"表示"强迫油循环"；"63000"是额定容量（kV·A）；"110"是高压侧的额定电压（kV）。

此外，铭牌上还标有接线图和联结组标号、阻抗电压百分数、变压器重量等。

1.2.4　三绕组变压器

在变电所或发电厂中，常有三种电压等级的发、输电系统需要联系的场合，常采用三绕组变压器。例如，发电厂的发电机端电压为 10kV，人们要把发电机发出来的电能同时送到 35kV 和 110kV 的输电系统中去，就可以利用三绕组变压器。当然也可以采用两台双绕组变压器，但采用三绕组变压器较经济，且维护也方便一些。

三绕组变压器每相有高、中、低三个绕组，一般铁心为心式结构，三个绕组同心地套在同一个铁心柱上，如图 1-14 所示。为绝缘方便起见，高压绕组 1 应放在最外边。至于低、中压绕组，根据相互间传递功率较多的两个绕组应靠得近些的原则，用在不同场合的变压器有不同的安排。如，用于发电厂的升压变压器，大都是由低压向高、中压侧传递功率，一般应采用中压绕组 2 放在最里边，低压绕组 3 放在中间的方案，如图 1-15a 所示；用于变电所的降压变压器，大都是从高压侧向中、低压侧传递功率，则应选用低压绕组放在最里面的方案，如图 1-15b 所示。

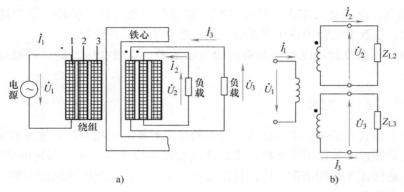

图 1-14 三绕组变压器结构与原理

a）三绕组变压器结构示意图 b）三绕组变压器原理示意图

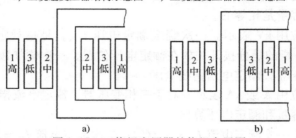

图 1-15 三绕组变压器的绕组布置图

a）升压变压器 b）降压变压器

三绕组变压器的任意两绕组间仍然按电磁感应原理传递能量，这一点和双绕组变压器没什么区别。下面介绍三绕组变压器与双绕组变压器在容量、阻抗电压、电压比、磁动势方程式和等效电路等方面的不同点。

1. 容量和阻抗电压

根据供电的实际需要，三个绕组的容量可以设计得不同。变压器铭牌上的额定容量是指其中最大的一个绕组的容量。如果将额定容量作为 100，则按国家标准，我国现在制造的三绕组变压器三个绕组容量的搭配见表 1-1。

表 1-1 三绕组容量搭配

高 压 绕 组	中 压 绕 组	低 压 绕 组
100	100	100
100	50	100
100	100	50

注意，三绕组的容量仅代表每个绕组通过功率的能力，并不是说三绕组变压器在具体运行时，同时按此比例传递功率。

三绕组变压器铭牌上的阻抗电压有三个，以高压侧电压为 110kV 的变压器为例，按

图 1-15a 的方案排列时，高压与中压绕组的阻抗电压百分数 $u_{K12}=17\%$，高压与低压绕组的阻抗电压百分数 $u_{K13}=10.5\%$，中压与低压绕组的阻抗电压百分数 $u_{K23}=6\%$；按图 1-15b 方案排列时，$u_{K12}=10.5\%$，$u_{K13}=17\%$，$u_{K23}=6\%$。从这里可以看出，绕组的排列情况会影响阻抗电压的大小。这是因为两个绕组相距越远，漏磁通越多，其漏阻抗或阻抗电压就越大。在运行中变压器的漏阻抗大，其电压变动也大。所以，对于将功率从低压向中、高压输送的升压变压器，把低压绕组放在高、中压绕组之间，以降低低压与高、中压的阻抗电压，不是没有道理的。

三相三绕组变压器的标准联结组标号有 Y_Ny_n0d11 和 $Y_Ny_n0y_n0$ 两种。

2. 电压比、磁动势方程式、等效电路

（1）电压比　三绕组变压器有三个电压比，即

$$\left.\begin{array}{l} K_{12}=\dfrac{N_1}{N_2}\approx\dfrac{U_{1N}}{U_{2N}} \\[3mm] K_{13}=\dfrac{N_1}{N_3}\approx\dfrac{U_{1N}}{U_{3N}} \\[3mm] K_{23}=\dfrac{N_2}{N_3}\approx\dfrac{U_{2N}}{U_{3N}} \end{array}\right\} \tag{1-2}$$

式中　　　　　K_{12}、K_{13}、K_{23}——电压比；

N_1、N_2、N_3、U_{1N}、U_{2N}、U_{3N}——绕组 1、2、3 的匝数和额定相电压。

（2）磁动势方程式　三绕组变压器负载运行时，磁动势平衡方程式为

$$N_1\dot{I}_1+N_2\dot{I}_2+N_3\dot{I}_3=N_1\dot{I}_0 \tag{1-3}$$

式中　　$\dot{I}_1$、$\dot{I}_2$、$\dot{I}_3$——分别为负载时通过绕组 1、2、3 的电流；

$\dot{I}_0$——空载时的励磁电流。

将 $\dot{I}_2$、$\dot{I}_3$ 分别折算至绕组 1 侧时，则

$$\dot{I}_2'=\dfrac{\dot{I}_2}{K_{12}}\qquad \dot{I}_3'=\dfrac{\dot{I}_3}{K_{13}}$$

于是式（1-3）可写成

$$\dot{I}_1+\dot{I}_2'+\dot{I}_3'=\dot{I}_0 \tag{1-4}$$

忽略励磁电流后，可得

$$\dot{I}_1+\dot{I}_2'+\dot{I}_3'=0 \tag{1-5}$$

（3）等效电路　根据等效原则用对双绕组变压器类似的方法可得折算到（折算时要用相应的变比）一次侧的三绕组变压器的等效电路，如图 1-16 所示。

图中，x_1、x_2'、x_3' 为一、二、三次绕组的等效电抗；r_1、r_2'、r_3' 为一、二和三次绕组的电阻（打 "′" 表示折算值）；x_m 为对应主磁通的励磁电抗；r_m 为对应铁损的等效电阻。由 r_m、x_m 组成励磁电路；r_1、x_1 组成一次侧支路；r_2'、x_2' 组成二次侧支路；r_3'、x_3' 组成三次侧支路；且有 $Z_1=r_1+jx_1$，$Z_2'=r_2'+jx_2'$，$Z_3'=r_3'+jx_3'$。图 1-16a 是精确等效电路。若忽略励磁电流，将励磁回路去掉，就得简化等效电路如图 1-16b 所示。

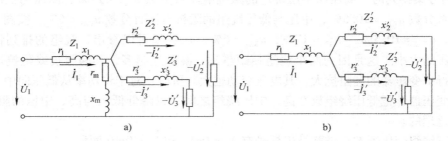

图 1-16 三绕组变压器的等效电路

a) 励磁回路移到电源端的近似等效电路 b) 三绕组变压器简化等效电路

1.2.5 自耦变压器

自耦变压器的特点不仅在于一、二次绕组之间有磁的耦合，而且还有电的直接联系，它传递功率的方式，不仅可像普通变压器那样通过电磁感应关系，还可以从一次侧直接传导到二次侧。

1. 基本原理

自耦变压器每相只有一个绕组，其中一部分是一、二次公用的。电力自耦变压器的结构示意图如图 1-17 所示。它的任一相的铁心柱上套有相互串联的两段同心绕组，ax 为低压绕组，它是公用的部分，又称公共绕组。Aa 是与公共绕组串联后供高压侧使用的，叫作串联绕组。AX 可称为高压绕组。自耦变压器既可作升压变压器，也可作降压变压器；有单相的，也有三相的。一般，Aa 的匝数要比 ax 的匝数少。

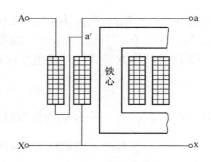

图 1-17 自耦变压器的结构示意图

2. 电压比

设高压绕组 AX 的匝数为 N_{AX}，低压绕组 ax 的匝数为 N_{ax}，则自耦变压器的电压比为

$$K_z = \frac{E_{AX}}{E_{ax}} = \frac{N_{AX}}{N_{ax}} \approx \frac{U_{1N}}{U_{2N}} \tag{1-6}$$

式中 E_{AX}、E_{ax}—— 一、二次侧电动势；

U_{1N}、U_{2N}—— 一、二次侧的额定电压。

3. 容量

自耦变压器铭牌上标的容量和绕组的实际容量是不一致的。铭牌上标的是额定容量（又叫作通过容量）S_N，它指的是自耦变压器总的输入或输出容量。例如，输入容量为

$$S_{1N} = U_{1N}I_{1N}$$

输出容量为

$$S_{2N} = U_{2N}I_{2N}$$

则

$$S_{1N} = S_{2N} = S_N$$

绕组的容量称为设计容量或电磁容量，它指的是绕组上所加的额定电压和通过该段绕组的额定电流的乘积。自耦变压器串联绕组（图1-18中的Aa段）的电磁容量为

$$S_{Aa} = U_{Aa}I_{1N} = \left(\frac{N_{AX} - N_{ax}}{N_{AX}}\right)U_{1N}I_{1N} = \left(1 - \frac{1}{K_z}\right)S_N \tag{1-7}$$

公共绕组（ax）的电磁容量为

$$S_{ax} = U_{ax}I = U_{2N}I_{2N}\left(1 - \frac{1}{K_z}\right) = \left(1 - \frac{1}{K_z}\right)S_N \tag{1-8}$$

由式（1-7）、式（1-8）可以看出，电磁容量是额定容量的$(1 - 1/K_z)$，而在普通双绕组变压器中两者相等。这就说明，在变压器的额定容量相同时，自耦变压器的绕组的容量（电磁容量）比普通双绕组变压器的小。因此，前者比后者所用材料省、尺寸小、效率高。

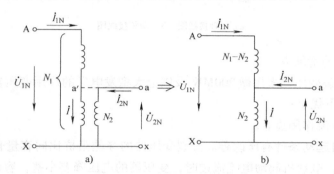

图1-18　双绕组变压器改接成自耦变压器

4. 优缺点

（1）自耦变压器的主要优点

1）节省材料，减小损耗。从前面分析可以看出，$(1 - 1/K_z)$越小，该优点越显著。因此，自耦变压器的电压比越接近1越好，一般K_z不宜超过2。

2）运输及安装方便。这是由于与同容量普通双绕组变压器比较，自耦变压器的重量轻、体积小、占地面积也小。

（2）自耦变压器的主要缺点

1）自耦变压器高、低压侧有电的直接联系，高压侧发生故障会直接殃及低压侧。为此，自耦变压器的运行方式、继电保护及过电压保护装置等，都比普通双绕组变压器复杂。

2）短路电流大。这是因为自耦变压器短路阻抗的标幺值，比同容量普通双绕组变压器的短路阻抗小，需要采用相应的限制和保护措施。

1.2.6　分裂变压器

1. 结构特点

分裂变压器（又称分裂绕组变压器），通常把一个或几个绕组（一般是低压绕组）分裂成额定容量相等的几个部分，形成几个支路（每一部分形成一个支路），这几个支路之间没有电的直接联系。分裂出来的各支路，额定电压可以相同也可以不相同，可以单独运行也可

以同时运行，可以在同容量下运行也可以在不同容量下运行。当分裂绕组各支路的额定电压相同时，还可以并联运行。

图 1-19 为三相双绕组分裂变压器示意图。在图 1-19b 中，高压绕组 AX 为不分裂绕组，由两部分并联组成；低压绕组 a_1x_1 和 a_2x_2 为分裂出来的两个支路。

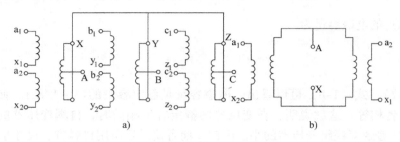

图 1-19　三相双绕组分裂变压器

a）原理接线图　b）单相接线图

2. 分裂变压器的优缺点

（1）目前，分裂变压器多用做 200MW 及以上大型发电厂的厂用变压器，它与普通双绕组变压器相比有如下优点：

1）限制短路电流作用显著。

2）对电动机自起动条件有所改善。分裂变压器的穿越阻抗比同容量普通双绕组变压器的短路阻抗小一些，电动机起动电流流过时，变压器的电压降要小些，容许的电动机起动容量要大些。

3）发生短路故障时母线电压降低不多。当分裂绕组的一个支路短路时，另一支路的母线电压降低很小，即残压较高，从而提高了供电的可靠性。

（2）分裂变压器的主要缺点是价格较贵。

1.2.7　仪用变压器

仪用变压器是一种测量用设备，分为电流互感器（TA）和电压互感器（TV）两种，它们的工作原理与普通变压器相同。

仪用变压器有两个作用：一是为了工作人员的安全，使测量回路和高压电网隔离；二是将大电流变为小电流，高电压降为低电压，以便测量仪表标准化系列化生产。一般而言，电流互感器二次侧的额定电流为 5A 或 1A，电压互感器二次侧的额定电压为 100V。

互感器除了用于测量电流和电压外，还用于继电保护及同期回路等。

1. 电流互感器

图 1-20 所示为电流互感器的接线原理图，它的一次绕组匝数为 N_1，匝数少（只有 1 匝或几匝）、导线粗，串联于待测电路中；二次绕组匝数为 N_2，匝数较多、导线细，与阻抗很小的仪表（如电流表、功率表的电流线圈等）接成回路。因此，电流互感器实际上相当于一台二次侧处于短路状态的变压器。

如果忽略励磁电流，由变压器的磁动势平衡方程式可得

$$\frac{I_1}{I_2}=\frac{N_2}{N_1}=K_i$$

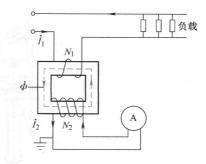

图1-20　电流互感器的接线原理图

这样利用一、二次绕组不同的匝数关系，可将线路上的大电流变为小电流来测量，换句话说，知道了电流表的读数 I_2，乘以 K_i 就是被测电流 I_1 了，或者将电流表读数按 K_i 放大，即可直接读出 I_1。

由于电流互感器内总有一定的励磁电流以及漏阻抗和仪表的阻抗等，测出的电流总有一定的电流比和相位误差，按照电流比误差的大小，电流互感器分成0.2、0.5、1.0、3.0、10.0五个准确度等级，如0.5级准确度表示在额定电流时，一、二次电流比误差不超过 ±0.5%。为了减少误差，主要应减少励磁电流，为此设计时，应选择高磁导率的硅钢片，铁心磁通密度应较低，一般为0.08～0.1T。此外，二次侧所接仪表总阻抗不得大于规定值。

使用电流互感器时，为了安全，二次侧绕组和铁心必须可靠接地，以防止绝缘损坏后，一次侧高电压传到二次侧，发生触电事故。另外，运行时二次侧绝对不允许开路。否则，电流互感器成为空载运行，这时一次侧被测线路电流全部成了励磁电流，使铁心中磁通密度急剧增大，这一方面使铁损增大、铁心过热甚至烧坏绕组；另一方面将使二次侧感应出很高的尖峰脉冲电压，不但使绝缘击穿，而且危及工作人员和其他设备的安全。因此，一次侧电路工作时如需检修和拆换电流表，必须先将电流互感器的二次侧短路。另外，二次侧不宜多接仪表以免影响测量准确性。

2. 钳形电流表

为了可在现场不切断电路的情况下测量电流和便于携带使用，人们把电流表和电流互感器合起来制造成钳形电流表。电流互感器的铁心做成钳形，可以开合，铁心上只绕有连接电流表的二次绕组，被测电流导线可嵌入铁心窗口内成为一次绕组，匝数 $N_1=1$。钳形电流表一般可分为磁电系和电磁系两类。其中，测量工频交流电的是磁电系，而电磁系为交、直流两用式。下面主要介绍磁电系钳形电流表的测量原理和使用方法。

（1）磁电系钳形电流表的结构　磁电系钳形电流表主要由一个特殊电流互感器、一个整流磁电系电流表及内部线路等组成。一般常见的型号为：T301型和T302型。T301型钳形电流表只能测量交流电流，而T302型钳形电流表既可测交流电流也可测交流电压。

T301型钳形电流表结构与原理图如图1-21所示。它的准确度为2.5级，电流量程为10A、50A、250A、1000A。

（2）钳形电流表的工作原理　钳形电流表的工作原理与电流互感器相似。值得注意的是，铁心是否闭合紧密，是否有大量剩磁，对测量结果影响很大，关系到测量较小电流时，是否会使得测量误差增大。这时，可将被测载流导体在铁心上多绕几圈来改变电流互感器的电流比，以增大电流量程。此时，被测电流 I_X 应为

$$I_X = I_a/N \tag{1-9}$$

式中　I_a——电流表上的读数；

　　　N——被测载流导体缠绕的圈数。

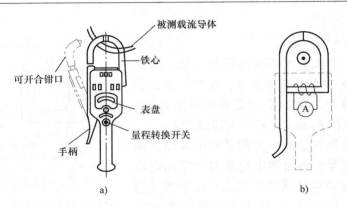

图 1-21　T301 型钳形电流表结构与原理图

a）钳形电流表结构图　b）钳形电流表原理图

（3）钳形电流表的使用步骤

1）根据被测电流的种类和电压等级正确选择钳形电流表。一般交流 500V 以下的线路，选用 T301 型钳形电流表；测量高压线路的电流时，应选用与其电压等级相符的高压钳形电流表。

2）正确检查钳形电流表的外观情况、钳口闭合情况及表头情况等是否正常。若指针没在零位，应进行机械调零。

3）根据被测电流大小来选择合适的钳形电流表的量程。选择的量程应稍大于被测电流数值。若不知道被测电流的大小，应先选用最大量程估测。

4）正确测量。测量时，应按紧扳手，使钳口张开；将被测导线放入钳口中央，松开扳手并使钳口闭合紧密。

5）读数后，将钳口张开，将被测导线退出，将档位置于电流最高档或 OFF 档。

（4）使用钳形电流表时应注意的问题

1）由于钳形电流表要接触被测线路，所以测量前一定要检查表的绝缘性能是否良好，即外壳是否破损，手柄是否清洁干燥。

2）测量时，应戴绝缘手套或干净的线手套。

3）测量时，应注意身体各部分与带电体保持安全距离（低压系统安全距离为 0.1 ~ 0.3m）。

4）钳形电流表不能测量裸导体的电流。

5）严禁在测量进行过程中切换钳形电流表的档位。若需要换档，应先将被测导线从钳口退出再更换档位。

6）严格按电压等级选用钳形电流表，低电压等级的钳形电流表只能测低压系统中的电流，不能测量高压系统中的电流。

3. 电压互感器

电压互感器的接线原理图如图 1-22 所示。一次侧直接并联在被测的高压电路上，二次侧接电压表或功率表的电压线圈。一次侧匝数 N_1 多，二次侧匝数 N_2 少。由于电压表或功率表的电压线圈内阻抗很大，因此，电压互感器实际上相当于一台二次侧处于空载状态的变压器。

如果忽略漏阻抗压降，则有

$$\frac{U_1}{U_2} = \frac{N_1}{N_2} = K$$

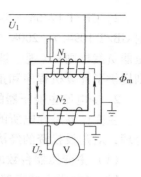

图 1-22 电压互感器的
接线原理图

这样，利用一、二次侧不同的匝数比可将线路上的高电压变为低电压来测量。换句话说，知道了电压表的读数 U_2，乘以 K 就是被测电压 U_1，或者将电压表刻度按 K 放大，即可直接读出 U_1。

电压互感器也有电压比和相位两种误差。按照电压比误差的大小，电压互感器分为 0.2、0.5、1.0、3.0 共四种等级。为了提高测量准确度，应减小一、二次侧的漏阻抗和励磁电流，为此在设计时，应尽量减少绕组的漏磁通，尤其是一、二次绕组的电阻。一般选用性能较好的硅钢片，铁心中的磁通密度为（0.6～0.8）T，使之处于不饱和状态以减小励磁电流。此外，二次侧不能多接仪表，以免电流过大引起较大的漏抗压降而降低电压互感器的准确度。

使用电压互感器时，为安全起见，二次绕组连同铁心一起，必须可靠接地。另外，二次侧不允许短路，否则会产生很大的短路电流使绕组过热而烧坏。

1.2.8 选用变压器

1. 一般变压器的选用要点

（1）负荷性质

1）有大量一级或二级负荷时，宜装设两台及以上变压器，当其中任一台变压器断开时，其余变压器的容量能满足一级及二级负荷的用电。一、二级负荷尽可能集中，不宜太分散。

2）季节性负荷容量较大时，宜装设专用变压器。如大型民用建筑中的空调冷冻机负荷、采暖用电热负荷等。

3）集中负荷较大时，宜装设专用变压器。如大型加热设备、大型X光机、电弧炼炉等。

4）当照明负荷较大或动力和照明采用共用变压器严重影响照明质量及灯泡寿命时，可设照明专用变压器。一般情况下，动力与照明共用变压器。

（2）使用环境　在正常介质条件下，可选用油浸式变压器或干式变压器，如工矿企业、农业的独立或附建变电所、小区独立变电所等。可供选择的变压器有 S8、S9、S10、SC（B）9、SC（B）10 等。

（3）温度环境

1）在 220℃温度下，保持长期稳定性。

2）在 350℃温度下，可承受短期运行。

3）在很广的温度和湿度范围内，保持性能稳定。

4）在 250℃温度下，不会熔融、流动和助燃。

5）在 750℃温度下，不会释放有毒或腐蚀性气体。

（4）用电负荷

1）配电变压器的容量，应综合各种用电设备的设施容量，求出计算负荷（一般不计消防负荷），补偿后的视在容量是选择变压器容量和台数的依据。一般变压器的负荷率在85%左右。此法较简便，可作估算容量之用。

2）GB/T 17468—2008《电力变压器选用导则》中，推荐配电变压器的容量选择，应根据 GB/T 1094.7—2008《油浸式电力变压器负载导则》或 GB/T 17211—1998《干式电力变压器负载导则》（现已被 GB/T 1094.12—2013 替代）及计算负荷来确定其容量。上述二导则提供了计算机程序和正常周期负载图来确定配电变压器容量。

2. 变电所主变压器的选用

主变压器是变电所的主要设备，主变压器的选择包括台数、容量、技术参数的选择是否合理，对建设投资的经济性、运行的可靠性有极其重要的影响。

（1）主变压器台数的确定

1）对位于大城市郊区的一次变电所，在中、低压侧已构成环网的情况下，变电所以装设两台主变压器为宜。

2）对地区性孤立的一次变电所或大型工业用户专用变电所，在设计时应考虑装设三台主变压器的可能性。

3）对于规划只装设两台主变压器的变电所，其变压器基础宜按大于变压器容量的 1~2 级设计，以便负载发展时，更换变压器。

4）如只有一个电源或变电所可由中、低压电力网取得备用电源，可装设一台主变压器。

（2）主变压器容量的确定

1）变压器的容量应根据电力系统 5~10 年的发展规划进行选择。

2）根据变电所所带负载的性质和电网结构来确定主变压器的容量。对于有重要负载的变电所，应考虑当主变压器停止运行时其余变压器的容量，在设计过载能力的允许时间内，应保证用户的一级负载和二级负载；对于一般性变电所，当一台主变压器停止运行时，其余变压器的容量应能保证全部负载的 70%~80%。

（3）绕组容量和连接方式

1）具有三种电压的变电所中，若通过主变压器各侧绕组的功率均达到该变压器容量的 15% 以上，或低压侧虽无负载，但在变电所内需要装设无功补偿设备，主变压器一般采用三绕组变压器。

2）对深入引进至负载中心，具有直接从高压侧降为低供电条件的变电所，为简化电压等级或减少重复降低容量，可采用双绕组变压器。

3）变压器绕组的连接方式必须和系统电压相位一致，否则不能并列运行。

我国 110kV 以上的电压，变压器绕组都采用 Y_N 联结；35~110kV 亦采用 y_n0 联结，其中性点多通过消弧线圈接地；35kV 以下的电压，变压器绕组都采用 D 联结。

变压器按高压、中压和低压绕组联结的顺序组合起来就是绕组的联结组。

（4）阻抗电压　阻抗电压是变压器的重要参数之一，它的大小标志着额定负载时变压器内部压降的大小，并反映短路电流的大小。阻抗电压值取决于变压器的结构，从正常运行的角度考虑，要求变压器的阻抗电压应小一些，以降低运行中输出电压的变动和能量的损耗；从限制短路电流的角度考虑，则希望阻抗电压大一些。但阻抗电压过大或过小，都会增加制造成本。因此变压器的阻抗电压应有一个适当的数值，一般中、小型变压器的阻抗电压值为 4%~10.5%，大型变压器为 12.5%~17.5%。

通常阻抗电压以额定电压的百分数表示，即 $u_K\% = U_K/U_N \times 100\%$，且应折算到参考温度。A、E、B 级绝缘等级，参考温度是 75℃，其他绝缘等级是 115℃。阻抗电压的大小与变压器的成本、性能、系统稳定性和供电质量有关。变压器的标准阻抗电压见表 1-2。

表 1-2 　变压器的标准阻抗电压

电压等级 kV	6 ~ 10	35	63	110	220
阻抗电压（%）	4 ~ 5.5	6.5 ~ 8	8 ~ 9	10.5	12 ~ 14

（5）调压方式　变压器的电压调整是用分接开关切换变压器的分接头，从而改变变压器的电压比来实现的，切换方式有两种：不带电切换，称为无励磁调压，调整范围通常在 ±5% 以内；另一种是带负载切换，称为有载调压，调整范围可达 30%。设置有载调压的原则如下。

电力变压器的标准调压范围和调压方式见表 1-3。

表 1-3 　电力变压器的标准调压范围和调压方式

调压方式	额定电压和容量	调压范围	分接级（%）	级数	调压形式	分接开关
无励磁调压	35kV、8000kV·A 或 63kV、6300kV·A 以下	±5%	5%	3	中性点调压	中性点调压分接开关
	35kV、8000kV·A 或 63kV、6300kV·A 以上	±2×2.5%	2.5%	5	中部调压	中部调压分接开关
有载调压	10kV 及以下	±4×2.5%	2.5%	9	中性点线性调压	选择开关或有载分接开关
	35kV	±3×2.5%	2.5%	7		
	63kV 及以上	±8×1.25%	1.25%	17	中性点线性、正反或粗细调压	有载分接开关

（6）冷却方式　主变压器一般采用的冷却方式有以下几种。

1）自然风冷却，适用于小容量变压器。

2）强迫油循环风冷却，适用于大容量变压器。

3）强迫油循环水冷却，散热效率高、节约材料，可减小变压器本体尺寸，但需要一套水冷却系统和附件，适用于大容量变压器。

4）强迫油循环导向冷却，它是用潜油泵将冷油压入线圈之间、线饼之间和铁心的油道中，故冷却效率更高。

变压器的冷却方式由冷却介质种类及循环种类来标志。冷却介质种类和循环种类的字母代号见表 1-4。

表1-4 冷却介质种类和循环种类的字母代号

冷却介质种类	字母代号	循环种类	字母代号
矿物油或可燃性合成油	O	自然循环	N
不燃性合成油	L	强迫循环（非导向）	F
气体	G	强迫导向油循环	D
水	W		
空气	A		

冷却方式由两个或四个字母代号标志，依次为线圈冷却介质及循环种类，外部冷却介质及循环种类。冷却方式的代号及其应用范围见表1-5。

表1-5 冷却方式的代号及其应用范围

冷却方式	代号标志	应用范围	冷却方式	代号标志	应用范围
干式自冷式	AN	一般用于小容量干式变压器	油浸风冷式	ONAF	容量在8000~31500kV·A
干式风冷式	AF	线圈下部设有通风道并用冷却风扇吹风，提高散热效果，用于500kV·A以上变压器时，是经济的	强油风冷式	OFAF	用于高压大型变压器
			强油水冷式	OFWF	
油浸自冷式	ONAN	用于容量小于6300kV·A的变压器，维护简单	强油导向风冷或水冷	ONAF ODWF	

3. 变压器常见类型（如图1-23所示，见文前彩插）

（1）S9（S11）-35kV系列配电变压器 绝缘性能好，抗短路能力强，大中型变压器采用油导向结构，保证良好的冷却效果，配用片式散热器，噪声小，美观大方（见图1-23a）。

（2）S9（S11）-110kV系列电力变压器 低损耗、低噪声、机械强度高、抗短路能力强，动热稳定好，散热效果好，外形美观，有无励磁调压及有载调压两种（见图1-23b）。

（3）S9系列10kV无励磁调压变压器 新S9系列低损耗节能电力变压器是国家推广使用的更新换代产品，与S7系列电力变压器相比，空载损耗平均降低10.3%，空载电流平均降低22.4%。S9系列全密封油浸式变压器与普通油浸式变压器相比，取消了储油柜，波纹翅可随温度热胀冷缩，替代储油柜的作用。波纹油箱由优质的冷轧薄钢板在专用生产线上制造（见图1-23c）。

（4）S11系列10kV无励磁调压变压器 它是新系列低损耗产品，采用优质材料，在线圈器身和绝缘方面运用新工艺新材料，使空载、负载损耗比GB/T 6451—2008降低约30%。该产品采用波纹板式散热器，当油温变化时波纹板热胀冷缩，可取代储油柜的作用，波纹板式油箱外形美观且占地面积小，是当前S9系列更新换代的产品（见图1-23d）。

（5）S11 – M – 10kV 系列级配电变压器　低损耗、低噪声的节能型变压器，空载损耗下降30%，空载电流下降60%，是配电电网更新换代的新产品。该产品采用波纹板式散热器，当油温变化时波纹板热胀冷缩可取代储油柜的作用，波纹板式油箱外形美观且占地面积小，是当前 S9 系列更新换代的产品（见图 1-23e）。

（6）110kV 级 6300～63000kV 油浸式电力变压器　铁心采用优质硅钢片，多级阶梯叠积而成。它具有低损耗、低噪声、抗短路能力强等特点，钟罩式油箱，箱壁采用折弯瓦楞结构，增强了油箱的机械强度，外形美观大方；已广泛应用于各变电所、发电厂（见图 1-23f）。

（7）SZ9（SZ11）–35kV 系列有载调压电力变压器　它绝缘性能好，抗短路能力强，大中型变压器采用油导向结构，保证良好的冷却效果，配用片式散热器，噪声小，美观大方（见图 1-23g）。

（8）SZ11 – 10kV 系列有载调压配电变压器　它特别适用于电网电压波动较大、而对电压要求较稳定的用户，通过控制器可在不停电情况下自动或手动对有载开关实现调压的远距离控制；也可方便地实行多台有载调压变压器的并联运行（见图 1-23h）。

（9）SZ11 – T 自动调容节能变压器　它有大小两种容量及其相应损耗，通过无励磁调容分接开关转换档位，小容量是大容量的三分之一，低负载时运行在小容量档，节能效果好，广泛用于符合峰谷差大、季节性强、平均负荷率低的地方，如农村电网及油田等（见图 1-23i）。

（10）S13 – M – 10kV 系列全密封配电变压器　该产品绝缘性能好，抗短路能力强，与S11 系列比，噪声降低了 7～10dB，空载损耗下降了 30%，是低损耗、低噪声的节能变压器，是配电网更新换代的最新一代变压器（见图 1-23j）。

（11）S（B）15 型非晶合金变压器　它是以非晶合金带材为铁心材料的一种新型节能变压器，其空载损耗比相同容量 S9 型油浸硅钢片铁心变压器降低 75% 以上，比 S11 型降低65% 以上，节能效果显著。该种变压器可取代硅钢片铁心变压器而广泛应用于户外的配电系统，特别适用于电能不足和负荷波动大以及难以进行日常维护的地区。由于变压器采用全密封结构，绝缘油和绝缘介质不受大气污染，因而可在潮湿的环境中运行，是城市和农村广大配电网络中理想的配电设备（见图 1-23k）。

（12）SCB10 型 H 级绝缘干式电力变压器　该产品承受热冲击能力，过载能力大，防火性能高，低损耗，局部放电量小，噪声低，不产生有害气体，不污染环境，对湿度、灰尘不敏感，体积小，不开裂，维护简单，最适于防火要求高、负荷波动大以及污垢超标的恶劣环境中，如机场、发电厂、冶金作业、医院、高层建筑、购物中心、居民密集区、石油、化工、核电站、核潜艇等特殊环境（见图 1-23l）。

（13）SC（B）30 – 2500/10 树脂绝缘干式电力变压器

1）安全，难燃防火，无污染，可直接安装在负荷中心。

2）免维护，安装简单，综合运行成本低。

3）防潮性能好，可在 100% 温度下正常运行，停运后不经干燥即可投入运行。

4）损耗低，局部放电量低，噪声小，散热能力强，强迫风冷条件下可以 150% 额定负载运行。

5）配备有完善的温度保护控制系统，为变压器安全运行提供可靠保障。

6）可靠性指标已经达到国际先进水平（见图1-23m）。

（14）预装式变电站　YB系列预装式变电站用于50z，6～10kV的供配电网络中，额定容量为30～2000kV·A独立成套变配电装置，适用于城市高层建筑、住宅小区、厂矿、宾馆、公园、油田、机场码头、铁路、商场及临时性设施等户外供电场所。它既可用于环网供电的配电系统中，也可作为放射式电网的终端供电（见图1-23n）。

（15）组合式变压器（美式箱变）　组合式变压器又称美式箱变。它供电可靠，结构合理、安装迅速，灵活，操作方便，体积小，造价低，过载能力强，损耗小，低噪声，全密封、全绝缘结构，无需绝缘距离，可靠保证人身安全；既可用于户外，又可用于户内，广泛应用于居民小区、公共场所、工矿企业及临时性施工场所；既可用于环网，又可用于终端，转换十分方便，提高了供电的可靠性（见图1-23o）。

（16）箱式变电站（欧式箱变）　ZWB型箱式变电站比传统土建变电站具有许多优越性：体积小，占地面积小，结构紧凑，便于搬迁，大大缩短了基建周期，减少基建费用。它现场安装简单，供电迅速，设备维护简单，无需专人看守，可深入负荷中心对提高供电质量减少电能损失，增强供电的可靠性以及对配电网络改选都是十分重要的。箱变完成电能变换、分配、传输、计量补偿、系统的控制、保护及通信功能（见图1-23p）。

（17）HSK系列电炉变压器　电炉变压器是指工业电炉冶炼用电源变压器，它是根据各种电炉的负载特性及运行特点而设计的专用变压器。该产品主要包括电弧炉变压器、钢包精炼炉变压器、电渣炉变压器、矿热炉用（铁合金炉、电石炉、黄磷炉等）变压器、工频感应炉变压器等各种交流炉用变压器；具有低损耗、低噪声、低温升、高可靠性及免吊心、无渗漏等特点，从而有效地提高冶炼效率、降低综合电力消耗并加强运行可靠性（见图1-23q）。

（18）整流变压器系列　整流变压器是将高压电网的三相正弦交流电变换为整流装置需要的多相数低电压，并通过相位角度变换改善交流侧及直流侧运行特性的一种专用变压器。该产品广泛用于铝、镁、锌、锰、食盐电解等化学整流以及冶炼等需要大功率直流电源的场所，其结构合理、噪声小、损耗低、温升低、抗短路能力强、密封性能好（见图1-23r）。

其他类型变压器如图1-23s、t、u、v、w、x所示。

【例题1-1】　××机械厂厂用变压器的选择。①负荷计算和无功功率计算及补偿；②厂变电所主变压器出风口数和容量的选择。负荷统计资料见表1-6。

表1-6　××机械厂负荷统计资料

厂房编号	用电单位名称	负荷性质	设备容量/kW	需要系数	$\tan\varphi$	功率因数 λ（$\cos\varphi$）
1	仓库	动力	88	0.25	1.17	0.65
		照明	2	0.80		1.0
2	铸造车间	动力	338	0.35	1.02	0.70
		照明	10	0.80		1.0
3	锻压车间	动力	338	0.25	1.17	0.65
		照明	10	0.80		1.0

（续）

厂房编号	用电单位名称	负荷性质	设备容量/kW	需要系数	tanφ	功率因数 λ（cosφ）
4	金工车间	动力	338	0.25	1.33	0.60
		照明	10	0.80		1.0
5	工具车间	动力	338	0.25	1.17	0.65
		照明	10	0.80		1.0
6	电镀车间	动力	338	0.50	0.88	0.75
		照明	10	0.80		1.0
7	热处理车间	动力	138	0.50	1.33	0.60
		照明	10	0.80		1.0
8	装配车间	动力	138	0.35	1.02	0.70
		照明	10	0.80		1.0
9	机修车间	动力	138	0.25	1.17	0.65
		照明	5	0.80		1.0
10	锅炉房	动力	138	0.50	1.17	0.65
		照明	2	0.80		1.0
	宿舍区	照明	400	0.70		1.0

（1）负荷计算和无功功率计算　在负荷计算时，采用需要系数法对各个车间进行计算，并将照明和动力部分分开计算，照明部分最后和宿舍区照明一起计算。具体步骤如下。

1）仓库：动力部分

$$P_{30(11)} = 88\text{kW} \times 0.25 = 22\text{kW}; \quad Q_{30(11)} = 22\text{kW} \times 1.17 = 25.74\text{kvar}$$

$$S_{30(11)} = \sqrt{22^2 + 25.74^2}\text{kV} \cdot \text{A} = 33.86\text{kV} \cdot \text{A}; \quad I_{30(11)} = \frac{33.86\text{kV} \cdot \text{A}}{1.732 \times 0.38\text{kV}} = 51.45\text{A}$$

照明部分　$P_{30(12)} = 2\text{kW} \times 0.8 = 1.6\text{kW}; \quad Q_{30(11)} = 0$

2）铸造车间：动力部分。

$$P_{30(21)} = 338\text{kW} \times 0.35 = 118.3\text{kW}; \quad Q_{30(21)} = 118.3\text{kW} \times 1.02 = 120.666\text{kvar}$$

$$S_{30(21)} = \sqrt{118.3^2 + 120.666^2}\text{kV} \cdot \text{A} = 168.98\text{kV} \cdot \text{A}; \quad I_{30(21)} = \frac{168.98\text{kV} \cdot \text{A}}{1.732 \times 0.38\text{kV}} = 256.75\text{A}$$

照明部分　$P_{30(22)} = 10\text{kW} \times 0.8 = 8\text{kW}; \quad Q_{30(22)} = 0$

3）锻压车间：动力部分

$$P_{30(31)} = 338\text{kW} \times 0.25 = 84.5\text{kW}; \quad Q_{30(31)} = 84.5\text{kW} \times 1.17 = 98.865\text{kvar}$$

$$S_{30(31)} = \sqrt{84.5^2 + 98.865^2}\text{kV} \cdot \text{A} = 130.06\text{kV} \cdot \text{A}; \quad I_{30(31)} = \frac{130.06\text{kV} \cdot \text{A}}{1.732 \times 0.38\text{kV}} = 197.61\text{A}$$

照明部分　$P_{30(32)} = 10\text{kW} \times 0.8 = 8\text{kW}; \quad Q_{30(32)} = 0$

4）金工车间：动力部分

$$P_{30(41)} = 338\text{kW} \times 0.25 = 84.5\text{kW}; \quad Q_{30(41)} = 84.5\text{kW} \times 1.33 = 112.385\text{kvar}$$

$$S_{30(41)} = \sqrt{112.385^2 + 84.5^2}\text{kV} \cdot \text{A} = 140.61\text{kV} \cdot \text{A}; \quad I_{30(41)} = \frac{140.61\text{kV} \cdot \text{A}}{1.732 \times 0.38\text{kV}} = 213.64\text{A}$$

照明部分　$P_{30(42)} = 10\text{kW} \times 0.8 = 8\text{kW}; \quad Q_{30(42)} = 0$

5）工具车间：动力部分

$$P_{30(51)} = 338\text{kW} \times 0.25 = 84.5\text{kW}; \quad Q_{30(51)} = 84.5\text{kW} \times 1.17 = 98.865\text{kvar}$$

$$S_{30(51)} = \sqrt{84.5^2 + 98.865^2}\text{kV} \cdot \text{A} = 130.06\text{kV} \cdot \text{A}; \quad I_{30(51)} = \frac{130.06\text{kV} \cdot \text{A}}{1.732 \times 0.38\text{kV}} = 197.61\text{A}$$

照明部分　$P_{30(52)} = 10\text{kW} \times 0.8 = 8\text{kW}; \quad Q_{30(52)} = 0$

6）电镀车间：动力部分

$$P_{30(61)} = 338\text{kW} \times 0.5 = 169\text{kW}; \quad Q_{30(61)} = 169\text{kW} \times 0.88 = 148.72\text{kvar}$$

$$S_{30(61)} = \sqrt{169^2 + 148.72^2}\text{kV} \cdot \text{A} = 225.12\text{kV} \cdot \text{A}; \quad I_{30(61)} = \frac{225.12\text{kV} \cdot \text{A}}{1.732 \times 0.38\text{kV}} = 342.04\text{A}$$

照明部分　$P_{30(62)} = 10\text{kW} \times 0.8 = 8\text{kW}; \quad Q_{30(62)} = 0$

7）热处理车间：动力部分

$$P_{30(71)} = 138\text{kW} \times 0.5 = 69\text{kW}; \quad Q_{30(71)} = 69\text{kW} \times 1.33 = 91.77\text{kvar}$$

$$S_{30(71)} = \sqrt{69^2 + 91.77^2}\text{kV} \cdot \text{A} = 114.82\text{kV} \cdot \text{A}; \quad I_{30(71)} = \frac{114.82\text{kV} \cdot \text{A}}{1.732 \times 0.38\text{kV}} = 174.46\text{A}$$

照明部分　$P_{30(72)} = 10\text{kW} \times 0.8 = 8\text{kW}; \quad Q_{30(72)} = 0$

8）装配车间：动力部分

$$P_{30(81)} = 138\text{kW} \times 0.35 = 48.3\text{kW}; \quad Q_{30(81)} = 48.3\text{kW} \times 1.02 = 49.266\text{kvar}$$

$$S_{30(81)} = \sqrt{48.3^2 + 49.266^2}\text{kV} \cdot \text{A} = 68.99\text{kV} \cdot \text{A}; \quad I_{30(81)} = \frac{68.99\text{kV} \cdot \text{A}}{1.732 \times 0.38\text{kV}} = 104.82\text{A}$$

照明部分　$P_{30(82)} = 10\text{kW} \times 0.8 = 8\text{kW}; \quad Q_{30(82)} = 0$

9）机修车间：动力部分

$$P_{30(91)} = 138\text{kW} \times 0.25 = 34.5\text{kW}; \quad Q_{30(91)} = 34.5\text{kW} \times 1.17 = 40.365\text{kvar}$$

$$S_{30(91)} = \sqrt{34.5^2 + 40.365^2}\text{kV} \cdot \text{A} = 53.10\text{kV} \cdot \text{A}; \quad I_{30(91)} = \frac{53.10\text{kV} \cdot \text{A}}{1.732 \times 0.38\text{kV}} = 80.68\text{A}$$

照明部分　$P_{30(92)} = 5\text{kW} \times 0.8 = 4\text{kW}; \quad Q_{30(92)} = 0$

10）锅炉房：动力部分

$$P_{30(101)} = 138\text{kW} \times 0.5 = 69\text{kW}; \quad Q_{30(101)} = 69\text{kW} \times 1.17 = 80.73\text{kvar}$$

$$S_{30(101)} = \sqrt{69^2 + 80.73^2}\text{kV} \cdot \text{A} = 106.2\text{kV} \cdot \text{A}; \quad I_{30(101)} = \frac{106.2\text{kV} \cdot \text{A}}{1.732 \times 0.38\text{kV}} = 161.36\text{A}$$

照明部分　$P_{30(102)} = 2\text{kW} \times 0.8 = 1.6\text{kW}; \quad Q_{30(102)} = 0$

11）宿舍区：照明　$P_{30(11)} = 400 \times 0.7\text{kW} = 280\text{kW}; \quad Q_{30(11)} = 0$

所有车间：照明负荷　$P'_{30} = 63.2\text{kW}$

取全厂的同时系数为 $K_{\Sigma p} = 0.95$，$K_{\Sigma q} = 0.97$

则全厂的计算负荷为

$$P_{30} = 0.95 \left(\sum_{i=1}^{11} P_{30(i1)} + P_{30} \right) = 0.95 \times (1063.6 + 63.2)\text{kW} = 1070.46\text{kW}$$

$$Q_{30} = 0.97 \sum_{i=1}^{11} Q_{30(i1)} = 0.97 \times 867.372\text{kvar} = 841.35\text{kvar}$$

$$S_{30} = \sqrt{1070.46^2 + 841.35^2}\text{kV} \cdot \text{A} = 1361.53\text{kV} \cdot \text{A}; \quad I_{30} = \frac{1361.53\text{kV} \cdot \text{A}}{\sqrt{3} \times 0.38\text{kV}} = 2068.69\text{A}$$

（2）无功功率补偿　由以上计算可得变压器低压侧的视在计算负荷为 $S_{30} = 1361.53\text{kV} \cdot \text{A}$

这时低压侧的功率因数为 $\cos\varphi_{(2)} = \dfrac{1070.46}{1361.53} = 0.79$

为使高压侧的功率因数≥0.90，则低压侧补偿后的功率因数应高于0.90，取 $\cos\varphi$ = 0.95。要使低压侧的功率因数由0.79提高到0.95，则低压侧需装设的并联电容器容量为

$$Q_C = 1070.46\ (\tan\arccos 0.79 - \tan\arccos 0.95)\ \text{kvar} = 478.92\text{kvar}$$

取 $Q_C = 480\text{kvar}$，则补偿后变电所低压侧的视在计算负荷为

$$S'_{30(2)} = \sqrt{1070.46^2 + (841.35 - 480)^2}\ \text{kV·A} = 1129.80\text{kV·A}$$

计算电流 $I'_{30(2)} = \dfrac{1129.80\text{kV·A}}{\sqrt{3}\times 0.38\text{kV}} = 1716.60\text{A}$

变压器的功率损耗为

$$\Delta P_T \approx 0.015 S'_{30(2)} = 0.015\times 1129.80\text{kV·A} = 16.95\text{kW}$$

$$\Delta Q_T \approx 0.06 S'_{30(2)} = 0.06\times 1129.80\text{kV·A} = 67.79\text{kvar}$$

变电所高压侧的计算负荷为 $P'_{30(1)} = 1070.46\text{kW} + 16.95\text{kW} = 1087.41\text{kW}$

$$Q'_{30(1)} = (841.35 - 480)\ \text{kvar} + 67.79\text{kvar} = 429.14\text{kvar}$$

$$S'_{30(1)} = \sqrt{1087.41^2 + 429.14^2}\ \text{kV·A} = 1169.03\text{kV·A}$$

$$I'_{30(1)} = \frac{1169.03\text{kV·A}}{\sqrt{3}\times 10\text{kV}} = 67.50\text{A}$$

补偿后的功率因数为 $\cos\varphi' = \dfrac{1087.41}{1169.03} = 0.93$，满足（大于0.90的）要求。

（3）年耗电量的估算　年有功电能消耗量及年无功电能耗电量为

年有功电能消耗量为　　　　　　　$W_{p\cdot\alpha} = \alpha P_{30} T_\alpha$

年无功电能耗电量为　　　　　　　$W_{q\cdot\alpha} = \beta Q_{30} T_\alpha$

结合本厂的情况，年负荷利用小时数 T_α 为4800h，取年平均有功负荷系数 $\alpha = 0.72$，年平均无功负荷系数 $\beta = 0.78$。由此可得××机械厂：

年有功耗电量为 $W_{p\cdot\alpha} = 0.72\times 1169.03\text{kW}\times 4800\text{h} = 4.04\times 10^6\text{kW·h}$；

年无功耗电量为 $W_{q\cdot\alpha} = 0.78\times 841.35\text{kvar}\times 4800\text{h} = 3.15\times 10^6\text{kvar·h}$。

（4）变电所主变压器台数的选择　变压器台数应根据负荷特点和经济运行进行选择。当符合下列条件之一时，宜装设两台及以上变压器：有大量一级或二级负荷；季节性负荷变化较大；集中负荷较大。结合本厂的情况，考虑到二级重要负荷的供电安全可靠，故选择两台主变压器。

（5）变电所主变压器容量选择　每台变压器的容量 $S_{N\cdot T}$ 应同时满足以下两个条件：

1）任一台变压器单独运行时，宜满足：$S_{N\cdot T} = (0.6\sim 0.7)\cdot S_{30}$。

2）任一台变压器单独运行时，应满足：$S_{N\cdot T}\geqslant S_{30(1+11)}$，即满足全部一、二级负荷需求。

代入数据可得 $S_{N\cdot T} = (0.6\sim 0.7)\times 1169.03\text{kV·A} = (701.42\sim 818.32)\text{kV·A}$。

又考虑到××机械厂的气象资料（年平均气温为20℃），所选变压器的实际容量：$S_{N\cdot T实} = (1 - 0.08)\cdot S_{NT} = 920\text{kV·A}$ 也满足使用要求，同时又考虑到未来5~10年的负荷发展，初步取 $S_{N\cdot T} = 1000\text{kV·A}$。考虑到安全性和可靠性的问题，确定变压器为 SC3 系列箱型干式变压器，型号为 SC3 – 1000/10，其主要技术指标见表1-7。

表1-7　主要技术指标

变压器型号	额定容量/kV·A	额定电压/kV		联结组型号	损耗/kW		空载电流	短路阻抗
		高压	低压		空载	负载	I_0（%）	U_K（%）
SC3 – 1000/10	1000	10.5	0.4	Dyn11	2.45	7.45	1.3	6

1.3 技能培养

1.3.1 技能评价要点

"变压器的选用"学习情境的技能评价要点见表1-8。

表1-8 "变压器的选用"学习情境的技能评价要点

序号	技能评价要点	权重（%）
1	能正确认识变压器的类型	5
2	能正确说出变压器的用途、结构、工作原理	20
3	能正确说出三绕组变压器的结构、特点	10
4	能正确说出自耦变压器的结构、特点	10
5	能正确说出电流互感器的特点及应用	10
6	能正确说出电压互感器的特点及应用	10
7	能正确使用钳形电流表	10
8	能正确说出分裂变压器的特点及应用	5
9	培养自主学习的能力，激发爱国主义精神，夯实安全用电意识和节能环保意识	20

1.3.2 技能实训

1. 应知部分

（1）填空题

1）变压器是一种既能改变_____、_____和_____，又能保持_____不变的电气设备。

2）将变压器误接到等电压的直流电源上时，由于 $E = $ _____，$U = $ _____，空载电流将_____，空载损耗将_____。

3）变压器的核心结构部件是_____和_____。

4）变压器储油柜的作用是_____和_____。

5）变压器铁心的作用是_____，变压器线圈的作用是_____。

6）变压器变压的关键是_____。变压器的作用是_____和_____。

7）电压互感器的正常运行状态相当于变压器的_____状态，电流互感器的正常运行状态相当于变压器的_____状态。

8）自耦变压器的一、二次绕组有_____，故不能用作安全隔离变压器。

9）电机和变压器常用的铁心材料为_____。

（2）判断题（对：√；错：×）

1）额定电压380V/220V的单相变压器，若作升压变压器使用，可在低压侧接380V的电源，高压侧输出电压达656V。　　　　　　　　　　　　　　　　　　　　　（　　）

2）变压器油的温度反映了绕组和铁心的温度。　　　　　　　　　　　　　　　（　　）

3）自耦变压器虽然其输出功率可调，但使用不够安全。　　　　　　　　　　　（　　）

4）自耦变压器与双绕组变压器比较，在所用硅钢片和电磁线相等的条件下，自耦变压器所能传递的能量较少。 （　　）

5）三绕组变压器高、中、低三绕组的排列顺序应以一次侧与二次侧较近为原则。 （　　）

6）电压互感器正常运行时二次侧相当于短路，电流互感器正常运行时二次侧相当于开路。 （　　）

7）电机和变压器常用的铁心材料为软磁材料。 （　　）

8）铁磁材料的磁导率小于非铁磁材料的磁导率。 （　　）

9）铁心叠片越厚，其损耗越大。 （　　）

10）若硅钢片的接缝增大，则其磁阻增加。 （　　）

11）在电机和变压器铁心材料周围的气隙中存在少量磁场。 （　　）

（3）选择题

1）变压器的一、二次绕组电动势 E_1、E_2 和一、二次绕组匝数 N_1、N_2 之间的关系为（　　）。

A. $E_1/E_2 = N_1/N_2$　　　B. $E_1/E_2 = N_2/N_1$　　　C. $E_1/E_2 = N_1^2/N_2^2$

2）变压器铁心采用相互绝缘的薄硅钢片制造，主要目的是为了降低（　　）。

A. 杂质损耗　　　　　B. 铜损耗　　　　　C. 涡流损耗　　　　　D. 磁滞损耗

3）电力变压器的铁心和绕组浸入盛满变压器油的油箱中，其主要目的是（　　）。

A. 改善散热条件　　　B. 加强绝缘条件　　　C. 增大变压器容量

4）热轧硅钢片和冷轧硅钢片的主要区别是（　　）。

A. 磁导率不同　　　　B. 损耗不同　　　　C. 顺着碾压方向磁导率不同

5）当必须从使用着的电流互感器上拆下电流表时，应首先将互感器的二次侧可靠接地（　　），然后才能把电流表连接线拆开。

A. 断开　　　　　　　B. 短路　　　　　　C. 接地

6）电压互感器运行中，其二次绕组（　　）；电流互感器在运行中，其二次绕组（　　）。

A. 不允许开路　　　　B. 不允许短路　　　　C. 不允许接地

7）三绕组变压器高、中、低压绕组的排列顺序是（　　）。

A. 对于降压变压器，中压绕组放中间

B. 对于升压变压器，中压绕组放中间

C. 对于中压为初级的三绕组变压器，把中压绕组放中间

8）若硅钢片的叠片接缝增大，则其磁阻（　　）。

A. 增加　　　　　　　B. 减小　　　　　　C. 基本不变

9）铁心叠片越厚，其损耗（　　）。

A. 越大　　　　　　　B. 越小　　　　　　C. 不变

10）在电机和变压器铁心材料周围的气隙中（　　）磁场。

A. 存在　　　　　　　B. 不存在　　　　　C. 不好确定

（4）问答题

1）变压器是怎样实现变压的？为什么不能变频率？

2）变压器铁心的作用是什么？为什么要用厚度为0.35mm、表面涂有绝缘漆的硅钢片叠成？

3）变压器的一次绕组若接在直流电源上，二次会有稳定的直流电压吗？为什么？

4）变压器有哪些主要部件，其功能是什么？

5）变压器二次额定电压是怎样定义的？

6）为何自耦变压器绕组容量小于额定容量？其电压比通常在什么范围？为什么？其中性点为什么要接地？

7）电流互感器与电压互感器产生误差的原因是什么？它们的二次侧仪表接得过多有什么不好？它们的二次侧为何要接地？电流互感器的二次侧为何绝不许开路，而电压互感器为何不许短路？

8）三绕组变压器多用于什么场合？三绕组变压器的额定容量是怎样确定的？三个绕组的容量有哪几种配合方式？

9）什么叫分裂变压器？在什么场合使用？有什么优点？

2. 应会部分

已知某学院的负荷统计见表1-9。

表1-9 某学院的负荷统计

厂房编号	用电单位名称	负荷性质	设备容量/kW	需要系数	$\tan\varphi$	功率因数 λ（$\cos\varphi$）
1	食堂	动力	8	0.25	1.17	0.65
		照明	2	0.80		1.0
2	办公用电	动力	89	0.35	1.02	0.60
		照明	0.5	0.80		1.0
	宿舍区	动力	49	0.80	1.0	0.6
		照明	0.5	0.70		1.0

试选择该学院配电间变压器的台数及容量。

学习情境 2　变压器的运行管理

2.1　学习目标

【知识目标】　掌握单相变压器空载运行的物理状况；掌握单相变压器空载时各物理量的意义；掌握单相变压器空载时的基本方程式、等效电路和相量图；了解折算的意义和方法；掌握单相变压器负载时的物理状况及基本电磁关系；掌握单相变压器负载时的基本方程式、等效电路和相量图；理解标幺值的含义；熟练掌握单相变压器的运行性能；理解三相变压器的磁路结构和特点；熟练掌握三相变压器极性表示方法和联结组标号的意义、判断方法；了解三相变压器空载时电动势的波形；掌握变压器并列运行的条件和非正常运行对变压器的危害。

【能力目标】　培养学生在生产实际中正确使用和管理变压器的能力。

【素质目标】　培养分析问题、解决问题的能力；培养沉着应变能力；规范着装，培育规矩意识和扎根一线的情怀。

2.2　基础理论

2.2.1　单相变压器空载运行的物理现象

1. 电磁关系

图 2-1 所示是单相变压器空载运行原理图。当一次绕组端头 AX 上加额定交流正弦电压 $\dot{U}_1$，二次侧开路，该一次绕组流过的电流 $\dot{I}_0$，称为空载电流（下面将提到空载电流不是正弦量，这里和后面提到的 $\dot{I}_0$ 都是等效正弦量）。$\dot{I}_0$ 建立的空载磁动势 $\vec{F}_0 = N_1 \dot{I}_0$，该磁动势产生交变磁通，根据磁通通过的路径不同，可将它分为两部分：沿铁心耦合一、二次绕组的部分，称为主磁通 $\dot{\Phi}_m$，它占总磁通的 99% 以上，是两绕组间的互感磁通，是变压器进行能量传递的媒介；另一部分仅与一次绕组相连，且主要沿空气或油闭合，称为一次绕组的漏磁通 $\dot{\Phi}_{1\sigma}$，它占总磁通不到 1%，并不能传递能量，只在电路里产生漏电动势 $\dot{E}_{1\sigma}$。

空载时的各电磁量关系如下：

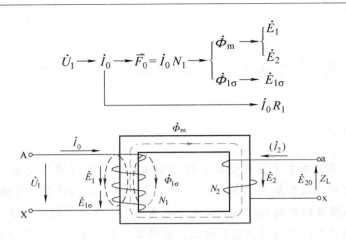

图 2-1　单相变压器空载运行原理图

2. 正方向的选定

原则上，假定正方向可以任意选定。同一个电磁量，若选用正方向不同，它在所列写的电磁关系式中的符号是不同的。为了使方程的表达形式统一，很多场合采用了所谓习惯正方向。

变压器各量的习惯正方向如图 2-1 所示，说明如下：

（1）一次电压 $\dot{U}_1$ 的正方向　由首端 A 至末端 X。

（2）一次电流 $\dot{I}_0$（包括下面将提到的 $\dot{I}_1$）的正方向　与 $\dot{U}_1$ 正方向一致。这样，功率输入绕组即为正值（这叫"电动机"惯例）。

（3）主磁通 $\dot{\Phi}_m$ 的正方向　与电流 $\dot{I}_0$（$\dot{I}_1$）的正方向符合"右手螺旋"定则。

（4）一次电动势 $\dot{E}_1$ 的正方向　与主磁通 $\dot{\Phi}_m$ 的正方向符合"右手螺旋"定则。根据这个正方向和磁通的正方向，才有 $e = -N\dfrac{\mathrm{d}\Phi}{\mathrm{d}t}$ 式中的负号。

（5）二次电动势 $\dot{E}_2$ 的正方向　与主磁通 $\dot{\Phi}_m$ 的正方向符合"右手螺旋"定则。

（6）二次电压 $\dot{U}_2$ 的正方向　与 $\dot{E}_2$ 的正方向一致。

（7）二次电流 $\dot{I}_2$ 的正方向　与 $\dot{U}_2$ 的正方向一致。这样，功率从绕组输出时为正值（这叫"发电机"惯例）。

3. 电动势

根据电磁感应定律，交变磁通必在其相链的绕组中感应电动势，主磁通环链一、二次绕组，必在该两绕组中产生感应电动势。设主磁通随时间 t 按正弦规律变化，即

$$\Phi = \Phi_m \sin\omega t \tag{2-1}$$

式中　Φ——主磁通瞬时值；

Φ_m——主磁通幅值；

ω——角频率，$\omega = 2\pi f$；

f——磁通变化的频率。

在所规定的正方向的前提下，一次绕组中感应的电动势（称为一次感应电动势）为

$$e_1 = -N_1\frac{\mathrm{d}\Phi}{\mathrm{d}t} = -N_1\frac{\mathrm{d}\,(\Phi_{\mathrm{m}}\sin\omega t)}{\mathrm{d}t}$$

$$= -N_1\omega\Phi_{\mathrm{m}}\cos\omega t$$

$$= \omega N_1\Phi_{\mathrm{m}}\sin\,(\omega t - 90°)$$

$$= E_{1\mathrm{m}}\sin\,(\omega t - 90°) \tag{2-2}$$

式中　$E_{1\mathrm{m}}$——一次感应电动势 e_1 的幅值（最大值），$E_{1\mathrm{m}} = \omega N_1\Phi_{\mathrm{m}}$。

从式（2-2）可见，电动势 e_1 也是随时间按正弦律变化的。

一次电动势的有效值为

$$E_1 = \frac{E_{1\mathrm{m}}}{\sqrt{2}} = \frac{1}{\sqrt{2}}\omega N_1\Phi_{\mathrm{m}} = \frac{1}{\sqrt{2}}2\pi f N_1\Phi_{\mathrm{m}} \approx 4.44 f N_1\Phi_{\mathrm{m}} \tag{2-3}$$

$\dot{E}_1$ 和 $\dot{\Phi}_{\mathrm{m}}$ 的关系用相量表示，则

$$\dot{E}_1 = -\mathrm{j}4.44 f N_1\dot{\Phi}_{\mathrm{m}} \tag{2-4}$$

从式（2-3）和式（2-4）可以看出，电动势的大小与主磁通的幅值有关，还与磁通的变化频率和绕组的匝数有关；电动势 $\dot{E}_1$ 落后主磁通 $\dot{\Phi}_{\mathrm{m}}$ 90°。

同理，在二次绕组中感应的二次电动势的瞬时值为

$$e_2 = E_{2\mathrm{m}}\sin(\omega t - 90°)$$

二次电动势最大值为　　　　　$$E_{2\mathrm{m}} = \omega N_2\Phi_{\mathrm{m}} \tag{2-5}$$

二次电动势有效值为　　　　　$$E_2 = 4.44 f N_2\Phi_{\mathrm{m}} \tag{2-6}$$

$\dot{E}_2$ 和 $\dot{\Phi}_{\mathrm{m}}$ 的关系用相量表示，则

$$\dot{E}_2 = -\mathrm{j}4.44 f N_2\dot{\Phi}_{\mathrm{m}} \tag{2-7}$$

由一次绕组的漏磁通 $\dot{\Phi}_{1\sigma}$ 感应的漏电动势为

$$e_{1\sigma} = -N_1\frac{\mathrm{d}\Phi_{1\sigma}}{\mathrm{d}t} = \omega N_1\Phi_{1\sigma\mathrm{m}}\sin\,(\omega t - 90°) \tag{2-8}$$

式中　$\Phi_{1\sigma}$——一次漏磁通幅值。

类似式（2-3）、式（2-4），则有

$$E_{1\sigma} = 4.44 f N_1\Phi_{1\sigma\mathrm{m}} \tag{2-9}$$

$$\dot{E}_{1\sigma} = -\mathrm{j}4.44 f N_1\dot{\Phi}_{1\sigma\mathrm{m}} \tag{2-10}$$

4. 电动势方程式

在一次侧，除上述的外加电压 $\dot{U}_1$、电动势 $\dot{E}_1$ 和漏电动势 $\dot{E}_{1\sigma}$ 外，还有一次绕组电阻 r_1 流过 $\dot{I}_0$ 后产生的电压降 $\dot{I}_0 r_1$。

在列电压方程式前，还要将电动势表达式中的磁通进行电路化处理。

考虑到电动势和电抗压降是同一个物理现象的两种表达方式，将漏电动势 $E_{1\sigma}$ 写成电压降形式，$E_{1\sigma} = I_0 x_{1\sigma}$，这说明，漏电动势 $E_{1\sigma}$ 可以看成是电流在感抗上产生的电压降 $I_0 x_{1\sigma}$。

$$\dot{E}_{1\sigma} = -\mathrm{j}\dot{I}_0 x_{1\sigma} \tag{2-11}$$

式中 $x_{1\sigma}$——一次绕组的漏电抗。

式（2-11）表明：

1）漏磁通 $\dot{\Phi}_{1\sigma}$ 感应的漏电动势 $\dot{E}_{1\sigma}$，可用漏电抗压降的形式来表示。

2）漏磁通磁路为线性磁路，漏磁通与建立它的励磁电流成正比关系，磁阻为常数，漏电感 $L_{1\sigma}$ 及漏电抗 $x_{1\sigma}$ 均为常数。

3）把电动势写成漏电抗压降形式，是处理线性磁路的常用方法，此时 I_0、$\Phi_{1\sigma}$、$E_{1\sigma}$ 三者之间有正比例关系，引入电抗 $x_{1\sigma}$ 的实质，为的是在 I_0 与 $E_{1\sigma}$ 之间引入一个比例常数，用漏电抗 $x_{1\sigma}$ 来反映漏磁通 $\Phi_{1\sigma}$ 的作用，这样就把复杂的磁路问题简化为电路问题了，电机工程中常采用这样的方法。电抗总是对应于磁通的，在以后的学习过程中，将会出现各种电抗，明确它所对应的磁通是很重要的。因为漏电抗 $x_{1\sigma}$ 所对应的漏磁通的路径主要是空气和油，磁导率 μ 是常数，故 $x_{1\sigma}$ 是一个常数。以后把 $x_{1\sigma}$ 写作 x_1。

根据基尔霍夫第二定律，并参照图 2-1 所标的假定正方向，可写出一次电动势的方程式为

$$\begin{aligned}
\dot{U}_1 &= -\dot{E}_1 - \dot{E}_{1\sigma} + \dot{I}_0 r_1 \\
&= -\dot{E}_1 + j\dot{I}_0 x_1 + \dot{I}_0 r_1 \\
&= -\dot{E}_1 + \dot{I}_0 Z_1
\end{aligned} \tag{2-12}$$

式中 Z_1—— 一次绕组漏阻抗，$Z_1 = r_1 + jx_1$。

从式（2-12）可见，一次侧外加电压被电动势和漏阻抗压降平衡。电动势 $\dot{E}_1$ 有时也称为反电动势。由于 $\dot{I}_0 Z_1$ 很小（仅占 U_1 的 0.5%），在分析问题时可以忽略，即认为 $\dot{U}_1 \approx -\dot{E}_1$。在数值上，$\dot{U}_1 \approx -\dot{E}_1 = j4.44 f N_1 \dot{\Phi}_{\rm m}$。这个近似公式建立了变压器三个物理量在数值上的关系。由此可得到一个重要的结论：在 f、N_1 一定的情况下，主磁通的最大值决定于外加电压 U_1 的大小。当外加电压为定值时，主磁通的最大值即为定值。

同理，空载电流 $\dot{I}_0$ 产生主磁通 $\dot{\Phi}_{\rm m}$ 在一次绕组感应出电动势 $\dot{E}_1$ 的作用，也可类似地用一个电路参数来处理，考虑到主磁通 $\dot{\Phi}_{\rm m}$ 在铁心中引起铁损，故不能单纯地引入一个电抗，而应引入一个阻抗 $Z_{\rm m}$。这样便把 $\dot{E}_1$ 和 $\dot{I}_0$ 联系起来，这样将 $\dot{E}_1$ 的作用看作是 $\dot{I}_0$ 在 $Z_{\rm m}$ 上的阻抗压降，即

$$-\dot{E}_1 = \dot{I}_0 Z_{\rm m} = \dot{I}_{\rm m} (r_{\rm m} + jx_{\rm m})$$

式中 $Z_{\rm m}$——励磁阻抗，$Z_{\rm m} = r_{\rm m} + jx_{\rm m}$；

$x_{\rm m}$——励磁电抗，对应于主磁通的电抗；

$r_{\rm m}$——励磁电阻，对应于铁损的等效电阻，铁损 $p_{\rm Fe} = I_0^2 r_{\rm m}$。

空载时，二次绕组没有电流，因此，二次绕组的端电压 $\dot{U}_{20}$ 就等于二次电动势 $\dot{E}_2$。

5. 电压比

一般用电压比来衡量变压器变压的幅度。所谓电压比，即一次相电动势 E_1 对二次相电

动势 E_2 之比，用 K 表示，即

$$K = \frac{E_1}{E_2} = \frac{4.44 f N_1 \Phi_m}{4.44 f N_2 \Phi_m} = \frac{N_1}{N_2} \tag{2-13}$$

式（2-13）表明，电压比也等于一、二次绕组的匝数之比。习惯上取 $K > 1$ 的值，即高压绕组的相电动势除以低压绕组的相电动势。

单相变压器空载时，$E_1 \approx U_1 = U_{1N}$，$E_2 \approx U_{20} = U_{2N}$，则

$$K = \frac{E_1}{E_2} \approx \frac{U_{1N}}{U_{2N}} \tag{2-14}$$

式（2-14）说明单相变压器的电压比近似地等于两绕组的额定电压之比。

顺便指出，由于三相变压器有不同的连接方法，因此电压比和额定电压之比是不一致的。

对于 Yd 联结的三相变压器，有

$$K = \frac{N_1}{N_2} = \frac{E_1}{E_2} \approx \frac{U_{1N}}{\sqrt{3} U_{2N}} \tag{2-15}$$

对于 Dy 联结的三相变压器，有

$$K = \frac{N_1}{N_2} = \frac{E_1}{E_2} \approx \frac{\sqrt{3} U_{1N}}{U_{2N}} \tag{2-16}$$

式中　E_1、E_2——一、二次侧的相电动势；

　　　U_{1N}、U_{2N}——一、二次侧的额定线电压。

式（2-13）、式（2-14）说明，三相变压器的电压比是一、二次相电动势之比。如果将三角形联结变为等效的星形联结，此结论也正确。

2.2.2　单相变压器空载运行时的各物理量

1. 空载电流

二次侧开路时一次绕组中流过的电流称为空载电流。空载电流流过绕组后，建立交变磁动势。该磁动势在铁心中建立交变磁通，同时也产生损耗。故空载电流包含两个分量：①无功分量 i_{0w}，又称磁化电流，起励磁作用；②有功分量 i_{0Y}，供给空载时变压器的损耗。

空载电流常以它对额定电流的百分数表示，即 $\frac{I_0}{I_N} \times 100\%$，其范围为 $2\% \sim 6\%$。由于有功分量所占比重极小，仅为无功分量的 10% 左右，所以，空载电流基本上是感性无功性质的。

空载电流（主要决定于磁化电流）的大小和波形，与变压器铁心的饱和程度有关。铁心的磁化曲线是非线性的，若工作点选在磁化曲线的未饱和段，磁通和空载电流是线性关系，因而当磁通为正弦波时，电流也是正弦波。若工作点在饱和段，则磁通和空载电流就是非线性关系。一般电力变压器的额定工作点都选在开始饱和段内，因此，当外加电压等于额定电压时，虽然电压为正弦波，与其相应的主磁通也是正弦波，但由于铁心饱和的缘故，空载电流的波形却变成尖顶波。这可从图 2-2 中看出。

图 2-2 示出了空载电流 i_0 的波形。曲线 $i_0 = f(\omega t)$ 是根据磁通随时间变化的波形（曲线 1）和磁化曲线（曲线 2）做出的（没有考虑铁损），由图可见，磁通是正弦波，电流 i_0

则是尖顶波，且幅值变得很大。铁心饱和得越厉害，电流曲线增长得也越快。

影响空载电流数值的因素很多，可从外加电压和与之平衡的一次电动势进行分析。例如，一个已绕制好的绕组，当外加电压一定时，空载电流只与磁路的磁阻有关，而影响磁阻的因素有铁心尺寸和铁心材料，还有叠片工艺。又如，对已制好的变压器，当外加电压增大超过额定值时，磁路饱和程度加大，磁导率降低，磁阻增大，空载电流会上升。

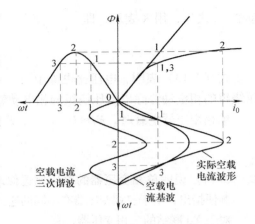

图 2-2　磁路饱和时的空载电流波形

2. 空载损耗

变压器空载运行时的损耗主要包括：空载电流流过一次绕组时在电阻中产生的损耗（习惯称铜损）和铁心中产生的损耗（习惯称铁损）。铁损包括涡流损耗和磁滞损耗。在由硅钢片制成的铁心里，磁滞损耗超过涡流损耗 5～8 倍。

相对地说，由于空载电流很小，因此空载时铜损也很小，与铁损相比，它可以忽略不计，故可认为，空载损耗就等于铁心损耗。

变压器的铁损通常采用下列经验公式计算（单位为 W），即

$$p_{Fe} = p_{1/50} B_m^2 \left(\frac{f}{50} \right)^{1.3} G \tag{2-17}$$

式中　$p_{1/50}$——频率为 50Hz、最大磁通密度为 1T 时，每千克铁心的铁损（W/kg）；

　　　B_m——磁通密度的最大值（T）；

　　　f——磁通频率（Hz）；

　　　G——铁心重量（kg）。

铁损也可用实验法测定。实际上，变压器空载运行时，除上述的铜损和铁损外，还有附加损耗。产生附加损耗的原因是：铁心接缝处和装穿心螺杆处的磁通密度分布不均，处于磁通中的各金属部分感应起涡流等。变压器容量小时，附加损耗也小；大容量的变压器，附加损耗有时甚至与上述的基本铁损一样大。

空载损耗为额定容量的 0.2%～1%，这一数值并不大，但是因为电力变压器在电力系统中的使用量很大，且常年接在电网上，所以减少空载损耗具有重要意义。

2.2.3　单相变压器空载运行时的基本方程式、等效电路

1. 基本方程式

根据基尔霍夫定律得

$$\begin{cases} \dot{U}_1 = -\dot{E}_1 + \dot{I}_0 Z_1 \\ \dot{U}_{20} = \dot{E}_2 \\ -\dot{E}_1 = \dot{I}_0 Z_m \end{cases}$$

此外，还有两个重要表达式

$$\begin{cases} \varPhi_m \approx \dfrac{U_1}{4.44fN_1} \\[2mm] K = \dfrac{E_1}{E_2} \end{cases}$$

2. 等效电路

为了便于计算和分析问题，常将电路中的一部分用另一种形式的电路来代替，但取代的条件是：两者对未取代部分的效果应相等。另一种形式的电路称为等效电路。

变压器空载运行时，电路问题和磁路问题相互联系在一起，现将这一内在联系用纯电路形式直接表示出来，将使分析大为简化。等效电路就是从这一观点出发建立起来的。

根据变压器空载运行时的基本方程 $\dot{U}_1 = \dot{I}_0 Z_m + \dot{I}_0 Z_1 = \dot{I}_0 (Z_m + Z_1)$ 得等效电路如图 2-3 所示。

由图 2-3 可见，空载变压器可以看成是两个阻抗串联的电路，其中一个是漏阻抗 $Z_1 = r_1 + jx_1$，另一个是励磁阻抗 $Z_m = r_m + jx_m$。由于主磁路为非线性磁路，主磁通 $\dot{\varPhi}_m$ 与建立它的空载电流 $\dot{I}_0$ 之间为非线性关系，磁阻 r_m 不是常数，磁路越饱和，r_m 越大，x_m 越小。需要注意的是：x_m、r_m 是随外加电压的大小而变的，也即随铁心

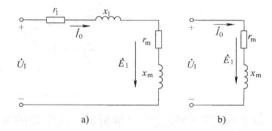

图 2-3　变压器空载运行时的等效电路及简化等效电路

饱和程度而变的。不过，因为变压器正常工作时外加电压等于额定电压，铁心的饱和程度不变，所以一般 r_m 和 x_m 取对应额定电压时的值，且认为是常数。由于空载运行时铁损 p_{Fe} 远远大于铜损 p_{Cu}，即 $r_m \gg r_1$，又由于主磁通 $\varPhi_m \gg \varPhi_{1\sigma}$，即 $x_m \gg x_1$，所以 $Z_m \gg Z_1$，故通常将 Z_1 忽略不计。例如，一台 $750\text{kV} \cdot \text{A}$ 的三相变压器，$Z_1 = 3.92\Omega$、$Z_m = 2244\Omega$，Z_m 比 Z_1 大 570 倍左右。

2.2.4　单相变压器负载运行时的物理现象及基本电磁关系

1. 电磁关系

通过上述分析可知，变压器空载运行时，与空载电流 $\dot{I}_0$ 相应的磁动势（$\vec{F}_0^\ominus = N_1 \dot{I}_0$）在铁心里建立了主磁通 $\dot{\varPhi}_m$。在一次侧，外加电压 $\dot{U}_1$ 与反电动势 $-\dot{E}_1$ 及漏阻抗压降 $\dot{I}_0 Z_1$ 相平衡，各物理量的大小均有一定的值，电磁关系处于平衡状态。

变压器负载时（变压器二次侧接上负载阻抗 Z_L，如图 2-4 所示），二次侧有了电流 $\dot{I}_2$。该电流建立的二次磁动势（$\vec{F}_2 = N_2 \dot{I}_2$）也作用在主磁路上。它会使主磁通 $\dot{\varPhi}_m$ 趋于改变，电动势 $\dot{E}_1$ 也随之趋于改变，从而打破了原来的平衡状态，使一次电流也发生变化，由空载时的电流 $\dot{I}_0$ 变为负载时的 $\dot{I}_1$。据式（2-4）可知，在外加电压 $\dot{U}_1$ 不变的前提下，主磁通 $\varPhi_m$

　㊀　交流磁动势既是空间矢量又是时间相量，因此本书中用 $\vec{F}$ 表示。

应不变（因 $U_1 \approx E_1 \propto \Phi_m$）。因此，由 $\dot{I}_1$ 建立的一次磁动势与二次磁动势的合成磁动势所产生的主磁通，将仍保持原来的值（实际上略有变化）。

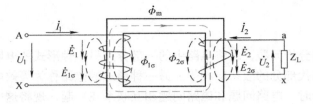

图 2-4　变压器负载运行原理图

负载时的各电磁物理量关系如下：

$$
\begin{array}{c}
\dot{U}_1 \rightarrow \dot{I}_1 \rightarrow \vec{F}_1 = N_1 \dot{I}_1 \\
\dot{U}_2 \rightarrow \dot{I}_2 \rightarrow \vec{F}_2 = N_2 \dot{I}_2
\end{array}
\rightarrow \vec{F}_0 = N_1 \dot{I}_0 \rightarrow \dot{\Phi}_0
\left\{
\begin{array}{l}
\dot{E}_1 \\
\dot{E}_2
\end{array}
\right.
$$

以上叙述的物理过程也解析了二次电流的变化引起一次电流变化的原因。

从能量守恒的角度来看，上述二次电流的增加引起一次电流也随着增加的现象，说明二次侧有输出功率时，一次侧相应地要输入功率。由此可知，变压器通过这种磁动势平衡和电磁感应关系进行能量的传递。

2. 磁动势平衡关系

空载时，作用在变压器主磁路上的只有一次侧的空载磁动势 $\vec{F}_0$。负载时，在主磁路上作用着两个磁动势：$\vec{F}_1$ 和 $\vec{F}_2$。从主磁通原理可知，此时的主磁通 $\dot{\Phi}_m$ 及由这两个磁动势合成的总磁动势也基本不变，仍可用空载时产生主磁通的空载磁动势 $\vec{F}_0$ 来近似地代表负载时铁心中的合成磁动势。据此，一、二次磁动势 $\vec{F}_1$ 和 $\vec{F}_2$ 的合成应该等于 $\vec{F}_0$。在图 2-4 所示的 $\dot{I}_1$ 和 $\dot{I}_2$ 的正方向情况下，有

$$\vec{F}_1 + \vec{F}_2 = \vec{F}_0 \tag{2-18}$$

此式称为磁动势平衡方程式，也可写成下面的形式，即

$$\dot{I}_1 N_1 + \dot{I}_2 N_2 = \dot{I}_0 N_1 \tag{2-19}$$

利用式（2-19），可以找出一、二次电流的关系。用 N_1 除式（2-19）得

$$\dot{I}_1 + \frac{N_2}{N_1} \dot{I}_2 = \dot{I}_0$$

或

$$\dot{I}_1 = \dot{I}_0 + \left(-\frac{N_2}{N_1} \dot{I}_2 \right) = \dot{I}_0 + \left(-\frac{1}{K} \dot{I}_2 \right) = \dot{I}_0 + \dot{I}_{1L} \tag{2-20}$$

式中　$\dot{I}_{1L}$——一次电流的负载分量，$\dot{I}_{1L} = -\dfrac{1}{K}\dot{I}_2$。

式（2-20）表明，变压器负载运行时，一次电流有两个分量；其一是产生主磁通所需要的励磁分量 $\dot{I}_0$；其二是用于产生抵消二次磁动势影响的负载分量 $\dot{I}_{1L}$。后者也就是供应二次负载功率的一次电流中的负载分量。

为了分析问题方便，常将 $\dot{I}_0$ 忽略，于是式（2-20）变为

$$\dot{I}_1 \approx -\frac{1}{K}\dot{I}_2$$

从数值上就可认为

$$\frac{I_1}{I_2} \approx \frac{1}{K} = \frac{N_2}{N_1}$$

由此可见，一、二次电流与相应绕组的匝数成反比。这说明变压器在变压的同时电流的大小也随着改变。这从能量守恒的角度看也是必然的。

2.2.5　电量的折算

一、二次绕组的匝数变换成同一匝数的方法叫作绕组的折算。把二次回路折算到一次回路的意思就是：用一个假想的（满足 $K=1$）、对一次等效的二次回路，代替实际的二次回路。这样做的目的是，在等效的原则下，将二次回路和一次回路间的磁耦合变为直接的电的联系，从而得到负载时的等效电路，以方便分析和计算。

折算后的量与原来的量，数值虽不同，但对另一侧的作用效果是相同的。某量的折算，就是在等效条件下，找出假想的二次回路与实际二次回路中各对应量间的关系。为区别起见，用右上角加 "′" 的文字符号代表折算后的量。

由低压侧（这里设为二次侧，绕组匝数为 N_2）折算到高压侧（一次侧，绕组匝数为 N_1）时，折算前、后各量的关系如下。

1. 电动势和电压的折算

主磁场、漏磁场在折算前、后不变的前提下，根据电动势和匝数成正比的关系，有

$$\left.\begin{array}{l} \dfrac{E_2'}{E_2} = \dfrac{N_1}{N_2} = K \\[2mm] E_2' = KE_2 \end{array}\right\} \tag{2-21}$$

$$U_2' = KU_2$$

2. 电流的折算

根据折算前、后磁动势 $\vec{F}_2$ 不变的原则，则有

$$\dot{I}_2'N_1 = \dot{I}_2 N_2$$

故　　　　　　　　　　　　　　　　$$I_2' = \frac{N_2}{N_1}I_2 = \frac{1}{K}I_2 \tag{2-22}$$

3. 阻抗的折算

从电动势和电流的关系，可以找出阻抗的关系，等效的二次阻抗应为

$$Z_2' + Z_L' = \frac{E_2'}{I_2'} = \frac{KE_2}{\frac{I_2}{K}} = K^2 \frac{E_2}{I_2} = K^2 (Z_2 + Z_L) \tag{2-23}$$

式（2-23）说明，阻抗的折算要乘以 K^2。

根据折算前、后功率因数不变，也即有功功率、无功功率不变，折算时电阻和电抗要分别乘以 K^2，即

$$r_2' = K^2 r_2, \quad r_L' = K^2 r_L \tag{2-24}$$

$$x_2' = K^2 x_2, \quad x_L' = K^2 x_L \tag{2-25}$$

上述这些折算的物理意义是明显的，折算不但对一次侧没有影响，而且二次侧的铜损、无功功率、视在功率均不变。

2.2.6 单相变压器负载运行时的基本方程式、等效电路

1. 变压器负载运行时的基本方程式

（1）一、二次电动势方程式 根据变压器负载运行时的物理状况及基尔霍夫第二定律，可写出一、二次侧的电动势方程式。

一次侧有 $\quad \dot{U}_1 = -\dot{E}_1 - \dot{E}_{1\sigma} + \dot{I}_1 r_1 = -\dot{E}_1 + j\dot{I}_1 x_1 + \dot{I}_1 r_1 = -\dot{E}_1 + \dot{I}_1 Z_1 \tag{2-26}$

式（2-26）与空载运行时电动势方程式的不同之处只是把 $\dot{I}_0$ 变成了 $\dot{I}_1$。

二次侧有

$$\dot{U}_2 = \dot{E}_2 - \dot{I}_2 r_2 + \dot{E}_{2\sigma} = \dot{E}_2 - \dot{I}_2 r_2 - j\dot{I}_2 x_2$$

$$= \dot{E}_2 - \dot{I}_2 (r_2 + jx_2) = \dot{E}_2 - \dot{I}_2 Z_2 \tag{2-27}$$

式中 $\quad Z_2$—— 二次绕组的漏阻抗，$Z_2 = r_2 + jx_2$。

二次电压 $\dot{U}_2$ 又可写成二次绕组所接的负载阻抗 Z_L 中的电压降，即

$$\dot{U}_2 = \dot{I}_2 Z_L \tag{2-28}$$

（2）负载运行时的基本方程式组 将前述的几个重要关系式归纳起来，即有

折算前

$$\left. \begin{array}{l} \dot{U}_1 = -\dot{E}_1 + \dot{I}_1 Z_1 \\[2mm] \dot{U}_2 = \dot{E}_2 - \dot{I}_2 Z_2 \\[2mm] K = \dfrac{E_1}{E_2} \\[2mm] \dot{I}_1 = \dot{I}_0 - \dfrac{1}{K} \dot{I}_2 \\[2mm] \dot{E}_1 = -\dot{I}_1 Z_m \\[2mm] \dot{U}_2 = \dot{I}_2 Z_L \end{array} \right\} \tag{2-29}$$

$$
折算后\quad
\left.
\begin{array}{l}
\dot{U}_1 = -\dot{E}_1 + \dot{I}_1 Z_1 \\[4pt]
\dot{U}'_2 = \dot{E}'_2 - \dot{I}'_2 Z'_2 \\[4pt]
K = \dfrac{E_1}{E'_2} = 1 \\[6pt]
\dot{I}_1 = \dot{I}_0 - \dot{I}'_2 \\[4pt]
\dot{E}_1 = -\dot{I}_1 Z_m \\[4pt]
\dot{U}'_2 = \dot{I}'_2 Z'_L
\end{array}
\right\}
\qquad(2\text{-}30)
$$

式（2-26）～式（2-30）概括地表达了变压器负载运行时各电量、磁量的主要关系，称为变压器的基本方程式。利用这组联立方程式，便能对变压器的稳态运行情况进行定量计算及分析。

2. 负载时的等效电路

变压器负载运行时的等效电路是在空载等效电路的基础上计入二次侧的影响而做出的。

图 2-5 所示电路中各参数的意义，在前面都已分别做过介绍。这里再明确一下：二次侧的各量都已折算到一次侧。由 r_m、x_m 组成的支路称为变压器的励磁支路，为一、二次侧共有；由 Z'_2 和 Z'_L 所组成的支路称为负载回路。

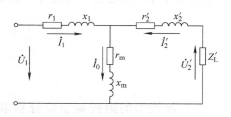

图 2-5 变压器 T 形等效电路

T 形等效电路是混联电路，计算时比较麻烦。在工程上允许的误差范围内，为使计算简化，常采用简化等效电路，如图 2-6a、b 所示。它是在忽略励磁电流的情况下得到的。图 2-6c 为简化等效电路对应的相量图。

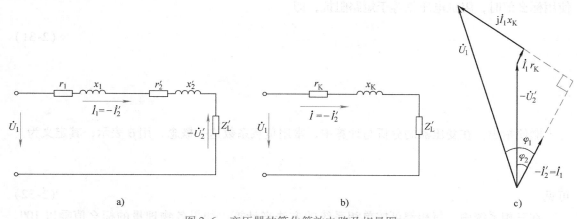

a)   b)   c)

图 2-6 变压器的简化等效电路及相量图

图 2-6b 中，短路阻抗为

$$
\left\{
\begin{array}{l}
r_K = r_1 + r'_2 \\[4pt]
x_K = x_1 + x'_2
\end{array}
\right.
$$

2.2.7 标幺值

在电力工程计算中，常采用各物理量的标幺值进行运算。所谓某物理量的标幺值，就是某一个物理量（如电流、电压、阻抗、功率等）的实际数值与选定的同单位的基值之比，即

$$标幺值 = \frac{实际值}{基值}$$

由于标幺值是个相对值，没有单位。为了区别实际值和标幺值，本书在各物理量原来的符号右下角加一"＊"号，以此表示标幺值。

基值可任意选定。在变压器和旋转电机里，常取各物理量本身的额定值作为基值。某量的基值一经选定，其他某些与之有关的物理量的基值就能通过公式导出，如电流、电压的基值一经选定，阻抗的基值也就随着确定了。

当选定各自的额定值为基值时，变压器的一、二次电压及电流的标幺值为

$$U_{1*} = \frac{U_1}{U_{1N}}; \quad U_{2*} = \frac{U_2}{U_{2N}}$$

$$I_{1*} = \frac{I_1}{I_{1N}}; \quad I_{2*} = \frac{I_2}{I_{2N}}$$

一、二次绕组的阻抗基值应分别取额定相电压与额定相电流的比值，即 $Z_{1j} = \frac{U_{1NP}}{I_{1NP}}$，$Z_{2j} = \frac{U_{2NP}}{I_{2NP}}$，则一、二次阻抗的标幺值为

$$Z_{1*} = \frac{Z_1 I_{1NP}}{U_{1NP}}; \quad Z_{2*} = \frac{Z_2 I_{2NP}}{U_{2NP}}$$

由此表明，阻抗的标幺值等于额定相电流在阻抗上产生的电压降的标幺值。由此可见，使用标幺值时，阻抗电压就等于短路阻抗，即

$$U_{K*} = \frac{U_K}{U_{1NP}} = \frac{Z_{K,75℃} I_{1NP}}{U_{1NP}} = Z_{K*} \tag{2-31}$$

又

$$r_{K*} = U_{KY*}$$

$$x_{K*} = U_{KW*}$$

顺便指出，在变压器的分析与计算中，常用负载系数这一概念，用 β 表示，其定义为

$$\beta = \frac{I_1}{I_{1N}} = \frac{I_2}{I_{2N}} = \frac{S_1}{S_N} = \frac{S_2}{S_N}$$

可见

$$\beta = I_{1*} = I_{2*} = S_{1*} = S_{2*} \tag{2-32}$$

在三相系统中，每相都可按单相系统的方法来计算，如果各物理量的标幺值乘以100，便变成额定值的百分数，如 $U_K(\%) = 100 U_{K*}$。

采用标幺值的优点：便于比较变压器或电机的参数和性能，如同类型的变压器，虽然容量和电压可以相差很大，但用标幺值表示参数的数值却大致相同。如同短路阻抗 $Z_{K*} =$

0.04 ～ 0.175；空载电流 $I_{0*} = 0.02$ ～ 0.10。若新设计一台变压器，其短路阻抗或空载电流与上述的标幺值相差甚大，则应校核其合理性。所以，标幺值在大小程度上能给人以明显的概念，可使计算工作简化，这可从以下几方面来看：

1）采用标幺值表示时，变压器一、二次侧相对应的各物理量相等，不需折算，如

$$U_{1*} = \frac{U_1}{U_{1N}} = \frac{KU_2}{KU_{2N}} = U_{2*}$$

2）采用标幺值后，各物理量的额定值为 1，运算方便。

3）采用标幺值可使物理性质不同的一系列量用相同的数值表示，公式也得到简化。例如，电动势公式用实际值表示为

$$E = 4.44fN\Phi_m$$

用标幺值表示为

$$E_* = \Phi_{m*}$$

上面式子是这样得到的：选额定电压 U_N 为 E 的基值，把公式两侧除以 U_N，得

$$\frac{E}{U_N} = 4.44fN\frac{\Phi_m}{U_N}$$

因 U_N、f、N 都是固定的值，再选磁通的基值 $\Phi_{mj} = \frac{U_N}{4.44fN}$，即得 $E_* = \Phi_{m*}$ 的结果。

标幺值也有缺点，例如没有单位，因为物理概念不够明确。

2.2.8　单相变压器的运行特性

变压器负载运行时，有两项性能指标比较重要，即电压变化率和效率。通常也把电压变化率叫变压器的外特性，它反映了变压器供电电压的质量指标；效率也叫效率特性，它反映了变压器运行时的经济指标。两者也体现了变压器的运行特性，下面分别讨论这两个问题。

1. 电压变化率

变压器一次侧接上额定电压，二次侧开路时，二次空载电压就等于二次额定电压。带上负载后，由于内部有漏阻抗压降，二次电压就要改变，二次电压变化的大小，用电压变化率来表示。所谓电压变化率 ΔU 是指在空载和给定的功率因数下，一次侧接额定频率和额定电压的电源上，二次侧有额定电流时，两个二次电压（U_{2N}、U_2）的代数差与二次侧额定电压 U_{2N} 的比值，即

$$\Delta U_N = \frac{U_{2N} - U_2}{U_{2N}} = 1 - U_{2*} \tag{2-33}$$

或

$$\Delta U_N = \frac{U_{2N} - U_2}{U_{2N}} \times 100\%$$

ΔU 也可用折算后的电压表示，即

$$\Delta U_N = \frac{K(U_{2N} - U_2)}{KU_{2N}} = \frac{U_{1N} - U_2'}{U_{1N}}$$

二次电压的变化情况，与变压器参数、负载的大小和性质有关，要导出其关系式，可借助于简化的相量图推导出任意负载时的电压变化率 ΔU 计算式为

$$\Delta U = \beta \ (r_{K*}\cos\varphi_2 + x_{K*}\sin\varphi_2) \tag{2-34}$$

式中　β——负载系数，也就是电流和功率的标幺值。

$$\beta = \frac{I_1}{I_{1N}} = \frac{I_2}{I_{2N}} = \frac{S_1}{S_{1N}} = \frac{S_2}{S_{2N}}$$

从式（2-34）可以看到，ΔU 与负载大小与负载功率因数、变压器参数也有关，在给定的负载下，短路阻抗的标幺值大，ΔU 也大。

功率因数对 ΔU 的影响也很大，若变压器带感性负载，则 $\varphi_2 > 0$，ΔU 为正值，说明带感性负载时二次电压比空载电压低；若变压器带容性负载，则 $\varphi_2 < 0$，ΔU 可能有负值，说明带容性负载时二次电压比空载电压高。

以 $\beta = 1$ 计算出来的 ΔU 值，即前述相应于额定电流时的电压变化率 ΔU_N 可写成如下形式，即

$$\Delta U_N = (r_{K*}\cos\varphi_2 + x_{K*}\sin\varphi_2) \times 100\%$$

利用此式计算时，r_{K*} 要用换算到 75℃ 时的数值。常用的电力变压器，当 $\cos\varphi_2 = 0.8$（滞后）时，ΔU_N 为 5% ~ 8%。

如果变压器的二次电压偏离额定值比较多，超出工业用电的允许范围，则必须进行调整。通常，在高压绕组上设有分接头，借此可调节高压绕组匝数（亦即变更电压比）来达到调节二次电压的目的，利用分接开关来调节分接头，一般可在额定电压 ±5% 范围内进行调节。

2. 效率

变压器的效率 η，以输出功率 P_2 和输入功率 P_1 比值的百分数表示，即

$$\eta = \frac{P_2}{P_1} \times 100\% \tag{2-35}$$

损耗的大小对效率有直接的影响。对于变压器，损耗可分为两大类，即铜损和铁损，铁损与电压有关，基本上不随负载而变，故又称不变损耗；铜损与电流有关，故又称可变损耗。铁损里除主磁通引起的损耗外，还有附加铁损，后者是漏磁通在油箱及其他铁件中产生的；铜损除绕组电阻里产生的损耗外，还有因趋肤效应及导体内换位不良使电流分布不均而引起的附加损耗。可用计算损耗的方法来确定变压器的效率，其关系式为

$$\eta = \frac{P_2}{P_1} \times 100\% = \frac{P_1 - \sum p}{P_1} \times 100\% = \left(1 - \frac{\sum p}{P_2 + \sum p}\right) \times 100\% \tag{2-36}$$

式中　$\sum p = p_{Fe} + p_{Cu}$——总损耗；

$\qquad p_{Fe}$——铁损；

$\qquad p_{Cu}$——铜损。

为了明确表达损耗与负载的关系，式（2-36）还可以变换一下。考虑到输出有功功率为

$$P_2 = U_2 I_2 \cos\varphi_2 \approx U_{2N} I_2 \cos\varphi_2 = \beta U_{2N} I_{2N} \cos\varphi_2 = \beta S_N \cos\varphi_2$$

铜损为 $$p_{\text{Cu}} = I_1^2 r_{\text{K},75℃} = \frac{I_1^2}{I_{1\text{N}}^2} I_{1\text{N}}^2 r_{\text{K},75℃} = \beta^2 p_{\text{KN}}$$

铁损为 $$p_{\text{Fe}} \approx p_0$$

且忽略负载时二次电压的变化，则效率公式可写成

$$\eta = \left(1 - \frac{p_0 + \beta^2 p_{\text{KN}}}{\beta S_{\text{N}} \cos\varphi_2 + p_0 + \beta^2 p_{\text{KN}}}\right) \times 100\% \tag{2-37}$$

式（2-37）说明，效率与负载大小以及功率因数有关。在给定的功率因数下，效率 η 和负载系数 β 的关系曲线（即效率特性曲线），如图 2-7 所示。

从图中曲线看出，负载增大时，开始效率也很快增大，达到定值后，效率又开始下降。这是因为，可变损耗与电流二次方成正比。当负载增大时，开始是输出功率增加使效率升高，到一定程度后，铜损的迅速增大，使效率又下降了。

最大的效率发生在 $\frac{\text{d}\eta}{\text{d}\beta} = 0$ 时。将式（2-37）对 β 微分，并使之等于零，得对应于最大效率时的临界负载系数为

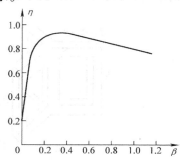

图 2-7　效率特性曲线

$$\beta_0 = \sqrt{\frac{p_0}{p_{\text{KN}}}}$$

或 $$\beta_0^2 p_{\text{KN}} = p_0$$

这就是说，当铜损等于铁损时，效率最高。

由于变压器一般不会长期在额定负载下运行，因此 β_0 在 $0.5 \sim 0.6$ 范围内，相应的 $\frac{p_0}{p_{\text{KN}}}$ 值为 $1/4 \sim 1/3$。这就是说，满载时铜损比铁损大得多。

2.2.9　三相变压器的磁路系统

电力系统均采用三相供电制，所以三相变压器可由三台单相变压器组合而成，称为三相组式变压器，还有一种三柱式铁心结构的变压器，称为三相心式变压器。

三相变压器在对称负载下运行时，其中每一相的电磁关系都与单相变压器相同，前面分析单相变压器的方法及有关结论，完全适用于对称运行的三相变压器。

下面讨论有关三相变压器的几个特殊问题，即三相变压器的磁路系统、三相变压器的联结组、感应电动势的波形以及不对称运行等。

1. 三相组式变压器

三相组式变压器由三台单相变压器组合而成，其特点是每相磁路独立对称，互不关联，并且完全对称，如图 2-8 所示。在特大容量时，为运输方便才采用这种结构。

2. 三相心式变压器

三相心式变压器的磁路是由三个单相变压器铁心演变而成的。把三个单相铁心合并成如图 2-9a 所示的结构，由于通过中间铁心的是三相对称磁通，其相量和为零，因此中间铁心可以省去，形成如图 2-9b 所示形状，再将三个心柱安排在同一平面上，则形成如图 2-9c 所

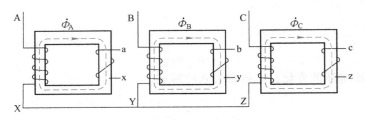

图 2-8　三相组式变压器的磁路

示的结构，这就是三相心式变压器的磁路。

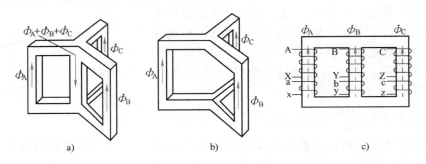

图 2-9　三相心式变压器的磁路

a）三个单相铁心的合并　b）去掉中间铁心柱　c）三相心式铁心

　　三相心式变压器的磁路特点是：各相磁路彼此关联，每一相磁通要通过另外两相磁路闭合。由于三相心柱在一个平面上，使得三相磁路有点不对称，由此造成三相励磁电流也有点不对称。由于励磁电流很小，故这种不对称程度在工程上造成的误差完全可以忽略不计。目前用得较多的是三相心式结构，它因具有消耗材料少、效率高、占地面积小、维护简单等优点，多被大型变压器采用。

2.2.10　三相变压器的极性与联结组

　　变压器不但能改变电压（电动势）的数值，还可以使高压侧、低压侧的电压（电动势）具有不同的相位关系。

　　三相绕组的联结方式、绕组的缠绕方向和绕组端头的标志这三个因素都会影响三相变压器一、二次线电压的相位关系。该相位关系用时钟表示法表示。它们的相位差连同联结方式总称为变压器的联结组标号。

　　所谓时钟表示法，即以变压器高压侧线电动势的相量作为长针，并固定指着"12点"方向；以低压侧同名线电动势的相量作为短针，它所指的时钟数，即表示该联结组的组别。

　　例如 Yy 联结，当 $\dot{E}_{AB}$ 与 $\dot{E}_{ab}$ 同相时，则联结组标号为 Yy0。绕组联结图以高压侧的视向为准；联结组标号的表示式中，大写字母表示高压绕组的连接方式，小写字母表示低压绕组的连接方式，后面的数字表示组别数。

　　对于单相变压器，以其高、低压侧电动势相量的相位关系表示其联结组标号。

下面先讨论单相变压器的极性及联结组，再分析三相变压器的联结组。顺便指出，高、低压侧电动势之间的相位关系完全等同于电压之间的相位关系。

1. 单相绕组的极性

对于三相变压器的任意一相（或单相变压器），其高、低压绕组之间，存在瞬时极性问题，即高、低压绕组交链同一交变磁通感应电动势时，极性相同的端头，称为同极性端或同名端，用符号"＊"表示。

如图2-10a所示的单相绕组，高、低压绕组绕向相同，当$\dfrac{\mathrm{d}\phi}{\mathrm{d}t}<0$瞬间，根据楞次定律可判断两个绕组的上端同为负电位，即为同极性端，而两个绕组的下端同为正电位，也为同极性端，只要标出一对同极性端即可。同理，当$\dfrac{\mathrm{d}\phi}{\mathrm{d}t}>0$瞬间，同极性端的关系仍然没有改变。

用同样的方法分析两绕组绕向相反的情况，同极性端的标记就要改变，如图2-10b、e所示。由此可见，极性与绕组的绕向有关。对已制好的变压器，其相对极性也就被确定了。

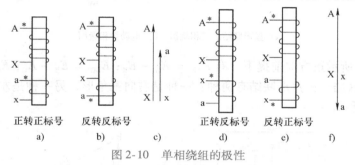

图2-10　单相绕组的极性

a）高、低压绕组绕向相同（即正接）　b）高、低压绕组绕向相反（即反接）并且端头标记对换
c）正接和反接且对换端头标记时的相量图　d）正接且低压绕组端头标记对换
e）反接接线图　f）反接和端头标记对换的相量图

2. 单相变压器的联结组

下面分析单相变压器高、低压绕组感应电动势之间的相位关系。绕组端头标记如图2-10所示。高、低压各绕组感应电动势正方向规定为从尾端指向首端。这样，高、低压绕组电动势之间只有两种相位关系：

1）若高、低压绕组首端为同极性端，并且首末端标号均为正标号或者首末端异极性反标号，则高、低压绕组电动势相位相同。

2）若高、低压绕组首端为异极性端，并且首末端正标号或者首末端同极性反标号，则高、低压绕组电动势相位相反。

单相变压器的联结组：单相变压器高、低压绕组联结用 *I/I* 表示。数字标号用时钟的点数表示。则图2-10a、b的联结组标号为 I，I0；图2-10d、e 为 I，I6。

3. 三相绕组的联结方式

三相绕组主要有星形联结和三角形联结两种。我国规定同一铁心柱上的高、低压绕组为同一相绕组，并采用相同的字母符号为端头标记。

为了分析和使用方便起见，电力变压器绕组的首、尾端都有标号。标号见表2-1。

表 2-1　变压器绕组的首、尾端标号

绕组名称	单相变压器		三相变压器		中性点
	首端	尾端	首端	尾端	
高压绕组	A	X	A、B、C	X、Y、Z	N
低压绕组	a	x	a、b、c	x、y、z	n
中压绕组	Am		Am、Bm、Cm	Xm、Ym、Zm	Nm

（1）星形联结　高压绕组的星形联结及电动势相量图如图 2-11 所示。

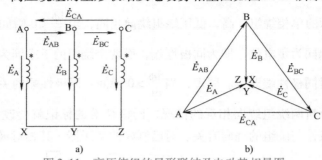

图 2-11　高压绕组的星形联结及电动势相量图

a）星形联结的三相绕组　b）电动势相量图

在如图 2-11 所示正方向前提下，有 $\dot{E}_{AB} = \dot{E}_A - \dot{E}_B$；$\dot{E}_{BC} = \dot{E}_B - \dot{E}_C$；$\dot{E}_{CA} = \dot{E}_C - \dot{E}_A$。

（2）三角形联结　三角形联结有两种：一种是右向三角形，另一种是左向三角形，如图 2-12 及图 2-13 所示。

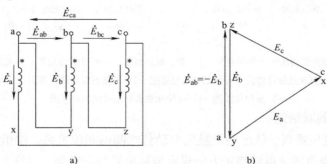

图 2-12　右向三角形联结的三相绕组及电动势相量图

a）右向三角形联结的三相绕组　b）电动势相量图

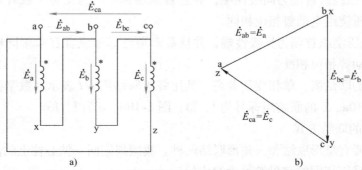

图 2-13　左向三角形联结的三相绕组及电动势相量图

a）左向三角形联结的三相绕组　b）电动势相量图

以右向三角形联结（d 联结）为例，其接线及电动势相量图如图 2-12 所示。

在图 2-12a 所规定的正方向下，有 $\dot{E}_{ab} = -\dot{E}_b$，$\dot{E}_{bc} = -\dot{E}_c$，$\dot{E}_{ca} = -\dot{E}_a$。

而左向三角形联结（d 联结）中，其接线及电动势相量图如图 2-13 所示。

在图 2-13a 所规定的正方向下，有 $\dot{E}_{ab} = \dot{E}_a$，$\dot{E}_{bc} = \dot{E}_b$，$\dot{E}_{ca} = \dot{E}_c$。

4. 三相变压器的联结组

下面分别以三相变压器的 Yy 及 Yd 联结组进行分析。

（1）Yy0 联结组　Yy0 联结组的接线图及电动势相量图如图 2-14 所示。从图 2-14b 可见，$\dot{E}_{AB}$ 指向"12"，$\dot{E}_{ab}$ 也指向"12"，其联结组标号为 Yy0。

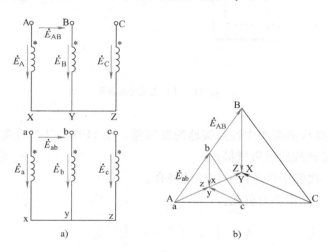

图 2-14　Yy0 联结组

a）接线图　b）电动势相量图

改变低压绕组同极性端，或者在保证正相序下改变低压绕组端头标记，还可以得到 2、4、6、8、10 五个偶数组别数。

（2）Yd11 联结组　Yd11 联结组的接线图及电动势相量图如图 2-15 所示。

改变低压绕组为右向或左向三角形联结，也可改变低压绕组同极性端或者在保证正相序下改变低压绕组端头标记，还可以得到 1、3、5、7、9 这五个奇数组号。

综上所述，变压器有很多联结组，为了制造和使用方便及统一，避免因联结组过多造成混乱，以致引起不必要的事故，同时又能满足工业上的需要，国际上规定了一些标准联结组。三相双绕组电力变压器的标准联结组有 Yy0、Y_Ny0、Yy_n0、Yd11、Y_Nd11 五种；单相变压器只有 I，I0 一种。其中，符号 Y_N、y_n 表示三相绕组为星形联结，并把中性点引出箱外。

各种标准联结组的使用范围如下：

1）Yy_n0 主要用在配电变压器中，供给动力与照明混合负载。这种变压器的容量可做到 1800kV·A，高压侧额定电压不超过 35kV，低压侧电压为 400/230V。

2）Yd11 用在二次电压超过 400V 的线路中，最大容量为 5600kV·A，高压侧电压也在 35kV 以下。

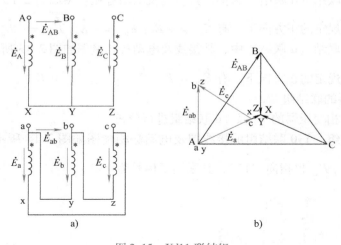

图 2-15　Yd11 联结组

a）接线图　b）电动势相量图

3）Y_Nd11 用在高压侧需要中性点接地的变压器，在 110kV 以上的高压输电线路，一般需要把中性点直接接地或通过阻抗接地。

4）Y_Ny0 用在一次侧中性点需要接地的场合。

5）Yy0 一般只供三相动力负载。

2.2.11　三相变压器空载运行时的电动势波形

本书在单相变压器空载运行分析中曾指出，变压器的空载电流、铁心中的主磁通及绕组中的感应电动势，这三者之间存在着相应的波形关系。空载电流是尖顶波，可以在具有磁饱和特性的铁心中建立正弦波的主磁通，从而在绕组中感应正弦波的电动势。

分析三相变压器的电动势波形较为复杂，因为空载电流的波形与三相绕组的连接方式（星形或三角形联结）有关，而铁心中磁通的波形又与磁路的结构形式（组式或心式变压器）有关。所以三相变压器的电动势波形与绕组连接方式和磁路结构形式有关，下面对不同情况加以分析。

1. Yy 联结的组式变压器的电动势波形

空载电流 i_0 呈尖顶波，可分解为基波及三次谐波电流，在三相系统中，空载电流的三次谐波分量，各相电流大小相等、相位相同。对于一次侧是星形联结又无中性线的三相变压器，三次谐波电流在三相绕组中不能流通，于是空载电流波形接近正弦波形。

利用空载电流的正弦曲线 $i_0 = f(t)$ 和铁心磁路的磁化曲线 $\Phi = f(i_0)$，可以作出主磁通曲线 $\Phi = f(t)$ 为一平顶波，如图 2-16 所示。可见，平顶波的主磁通中除基波磁通 Φ_1 外，还包含三次谐波磁通 Φ_3（忽略较弱的五次、七次等高次谐波磁通）。

铁心中的主磁通的实际波形，需要结合磁路特点，再分析三次谐波磁通 Φ_3 在磁路中是否畅通。在组式变压器的独立磁路中，三次谐波磁通 Φ_3 和基波磁通 Φ_1 沿同一磁路闭合。

由于铁心的磁阻很小，三次谐波磁通较大，所以主磁通为平顶波。

平顶波的主磁通感应的尖顶波的相电动势波形如图 2-17 所示。它是由基波磁通 Φ_1 感应的基波电动势 e_1 及由三次谐波磁通 Φ_3 感应的三次谐波电动势 e_3 相叠加而得。

三次谐波电动势的幅值可达基波电动势幅值的 $45\% \sim 60\%$，甚至更大，结果使相电动势波形畸变。其幅值增大可能危害绕组的绝缘，因此，三相组式变压器不允许采用 Yy 联结。上述分析和结论也适用于采用 Yy_n 联结的组式变压器。

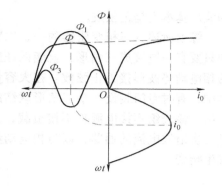

图 2-16　正弦电流产生的主磁通波形

2. Yy 联结的心式变压器的电动势波形

Yy 联结的心式变压器的一次空载电流与 Yy 联结的组式变压器相同，一次空载电流也是正弦波，但在心式变压器磁路中，三次谐波磁通 Φ_3 不能沿铁心磁路闭合，只能借助变压器油和油箱壁等形成闭路，如图 2-18 所示。由于这时磁路的磁阻很大，使三次谐波磁通大为削弱，主磁通波形接近正弦波，相电动势波形也接近正弦波。

三次谐波磁通的频率是基波磁通的三倍，会在油箱壁等构件中引起涡流损耗，产生局部发热，降低变压器的效率，所以变压器容量大于 1800kV·A 的心式变压器，不宜采用 Yy 联结。

3. Dy 联结的变压器的电动势波形

当变压器一次绕组为三角形联结时，空载电流中的三次谐波分量可在闭合的三角形回路中流通，所以空载电流为尖顶波，因而在铁心中建立正弦波的主磁通，绕组中感应的相电动势波形也为正弦波。上述分析与结论也适用于 Y_Ny 联结的三相变压器。

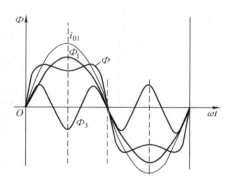

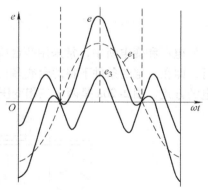

图 2-17　Yy 联结的组式变压器的电流
与磁通波形及相电动势波形

4. Yd 联结的变压器的电动势波形

当变压器一次绕组为星形联结、空载电流为正弦波时，铁心中主磁通的三次谐波分量 $\dot{\Phi}_3$ 在二次绕组中感应出三次谐波电动势 $\dot{E}_{23}$，并在二次侧采用三角形联结的绕组中产生三次谐波电流 $\dot{I}_{23}$，如图 2-19 所示。

由于一次侧没有三次谐波电流相平衡，因此二次侧的三次谐波电流同样起着励磁作用。

这样可认为铁心中的主磁通，是由于一次侧呈正弦波的空载电流 $\dot{I}_0$ 与二次侧的三次谐波电流 $\dot{I}_{23}$ 共同建立的，其效果与 Dy 联结时一样，主磁通 $\dot{\Phi}_m$ 及其在绕组中感应的相电动势 $\dot{E}_1$、$\dot{E}_2$

的波形基本上是正弦波。

　　综上所述，三相变压器的一、二次绕组中只要有一侧接成三角形，就能保证感应出的相电动势波形接近正弦波。在大容量变压器中，有时专门装设一个三角形联结的第三绕组，该绕组不接电源也不接负载，只是提供三次谐波电流的通路，以防相电动势波形发生畸变。

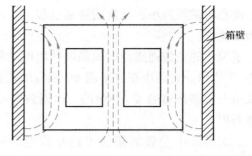

图 2-18　三相心式变压器中三次谐波磁通的路径

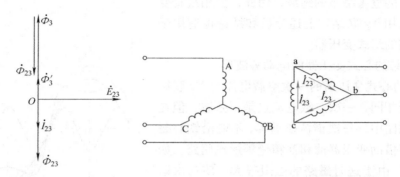

图 2-19　Yd 联结的变压器二次侧的三次谐波电流及相量图

2.2.12　变压器的并联运行

　　发电厂和变电所中，常采用两台或两台以上变压器并联（并列）运行的方式。所谓并联运行，即在一定的条件下将两台或多台变压器的一、二次侧分别接在公共母线上，同时对负载供电的方式。图 2-20a 是两台三相变压器并联运行的接线图，图 2-20b 是简化表示的单线图。

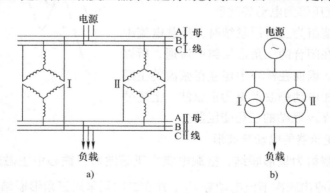

图 2-20　三相变压器的并联运行

a）三相变压器并联运行接线图　b）简化表示的单线图

　　并联运行有如下优点：

　　（1）提高供电可靠性　多台变压器并联运行时，当其中一台变压器故障或需要检修时，另几台仍可继续供电。

（2）提高运行的经济性 可根据负载的大小变化，调整投入并联运行的变压器台数，以减少电能损耗，提高运行效率。

（3）可分期安装变压器 如变电所里负载是逐渐增加的，若一开始就安装大变压器，这样初次投资就比较大，运行费用也偏高。采用变压器并联运行，可随着用电量的增加，分批安装新增变压器，以减少初次投资。

1. 并联条件

数台变压器并联运行时，应没有环流，负载能按各台变压器容量大小成比例地分配，且各变压器二次电流同相位使其共同承担负载达最大。这样，才能避免因并联引起的附加损耗，充分地利用变压器容量。要达到上述理想的并联情况，并联运行的变压器必须满足以下三个条件：

1）电压比相等，且一、二次额定电压分别相等。

2）阻抗电压（或短路阻抗）的标幺值相等；短路阻抗角也相等。

3）联结组相同。

如果上述条件满足不了，就会产生不良后果，下面逐一进行分析。为了简单起见，在分析某一条件得不到满足的情况时，假定其他条件是满足的。

2. 电压比不等时的并联运行

为简单起见，以图 2-21 所示的两台单相变压器并联运行来分析。设 K_{I}、K_{II} 分别为变压器 I 和 II 的电压比，且 $K_{\mathrm{II}} > K_{\mathrm{I}}$。

（1）空载时 将负载开关 S′ 及二次回路开关 S 断开，两台变压器的一次侧施加同一电压 $\dot{U}_{\mathrm{I}}$，由于 $K_{\mathrm{II}} > K_{\mathrm{I}}$，以致两台变压器的二次电压不等，故二次电压 $\dot{U}_{2\mathrm{I}} > \dot{U}_{2\mathrm{II}}$，在 S′ 断开处的两端将出现电压差，即

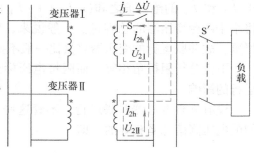

$$\Delta \dot{U} = \dot{U}_{2\mathrm{I}} - \dot{U}_{2\mathrm{II}}, \quad \dot{U}_{2\mathrm{II}} = \frac{-\dot{U}_{\mathrm{I}}}{K_{\mathrm{II}}}, \quad \dot{U}_{2\mathrm{I}} = \frac{-\dot{U}_{\mathrm{I}}}{K_{\mathrm{I}}}$$

合上 S′ 后，由于电压差的作用，变压器的二次

图 2-21 电压比不等时的两台变压器并联运行

回路里会产生环流 $\dot{I}_{2\mathrm{h}}$，如图 2-21 中虚线所示，即

$$\dot{I}_{2\mathrm{h}} = \frac{\dot{U}_{\mathrm{I}} - \dot{U}_{2\mathrm{II}}}{Z_{K\mathrm{I}} + Z_{K\mathrm{II}}} = \frac{\Delta \dot{U}}{Z_{K\mathrm{I}} + Z_{K\mathrm{II}}} \tag{2-38}$$

由式（2-38）可知，电压比不同的两台变压器空载并联时会出现环流，环流的大小与电压差以及两变压器的短路阻抗的大小有关。据磁动势平衡关系，此时一次侧不仅仅有空载电流，还会增加一个与二次环流相平衡的一次环流。由于短路阻抗值较小，即使 $\Delta \dot{U}$ 不大，也能引起较大的环流。例如，变压器的短路阻抗 $Z_{K\mathrm{I}*} = Z_{K\mathrm{II}*} = 0.5$、$\Delta U_* = 0.01$ 时，环流值也能达到额定电流的 10%。一般要求环流不超过额定电流的 10%，为此电压比的差值 $\Delta K = \dfrac{K_{\mathrm{I}} - K_{\mathrm{II}}}{\sqrt{K_{\mathrm{I}} K_{\mathrm{II}}}}$ 不应大于 1%。

环流增加了变压器的损耗，且降低了输出功率的能力。

（2）负载时　再看 S′ 合上后的负载情况。此时，各变压器绕组中的总电流为负载电流和环流的相量和。设 $\dot{I}_{L\text{I}}$、$\dot{I}_{L\text{II}}$ 分别为变压器 I 、II 中的负载电流，则两台变压器的二次电流分别为

$$\dot{I}_{2\text{I}} = \dot{I}_{L\text{I}} + \dot{I}_{2h}$$

$$\dot{I}_{2\text{II}} = \dot{I}_{L\text{II}} - \dot{I}_{2h}$$

一般负载电流是阻感性的，在这种负载下，使得电压比小的（即二次电压高）变压器 I 负担加重了（因为 $\dot{I}_{2\text{I}} > \dot{I}_{L\text{I}}$）；使电压比大的变压器 II 负担减轻了（因 $\dot{I}_{2\text{II}} < \dot{I}_{L\text{II}}$）。

综上所述可知，电压比不等的变压器并联运行时会出现环流，环流的存在，使变压器空载运行时发生额外损耗；负载运行时，可能有的变压器过载，有的欠载，容量利用得不合理，因此，若电压比有差别，则容量较小的变压器有较大的电压比为宜。

3. 阻抗电压标幺值不相同时的情况

先分析阻抗电压数值相等，而阻抗角不等对变压器并联运行的影响。

图 2-22 为两台并联运行变压器的简化相量图。因变压器的一次侧和二次侧分别连在一起，所以它们有共同的一次电压 $\dot{U}_1'$ 和二次电压 $\dot{U}_2'$；又由于阻抗角 $\varphi_\text{I} \neq \varphi_\text{II}$，故两台变压器的电流 $\dot{I}_\text{I}$ 和 $\dot{I}_\text{II}$ 之间必有相位差 $\varphi_\text{i} = \varphi_\text{I} - \varphi_\text{II}$。显然，供给负载的电流 $\dot{I} = \dot{I}_\text{I} + \dot{I}_\text{II}$ 必小于 $\dot{I}_\text{I}$ 和 $\dot{I}_\text{II}$ 的绝对值之和（$|\dot{I}_\text{I}| + |\dot{I}_\text{II}|$）。这样，两台变压器所能供给负载的功率，也必将小于两台变压器的总容量。一般说来，变压器的容量差越大，φ_i 也越大，上述情况就越严重。故并联运行的变压器容量比一般不要超过 3:1。

下面分析阻抗角相等，而阻抗电压标幺值不等对变压器并联运行的影响。

设有 n 台变压器并联运行，不管这些变压器的阻抗如何，它们的电压降落总是相等的，即

$$\dot{I}_\text{I} Z_{K\text{I}} = \dot{I}_\text{II} Z_{K\text{II}} = \cdots = \dot{I}_n Z_{Kn} = C$$

$$\dot{I}_\text{I} : \dot{I}_\text{II} : \cdots : \dot{I}_n = \frac{1}{Z_{K\text{I}}} : \frac{1}{Z_{K\text{II}}} : \cdots : \frac{1}{Z_{Kn}} \qquad (2\text{-}39)$$

式（2-39）说明，并联运行的各台变压器的负载电流（$\dot{I}_\text{I}$、$\dot{I}_\text{II}$、$\cdots$、$\dot{I}_n$）与其短路阻抗（$Z_{K\text{I}}$、$Z_{K\text{II}}$、$\cdots$、Z_{Kn}）成反比。

并联运行变压器间的负载分配受短路阻抗的影响很大。有时可能出现短路阻抗小的变压器已满载，甚至超载，而短路阻抗大的变压器仍处于欠载状态，以致容量不能被合理地利用。因 $U_{K*} = Z_{K*}$，故几台变压器并联运行时，各台变压器的阻抗电压 U_K 与所有阻抗电压算术平均值的差别不要大于 ±10%。

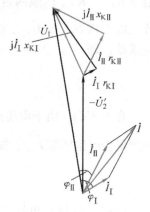

图 2-22　两台并联运行变压器的简化相量图

4. 联结组不同时的情况

联结组不同的变压器并联运行时，其后果要比电压比不等时严重得多。如一台 Yy0 与 Yd11 变压器并联，二次线电压相位差为 30°，如图 2-23 所示。

图 2-23 中，二次线电压差为

$$\Delta U = 2U_{ab}\sin15° = 0.52U_{ab}$$

说明 ΔU 高达二次线电压的 52%。由于变压器短路阻抗很小，这样大的电压差所产生的环流，将超过额定电流的许多倍。所以，联结组标号不同的变压器绝不能并联运行。

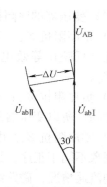

图 2-23　Yy0 与 Yd11 变压器并联时的电压差

2.2.13　三相变压器的非正常运行

1. 三相变压器的不对称运行

在实际运行中，三相变压器可能出现负载不对称的情况。例如，变压器的二次侧接有单相电炉、电焊机等。当三相电流不对称时，将造成二次电压不对称，对于所接负载（如照明、电动机等）的运行很不利。本节以 Yy_n0 变压器单相负载为例，说明不对称运行对变压器及其负载的影响。这个分析有实用意义，大多数配电变压器和电厂的低压厂用变压器都属于这种联结。

（1）分析不对称运行问题的方法　通常利用对称分量法来分析变压器的不对称运行。根据此方法，可把任意一个不对称的三相系统分解为三组对称的三相系统，即正序分量、负序分量和零序分量。先按三组对称系统分别进行计算，再将三组对称分量计算的结果叠加起来，就得到实际的三相数值。

以电流为例，设三相不对称电流为 $\dot I_a$、$\dot I_b$、$\dot I_c$，按对称分量法可分解为正序、负序、零序三组对称分量电流。

正序分量电流：　$\dot I_{a+} = \dfrac{1}{3}(\dot I_a + a\dot I_b + a^2\dot I_c)$

$$\dot I_{b+} = a^2\dot I_{a+}$$

$$\dot I_{c+} = a\dot I_{a+}$$

负序分量电流：　$\dot I_{a-} = \dfrac{1}{3}(\dot I_a + a^2\dot I_b + a\dot I_c)$

$$\dot I_{b-} = a\dot I_{a-}$$

$$\dot I_{c-} = a^2\dot I_{a-}$$

零序分量电流：　$\dot I_{a0} = \dfrac{1}{3}(\dot I_a + \dot I_b + \dot I_c)$

$$\dot I_{b0} = \dot I_{c0} = \dot I_{a0}$$

式中　a——算子，$a = e^{j120°}$，$a^2 = e^{-j120°}$，$a^3 = 1$，$1 + a + a^2 = 0$。

当不同相序的电流流过变压器的三相绕组时，由于内部电磁现象不同，所以对应的阻抗也不同。对应正序电流的阻抗称为正序阻抗；对应负序电流的阻抗称为负序阻抗；对应零序电流的阻抗称为零序阻抗。

至于电阻，可以认为三个零序电流通过时所遇到的都一样，与相序无关。下面讨论序阻抗时主要分析电抗（感抗）。

（2）变压器的序阻抗

1）正序阻抗 Z_+：当变压器带对称负载时，三相负载电流就是正序电流。如果略去空载电流（反映在等效电路中就是略去励磁支路），变压器的正序阻抗就等于短路阻抗，$Z_+ = Z_K$。

2）负序阻抗 Z_-：对于变压器来说，流过负序电流和流过正序电流所产生的电磁现象是一样的。所以变压器的负序阻抗就等于正序阻抗，即 $Z_- = Z_+ = Z_K$。

3）零序阻抗 Z_0：由于三相的零序电流大小相等、相位相同，它们流过变压器时产生的电磁现象不同于正序，故零序阻抗与正序阻抗不一样。又由于绕组不同的联结方式影响零序电流的流通情况，磁路结构又影响零序磁通的大小，故零序阻抗的大小与绕组的联结方式及铁心结构有关。下面分几种情况介绍。

第一种情况：零序电流在一、二次侧都能流通，如变压器的一、二次侧为星形联结（有中性线）或三角形联结。此时，由于两侧的零序磁动势互相抵消，与正序的情况相同，故其零序阻抗和正序阻抗相同。

第二种情况：零序电流只能在二次侧流通，如一次侧为星形联结（无中性线），二次侧为三角形或星形联结（有中性线）。此情况下，二次侧的零序磁动势得不到补偿，对零序电流来说，相当于变压器空载。至于零序阻抗的大小，决定于变压器的磁路结构，如果是三相变压器组，零序磁通在铁心中能畅通，这时的零序阻抗即和励磁阻抗相等，即 $Z_0 = Z_m$；如果是三相心式变压器，零序磁通与前面提到的三次谐波磁通一样，只能绕油箱壁形成回路，遇到的磁阻很大，因而磁通少，这时的零序阻抗数值将较短路阻抗大，但比励磁阻抗小得多，即 $Z_K < Z_0 \ll Z_m$。

零序阻抗可用试验方法测定。

（3）Yy_n0 变压器带单相负载运行 以分析如图 2-24 所示的 Yy_n0 变压器单相负载为例，求解负载电流及三相负载电压。

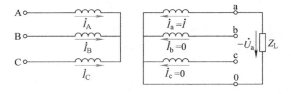

图 2-24　Yy_n0 变压器带单相负载的电路

一次侧外加三相对称电压，a 相带负载，负载阻抗为 Z_L。为了计算方便起见，还假定变压器一、二次绕组匝数相等，故一次侧折算到二次侧的量不加 "′"。

1）各相对称分量电流。据不对称条件，可写出二次各相电流为

$$\left.\begin{array}{l} \dot{I}_a = \dot{I} \\ \dot{I}_b = 0 \\ \dot{I}_c = 0 \end{array}\right\} \tag{2-40}$$

式中　$\dot{I}$——a 相负载电流。

2）单相负载电流的计算。利用对称分量法可得

$$- \dot{I}_{a+} = - \dot{I}_{a-} = - \dot{I}_{a0} = \frac{\dot{U}_{A+}}{2Z_K + Z_2 + Z_{m0} + 3Z_L} \tag{2-41}$$

式（2-41）表明，Yy_n0 变压器带单相负载时，由于 $\dot{I}_{a+} = \dot{I}_{a-} = \dot{I}_{a0}$，故可看成三个相序的等效电路是串联的。

据式（2-41）就可做出单相负载时的等效电路，如图2-25所示。

于是单相负载电流为

$$- \dot{I} = - 3\dot{I}_{a+} = \frac{\dot{U}_{A+}}{\frac{1}{3}Z_{m0} + Z_L} \tag{2-42}$$

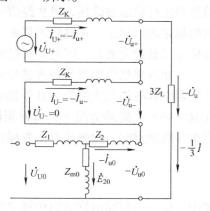

由式（2-42）可见，零序阻抗对单相负载电流影响很大。在三相变压器组里，Z_{m0} 很大，近似视为正序励磁阻抗 Z_m，所以负载电流大不起来，即使 $Z_L = 0$（即单相短路），可得短路电流为

$$- \dot{I}_K = \frac{3\dot{U}_{A+}}{Z_{m0}} = 3\dot{I}_0$$

图 2-25　Yy_n0 变压器带
单相负载时的等效电路

此时短路电流也仅为正序励磁电流的三倍。

在三相心式变压器中，Z_{m0} 要小得多，单相负载电流主要还是由 Z_L 的大小决定，所以 Yy_n 三相变压器组不能带单相负载，而三相心式变压器可以带单相负载。

3）对电动势和电压的影响。用对称分量法分析可得

$$\left. \begin{array}{l} \dot{U}_A = \dot{U}_{A+} + \dot{U}_{A-} + \dot{U}_{A0} = \dot{U}_{A+} + (- \dot{E}_0) = - \dot{U}_a \\[2mm] \dot{U}_B = \dot{U}_{B+} + \dot{U}_{B-} + \dot{U}_{B0} = \dot{U}_{B+} + (- \dot{E}_0) = - \dot{U}_b \\[2mm] \dot{U}_C = \dot{U}_{C+} + \dot{U}_{C-} + \dot{U}_{C0} = \dot{U}_{C+} + (- \dot{E}_0) = - \dot{U}_c \end{array} \right\} \tag{2-43}$$

据式（2-43）可画出 Yy_n0 变压器带单相负载时的相量图，如图2-26所示。由图可见，电压三角形中性点发生位移，位移的程度将依 $\dot{E}_0$ 的大小而定，$\dot{E}_0$ 的大小依零序磁通大小而定，即依零序阻抗的大小而定。$\dot{E}_0$ 越大，中性点位移越严重，三相电压不对称程度也越大。在组式变压器的独立磁路中，$\dot{\Phi}_0$ 沿铁心闭合，磁阻很小、$\dot{\Phi}_0$ 很强、$\dot{E}_0$ 很大、中性点位移严重，将使有的相电压过高，容易损坏该相所接用电设备；有的相电压过低，使该相所接用电设备不

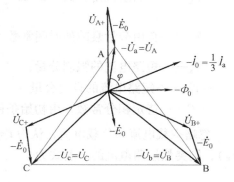

图 2-26　Yy_n0 变压器
带单相负载时的相量图

能正常工作。因此，对三相变压器组不宜采用 Yy_n0 联结。在三相心式变压器中，由于零序磁

通必须沿油箱闭合，零序阻抗小，$\dot{E}_0$ 不大，中性点位移程度小，单相负载时该相电压不致降低太多。因此，对于容量为 1800kV·A 及以下的三相心式变压器，还是可以采用 Yy_n0 联结的变压器，中性线电流不得超过低压绕组额定电流的 25%，并且任何一相电流不得超过额定值。

2. 变压器的突然短路

变压器运行中的突然短路是一种严重故障，这时变压器原来的稳定运行状态被破坏，需要经历一个短暂的过渡过程才能达到新的稳定运行状态。在过渡过程中，会出现很大的短路电流，可能使变压器遭受破坏，因此分析过渡过程具有重要意义。

下面以单相变压器为例来进行分析，假定突然短路是发生在变压器空载时的二次端头，且外加电压 $u(t)$ 的有效值为常数。在忽略励磁电流的情况下，可根据图 2-27 所示的简化等效电路写出突然短路时一次侧的电压方程，即

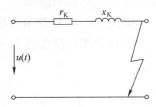

图 2-27 变压器突然短路时的简化等效电路

$$u_1 = \sqrt{2}U_1\sin(\omega t + \alpha) = i_K r_K + L_K \frac{\mathrm{d}i_K}{\mathrm{d}t} \tag{2-44}$$

式中　L_K——短路电抗除以角频率对应的电感，$L_K = \dfrac{x_K}{\omega}$；

　　　α——短路瞬间一次电压的初相角；

　　　r_K——短路电阻；

　　　i_K——一次短路电流。

式（2-44）是一个常系数一阶微分方程，它的解由强制分量 i'_K 和自由分量 i''_K 组成，即

$$i_K = \sqrt{2}I_K\sin(\omega t + \alpha - \varphi_K) + Ce^{-\frac{t}{T_K}} = i'_K + i''_K \tag{2-45}$$

式中　I_K——强制分量电流有效值，$I_K = \dfrac{U_1}{\sqrt{r_K^2 + x_K^2}}$；

　　　φ_K——短路阻抗角，$\varphi_K = \arctan\dfrac{x_K}{r_K} \approx 90°$；

　　　T_K——自由分量衰减的时间常数，$T_K = \dfrac{L_K}{r_K}$；

　　　i'_K——短路电流的强制分量；

　　　i''_K——短路电流的自由分量；

　　　C——待定积分常数，由初始条件决定。

忽略空载电流和负载电流，认为 $t = 0$，$i_K = 0$，代入式（2-45），得 $C = -\sqrt{2}I_K\sin(\alpha - \varphi_K)$，则突然短路电流的一般式为

$$i_K = -\sqrt{2}I_K\cos(\omega t + \alpha) + \sqrt{2}I_K\cos\alpha e^{-\frac{t}{T_K}} = i'_K + i''_K \tag{2-46}$$

从式（2-46）可见，突然短路电流的大小与发生突然短路瞬间电源电压的初相角 α 有关，下面分析两种特殊情况。

（1）$\alpha = 90°$ 时

$$i_K = \sqrt{2}I_K \sin\omega t \tag{2-47}$$

此时自由分量 $i_K'' = 0$，这表明突然短路一发生就进入稳态，短路电流最小。

（2）$\alpha = 0°$ 时

$$i_K = -\sqrt{2}I_K\cos\omega t + \sqrt{2}I_K e^{-\frac{t}{T_K}} \tag{2-48}$$

式（2-48）对应的电流变化曲线如图 2-28 所示。

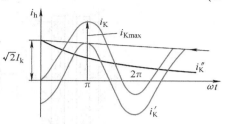

图 2-28　$\alpha = 0°$ 时突然短路电流变化曲线

由图可见，短路电流的最大值 i_{Kmax} 发生在突然短路后半个周期瞬间（$\omega t = \pi$），即 $t = \pi/\omega$ 时（在工频电网中 $t = 0.01\text{s}$）。将 $t = \pi/\omega$ 代入式（2-48）得短路电流的最大值为

$$i_{Kmax} = \sqrt{2}I_K + \sqrt{2}I_K e^{-\frac{t}{T_K}\frac{\pi}{\omega}} = \left(1 + e^{-\frac{\pi}{\omega T_K}}\right)\sqrt{2}I_K = k_y\sqrt{2}I_K \tag{2-49}$$

式中　k_y——突然短路电流最大值与稳态短路电流最大值的比值，$k_y = \left(1 + e^{-\frac{\pi}{\omega T_K}}\right)$。

中、小容量变压器里，$k_y = 1.2 \sim 1.4$；在大容量变压器里，$k_y = 1.7 \sim 1.8$。

将式（2-49）用标幺值表示，则

$$i_{Kmax*} = \frac{i_{Kmax}}{\sqrt{2}I_{1N}} = k_y\frac{I_K}{I_{1N}} = k_y\frac{U_{1N}}{I_{1N}Z_K} = k_y\frac{1}{Z_{K*}} \tag{2-50}$$

式（2-50）说明，i_{Kmax*} 与 Z_{K*} 成反比，即短路阻抗越小，突然短路电流越大。例如，一台变压器 $Z_{K*} = 0.06$，取 $K_y = 1.5 \sim 1.8$，得

$$i_{Kmax*} = (1.5 \sim 1.8) \times \frac{1}{0.06} = 25 \sim 30$$

这是很大的冲击电流，说明最大短路电流的幅值可高达额定电流幅值的 30 倍，将产生很大的电磁力，对变压器造成严重危害。单从限制短路电流的角度来看，变压器的短路阻抗大些好。

短路时，流过绕组的冲击电流将使变压器受两方面的危害：电磁力的作用与过热。由于变压器都装有可靠的继电保护装置，一般在温度上升到危险值之前就可将变压器的电源断开，所以，突然短路后过热烧毁变压器的情况较少。这里着重讨论电磁力的作用。

图 2-29a 中虚线表示变压器绕组漏磁场的分布，图 2-29b 示出了绕组受到的径向力 F_P，使低压绕组受径向压力，高压绕组受径向拉力作用。

图 2-29c 示出了绕组受到的轴向力 F_c，使高低压绕组上、下端部受轴向压力作用。

为了防止突然短路电流造成的巨大电磁力对绕组的危害，在设计和制造变压器绕组时要采取相应措施。

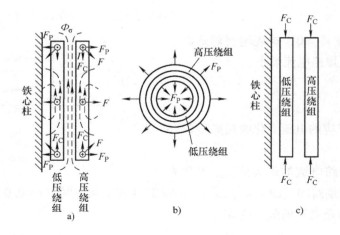

图 2-29 绕组在漏磁场中受电磁力作用

a）绕组漏磁场的分布及电磁力 b）径向力的作用图
c）轴向力的作用图

3. 空载投入

变压器二次侧空载，把一次绕组接入电源称为空载投入（或称空载合闸）。

变压器稳态空载运行时，空载电流仅占额定电流的 2% ~ 6%，但当变压器空载接通电源的瞬间，则可能出现很大的冲击电流。该冲击电流称为励磁涌流，它可能达额定电流的 5 ~ 8 倍。空载投入时的励磁涌流现象是与铁心中磁场的建立过程密切联系在一起的，下面就分析变压器空载投入时产生冲击电流的原因，首先分析空载投入时铁心中磁场的建立过程。以单相变压器为例，当变压器一次侧加上正弦电压 u_1 后，一次回路的电压方程为

$$u_1 = \sqrt{2}U_1\sin(\omega t + \alpha) = i_0 r_1 + N_1\frac{\mathrm{d}\Phi}{\mathrm{d}t} \tag{2-51}$$

式中 α——合闸时电压 u_1 的初相角；

Φ——与一次绕组环链的总磁通，包括主磁通和漏磁通；

i_0——空载投入时一次绕组的电流；

N_1——一次绕组匝数；

r_1——一次绕组电阻。

由于铁心饱和，i_0 和 Φ 的关系是非线性的，式（2-51）是一个非线性微分方程，求解空载投入时一次绕组环链的总磁通为

$$\Phi = -\Phi_{\mathrm{m}}\cos(\omega t + \alpha) + \Phi_{\mathrm{m}}\cos\alpha = \Phi_{\mathrm{t}}' + \Phi_{\mathrm{t}}'' \tag{2-52}$$

式中 Φ_{t}'——磁通的稳态分量，$\Phi_{\mathrm{t}}' = -\Phi_{\mathrm{m}}\cos(\omega t + \alpha)$；

Φ_{t}''——磁通的暂态分量，$\Phi_{\mathrm{t}}'' = \Phi_{\mathrm{m}}\cos\alpha$。

式（2-52）表明，在变压器空载投入的过渡过程中，磁通的变化情况与合闸瞬间电源电压的初相角 α 的大小有关。下面讨论两种极限情况。

（1）$\alpha = 90°$ 时合闸 在此情况下，$\Phi = \Phi_{\mathrm{m}}\cos\left(\omega t + \dfrac{\pi}{2}\right) = \Phi_{\mathrm{m}}\sin\omega t$。当 $t = 0$ 时，$\Phi_{\mathrm{t}}'' = 0$，说明一合闸就建立了稳态磁通，没有过渡过程。所以，合闸后的电流就是稳态空载电流。

（2）$\alpha = 0°$ 时合闸

$$\Phi = -\Phi_{\mathrm{m}}\cos\omega t + \Phi_{\mathrm{m}} \tag{2-53}$$

与式（2-53）对应的磁通变化曲线如图 2-30 所示。

从图 2-30 可以看出，在合闸后半个周期$\left(t = \dfrac{\pi}{\omega}\right)$时，总磁通达最大值，即$\Phi_{\max} = 2\Phi_{\mathrm{m}}$，说明最严重的情况下，磁通可达稳态最大值的两倍。

变压器在正常运行情况下，铁心已经饱和，如果磁通再增加一倍，必将使铁心深度饱和，相应的励磁电流也将变得很大，这从图 2-31 可以看出。

由于电阻r_1的存在，励磁涌流会衰减。一般小型变压器只需几个周期就可以达到稳态空载电流值，大型变压器的励磁涌流衰减较慢，但一般不超过 20s。

由于励磁涌流衰减得快，对变压器没有什么危害。但它有可能引起继电保护装置误动作。因此，有关的继电保护装置都为此而设有防动措施。在大型变压器中，为加速励磁涌流的衰减，合闸时常常在一次绕组回路中串入一个附加电阻，合闸后再将附加电阻切除。

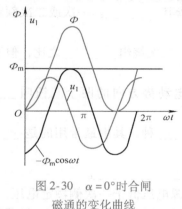

图 2-30　$\alpha = 0°$时合闸
磁通的变化曲线

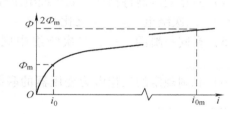

图 2-31　$2\Phi_{\mathrm{m}}$所对应的
励磁电流

2.3　技能培养

2.3.1　技能评价要点

该学习情境的技能评价要点见表 2-2。

表 2-2　"变压器的运行管理"学习情境的技能评价要点

序号	技能评价要点	权重（%）
1	能正确理解变压器空载运行的电磁关系、基本方程式及等效电路	20
2	能正确理解变压器负载运行的电磁关系、基本方程式及等效电路	20
3	能正确理解变压器的运行特性、电压变化率及效率的意义	10
4	能掌握变压器的极性和联结组，会用相量图判断联结组	20
5	能正确理解三相变压器联结方式及铁心磁路的不同结构对电动势波形的影响	10

（续）

序号	技能评价要点	权重（%）
6	能正确理解三相变压器的不对称运行的分析方法及 Yy 联结的三相变压器带单相负载的能力与磁路结构的关系	10
7	培养分析问题、解决问题的能力；培养沉着应变能力；规范着装，培育规矩意识和扎根一线的情怀	10

2.3.2　技能实训

1. 应知部分

（1）填空题

1）变压器中的损耗包括_____和_____两类，_____不随负载大小而变化，而_____随负载大小而变化。

2）随着负载的变化，变压器的效率也在变化，当_____等于_____时效率最高。

3）三相变压器的额定电压无论一次侧或二次侧均指其_____。一次或二次额定电流均指其_____。

4）三相变压器每相高、低压绕组匝数之比等于一、二次绕组_____之比，但不一定等于一、二次绕组_____之比。

5）在同一瞬间，一、二次绕组中同时具有相同电动势方向的两个端钮叫_____或_____。

6）我国规定的三相电力变压器的联结组别有_____种，其中最常用的是_____、_____和_____。

7）电力变压器并联运行的条件是_____、_____、_____。

8）当变压器输出功率保持额定功率不变时，若电源电压低于一次侧额定电压，则一、二次绕组通过的电流都将_____额定电流，温升则会超过额定温升。为保证变压器温升不超过规定值，变压器应_____。

9）并联运行的变压器，若仅满足各变压器的阻抗电压相等的条件，变压器绕组中会产生_____，若其他条件满足，仅阻抗电压不等，则会造成变压器间_____。

10）三相变压器的额定容量，是给一次绕组施加额定电压时，为保证温升不超过额定值所允许输出的_____功率，它等于二次绕组_____和_____乘积的_____倍。

11）变压器的绕组绕制成型后，一、二次绕组的同名端是_____的，而联结组别却不是_____的。

（2）判断题（对：√；错：×）

1）变压器的效率等于其输出的视在功率与输入视在功率的比值。（　　）

2）变压器的损耗越大，其效率越低。（　　）

3）变压器的空载电流，其有功电流部分很小。（　　）

4）变压器从空载到满载，随着负载电流的增加，变压器的铜损也增加，但其铁损基本不变。（　　）

5）根据 $E = 4.44fN\Phi_m$ 可知，同容量的变压器，若频率越高，则其体积越小。（　　）

6）联结组别为 Yy_n0 的变压器，只需在其接地螺栓上安装中性接地线。（　　）

7）变压器油的温度反映了绕组和铁心的温度。　　　　　　　　　　（　　　）

8）当变压器运行中负载变动时，温度也随之变动。　　　　　　　　（　　　）

9）变压器的空载损耗可近似看作铜损耗。　　　　　　　　　　　　（　　　）

10）并联运行的变压器承担负载的大小，与阻抗电压成正比。　　　　（　　　）

11）当联结组标号不同的变压器并联运行时，电路中会出现涡流。　　（　　　）

（3）选择题

1）影响变压器外特性的主要因素是（　　　）。

A. 负载的功率因数　　　　　　　　　　　　　　　B. 负载电流

C. 变压器一次绕组输入电压　　　　　　　　　　　D. 二次绕组电阻

2）并联运行的变压器，其电压比不许相差（　　　）。

A. ±3%　　　　　　　　　B. ±5%　　　　　　　　　C. ±8%

3）两台相同容量的变压器并联运行时，出现负载分配不均的原因是（　　　）。

A. 阻抗电压不相等　　　　B. 电压比不相等　　　C. 联结组标号不相同

4）三相电力变压器带阻感性负载运行时，负载电流相同的条件下，$\cos\varphi$ 越高，则（　　　）。

A. 二次电压变化率 Δu 越大，效率 η 越高

B. 二次电压变化率 Δu 越大，效率 η 越低

C. 二次电压变化率 Δu 越小，效率 η 越低

D. 二次电压变化率 Δu 越小，效率 η 越高

5）一台三相电力变压器 $S_N = 560\text{kV} \cdot \text{A}$，$U_{1N}/U_{2N} = 10000\text{V}/400\text{V}$，Dy 联结，负载时忽略励磁电流，低压侧相电流为 808.3A 时，则高压侧的相电流为（　　　）。

A. 808.3A　　　　　　　B. 56A　　　　　　　　C. 18.67A　　　　　D. 32.33A

6）升压变压器，一次绕组的每匝电动势（　　　）二次绕组的每匝电动势。

A. 等于　　　　　　　　　B. 大于　　　　　　　　C. 小于

7）三相变压器二次侧的额定电压是指二次侧加额定电压时二次侧的（　　　）电压。

A. 空载线　　　　　　　　B. 空载相　　　　　　　C. 额定负载时的线

8）单相变压器通入正弦励磁电流，二次侧的空载电压波形为（　　　）。

A. 正弦波　　　　　　　　B. 尖顶波　　　　　　　C. 平顶波

9）联结组标号不同的变压器不能并联运行，是因为（　　　）。

A. 电压变化率太大　　　　B. 空载环流太大

C. 负载时励磁电流太大　　D. 不同联结组标号的变压器电压比不同

10）三相变压器的电压比是指（　　　）之比。

A. 一、二次侧相电动势　　B. 一、二次侧线电动势

C. 一、二次侧线电压

（4）问答题

1）为什么要把变压器的磁通分成主磁通和漏磁通？它们有哪些区别？分别指出空载和负载时产生磁通的磁动势。

2）变压器空载电流的性质和作用如何？其大小与哪些因素有关？

3）变压器空载运行时，是否要从电网中取得功率？起什么作用？为什么小负载的用户

使用大容量变压器无论对电网还是对用户都不利?

4）一台 220V/110V 的单相变压器,试分析当高压侧加 220V 电压时,空载电流 I_0 呈何波形? 加 110V 时又呈何波形? 若 110V 加到低压侧,此时 I_0 又呈何波形?

5）当变压器一次绕组匝数比设计值减少而其他条件不变时,铁心饱和程度、空载电流大小、铁损、二次感应电动势和电压比都将如何变化?

6）一台频率为 60Hz 的变压器接在 50Hz 的电源上运行,其他条件都不变,问主磁通、空载电流、铁损和漏抗有何变化? 为什么?

7）变压器的励磁电抗和漏电抗各对应于什么磁通? 对已制成的变压器,它们是否是常数? 当电源电压降至额定值的一半时,它们如何变化? 这两个电抗大好还是小好,为什么? 比较这两个电抗的大小。

8）变压器负载运行时,一、二次绕组各有哪些电动势或电压降? 它们产生的原因是什么? 写出电动势平衡方程式。

9）试比较变压器空载和负载的励磁磁动势的区别。

10）为什么变压器的空载损耗可近似看成铁损? 负载损耗可否近似看成铜损?

11）试绘出变压器 T 形、近似和简化等效电路,并说明各参数的意义。

12）变压器二次侧接电阻、电感和电容负载时,从一次侧输入的无功功率有何不同? 为什么?

13）何为变压器的并联运行? 并联运行有何优点?

14）为什么变压器并联运行时,容量比不得超过 3∶1?

15）阻抗电压标幺值不等的并联运行会产生什么后果?

16）在什么情况下发生突然短路,短路电流最大? 有多大?

17）突然短路电流与变压器的 Z_K 有什么关系? 从限制短路电流的角度希望 Z_K 大些还是小些?

18）如果磁路不饱和,变压器空载合闸电流有多大?

19）在什么情况下合闸,变压器的励磁涌流最严重? 有多大?

2. 应会部分

会绘制三相变压器感应电动势相量图,并判断联结组。

学习情境 3　变压器的试验

3.1　学习目标

【知识目标】　了解变压器试验的目的；掌握变压器空载试验、短路试验、变压器绕组极性和三相变压器联结组别判定、变压器空载特性和负载特性测定、三相变压器并联运行试验的方法。

【能力目标】　培养学生从事变压器试验的能力；培养学生电气设备规程规范的使用能力。

【素质目标】　培养学生工程思维，组织实施、统筹安排任务有序进行的能力；培养团队合作精神，形成较好的协作动手能力。

3.2　基础理论

3.2.1　变压器的空载试验

前面提到的变压器励磁参数，可以通过变压器的空载试验得到。变压器空载试验的具体步骤是测定空载电流 I_0 和空载损耗 p_0，根据试验数据计算出电压比 K 和励磁阻抗 $Z_m = r_m + jx_m$。单相变压器空载试验接线图如图 3-1 所示。

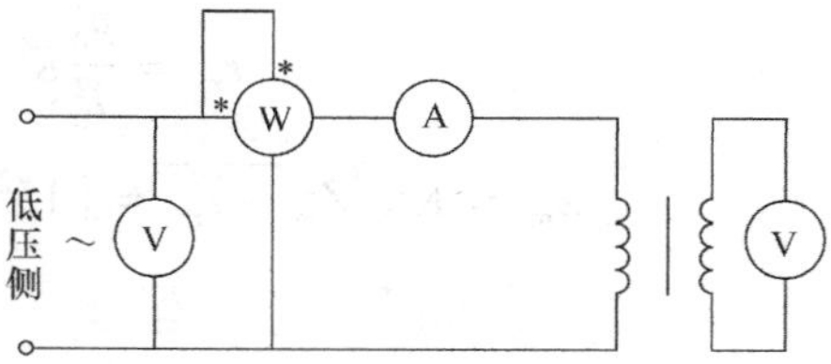

试验时，应在一次侧加额定电压，二次侧开路。测定一次（低压侧）电压 U_1、二次电压 U_{20}、I_0 和 p_0。

由测得的参数可求出

电压比　　　$K = \dfrac{U_{20}}{U_1}$

图 3-1　单相变压器空载试验接线图

铁损　　　　$p_{Fe} = p_0$

求励磁阻抗时，考虑到 $Z_m \gg Z_1$，可忽略漏阻抗压降，于是有 $U_1 \approx E_1$，得

$$Z_m = \frac{U_1}{I_1} \tag{3-1}$$

$$r_m = \frac{p_{Fe}}{I_0^2} \tag{3-2}$$

$$x_m = \sqrt{Z_m^2 - r_m^2} \tag{3-3}$$

Z_m 随铁心饱和程度的不同而不同，应取与额定电压对应的值。

试验时，电源电压可加在任何一侧，但为了方便和安全起见，常在低压侧加电压。不过要注意，测出来的各数值，都是加电源一侧的量值，求出的 Z_m 也是如此，如果要得到另一侧的相应数值，应该经过折算（详见例题 3-1）。

【例题 3-1】　　三相电力变压器，Yy 联结、$S_N = 100kV \cdot A$、$U_{2N}/U_{1N} = 6000V/400V$、$I_{2N}/I_{1N} = 9.37A/144A$。在低压侧加额定电压做空载试验，测得 $p_0 = 600W$、$I_0 = 9.37A$、$U_1 = 400V$、$U_{20} = 6000V$。求 K、$I_0\%$ 及 Z_m、r_m、x_m 的低压侧值。

解：计算一相的值如下。

一次相电压为

$$U_{1NP} = \frac{U_{1N}}{\sqrt{3}} = \frac{400}{\sqrt{3}}V = 230V$$

二次相电压为

$$U_{2NP} = \frac{U_{2N}}{\sqrt{3}} = \frac{6000}{\sqrt{3}}V = 3460V$$

电压比为

$$K = \frac{U_{2NP}}{U_{1NP}} = \frac{3460}{230} = 15$$

空载电流百分值为

$$I_0\% = \frac{9.37}{144} \times 100\% = 6.5\%$$

每相空载损耗为

$$p_0' = \frac{P_0}{3} = \frac{600}{3}W = 200W$$

折算到高压侧的励磁阻抗为

$$Z_m = \frac{U_{1NP}}{I_0}K^2 = \frac{230}{9.37} \times 15^2 \Omega \approx 5522.95\Omega$$

$$r_m = \frac{p_0'}{I_0^2}K^2 = \frac{200}{9.37^2} \times 15^2 \Omega \approx 513\Omega$$

$$x_m = K^2\sqrt{Z_m^2 - r_m^2} = [15^2 \times \sqrt{(24.5)^2 - (2.28)^2}]\Omega \approx 5488.6\Omega$$

3.2.2　变压器的短路试验

为了获得变压器的短路参数及满载时的铜损，应做变压器的短路试验，这里所谓短路是指稳态短路。

单相变压器短路试验接线图如图 3-2 所示。试验时，二次侧短路，一次侧加阻抗电压 U_K。所谓阻抗电压，是指变压器二次短路、一次侧通过额定电流时一次侧所加的电压。在上述条件下，测量阻抗电压 U_K、一次电流 I_{1N} 及输入功率（负载损耗）p_{KN}。

短路试验时，电压可加在任一侧，但考虑到在低压侧加压电流大，选试验设备有困难，一般均在高压侧加压。

由于阻抗电压很低（电力变压器的阻抗电压仅为额定电压的 10% 左右），铁心远远没饱和，

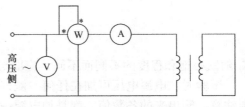

图 3-2　单相变压器短路试验接线图

主磁通很小，B_m 值小，所以铁损很小，可以忽略不计，近似认为短路损耗就等于绕组电阻上的铜损，即

$$p_{CuN} = p_{kN} = I_{1N}^2 r_K \tag{3-4}$$

式（3-4）为一相的负载损耗（曾称短路损耗），如果是三相变压器，则总的负载损耗（短路损耗）需乘以 3。

根据上述测得的数值和式（3-4），即可求出变压器的短路参数为

$$\left.\begin{array}{l} Z_K = \dfrac{U_K}{I_{1N}} \\[2mm] r_K = \dfrac{p_{KN}}{I_{1N}^2} \\[2mm] x_K = \sqrt{Z_K^2 - r_K^2} \end{array}\right\} \tag{3-5}$$

在作 T 形等效电路时，可认为

$$r_1 \approx r_2' = \frac{1}{2} r_K$$

$$x_1 \approx x_2' = \frac{1}{2} x_K$$

由于电阻的大小随温度而变，故按国家标准规定应把在室温下测出的电阻，换算到标准温度 75℃ 时的数值。

对于铜线

$$r_{K,75℃} = \frac{235 + 75}{235 + \theta} r_K \tag{3-6}$$

对于铝线

$$r_{K,75℃} = \frac{225 + 75}{225 + \theta} r_K$$

式中　θ——试验时的室温（℃）；

　　　$r_{K,75℃}$——75℃ 时的电阻（Ω）。

凡与温度有关的各量，都应按相应的关系换算到 75℃ 时的值，如 75℃ 时的短路阻抗为

$$Z_{K,75℃} = \sqrt{r_{K,75℃}^2 + x_K^2} \tag{3-7}$$

短路试验时电源加在哪一侧，则从上列各式算出的参数即是折算到该侧的值；如需求另一侧的参数值，则应再经过折算。

上面提到的阻抗电压，它是变压器很重要的一个参数，其值为短路阻抗 $Z_{K,75℃}$ 与一次额定电流 I_{1N} 的乘积，即

$$U_K = I_{1N} Z_{K,75℃} \tag{3-8}$$

阻抗电压常以一次侧额定电压的百分值表示为

$$U_K\% = \frac{I_{1N} Z_{K,75℃}}{U_{1N}} \times 100\% \tag{3-9}$$

它的有功分量 U_{KY} 和无功分量 U_{KW} 分别为

$$U_{KY}\% = \frac{I_1 r_{K,75℃}}{U_{1N}} \times 100\% \tag{3-10}$$

$$U_{\text{KW}}\% = \frac{I_{1\text{N}} x_\text{K}}{U_{1\text{N}}} \times 100\% \tag{3-11}$$

从式（3-6）可以看出，阻抗电压的大小，反映变压器在额定电流时短路阻抗压降的大小。短路阻抗对变压器的运行影响很大。对正常运行来说，短路阻抗小一些好，这样使变压器在负载变化时二次电压波动小；对突然短路故障来说，短路阻抗大一些好，可使短路电流减小。一般中、小型变压器的 U_K 为 4% ~ 10.5%；大型变压器的 $U_\text{K}\%$ = 12.5% ~ 17.5%。上述各公式都按一相计算。若是三相变压器，则必须算出一相的数值再代入公式。

如果阻抗电压用标幺值表示，它的值与短路阻抗的标幺值相等，即 $U_{\text{K}*} = Z_{\text{K}*}$。

3.2.3 变压器的极性和三相变压器联结组别的测定

1. 变压器的极性测定

单相变压器或三相变压器的极性，可用实验法测定。

（1）同相的高、低压绕组之间的极性测定　图 3-3 为单相变压器或三相变压器任一相的两个绕组，在绕组 AX 上通过刀开关 Q 接上电池 E，另一绕组 ax 接上直流电压表（或万用表的直流 0 ~ 5V 或 0 ~ 10V）。在刚合刀开关 Q 的瞬间，电压表的指针正偏（向正向摆动），则说明 A 端和 a 端为同极性端，即接在干电池的"＋"极和电压表的"＋"端的两个端头是同极性的。如果指针反偏（向负向摆动），则说明 A 端和 a 端是异极性的。

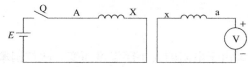

图 3-3　变压器极性测定接线图

实际应用中有时把 A 端和 a 端同极性的变压器叫作减极性变压器；把 A 端和 x 端同极性的变压器叫作加极性变压器。

还可以用图 3-4 的方法测定 A 相一、二次绕组之间的极性。

将 X、x 两个端子用导线连接起来，在绕组 AX 上施加约 50% U_N 的电压。然后用电压表分别测量电压 U_{AX}、U_{ax}、U_{Aa}。如果 $U_{\text{Aa}} = |U_{\text{AX}} - U_{\text{ax}}|$ 则说明标上的标号正确；若 $U_{\text{Aa}} = |U_{\text{AX}} + U_{\text{ax}}|$，则说明端子标号错了，只需将绕组 ax 的两个端子的标号对调一下就行了。同理可测定其他两相的一、二次绕组间的极性。

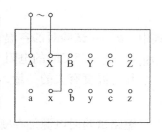

图 3-4　测定 A 相一、二次绕组间极性的接线图

（2）测定三相变压器的相间极性　相间同极性端仅是为说明不同相绕组间对应的首端（或尾端）而引入的。对于三相组式变压器，由于各相的磁路是独立的，所以不需要测定相间极性，只有三相心式变压器才需要测定三相之间的极性。如果 A、B、C 三点不是同极性端，则将会造成空载时励磁电流很大，且二次三相电压不对称等不良后果。具体测定方法如下。

1）确定 B、C 相间极性。把 Y、Z 端用导线相连，在 A、X 两端加约 50% U_N，如图 3-5 所示，然后测量 U_{BY}、U_{CZ}、U_{BC}。若测量结果为 $U_{\text{BC}} = |U_{\text{BY}} - U_{\text{CZ}}|$，则说明 B、C 端所标极性正确；若 $U_{\text{BC}} = |U_{\text{BY}} + U_{\text{CZ}}|$，则说明原先所标极性不对，应把 B、C 两相中任意一相的两个端子标号互换一下（如 C、Z 换成 Z、C）。这样 B、C 两相间的极性就标对了。

2）测定 A、C 相间极性。用导线把 X、Z 端连起来，在 B、Y 两端加 50% U_N，如图 3-6

所示，测量电压 U_{AX}、U_{CZ}、U_{AC}。若测量结果为 $U_{AC} = \mid U_{AX} - U_{CZ} \mid$，则说明 A、C 相间极性标志正确，于是可知 A、B、C 三相相间极性标志全部正确；若 $U_{AC} = \mid U_{AX} + U_{CZ} \mid$，则说明 A、C 两相间极性标志不正确，也就是说 A 相的极性标志错了，只要将 A 相绕组的两个端子标号互换一下即可（A、X 换成 X、A）。这样，A、B、C 三相绕组间的极性便可确定了。

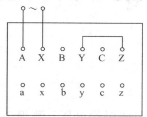

图 3-5　测定 B、C 相
间极性的接线图

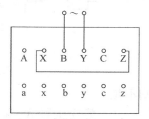

图 3-6　测定 A、C 相
间极性的接线图

2. 三相变压器联结组别的测定

（1）校核 Yy0 联结组　对已经连好的，且端头已标号的变压器，用试验方法可以测定或校验其联结组标号，试验方法如下：把高、低两个同名的出线端（如 A、a 端）连在一起，如图 3-7 所示。在高压侧加 $50\% U_N$ 的三相对称电压，用电压表测一下几个端点间的电压，如 U_{AB}、U_{ab}、U_{Bb}、U_{Cc}、U_{Bc}。根据这些电压的大小，就能判断出该变压器的联结组别。这是因为 A、a 连在一起，它们为等电位，对其他各点之间的电位关系也就确定了。

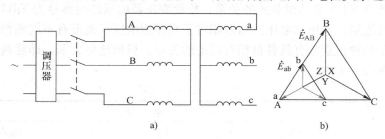

图 3-7　校核 Yy0 联结组的接线图及相量图

a）接线图　b）相量图

设 K 为一、二次线电压之比，即

$$K = \frac{U_{AB}}{U_{ab}}$$

$$U_{Bb} = U_{Cc} = (K - 1)U_{ab}$$

$$U_{Bc} = U_{ab} \sqrt{K^2 - K + 1}$$

将计算值与测量值相比较，如果一致，则说明变压器的联结组别标号是 Yy0，否则不是。

（2）校核 Yd11 联结组　以图 3-8 所示的 Yd11 联结组为例。当 A、a 端连在一起时，在高压侧施加 $50\% U_N$，则在高、低压侧电压相量三角形中，A、a 也应重合在一起。设 K 为一、二次线电压之比，即 $K = U_{AB}/U_{ab}$，据几何关系还可求得

$$U_{Bb} = U_{Cc} = U_{Bc} = U_{ab} \sqrt{K^3 - \sqrt{3}K + 1}$$

若所测得电压数据与上述计算结果（单位应为 V）相同，则可判定该变压器为 Yd11 联

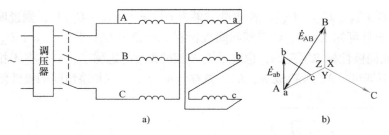

图 3-8 校核 Yd11 联结组的接线图及相量图

a）接线图 b）相量图

结组，否则不是。

【例题 3-2】 某变压器 A、a 端连在一起，高压侧加三相对称电压，测得 $U_{AB} = 10\text{V}$、$U_{cb} = 1\text{V}$、$U_{Bb} = 9.1\text{V}$、$U_{Cb} = 10.05\text{V}$、$U_{Bc} = U_{Cc} = 9.1\text{V}$。试确定其联结组标号。

解： 设 $U_{ab} = 1$

$$K = \frac{U_{AB}}{U_{ab}} = \frac{10}{1} = 10$$

$$U_{Bb} = U_{ab}\sqrt{K^3 - \sqrt{3}K + 1} = 1 \times \sqrt{10^2 - 10\sqrt{3} + 1}\,\text{V} = 9.1\text{V}$$

$$U_{Cb} = U_{ab}\sqrt{K^3 - \sqrt{3}K + 1} = 1 \times \sqrt{10^2 + 1}\,\text{V} = 10.05\text{V}$$

又 $$U_{Bc} = U_{Bb} = 9.1\text{V}$$

上述数据满足 Yd11 联结组各式的关系，故此变压器的联结组标号为 Yd11。

对于不同的组别，低压侧电压三角形相对于高压侧电压三角形有不同的相对位置，上述的几个电压对于每种组别数有其各自相对固定的关系。根据这些关系，即能判定组别数。现把这些关系列在表 3-1 内。

表 3-1 组别数判定表

组别数	电 压		
	$U_{Bb} = U_{Cc}$	U_{Bc}	U_{Bc}/U_{Bb}
1	$\sqrt{K^2 - \sqrt{3}K + 1}$	$\sqrt{K^2 + 1}$	>1
2	$\sqrt{K^2 - K + 1}$	$\sqrt{K^2 + K + 1}$	>1
3	$\sqrt{K^2 + 1}$	$\sqrt{K^2 + \sqrt{3}K + 1}$	>1
4	$\sqrt{K^2 + K + 1}$	$K + 1$	>1
5	$\sqrt{K^2 + \sqrt{3}K + 1}$	$\sqrt{K^2 + \sqrt{3}K + 1}$	=1
6	$K + 1$	$\sqrt{K^2 + K + 1}$	<1
7	$\sqrt{K^2 + \sqrt{3}K + 1}$	$\sqrt{K^2 + 1}$	<1
8	$\sqrt{K^2 + K + 1}$	$\sqrt{K^2 - K + 1}$	<1
9	$\sqrt{K^2 + 1}$	$\sqrt{K^2 - \sqrt{3}K + 1}$	<1
10	$\sqrt{K^2 - K + 1}$	$K - 1$	<1
11	$\sqrt{K^2 - \sqrt{3} + 1}$	$\sqrt{K^2 - \sqrt{3} + 1}$	=1
12	$K - 1$	$\sqrt{K^2 - K + 1}$	>1

注：表中公式均以 U_{ab} 为 1（相对值）列出。

要判断联结组标号，只要测出表 3-1 中所列出的几个电压，并将 K 值代入表 3-1 所给的公式，算出结果，然后进行比较，即可得知组别数，进而得知联结组标号。

测定变压器的极性和联结组别还有其他方法，这里就不提及了。

3.2.4　三相变压器的空载特性和负载特性试验

变压器由线圈和铁心组成，铁心中的磁感应强度取决于外加电压的大小；同时建立铁心磁场还必须提供磁化电流，外加电压越高，铁心的磁感应强度就越大，需要的磁化电流也相应越大。因此，外加电压和磁化电流的关系就反映了磁化曲线的性质。在变压器二次侧开路时，输入电压与磁化电流的关系就称为变压器的空载特性，它具有非线性的特征。负载特性是指当负载改变时，二次电压与电流之间的关系，也具有非线性的特征。

1. 空载特性试验

按图 3-9 接线，并使变压器的二次侧开路，调节加在变压器一次侧的电压 U_1，从 0 ~ 240V 变化，分别记录 U_1、U_2、I_1 的读数于表 3-2 中，并做出变压器的空载特性曲线 $U_1 = f(I_1)$，如图 3-10 所示。

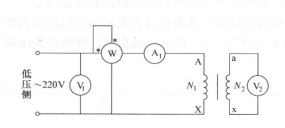

图 3-9　变压器空载特性测试电路　　　　　　图 3-10　变压器空载特性曲线

表 3-2　空载特性试验数据表

U_1/V	20	50	80	120	160	200	220	240
U_2/V								
I_1/mA								

2. 负载特性试验

按图 3-11 接线，从大到小依次改变负载电阻 R_L 的值（即改变灯箱负载实验组件上的电灯数量），分别测量不同负载下的 U_2、I_2、P_1，记录于表 3-3 中，并做出变压器的负载特性曲线 $U_2 = f(I_2)$，如图 3-12 所示。

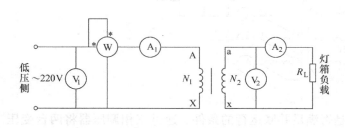
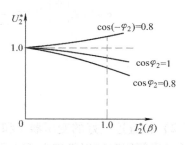

图 3-11　变压器负载特性试验电路　　　　　　图 3-12　变压器负载特性曲线

表 3-3 负载特性试验数据表

R_L/Ω							
U_2/V							
I_2/mA							
P_1/W							

3.2.5 三相变压器的并联运行试验

三相变压器并联运行试验的目的主要是学习三相变压器并联运行的操作方法，其次是研究三相变压器并联运行时负载分配的规律。

具体试验内容是：首先选择两台电压比相同、短路阻抗不同的三相变压器，然后将两台变压器接成并联运行，检查是否满足并联运行的条件，再对并联运行的变压器作负载试验，研究两台变压器的负载分配情况。

在此有必要说明：选择两台电压比相同，但短路阻抗不同的三相变压器，若每台变压器的电压比和短路阻抗是已知的，则经过简单的比较就可以选择到并联运行试验的变压器。

若变压器的电压比和短路阻抗均为未知，则需要用试验来测出每台变压器的电压比和短路阻抗。三相变压器的电压比和短路阻抗的测定参照 3.2.1，此处不再重复。将两台变压器的电压比和短路阻抗记录在表 3-4 中。

表 3-4 三相变压器的电压比和短路阻抗记录表

三相变压器	Ⅰ	Ⅱ
电压比 K		
短路阻抗 Z_K		

然后将两台变压器接成并联运行，并检查是否满足并联运行条件。

1）三相变压器并联运行的参考接线图如图 3-13 所示。接线图说明：并联运行的变压器Ⅰ和Ⅱ的联结组必须相同。图 3-13 中两台变压器的联结组均为 Yd11，刀开关 Q_4 是为检查并联运行条件而设置的，负载电阻 R 为一台三相可调式电阻箱。

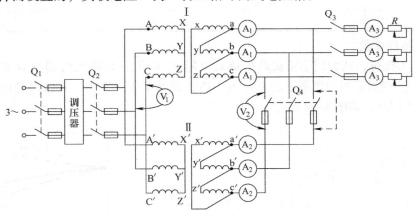

图 3-13 三相变压器并联运行试验接线图

2）检查连接好的变压器Ⅰ和Ⅱ是否满足并联运行的条件。通过三相调压器将两台变压器的一次侧同时加以额定电压。用交流电压表分别测量变压器Ⅰ和Ⅱ的输出电压，记录于表

3-5 中。

表 3-5　试验数据记录表

测量内容	U_{ab}/V	U_{bc}/V	U_{ca}/V	$U_{a'b'}/V$	$U_{b'c'}/V$	$U_{c'a'}/V$
测量值						

　　若 $U_{ab}=U_{a'b'}$，$U_{bc}=U_{b'c'}$，$U_{ca}=U_{c'a'}$，则说明两台变压器的电压比是相等的。若两台变压器的输出电压相差较大，则说明电压比不相等，不能并联运行。

　　再用导线将刀开关 Q_4 的某一相的上下短路起来（见图 3-13），aa′连起来成为等电位点。用电压表检查 Q_4 另外两相的开口电压 $U_{bb'}$，$U_{cc'}$。若 $U_{bb'}=0$，$U_{cc'}=0$，这说明变压器 Ⅰ 和 Ⅱ 满足并联运行的条件；若 $U_{bb'}\neq0$，$U_{cc'}\neq0$，且数值比较大，则说明联结组不对，需重新连接，在 $U_{bb'}=0$，$U_{cc'}=0$ 时合上 Q_4。用电流表测量一下，看是否有环流存在。如有环流，将数值记录在表 3-6 中。

表 3-6　试验数据记录表

测量内容	I_a/A	I_b/A	I_c/A
仪表编号			
测量值			

　　3）对并联运行的变压器做负载试验。首先，将负载电阻 R 调到最大值，然后合上刀开关 Q_3。用交流电流表测量变压器 Ⅰ 的输出电流 $I_Ⅰ$、变压器 Ⅱ 的输出电流 $I_Ⅱ$ 及输出负载总电流 I。调节负载电阻，逐步增大负载电流，直到负载系数较大的一台变压器的输出电流接近额定值为止，共测五六个点并将数据记录在表 3-7 中。

表 3-7　试验数据记录表

测量内容	$I_Ⅰ/A$			$I_Ⅱ/A$			I/A		
	$I_{Ⅰa}/A$	$I_{Ⅰb}/A$	$I_{Ⅰc}/A$	$I_{Ⅱa}/A$	$I_{Ⅱb}/A$	$I_{Ⅱc}/A$	I_a/A	I_b/A	I_c/A
测量值									

　　列表计算，将各点的计算值填入表 3-8 中。

表 3-8　试验数据记录表

$I_Ⅰ=\dfrac{1}{3}(I_{Ⅰa}+I_{Ⅰb}+I_{Ⅰc})$		
$I_Ⅱ=\dfrac{1}{3}(I_{Ⅱa}+I_{Ⅱb}+I_{Ⅱc})$		
$I=\dfrac{1}{3}(I_a+I_b+I_c)$		

　　在直角坐标系上画出两台变压器并联运行时的负载分配曲线 $I_Ⅰ=f(I)$，$I_Ⅱ=f(I)$。用计算法求出某一负载时的 $I_Ⅰ$ 和 $I_Ⅱ$。将计算结果与试验结果进行比较，做出必要的分析。

3.3　技能培养

3.3.1　技能评价要点

该学习情境的技能评价要点见表3-9。

表3-9　"变压器的试验"学习情境的技能评价要点

序号	技能评价要点	权重（%）
1	能正确认识变压器试验的目的	10
2	能正确进行变压器空载试验	15
3	能正确进行变压器短路试验	15
4	能正确判定变压器绕组极性和三相变压器联结组标号	15
5	能正确测定变压器的空载特性和负载特性	15
6	能正确进行三相变压器并联运行试验	15
7	培养工程思维，组织实施、统筹安排任务有序进行的能力；培养团队合作精神，形成较好的协作动手能力	15

3.3.2　技能实训

1. 应知部分

（1）通常做变压器的空载试验是在低压侧加电源，而做短路试验是在高压侧加电源，这是为什么？

（2）为什么做空载试验时，所测量的数据中一定要包含额定电压点？

（3）为什么变压器的空载损耗和负载损耗通常要用低功率因数表来测量？

（4）在测定三相变压器的相间极性时，为什么要用高内阻的电压表来测量？

（5）在测定三相变压器的联结组时为何要把一、二次侧的一个端子连接起来？

（6）三相变压器并联运行试验的目的是什么？

2. 应会部分

做变压器空载及短路试验并画出等效电路，计算变压器参数。

学习情境 4　变压器的维护

4.1　学习目标

【知识目标】　掌握变压器吊心检修的步骤；了解变压器日常巡视项目；理解变压器故障检查方法；掌握变压器运行故障的种类及处理方法。

【能力目标】　培养学生对运行中的变压器实施管理的能力；培养学生检查和发现变压器故障的能力；培养学生分析和处理变压器故障的能力。

【素质目标】　培育学生节约意识，合理使用耗材；规范拿取和归还设备与器件；培育吃苦耐劳精神，树立"劳动光荣"信念；培育工匠精神。

4.2　基础理论

4.2.1　变压器的吊心检修与日常巡视

1. 变压器的吊心检修

所谓吊心检修，就是将油浸式变压器的铁心与绕组吊出进行常规检修。吊心检修是电力变压器必要的检修环节。一般在正常情况下，吊心检修的周期为五年；当出现绕组短路或接地等特殊情况时，也必须及时地进行吊心检修。

（1）吊心前的准备　为了防止变压器铁心与绕组吊出后暴露在空气中受潮，必须掌握好天气变化，尽量避免在阴、雨、下雪气候条件下进行吊心操作。必要时可在室内干燥清洁的环境下进行。

检查分析变压器的运行记录，分析故障原因、部位及损坏程度，制定检修方案与具体计划。

吊心检查前，还必须做好工场准备，如需要的设备、工具、仪器仪表、材料、起重机械等，进行变压器油样的试验，还应准备好足够的补充油及注、放油相关的处理设备。

（2）吊心操作　首先断电，进行机身放电，拆下一、二次侧外接线。在吊出机心前，先清扫变压器外部，检查油箱、散热器、储油柜、防爆管、瓷套管等有无渗漏现象。

放出变压器油，当油面放至接近铁箍、铁轭顶面时，即可拆除储油柜、防爆管、气体继电器。

拆除箱盖与箱体上的连接螺栓，用起重设备将箱盖连同变压器的铁心和绕组一起吊出箱壳。

（3）绕组检修　检查绕组的绝缘是否有因老化而损坏的情况。通常用手指按压绕组表面的绝缘，以观其变化。一般绝缘良好的绕组，富有弹性，手指按压时，绝缘材料会有暂时变形，手指松开则会恢复原状，不会因手指按压而破裂，绝缘表面呈淡黄色。若绝缘材料有相当程度的老化，用手指按压，会产生较小的裂缝，而且感到绝缘坚硬、脆，颜色较深。

检查绕组是否存在短路或接地故障，根据具体情况决定是否更换绕组。一般故障不严重时，二次绕组仅需局部修理，而一次绕组和小型变压器的二次绕组则需重新绕制。检修绕组时应考虑以下事项：

1）对于截面较大的扁铜线二次绕组，主要是更换匝间绝缘、填平楔子和层间绝缘，如果绕组是分段制作的，可更换损坏的部分绕组。

2）拆下来的绕组，先烧去绝缘，若铜线未变质，截面未变形，可重包绝缘后继续使用；如果发现铜线有熔化或截面缩小的部分，应将其割去，然后补换新线。

3）如果利用旧线重绕，应先烧去绝缘，烧后把导线浸入硫酸水溶液中泡 5 ~ 10 min，再将旧绝缘全部除去，用水洗净，再浸入 1% 的热肥皂水中，以中和残留硫酸，最后用清水洗净，烘干待用。

（4）铁心检修　检查铁心夹件的接地铜片是否有效接地，如未安装或已断开，在运行时会发出轻微的放电声。

用 1000V 绝缘电阻表测量铁轭夹件穿心螺钉电阻是否合格，其测量值一般不得小于 2MΩ。若穿心螺杆损坏，应予以更换，或用 0.12mm 厚的电缆纸，涂以酚醛树脂漆，包扎螺杆再在 100℃ 下烘干。

另外，还要检查铁心底部垫铁绝缘是否完整，是否有松动；若有松动，应加以紧固；铁心硅钢片是否有过热现象。

（5）绝缘油处理　吊心检修时，绝缘油应取样作绝缘试验。当油的质量不合格时，应更换绝缘油或将绝缘油再生处理。如有水分，可以用压力式过滤油机过滤或用无碱玻璃丝布袋装入硅胶，浸入油中 4 ~ 5h 后备用。

（6）油箱及附件的检修　对于油箱外壳及防爆管、储油柜外壳锈蚀严重的变压器，需进行除锈喷漆。一般可先将外壳喷砂，以彻底除锈。考虑到防腐蚀和防潮的需要，可先喷两遍过氯乙烯底漆，干后再喷两遍过氯乙烯磁漆，最后喷一遍过氯乙烯清漆。

检查油位计指示是否正常，有无堵塞现象。油位计的玻璃管有无裂纹、脏污或显示模糊。若有裂纹，应更换，若有脏污则应擦净。

变压器油箱盖如变形严重，应校正或重新制作。旧系列高低压套管宜更换为新系列变压器的瓷套管。

（7）分接开关检修　分接开关的检修，主要是检查触头的表面及接触情况，触头不应有灼痕。当触头严重损坏时应进行更换或重新配制（触头的镀层一般为 20μm，也可不要镀层；接触压力应平衡和均匀，触头表面粗糙值为 0.8μm）。当触头表面覆盖有氧化膜和污垢时，轻者可将触头往返切换多次，将污垢除去，重者可用汽油或丙酮擦洗。

最后可检查手柄的指示位置与触头的接触是否一致，以及触头每一位置上的接触是否准确。

（8）装配　将检查时所发现的缺陷或故障完全排除之后，便可进行装配。基本装配步骤：用干燥的热油冲洗变压器器身；把变压器中的残油完全放出，并擦干箱底；将变压器心吊入箱壳，安装附属部件；密封好油箱，然后把变压器油注入变压器，进行油箱密封试验。

为了保证变压器不渗油，在吊心检修后一般总是更换新的密封垫。密封垫的材料必须是耐油橡胶，常采用 φ16mm、φ19mm 的橡胶压在箱盖与箱边之间。密封垫的接头可以用橡胶压接，也可在接缝处切成斜的接缝面，再在接缝面涂上 502 胶水，用虎钳夹住接头几分钟，使其粘结好。在压紧箱盖边沿螺栓时，如果把密封垫压紧到 2/3 起始厚度，就可认为达到要求了。

变压器装配好后，应作油箱密封试验，常利用储油柜上的加油活塞口，加装油压管，以 1.5m 高油柱静压，观察 8h。观察期间，油箱各处不应出现渗漏现象，如有渗漏可用环氧树脂堵塞，再重新进行试验。

2. 变压器的日常巡视

变压器的日常巡视是指在值班过程中，对变压器的异常进行观察记录，以作为检修故障分析的依据。

1）检查变压器的声响是否正常。变压器的正常声响应是均匀的"嗡嗡"声。如果声响比正常大，说明变压器过载；如果声响尖锐，说明电源电压过高。

2）检查变压器油温是否超过允许值。油浸式变压器的上层油温不应超过 85℃，最高不得超过 95℃。油温过高可能是由变压器过载引起的，也可能是变压器内部故障。

3）检查储油柜及气体继电器的油位和油色，检查各密封处有无渗漏和漏油现象。油面过高，可能是变压器冷却装置不正常或变压器内部有故障；油面过低，可能有渗油漏油现象。变压器油正常时应为透明略带浅黄色，若油色变深变暗，则说明油质变坏。

4）检查瓷导管是否清洁，有无破损裂纹和放电痕迹；检查变压器高、低压接头螺栓是否紧固，有无接触不良和发热现象。

5）检查防爆膜是否完整无损，检查吸湿器是否畅通，硅胶是否吸湿饱和。

6）检查接地装置是否正常。

7）检查冷却、通风装置是否正常。

8）检查变压器及其周围有无其他影响安全运行的异物（易燃易爆物等）和异常现象。

在巡视过程中，如发现有异常现象，应记入专用的记录本内，重要情况应及时汇报上级，请示及时处理。

4.2.2　变压器故障的检查及分析方法

为了发现变压器的故障，可以通过试验对变压器进行检查，通过分析试验结果，从而确定故障的原因、发生故障的部位和程度，确定适当的处理措施。

1. 变压器基础试验检查方法及故障分析

（1）变压器绝缘性能的检查及故障分析　用 2500V 绝缘电阻表测量变压器各相绕组对绕组和绕组对地的绝缘电阻。若测得的绝缘电阻为零，则说明被测绕组或绕组对地之间有击穿故障，可考虑解体进一步检查绕组间的绝缘及对地绝缘层，确定短路点；若测得的绝缘电阻值较上次检查记录低 40% 以上，则可能是由绝缘受潮、绝缘老化引起的，可对症作相应的处理（如干燥处理、修复或更换损坏的绝缘），再试验观察。

（2）绕组直流电阻试验及故障分析　测量分接开关各点的直流电阻值，若测得的电阻值差别较大，故障的原因可能为分接开关接触不良，触头有污垢，分接头与开关的连接有误（主要发生在拆修后的安装错误）。处理方法：检查分接开关与分接头的连接情况，查看分接开关的接触是否良好。

分别测量三相电阻值，当某一相电阻大于三相平均电阻值的 2%～3%，其故障的原因可能为绕组的引线焊接不良，匝间短路或引线与套管连接不良。检查的方法是：分段测量直流电阻，首先将低压开路，并将高压 A 相短路，在 B、C 相间施加 5% ~ 10% 的额定电压，测量电流值。若 A 相有故障，则在 A 相短路时，测得的电流值较小，而在 B、C 短路时，测得的电流值较大。

（3）空载试验检测及故障分析 空载试验接线方法及励磁阻抗的测定在前面已叙述，在这里仅针对测量数据的异常进行故障分析。若测得的空载损耗率和空载电流都很大，说明故障出在励磁回路中，可能是铁心螺杆或铁轭螺杆与铁心有短路，或接地片安装不正确构成短路，或有匝间短路。检查的方法是吊出变压器心，寻找接地短路处和匝间短路点。可用1000V 绝缘电阻表测量铁轭螺杆的绝缘电阻，检测绕组元件的绝缘情况。

若只是空载损耗过大，空载电流并不大，则表示铁心的涡流较大，表明铁心片间有绝缘脱落，绝缘不良，可进一步用直流电压表法测量铁心片间绝缘电阻，电阻值变小的为绝缘损坏的铁心片。

若只是空载电流过大，而空载损耗不大，表明励磁支路的磁阻增大，气隙增大，可能是铁心接缝装配不良（多出现在检修重新装配后），硅钢片数量不足。可考虑吊出铁心，检查铁心接缝，测量轭铁截面积。

（4）短路试验检测及故障分析 短路试验方法与短路阻抗的计算在学习情境 3 已讲述，此试验也是故障检测的重要手段之一，通过对其读数的分析来确定故障性质。若测得的阻抗电压过大（一般正常值在 4% ~ 5% 额定电压值），表明短路阻抗变大了，故障可能出在从进线对分接抽头的沿途接线接头、导管、开关接触不良或部分松动等造成的内阻增大。对于这种故障，可采用分段测量直流电阻来寻找故障点。

若负载损耗读数过大，而阻抗电压并不明显增大，则表明并联导线可能出现了断裂，换位不正确，使部分导电截面减小。可用分相短路试验方法来寻找故障点，即在低压侧短路，分别加上额定阻抗电压值进行三次测量，对每次结果进行分析，短路电流较小的那相绕组可能存在故障点。

（5）绕组组别数的测量及故障分析 变压器正常的组别数是按时钟标记的，其规律性很强，只有 12 个组别数。通过组别试验电路，测出各引出线端电压值，找出相应的比值关系，即可判断出组别数或找出接线错误。

2. 变压器检修试验与要求

变压器在检修后，必须经过一系列试验对重要参数指标进行校核，满足运行要求以后才能投入运行。

（1）测量穿心螺杆对铁心和夹件的绝缘电阻及耐压试验 绝缘电阻不得低于 2MΩ；交流耐压试验电压为 1000V，直流耐压试验电压为 2500V；耐压试验时间应持续 1min。

（2）在变压器的各分接头上测量各绕组的直流电阻 三相变压器的三相线电阻的偏差不得超过三相平均值的 2%；相电阻不得超过三相平均值的 4%。

（3）测量分接头的电压比 测量各相在相同分接头上的电压比，相差不超过 1%；各相测得的电压比与铭牌相比较，相差也不超过 1%。

（4）测量绕组对与绕组间的绝缘电阻 20 ~ 30kV 变压器的绝缘电阻不低于 300MΩ；3 ~ 6kV 变压器的绝缘电阻不得低于 200MΩ；0.4kV 以下的变压器不低于 90MΩ。

（5）测量变压器的联结组标号 必须与变压器的铭牌标志相符。

（6）测定变压器在额定电压下的空载电流　一般要求在额定电流的 5% 左右。

（7）耐压试验　电压值按交接和预防性试验电压规定，试验电压持续时间为 1min，见表 4-1。

表 4-1　油浸式变压器耐压试验标准

电压级次	0.4	3	6	10
制造厂出厂试验电压/kV	5	18	25	35
交接和预防性试验电压/kV	2	15	21	30

（8）变压器油箱密封试验（油柱静压试验）　利用油盖上的滤油阀门，加装 2m 高的油管，在油箱顶端焊装一个油桶，在油压不足时作补充用，持续观察 24h，应无漏油痕迹。

（9）油箱中的绝缘油化学分析试验　绝缘油的击穿电压、水分、电阻率、表面张力及酸度等都必须满足规定标准。

4.2.3　变压器运行故障的分析及处理

对于变压器运行维护人员来说，要随时掌握变压器的运行状态，做好工作记录。对于日常的异常现象，能进行细致分析，并能针对具体问题，采取合理的处理措施，以防止故障恶化和扩散。

对于重大故障，要及时做好记录并汇报，进行停运检修。

1. 变压器日常检查及故障处理

变压器常见的异常现象及处理对策见表 4-2。

表 4-2　变压器常见的异常现象及处理对策

异常现象	异常现象判断	原因分析	处理对策
温度升高	变压器温度计指示值超过允许限度；温度虽在允许值内，但与前期记录相差较大，或与负载率和环境温度严重不相符	过载	减小负载或按油浸式变压器运行限度标准调整负载
		环境温度不超过 40℃	减小负载采取强迫降温，如加设风扇
		冷却泵、风扇等散热设备出现故障	减小负载，修复或更换散热设备
		散热冷却阀未打开	打开阀门
		漏油引起油量不足	检查漏油点并修复
		温度计损坏，读不准	确认后更换温度计
		变压器内部异常	排除外部原因后，则要进行吊心进行内部检查，采取相应措施进行修理
声响和振动	区别正常的励磁声音和振动情况；注意仔细辨别声音和振动是否由内部发出	过电压或频率波动	把电压分接开关转到与负载电压相适应的电压档
		紧固部件松动	查清发生振动及声音的部位，加以紧固
		接地不良或未接地的金属部件发生静电放电	检查外部的接地情况，如外部无异常，则要报告做进一步的内部检查
		铁心紧固不好而引起微振	吊出铁心，检查维修紧固情况

2. 变压器运行故障分析及处理

（1）变压器外部定期检查的一般项目

1）储油柜和充油套管的油位、油色均应正常，且不渗漏油。

2）套管外部应清洁、无破损裂纹、无放电痕迹及其他异常现象。

3）变压器正常，本体无渗油、漏油，吸湿器应完好，硅胶应干燥。

4）运行中的各冷却器湿度应相近，油温正常，管道阀门正确，风扇、油泵、水泵转动应均匀正常。

5）水冷却器的油压应大于水压，从旋塞放水检查应无油迹。

6）引线接头、电缆、母线应无发热现象。

7）安全气道及保护膜应完好无损。

8）继电器内应无气体，继电器与储油柜间连接阀门应打开。

9）变压器室的门、窗应完整；房屋应无漏水、渗水；照明和空气湿度应相适宜。

10）根据变压器结构特点，现场规程中补充的其他检查项目。

（2）外部检查增加项目　电气部门的运行负责人员应会同维修人员对变压器做定项的外部检查，并应增加以下检查项目。

1）变压器箱壳及箱沿发热是否正常，外壳接地线以及铁心经小套管接地的引线应完好。

2）净油器及其他油保护装置的工作状况应正常。

3）击穿熔断器应完好。

4）强迫油循环的变压器应作冷却装置自动切换试验，以保证随时正确动作。

5）检查有载分接开关动作情况应正常。

6）检查储油柜集泥器内应无水分及不洁物，如有则应除去；用控制油门检查油位计，应无堵塞现象。

7）吸湿器内的干燥剂应有效，呼吸应畅通。

8）油门等处的铅封应完好。

9）室内（洞内）变压器通风设备应完好。

10）标志和相色应清楚明显。

11）消防设施应齐全、完好。

12）变压器油池应保持在良好状态。

（3）变压器的投运和停运

1）值班人员在投运变压器之前，应仔细检查，确认变压器在完好状态，具备带电运行条件。对长期停用或检修后的变压器，应检查接地线等是否已拆除，核对分接开关位置并测量绝缘电阻，测量时必须将电压互感器断开。

2）所有备用中的变压器均应随时可以投入运行，长期停用的备用变压器应定期充电，并投入冷却装置。

3）变压器投运和停运操作程序应在现场规程中加以规定，并遵守下列各项：

① 强迫油循环变压器投运前应先启用其冷却装置。对强迫油循环水冷变压器，应先投入油系统，再启用水系统，停用操作顺序相反。水冷却器冬季停用后应将水全部放尽。

② 变压器的充油应当由装有保护装置的电源侧进行。

③ 如有断路器，必须使用断路器进行投运或停运。

④ 如无断路器，可用隔离开关投运或停运空载电流不超过 2A 的变压器。切断电压为 20kV 及以上的变压器的空载电流时，必须采用三相联动带消弧角的隔离开关，如因条件限制不得不装在室内时，则应在各相间安装耐弧的绝缘隔板，使其互相隔离，防止相间弧光闪络。

4）在大修、事故检修和换油后，对于 35kV 及以下的变压器，宜静止 3～5h，等待油中的气泡消除后方可投入运行。对于 110kV 及以上的变压器，在下述条件下，变压器可以不经干燥即投入运行：检修期间所测数值和检修前在同一温度下所测数值相比，或换算到同一温度下相应数值相比，绝缘电阻的降低不超过 40%，如果各数值的变化有一个或全部超过了上述范围，但绝对值不超过预防性试验的规定，则也不需要干燥。

吸收比不予规定，但在综合审查测量结果时应予考虑。通常，在 10～30℃ 下，吸收比一般不应低于 1.3。

装有储油柜的变压器带电前应放去各套管升高座、散热器及净油器等上部的残存空气；强迫油循环变压器在投运前应起动全部冷却器，将油循环一定时间，并排除残存空气。

5）在 110kV 及以上中性点直接接地系统中，投运和停运变压器时，在操作前中性点必须先接地，操作完毕后再予断开。

（4）变压器分接开关的运行维护

1）对于无载调压变压器，在变换分接头时应正、反方向各转动五周，以便消除触头上的氧化膜及油污，同时要注意分接头位置的正确性，变换分接头后应测量线圈直流电阻及检查锁紧位置，并应对分接头变换情况做好记录。变压器分接头位置应有专门的记录，以便能随时查核。

2）变压器有载调压开关应按下列要求进行维护：

① 每三个月在切换开关中取油样做试验。若低于标准时应换油或过滤。当运行时间满一年或变换次数达 4000 次时亦应换油。

② 新投入的调压开关，在变换 5000 次后，应将切换部分吊出检查，以后可按实际情况确定检修的期限。换油与检查的步骤按制造厂规定进行。

③ 为防止开关在严重过载或系统短路时自动切换，应在变压器回路中加装电流闭锁装置，其整定值不超过额定电流的 1.5 倍。

④ 开关应有瓦斯保护与防爆装置，当保护装置动作时，应查明原因。

⑤ 电动操作机构等应经常保持良好状态。

3. 变压器的不正常运行和事故处理

（1）运行中的不正常现象

1）值班人员在变压器运行中发现有任何不正常现象（如漏油、油位变化过高或过低、温度异常、声响不正常及冷却系统不正常等），应设法尽快消除，并报告上级领导人员，应将经过情况记入值班操作记录簿和设备缺陷记录簿内。

2）变压器过载超过允许的正常值时，值班人员应按照现场规程的规定调低变压器的负载。

3）若发现异常现象，非停用变压器不能消除，且有威胁整体安全的可能性时，应立即停止运行并修理。若有备用变压器时，应尽可能先将备用变压器投入运行。变压器有下列情况之一者应立即停止运行并修理：变压器内部声响很大，很不正常，有爆裂声；在正常负载和冷却条件下，变压器温度不正常并不断上升；储油柜或安全气道喷油；严重漏油使油面下降，低于油位计的指示限度；油色变化明显，油内出现碳质等；套管有严重的破损和放电现象。

4）变压器油温的升高超过许可限度时，值班人员应判明原因，采取办法使其降低，因此必须进行下列工作：检查变压器负载和冷却介质的温度，并与在同一负载和冷却介质温度下应有的油温核对；核对油温表；检查变压器机械冷却装置或变压器室的通风情况。

若升高的原因是由于冷却系统的故障，且在运行中无法修理，应立即将变压器停运修理；若需停运修理（如油浸风冷变压器的部分风扇故障；强迫油循环变压器的部分冷却器故障等），则值班人员应按现场规程的规定，调整变压器的负载至相应的容量。

若发现油温较平时同一负载和冷却温度下高出 10℃ 以上，或变压器负载不变，油温不断上升，而检查结果证明冷却装置正常，变压器室通风良好，温度计正常，则认为变压器内部已发生故障（如铁心严重短路、绕组匝间短路等），而变压器保护装置因故不起作用，在这种情况下立即将变压器停下修理。

5）如变压器中的油已凝固时，允许将变压器投入运行，可逐步接入并增大负荷，同时必须监视上层油温，直至油循环正常为止。

6）当发现变压器的油面较当时油温所应有的油位显著下降时，应立即加油，如因大量漏油而使油位迅速下降时，禁止将瓦斯保护改为只动作于信号，而必须采取停止漏油的措施，并立即加油。

7）变压器油位因温度上升而迅速升高时，若最高油温时的油位高出油位计，则应放油，使油位降至适当高度，以免溢油。对采用隔膜式储油柜的变压器，应检查胶囊的呼吸是否畅通，以及储油柜的气体是否排尽等，以免产生假油位。

（2）瓦斯保护装置动作的处理

1）瓦斯保护信号动作时，值班人员应立即对变压器进行检查，查明动作的原因，是否因空气侵入、油位降低、二次回路故障或是变压器内部故障造成的。若气体继电器内存在气体，应记录气候、鉴定气体的颜色及是否可燃，并取气样和油样作色谱分析，可根据有关的规程和导则判断变压器的故障性质。

2）若气体继电器内的气体为无色、无嗅而不可燃，且色谱分析判断为空气，则变压器可继续运行。当信号动作是因油中剩余空气逸出，或强迫油循环系统吸入空气而动作，而且信号动作间隔逐次缩短，将造成跳闸时，如无备用变压器，则应将重瓦斯改接信号，并报告上级领导，同时应立即查明原因并加以消除；如有备用变压器，则应换用备用变压器，而不准使运行中变压器的重瓦斯改接信号。

若气体是可燃的，色谱分析后其含量超过正常值，经常规试验加以综合分析判断，若说明变压器内部已有故障，必须将变压器停运，以便分析动作原因和进行检查、试验。

3）瓦斯保护信号与跳闸同时动作，并经检查是可燃性气体，则变压器未经检查并试验合格前不许再投入运行。

关于瓦斯动作的故障原因分析见表 4-3。

（3）变压器自动跳闸的处理和灭火

1）变压器自动跳闸时，如有备用变压器，值班人员应迅速将其投入运行，然后立即查明跳闸原因；如无备用变压器，则需根据掉牌指示查明何种保护装置动作，以及在变压器跳闸时有何种外部现象（如外部短路、变压器过载等）。如检查结果证明变压器跳闸不是由于内部故障引起，而是由于过载、外部短路或保护装置二次回路故障造成，则变压器可不经过外部检查而重新投入运行；否则须进行检查、试验，以查明变压器跳闸的原因。

表 4-3　瓦斯动作的故障原因分析

序号	气体实质	推测事故原因	动作起因	动作类型
1	没有气体	接地故障、短路	在 260～400℃下绝缘油汽化	重瓦斯动作
2	仅有气体或仅有惰性气体	油箱、配管、气体继电器等故障	由机械故障引起漏气故障（大）	轻瓦斯动作，放去气体后又立即重复动作
			由机械故障引起漏气故障（中等）	轻瓦斯动作，放去气体后几分钟后重复动作
			由机械故障引起漏气故障（小）	轻瓦斯动作，放去气体后可保持长期不动作
		虽有上述故障，但很轻微或气体继电器玻璃破损	轻微故障	轻瓦斯动作或瓦斯继电器有少量气体

若变压器有内部故障的迹象，应进行内部检查。

2）变压器着火时，首先应断开电源，停用冷却器并迅速使用灭火装置灭火，尽快将备用变压器投入运行。

若油溢在变压器顶盖上而着火，则应打开下部油门放油至适当油位；若是变压器内部故障引起着火，则不能放油，以防变压器发生严重爆炸。

电力变压器的常见故障与处理方法见表 4-4。

表 4-4　电力变压器的常见故障与处理方法

序号	故障现象	产 生 原 因	处 理 方 法
1	温升过高	（1）铁心片间绝缘损坏	（1）测量片间绝缘电阻，两片间在 6V 直流电压下，其电阻应大于 0.8Ω
		（2）穿心螺杆绝缘损坏、铁心短路	（2）测量穿心螺杆绝缘电阻，加强绝缘
		（3）铁心多点接地	（3）找出接地点并处理
		（4）铁心接地片断裂	（4）重新连接
		（5）绕组匝间短路	（5）测量绕组直流电阻，比较三相平衡程度
		（6）绕组绝缘能力降低	（6）测量绕组对地和绕组之间的绝缘电阻
		（7）分接开关接触不良	（7）转动分接开关多次或调整分接开关压力和位置
		（8）过载	（8）减少负载，缩短过载运行时间
		（9）漏磁发热	（9）检查载流体周围铁件的发热情况
2	声响异常	（1）过载	（1）检查输出电流
		（2）电压过高	（2）检查电压
		（3）铁心松动	（3）吊心检查铁心
		（4）线圈、铁心、套管局部击穿放电	（4）找出放电部位后采取适当措施
		（5）外壳表面零部件固定不牢，与外壳相碰	（5）固定好零部件
		（6）内部发生严重故障，变压器油剧烈循环或沸腾	（6）立即断开电源，找出原因，排除故障后才能运行

（续）

序号	故障现象	产生原因	处理方法
3	三相输出电压不对称	（1）三相负载严重不对称 （2）匝间短路 （3）三相电源电压不对称 （4）高压侧一相缺电	（1）测量三相电流，其差值不超过25% （2）找出短路点后进行修理 （3）检查电源电压 （4）检查高压侧开关的合闸情况，特别是熔丝是否熔断
4	输出电压偏低	（1）分接开关位置不当 （2）电网电压低	（1）调整分接开关，例如从"Ⅰ"调至"Ⅱ" （2）不能处理
5	并联运行时空载环流大	（1）联结组不同 （2）两台变压器分接开关调整档位不相同 （3）电压比有差异	（1）变换联结组，作定相试验 （2）调整分接开关 （3）视情况处理
6	并联运行时负载分配不均	（1）阻抗电压不等 （2）额定容量相差悬殊	（1）通过短路试验测定各阻抗电压，选择阻抗电压相等的变压器 （2）适当调整，一般不能超过3:1

4.3　技能培养

4.3.1　技能评价要点

该学习情境的技能评价要点见表4-5。

表4-5　"变压器的维护"学习情境的技能评价要点

序号	技能评价要点	权重（%）
1	能正确进行变压器吊心检修	20
2	能正确巡视运行中的变压器	10
3	能正确检查变压器故障并进行分析	20
4	能正确处理运行中变压器的故障	30
5	培育节约意识，合理使用耗材；规范拿取和归还设备与器件；培育吃苦耐劳精神，树立"劳动光荣"信念；培育工匠精神	20

4.3.2　技能实训

1. 应知部分

（1）变压器吊心检修的步骤有哪些？

（2）变压器日常巡视检查的项目有哪些？

（3）变压器的检查方法有哪些？

（4）变压器运行中的不正常现象有哪些？变压器运行中的故障有哪些？

（5）瓦斯保护装置的动作处理有哪些？

2. 应会部分

（1）能组织实施变压器吊心检修。

（2）能对运行中的变压器进行日常巡视。

（3）能检查变压器的故障并进行故障分析。

模块 2　异步电动机

学习情境 5　异步电动机的选用

5.1　学习目标

【知识目标】　掌握三相异步电动机的原理、结构与作用；了解三相异步电动机绕组的基本知识和三相单层绕组的类型及特点；理解三相异步电动机的感应电动势和旋转磁场；熟悉单相异步电动机的原理与结构；掌握三相异步电动机的选用方法。

【能力目标】　培养学生根据生产实际需要选择三相异步电动机的能力。

【素质目标】　培养学生时空结合的思维；培养沟通协调、组织实施的能力；学会在任务实施过程中，查找、搜集、整理、总结相关信息，从而建立工程实施的基本思路和思维。

5.2　基础理论

异步电机是交流旋转电机中的一种，主要用作电动机。异步电动机运行时的转速是随负载而变化的。异步电动机有单相和三相之分，三相异步电动机在国民经济各行各业中的应用极广。在水电站和发电厂中，水轮机、锅炉、汽轮机的附属设备如调速器、球磨机、水泵、风机等大多由异步电动机驱动。单相异步电动机功率较小，多用于家用电器及自动装置中。

2008 年 8 月 1 日，由中国自主研发制造的首批 6 列时速 300km 及以上动车组顺利通过了为期 7 个月严格的试验验证、试运营考验。首批动车组在北京奥运会配套工程、我国第一条高速城际铁路——京津城际铁路正式投入运营。弹指十余年，中国高铁从零起步，串珠成线、连线成网。从当初的"四纵四横"到现如今的"八纵八横"，四通八达的高铁以最直观的方式向世界展示了"中国速度"。而牵引着中国高铁，跑出中国速度的是高铁的核心设备之一——三相交流异步牵引电动机。"复兴号"中国标准动车组 YQ – 625 型异步牵引电动机是中车株洲电机有限公司自主研制的"明星产品"，具有大转矩、低噪声、高效能、高可靠性、低维护成本等优点，应用于时速 350km 的 CR400AF 型"复兴号"列车，是中国标准动车组一款完全具有自主知识产权的"动力心脏"，助力中国标准动车组以超过 420km 的时速在郑徐线上交会而过，跑出了"世界新速度"。

异步电动机结构简单、运行可靠、维护方便、效率较高，故得到广泛应用；但因调速性能较差、功率因数较低，还不能在生产中完全取代直流电动机和同步电动机。

5.2.1　三相异步电动机的结构

三相异步电动机在结构上主要由两大部分组成，即静止部分和转动部分。静止部分称为定子，转动部分称为转子。定子、转子之间留有很小的气隙，一般为 0.2～1mm。此外，还

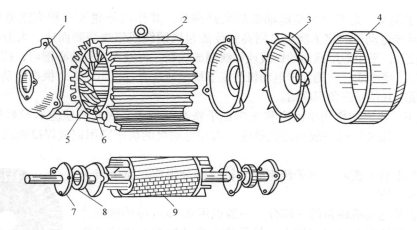

图 5-1　笼型异步电动机的结构

1—端盖　2—定子　3—风扇　4—风扇罩　5—定子铁心

6—定子绕组　7—轴承盖　8—轴承　9—转子

有端盖、轴承、接线盒、风扇等其他部分。异步电动机根据转子绕组的不同结构形式，可分为笼型和绕线转子两种。图 5-1 为笼型异步电动机的结构。

图 5-2 为绕线转子异步电动机的结构和接线原理图。

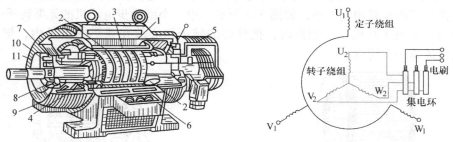

图 5-2　绕线转子异步电动机的结构和接线原理图

1—定子　2—定子绕组　3—转子　4—转子绕组　5—集电环风扇　6—出线盒

7—轴承　8—轴承盒　9—端盖　10—内盖　11—外盖

下面分别对定子、转子主要部件的结构和作用进行介绍。

1. 定子

定子由定子铁心、定子绕组和机座三部分组成。

（1）定子铁心　定子铁心是电动机磁路的一部分，为减少铁心损耗，一般由 0.5mm 厚的导磁性能较好的硅钢片叠压成整体后，安放在机座内，叠片间经过绝缘处理。中、小型电动机的定子铁心和转子铁心都采用整圆冲片。定子机座与定子铁心冲片如图 5-3 所示。大、中型电动机常将扇形冲片拼成一个圆。

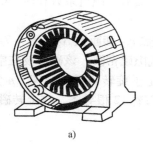
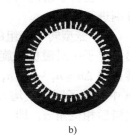

a)　　　　　　　　　　　　b)

图 5-3　异步电动机的定子机座与定子铁心冲片

a）定子机座　b）定子铁心冲片

（2）定子绕组 定子绕组是电动机的电路部分，其作用是通入三相交流电后产生旋转磁场。小型异步电动机的定子绕组是用高强度漆包圆铜线或铝线绕制而成，大型异步电动机的导线截面较大，采用矩形截面的铜线或铝线制成线圈，再嵌入定子铁心槽内，按照一定的接线规律，相互连接而成。三相异步电动机的定子绕组通常有六根出线头，根据电动机的功率和需要可选择星形联结或三角形联结。

（3）机座 机座的作用是固定和支撑定子铁心及端盖，因此机座应有较好的机械强度和刚度。中、小型电动机一般用铸铁机座，大型电动机的机座则用钢板焊接而成。

2. 转子

转子主要由转子铁心、转子绕组和转轴三部分组成。整个转子靠端盖和轴承支撑。

转子铁心是电动机磁路的一部分，一般也用 0.5mm 厚的硅钢片叠压成整体的圆柱形套装在转轴上。转子铁心叠片冲有嵌放转子绕组的槽，如图 5-4 所示。异步电动机的转子绕组分为笼型转子和绕线转子两种。

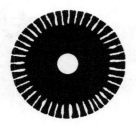

图 5-4　转子铁心冲片

（1）笼型转子 笼型转子绕组如图 5-5、图 5-6 所示，在转子铁心的每一个槽中插入一根裸导条，在铁心两端分别用两个短路环把导条连接成一个整体，形成一个自身闭合的多相短路绕组。如果去掉铁心，绕组的外形就像一个"鼠笼"，所以称为笼型转子。由笼型转子构成的电动机称为笼型异步电动机。大型异步电动机转子绕组采用铜导条，如图 5-5 所示。中、小型异步电动机的笼型转子一般都采用铸铝材料，如图 5-6 所示，制造时，把叠好的转子铁心放在铸铝的模具内，把"鼠笼"和端部的内风扇一次铸成。

图 5-5　大型异步电动机的
笼型转子（铜条）

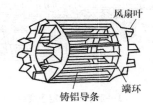

图 5-6　中、小型异步电动机的
笼型转子（铸铝导条）

笼型转子绕组的相数、极数、绕组系数和转子磁动势与普通对称三相绕组差别很大，现分别进行介绍。

1）笼型转子绕组的相数 m_2 和匝数 N_2　图 5-7a 是笼型转子绕组展开图，图中用虚线画出了定子一对磁极的旋转气隙磁密波，该磁密波在空间按正弦分布，并且相对于转子导条以转速差 $\Delta n = n_1 - n$（n_1 为定子旋转磁场的转速，n 为异步电动机的转子转速）旋转。图 5-7a 中，转子圆周上均匀分布着 12 根导条，在旋转磁密波切割下，每根导条内感应电动势依次滞后相位角 α，即

$$\alpha = \frac{360°p}{Z_2} \tag{5-1}$$

式中　p——磁密波极对数；

Z_2——转子槽数。

　　此时计算出 $\alpha = 30°$，可画出各导条的电动势相量图如图 5-7b 所示。考虑到所有导条在转子上是对称的，故每一根导条中电流滞后电动势的相角 Ψ_2 相同。因此只需把图 5-7b 顺时针转过 Ψ_2 就可表示出笼型转子绕组各导条中电流相量的相位关系，即各导条中电流大小相等，相位依次滞后 α，导条的电流也是对称的。

　　由此可见，笼型转子绕组每一根导条就是一相，即每一对极下的导条数等于相数，笼型转子绕组的相数为 $m_2 = \dfrac{Z_2}{p}$（转子槽数 Z_2 等于导条数）。由于绕组各导条中电流是对称的，故为对称多相绕组。由于每相只有一根导条，相当于半匝，所以每相匝数 $N_2 = \dfrac{1}{2}$。

　　2）笼型转子绕组的极数为 $2p$　设定子一对极的气隙磁密波旋转到图 5-7a 所示位置，可用箭头的长短在导条内定性表示出该瞬时各导条的电动势大小。

　　由 $E = BLv$ 可知，当导体有效长度 L、导体运动速度 v 一定时，感应电动势 E 正比于气隙磁密波 B，即某瞬时每一根导条电动势的大小决定于当时该导条在气隙磁密波下所处的位置。例如，在磁密幅值下的导条电动势最大，磁密波过零处的导条电动势为零。也就是说，每一时刻导条电动势瞬时值的空间分布规律与气隙磁密的空间分布规律完全相同。同时，转子电动势产生的转子电流也会在导条内形成与电动势类似的一半正、一半负的电流分布波，从而产生两极的转子磁场。同理，如果定子绕组决定的磁密波为 4 极，感应的转子电流也产生 4 极的转子磁场。推广而言，笼型转子的极数由产生上述磁密波的定子绕组极数决定，即转子的磁极数等于定子绕组的磁极数。

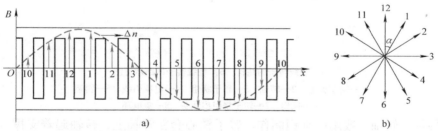

图 5-7　笼型转子绕组展开图中的磁密波 B、电动势 E、电流 I 分布示意图

a）某一时刻的磁密波及 E、I 瞬时值分布　b）导条电动势 E 的相量图

　　3）笼型转子绕组的绕组系数 K_{W2}　后面讨论异步电动机的绕组时将会知道，绕组系数 K_{W2} 实质上是一相绕组中各导体电动势串联叠加成一相电动势时应打的折扣，这是由于绕组的分布、短距原因引起的。对于笼型转子来说，一根导条即为一相，各导条电动势是独立的一相电动势，不存在串联叠加的问题，也不需打折扣，故 $K_{W2} = 1$。

　　4）笼型转子绕组的磁动势 $\vec{F}_2$　由于定子旋转磁场切割转子导条的转速差为 $\Delta n = n_1 - n$。因此，导条电动势的频率 f_2 可表示为

$$f_2 = \frac{p(n_1 - n)}{60} = \frac{n_1 - n}{n_1} \frac{pn_1}{60} = sf_1 \tag{5-2}$$

式中　f_1——电源频率，$f_1 = \dfrac{pn_1}{60}$；

　　　　s——转差率，$s = \dfrac{n_1 - n}{n_1}$。

由式（5-2）说明，转子导条电动势的频率为 sf_1，故转子导条电流也是频率为 sf_1 的多相对称电流。转子多相对称电流在多相对称的笼型转子绕组中流过，将产生幅值恒定的转子旋转磁动势 $\dot{F}_2$，它相对转子的转速为

$$n_2 = \frac{60f_2}{p} = \frac{60sf_1}{p} = sn_1 \tag{5-3}$$

可见，转子磁动势 $\dot{F}_2$ 是由定子磁场感应产生的，是一个相对于转子转速为 sn_1 的旋转磁动势。

（2）绕线转子　绕线转子绕组是与定子绕组相似的三相对称绕组，三相绕组尾端在内部为星形联结，三相首端由转子轴中心引出接到集电环上，再经一套电刷引出来与外电路相连，如果跟外电阻相接还可以改善电动机的起动和调速性能。绕线转子的结构及回路示意图如图 5-8 所示。有的绕线转子异步电动机还装有提刷装置，在串入的外接电阻起动完毕时把电刷提起，三相集电环直接短路，减小运行时的损耗。

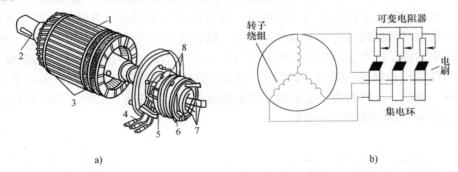

a)　　　　　　　　　　　　　　　　　　b)

图 5-8　绕线转子的结构及回路示意图

a）绕线转子的结构　b）绕线转子回路示意图

1—转子铁心　2—转轴　3—转子绕组　4—电刷引线　5—刷架

6—风扇　7—转子绕组出线头　8—集电环

（3）转轴　转轴一般用中碳钢制作。转子铁心套在转轴上，转轴起着支撑、固定转子和传递功率的作用。

3. 气隙

异步电动机的气隙是均匀的。气隙大小对异步电动机的运行性能和参数影响较大。励磁电流由电网供给，气隙越大，励磁电流也就越大，而励磁电流又属于无功性质，它要影响电网的功率因数；气隙过小，则将引起装配困难，并导致运行不稳定。因此，异步电动机的气隙大小往往为机械条件所能允许达到的最小数值，中、小型电动机一般为 0.1 ~ 1mm。

5.2.2　三相异步电动机的基本工作原理

1. 基本工作过程

以笼型异步电动机为例来分析，在异步电动机的定子铁心槽里嵌放着对称的三相绕组 U_1U_2、V_1V_2、W_1W_2，转子是一个闭合的多相对称的笼型转子绕组，如图 5-9 所示。

当异步电动机定子三相对称绕组中通入三相对称的电流时，就会

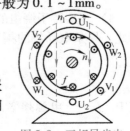

图 5-9　三相异步电动机工作原理图

产生一个以同步转速 n_1 旋转的圆形旋转磁场，而转子是静止的。转子与定子旋转磁场之间有相对运动，转子导体因切割定子旋转磁场而产生感应电动势。因为转子绕组是闭合的短路绕组，故转子绕组内有感应电流流过。转子载流导体在定子旋转磁场中受到电磁力的作用，从而形成电磁转矩，驱使电动机转子转动。异步电动机的转子转速 n 恒小于同步转速 $n_1 = 60f_1/p$，因为只有这样，转子绕组才能切割定子旋转磁场，产生感应电动势从而产生电磁转矩，使电动机旋转。如果 $n = n_1$，转子绕组与定子旋转磁场之间便无相对运动，则转子绕组中无感应电动势和感应电流产生，可见 $n < n_1$，是电动机正常运行的必要条件。由于电动机的转子转速 n 与同步转速 n_1 不同步，故称为异步电动机。

2. 转差率

同步转速 n_1 与转子转速 n 之差，即 $\Delta n = n_1 - n$ 与同步转速 n_1 的比值称为转差率，用字母 s 表示，即

$$s = \frac{n_1 - n}{n_1} \tag{5-4}$$

由式（5-4）可知，当转子静止时，$n = 0$，转差率 $s = 1$；当转子转速接近同步转速（空载运行）时，$n = n_1$，此时转差率 $s = 0$。由此可见，作为异步电动机，转差率在 $0 < s < 1$ 范围内变化。

异步电动机负载越大，转速就越慢，其转差率就越大；反之，负载越小，转速就越快，其转差率就越小。故转差率直接反映了转子转速的快慢或电动机负载的大小。异步电动机的转速可由式（5-4）推出，即

$$n = (1 - s)n_1 \tag{5-5}$$

在额定工作状态下，异步电动机的转差率很小，一般在 $0.01 \sim 0.06$ 之间，即异步电动机的转速很接近同步转速。

3. 异步电机的三种运行状态

根据异步电动机转差率的大小和正负，可得出异步电机的三种运行状态（图 5-10）。

（1）电磁制动状态　定子绕组接至三相交流电源产生定子旋转磁场，如果用外力拖着电动机逆着旋转磁场的旋转方向旋转，如图 5-10a 所示，则此时电磁转矩与电动机旋转方向相反，起制动作用。电动机定子仍从电网吸收电功率，同时转子从转轴上吸收机械功率，这两部分功率都在电动机内部转变成热能消耗掉。这种运行状态称为电磁制动运行状态。此时 $n < 0$，转差率 $s > 1$。

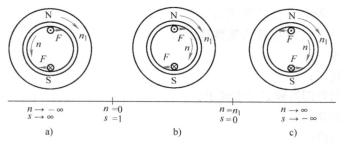

图 5-10　异步电机的三种运行状态

a）电磁制动状态　b）电动机运行状态　c）发电机运行状态

（2）电动机运行状态 当定子绕组仍接至三相对称交流电源时，转子就会切割磁力线，产生感应电动势，进而产生电流，转子电流与定子旋转磁场相互作用产生电磁力进而产生电磁转矩，在电磁转矩的驱动下转子就开始旋转，电磁转矩与旋转磁场方向相同，如图 5-10b 所示。此时，电动机从电网取得电功率转变成机械功率，由转轴传输给负载。电动机的转速范围为 $0 < n < n_1$，其转差率范围为 $0 < s < 1$。

（3）发电机运行状态 定子绕组仍接至电源，用一台原动机拖动异步电动机的转子以大于同步转速 n_1 的速度顺旋转磁场方向旋转，如图 5-10c 所示。显然，此时电磁转矩方向与转子转向相反，起制动作用，为制动转矩。为克服电磁转矩的制动作用而使转子继续旋转，并保持 $n > n_1$，原动机必须输入更多的机械功率从而克服电磁转矩做功，把机械能转变成电能输出，异步电机成为发电机运行状态。此时 $n > n_1$，转差率 $s < 0$。

由此可知，区分这三种运行状态的依据是转差率 s 的大小：当 $0 < s < 1$ 时，为电动机运行状态；当 $s < 0$ 时，为发电机运行状态；当 $s > 1$ 时，为电磁制动状态。

综上所述，异步电机可以作为电动机运行，也可以作为发电机运行，还可以运行于电磁制动状态。一般情况下，异步电机多作为电动机运行。而电磁制动状态则是异步电动机在完成某一生产过程中出现的短时运行状态。例如，起重机下放重物时，为了安全、平稳，需限制下放速度，此时应使异步电动机短时处于电磁制动状态。至于异步发电机一般不使用，有时也用于农村小型水电站和风力发电站中。

5.2.3 三相异步电动机的铭牌

一般三相异步电动机的铭牌见表 5-1。

表 5-1 三相异步电动机的铭牌

型　　号	Y180M2—4	功　　率	18.5kW	电　　压	380V
电　　流	35.9A	频　　率	50Hz	转　　速	1470r/min
绕组联结方式	△	工作方式	连　　续	绝缘等级	E
防护形式	IP44（封闭式）			产品编号	
××××电机厂				×年×月	

1. 型号

异步电动机的型号主要包括产品代号、设计序号、规格代号和特殊环境代号等。常用的字母含义如下：

Y——异步电动机（新系列）；

O——封闭式（没有 O 是防护式）；

R——绕线型转子（没有 R 为笼型转子）；

S——双笼型转子；

C——深槽式转子；

Z——冶金和起重用的铜条笼型转子；

Q——高起重转矩；

L——铝线电动机；

D——多速；

B——防爆。

现以 Y 系列异步电动机为例说明型号中各字母及阿拉伯数字所代表的含义。

中、小型异步电动机的型号：

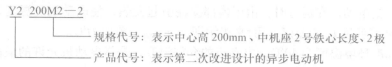

规格代号：表示中心高 200mm、中机座 2 号铁心长度、2 极

产品代号：表示第二次改进设计的异步电动机

2. 额定值

额定值是电动机使用和维修的依据，是电机制造厂对电动机在额定工作条件下长期、安全、连续运行而不至于损坏所规定的一个量值，标注在电动机铭牌上。

现将铭牌额定数据解释如下：

（1）额定功率 P_N　　额定功率指电动机在额定状态下运行时转轴上输出的机械功率，单位为 W 或 kW。对于三相异步电动机，其额定功率为 $P_N = \sqrt{3} U_N I_N \eta_N \cos\varphi_N \times 10^{-3}$。

（2）额定电压 U_N　　额定电压指在额定运行状态下运行时规定的加在电动机定子绕组上的线电压值，单位为 V 或 kV。

（3）额定电流 I_N　　额定电流指在额定运行状态下运行时，流入电动机定子绕组中的线电流值，单位为 A 或 kA。

（4）额定频率 f_N　　额定频率指在额定状态下运行时，电动机定子侧电源电压的频率，单位为 Hz。我国电网的额定频率 $f_N = 50Hz$。

（5）额定转速 n_N　　额定转速指额定运行时电动机的转速，单位为 r/min。

3. 接线

电动机定子三相绕组每相有两个端头，三相共六个端头，可以为三角形联结，也可以为星形联结，也有每相中间有抽头的，这样三相共有九个端头，可以为三角形联结、星形联结、沿边三角形联结和双速电动机绕组接线。具体如何连接一定要按铭牌指示操作，否则电动机不能正常运行，甚至烧毁。

例如，一台相绕组能承受 220V 电压的三相异步电动机，铭牌上额定电压标有 220V/380 V，△/Y 联结，这时需采用什么连接方式视电源电压而定。若电源电压为 220 V，则用三角形联结，若为 380 V 则用星形联结。这两种情况下，每相绕组实际上都只承受 220 V 电压。

国产 Y 系列电动机星形、三角形联结如图 5-11 所示。

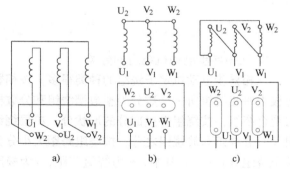

图 5-11　三相异步电动机的接线盒

a）接线盒中六个出线端的排列次序

b）星形联结　c）三角形联结

4. 电动机的运行方式

电动机运行方式是指允许的持续时间，分"连续"、"短时"、"断续"。后两种运行方式的电动机只能短时、间歇地使用。

5. 绝缘等级与温升

（1）电动机的绝缘材料及允许温度　　根据绝缘材料允许的最高温度不同，把绝缘材料分为 Y、A、E、B、F、H 和 C 七个等级，其中 Y 级和 C 级在电动机中一般不采用。

（2）电动机的允许温升

1）温升：指电动机在运行时，由于内部损耗引起发热，使电动机的温度升高。电动机温度 t 与周围环境温度 t_0 的差值，用 τ 来表示即 $\tau = t - t_0$，单位为℃。

2）规定标准环境温度为 40℃，电动机的允许温升，是指电动机允许的最高温度与标准环境温度的差值，即

$$\tau_{max} = t_{max} - t_0$$

例如，使用 A 级绝缘材料的电动机，其允许温升为

$$\tau_{max} = 105℃ - 40℃ = 65℃$$

电动机的常用绝缘等级、极限温度与允许温升见表 5-2。

表 5-2　电动机的常用绝缘等级、极限温度与温升

绝缘等级		A	E	B	F	H
极限工作温度/℃		105	120	130	155	188
热点温差/℃		5	5	10	15	15
温升/K	电阻法	60	75	80	100	125
	温度计法	55	65	70	85	105

注：环境温度规定为40℃。

6. 电动机的防护等级

电动机外壳防护等级是用字母 IP 和其后面的两位数字表示的。IP 为国际防护的缩写。IP 后面第一位数字代表第一种防护形式（防尘）的等级，共分 0～6 七个等级；第二个数字代表第二种防护形式（防水）的等级，共分 0～8 九个等级。数字越大，表示防护的能力越强。例如 IP44 表示电动机能防止大于 1mm 的固体物进入电动机内，同时能防止水溅入电动机内。

5.2.4　三相异步电动机绕组的基本知识

1. 三相异步电动机绕组的分类

三相异步电动机定子绕组的种类很多，按相数分为单相绕组、三相绕组和多相绕组；按每极下每相绕组所占槽数分为整数槽绕组和分数槽绕组；按槽内层数分为单层、双层和单双层混合绕组；按绕组端接部分的形状分，单层绕组又有链式、交叉式和同心式之分；双层绕组又有叠绕组和波绕组之分；按绕组跨距大小分为整距绕组（$y = \tau$）、短距绕组（$y < \tau$）和长距绕组（$y > \tau$）。其中，y 为绕组节距，τ 为极距。三相双层绕组将在学习情境 13 中作详细介绍。

2. 三相异步电动机绕组的绕制原则

绕组是电动机的主要部件，交流绕组的形式虽然各不相同，但它们的构成原则却基本相同，这些原则是：

1）每相绕组的阻抗要求相等，即每相绕组的匝数、形状都是相同的。

2）在导体数目一定的情况下，争取获得较大的电动势和磁动势，并使它们力求接近正弦波。

3）要有一定的绝缘强度和机械强度，散热条件要好。

4）端部连线尽可能短，以节省用铜量，制造、维修方便。

5.2.5 三相单层绕组

单层绕组在每个槽内只安放一个线圈边，而一个线圈有两个线圈边，所以一台单层绕组的电动机定子总的线圈数等于总槽数（用 Z 表示）的一半。

1. 单层链式绕组

设 $Z = 24$，$p = 2$，其单层链式绕组 U 相展开图如图 5-12 所示。

单层链式绕组由形状、几何尺寸和节距相同的线圈连接而成，整个外形如长链。链式绕组的每个线圈节距相等并且制造方便，线圈端部连线较短并且省铜，主要用于 $q = 2$ 的 4、6、8 极小型三相异步电动机。

2. 单层交叉式绕组

单层交叉式绕组由线圈数和节距不相同的两种线圈组构成，同一组线圈的形状、几何尺寸和节距均相同，各线圈组的端部互相交叉。设 $Z = 36$，$p = 2$，单层交叉式绕组 U 相展开图如图 5-13 所示。

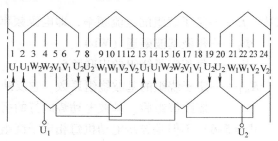

图 5-12 单层链式绕组 U 相展开图

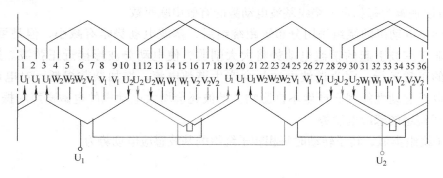

图 5-13 单层交叉式绕组 U 相展开图

交叉式绕组的线圈为两大一小交叉布置。线圈端部连线较短，有利于节省材料。单层交叉式绕组广泛用于 $q > 1$ 且为奇数的小型三相异步电动机。

3. 单层同心式绕组

同心式绕组由几个几何尺寸和节距不等的线圈连成同心形状的线圈组构成。设 $Z = 24$，$p = 2$，其单层同心式绕组 U 相展开图如图 5-14 所示。同心式绕组端部连线较长，适用于 $q = 4$、6、8 等偶数的 2 极小型三相异步电动机。

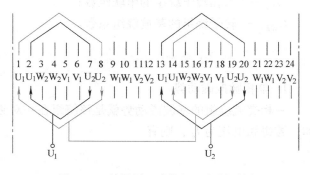

图 5-14 单层同心式绕组 U 相展开图

单层绕组与双层绕组相比，电气性能稍差，但槽的利用率高、制造工时少，因此小容量电动机中（$P_N \leq 10kW$）一般都采用单层绕组。

5.2.6　异步电动机的感应电动势

1. 定子绕组的感应电动势

异步电动机气隙中的磁场旋转时，定子绕组切割旋转磁场将产生感应电动势，经推导可得每相定子绕组的基波感应电动势为

$$E_1 = 4.44 f_1 N_1 K_{W1} \Phi_0 \tag{5-6}$$

式中　f_1——定子绕组的电流频率，即电源频率（Hz）；

　　　Φ_0——每极基波磁通（Wb）；

　　　N_1——每相定子绕组的串联匝数；

　　　K_{W1}——定子绕组的基波绕组系数，它反映了集中整距绕组（如变压器绕组）变为分布短距绕组后，基波电动势应打的折扣。

式（5-6）不但是异步电动机每相定子绕组电动势有效值的计算公式，也是交流绕组感应电动势有效值的普遍公式。该公式与变压器一次绕组的感应电动势 $E_1 = 4.44 f_1 N_1 \Phi_m$ 在形式上相似，只是多了一个绕组系数 K_{W1}，若 $K_{W1} = 1$，两个公式就一致了。这说明变压器的绕组是集中整距绕组，其 $K_{W1} = 1$；异步电动机的绕组是分布短距绕组，其 $K_{W1} < 1$，故 $N_1 K_{W1}$ 也可以理解为每相定子绕组基波电动势的有效串联匝数。

虽然异步电动机的绕组采用分布短距绕组后，基波电动势略有减小，但是可以证明，由磁场的非正弦波引起的谐波电动势将大大削弱，使电动势波形接近正弦波。这将有利于电动机的正常运行。因为谐波电动势会产生谐波电流，增加杂散损耗，对电动机的效率、温升以至起动性能都会产生不良影响。谐波还会增大电动机的电磁噪声和振动。

2. 转子绕组的感应电动势

与定子绕组类似，转子转动时每相转子绕组的基波感应电动势为

$$E_{2S} = 4.44 f_2 N_2 K_{W2} \Phi_0 \tag{5-7}$$

式中　f_2——转子绕组的转子电流频率（Hz）；

　　　N_2——每相转子绕组的串联匝数；

　　　K_{W2}——转子绕组的基波绕组系数。

5.2.7　异步电动机的磁动势

1. 单相脉振磁动势

一相交流绕组的基波磁动势就是该绕组在一对磁极下的线圈组所产生的基波磁动势的叠加，若每相电流为 I_ϕ，则有

$$f_{\phi 1}(x, t) = F_{\phi 1} \cos \frac{\pi}{\tau} x \sin \omega t = 0.9 \frac{NI}{p} \phi K_{W1} \cos \frac{\pi}{\tau} x \sin \omega t$$

结论：单相绕组的基波磁动势是在空间按余弦规律分布，幅值大小随时间按正弦规律变化的脉振磁动势。

2. 单相脉振磁动势的分解

$$f_{\phi 1}(x,t) = F_{\phi 1}\cos\frac{\pi}{\tau}x\sin\omega t$$

$$= \frac{1}{2}F_{\phi 1}\sin\left(\omega t - \frac{\pi}{t}x\right) + \frac{1}{2}F_{\phi 1}\sin\left(\omega t + \frac{\pi}{t}x\right)$$

$$= f_{\phi 1}^{+}(x,t) + f_{\phi 1}^{-}(x,t)$$

结论：

1）单相绕组的基波磁动势为脉振磁动势，它可以分解为大小相等、转速相同而转向相反的两个旋转磁动势。

2）满足结论（1）的两个旋转磁动势的合成即为脉振磁动势。

3）由于正方向或反方向的旋转磁动势在旋转过程中大小不变，两矢量顶点的轨迹为一圆形，所以这两个磁动势为圆形旋转磁动势。

3. 三相旋转磁动势

由三个单相脉振磁动势合成的磁动势数学表达式为

$$f_1(x,t) = f_{U1}(x,t) + f_{V1}(x,t) + f_{W1}(x,t)$$

$$= \frac{3}{2}F_{\phi 1}\sin\left(\omega t - \frac{\pi}{\tau}x\right) = F_1\sin\left(\omega t - \frac{\pi}{\tau}x\right)$$

结论：

1）对称三相交流电流通入对称三相绕组时，在气隙中产生的综合磁场是一个圆形旋转磁场。

2）旋转磁场的转速为

$$n_1 = \frac{60f}{p} \tag{5-8}$$

式中 f——电源频率（Hz）；

p——电动机极对数。

3）旋转磁场旋转的方向是从 U→V→W，即由电流超前相转向电流滞后相，与通入异步电动机定子三相对称绕组的电流相序有关。如果三相绕组通入负序电流，则电流出现正的最大值的顺序是 U→W→V，旋转磁场的旋转方向也为 U→W→V。

5.2.8 单相异步电动机的原理与结构

单相异步电动机是由单相交流电源供电，其转速随负载变化稍有变化的一种小容量交流异步电动机，具有结构简单、成本低廉、运行可靠、维修方便的特点，被广泛用于办公场所、家用电器和医疗器械方面。在工农业生产及其他领域中，单相异步电动机的应用也越来越广泛，如电风扇、电冰箱、洗衣机、空调设备、小型鼓风机、小型车床等均需要使用单相异步电动机作为原动机。

1. 单相异步电动机的结构

单相异步电动机的类型很多，其结构各有特点。从结构上看，单相异步电动机与三相笼型异步电动机相似，其转子也为笼型，只是定子绕组为一单相工作绕组。但通常为满足起动的需要，定子上还设有产生起动转矩的起动绕组，该绕组一般只在起动时接入，当转速接近同步转速时，由离心开关将起动绕组从电源自动切断，所以正常工作时只有工作绕组在运行。但也有一些电动机，在运行时将起动绕组也接于电源上，如电容运行单相异步电动机。

单相异步电动机的结构如图5-15所示。

电动机结构都由定子和转子两部分组成，定子部分由机座、定子铁心、定子绕组和端盖等组成。除罩极式单相异步电动机的定子具有凸出的磁极外，其余各类单相异步电动机定子与普通三相异步电动机相似。转子部分主要由转子铁心、转子绕组组成。现简要介绍如下。

（1）机座　随电动机冷却方式、防护形式、安装方式和用途的不同，单相异步电动机采用不同的

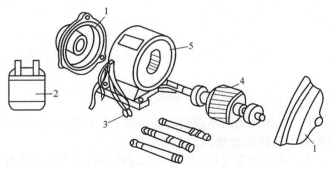

图5-15　单相异步电动机的结构
1—端盖　2—电容器　3—电源接线　4—转子　5—定子

机座结构，就其材料可分为铸铁、铸铝和钢板结构等几种。

（2）铁心　定子铁心和转子铁心与三相异步电动机一样，为了减少交变磁通产生的铁损，用相互绝缘的电工钢片冲制后叠成，其作用是构成电动机磁路。定子铁心有隐极和凸极两种，转子铁心与三相异步电动机转子铁心相同。

（3）绕组　单相异步电动机定子上有两套绕组：一套是工作绕组，用来建立工作磁场；另一套是起动绕组，用来帮助电动机起动。工作绕组和起动绕组的轴线在空间错开一定的角度。转子绕组通常采用笼型绕组。

（4）端盖及轴承　相应于不同材料的机座，端盖分为铸铁件、铸铝件及钢板冲压件三种。单相异步电动机的轴承，有球轴承和含油轴承两种。球轴承价格高、噪声大，但寿命长；含油轴承价格低、噪声小，但寿命短。

2. 单相异步电动机的转矩特性及工作原理

（1）单相异步电动机的转矩特性　当单相异步电动机的工作绕组接通单相正弦交流电源后，便产生一个脉动磁场，双旋转磁场理论认为脉动磁场由两个幅度相同、转速相等、旋转方向相反的旋转磁场合成。这里把与转子旋转方向相同的称为正向旋转磁场，用 $\dot{\Phi}^+$ 表示；与转子旋转方向相反的称为反向旋转磁场，用 $\dot{\Phi}^-$ 表示。与普通三相异步电动机一样，正向与反向旋转磁场切割转子导体，并分别在转子导体中产生感应电动势和电流，产生相应的电磁转矩。由正向旋转磁场产生的正向转矩 T^+ 企图使转子沿正向旋转磁场方向旋转，而反向旋转磁场所产生的反向转矩 T^- 企图使转子沿反向旋转磁场方向旋转。如图5-16所示，T^+ 与 T^- 方向相反，单相异步电动机的电磁转矩为两者合成产生的有效转矩。

无论是正向转矩 T^+ 还是反向转矩 T^-，它们的大小与转差率的关系和三相异步电动机相同。若电动机的转速为 n，则对正向旋转磁场而言，转差率为

$$s^+ = \frac{n_1 - n}{n_1}$$

而对反向旋转磁场而言，转差率为

$$s^- = \frac{n_1 - (-n)}{n_1} = \frac{2n_1 - (n_1 - n)}{n_1} = 2 - s^+$$

即当 $s^+ = 0$ 时，相当于 $s^- = 2$；当 $s^- = 0$ 时，相当于 $s^+ = 2$。

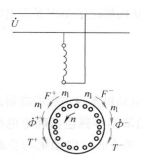

图 5-16　单相异步电动机
的磁场和转矩

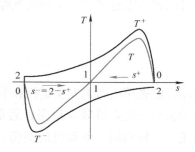

图 5-17　单相异步
电动机的 T-s 曲线

由此绘出单相异步电动机的转矩特性曲线，如图 5-17 所示，从曲线上可以看出单相异步电动机的几个主要特点：

1）单相异步电动机只有工作绕组时，起动时的合成转矩为零，刚起动时，$n=0$，$s=0$，由于正方向的电磁转矩和反方向的电磁转矩大小相等，方向相反，合成转矩 $T=T^+ + T^- = 0$，电动机没有相应的驱动转矩而不能自行起动。

2）在 $s=1$ 的两边，合成转矩曲线是对称的，因此，单相异步电动机没有固定的旋转方向，当外力驱动电动机正向旋转时，合成转矩为正，该转矩能维持电动机继续正向旋转；反之，当外力驱动电动机反向旋转时，合成转矩为负，该转矩能维持电动机继续反向旋转。由此可见，电动机的旋转方向取决于电动机起动时的方向。

3）由于反向转矩的制动作用，使电动机合成转矩减小，最大转矩随之减小，且电动机输出功率也减小，同时反向磁场在转子绕组中感应电流，增加了转子铜损。所以，单相异步电动机的效率、过载能力等各种性能指标都较三相异步电动机低。单相异步电动机的效率为同容量三相异步电动机效率的 $75\% \sim 90\%$。

（2）工作原理　为了使单相异步电动机能够产生起动转矩，自行起动，与三相异步电动机相同，要设法在电动机气隙中建立一个旋转磁场。

可以证明，具有 90°相位差的两个电流通过空间位置相差 90°的两相绕组时，产生的合成磁场为旋转磁场。图 5-18 说明了产生旋转磁场的过程。

两相电流为

$$\begin{cases} i_1 = \sqrt{2}I_1 \sin\omega t \\ i_2 = \sqrt{2}I_2 \sin(\omega t + 90°) \end{cases}$$

由此可知，在单相异步电动机定子铁心上

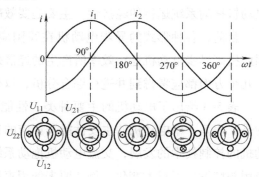

图 5-18　两相旋转磁场的产生

放置两相空间位置相差90°的定子绕组，在绕组中分别通入具有一定相位差的两相交流电流，就可以产生沿定子和转子空间气隙旋转的旋转磁场，从而解决了单相异步电动机的起动问题。

5.2.9　三相异步电动机的选用

电动机的选用应考虑安全运行和节约能量，不仅要使电动机本身消耗的能量最小，而且要使电动机的驱动系统效率最高，通常选择一台电动机的基本步骤包括确定电源、额定频率、转速、工作周期、电动机的类型、工作环境条件、安装方式、电动机与负载的连接方式等。

1. 电动机的种类选择

在选择电动机的过程中，要涉及电动机的种类、电压、转速和结构形式的选择，这些是在预选电动机时就必须要考虑的。

对于电动机种类的选择，应在满足生产机械对拖动性能的要求下，优先选用结构简单、运行可靠、维护方便、价格便宜的电动机。在选择电动机时，应考虑的主要内容如下。

（1）机械特性　电动机的机械特性应与所拖动生产机械的机械特性相匹配。

（2）调速性能　电动机的调速性能（调速范围、调速的平滑性和经济性）应该满足生产机械的要求，对调速性能的要求在很大程度上决定了电动机的种类、调速方法以及相应的控制方法。

（3）起动性能　电动机的起动性能应满足生产机械对电动机起动性能的要求。电动机的起动性能主要是起动转矩的大小，同时还应注意电网容量对电动机起动电流的限制。

（4）电源种类　电源种类有交流和直流两种，由于交流电源可以直接从电网获得，交流电动机价格较低、维护简便、运行可靠，所以应该尽量选用交流电动机；直流电源需要变流装置来提供，而且直流电动机价格较高、维护麻烦、可靠性较低，因此只是在要求调速性能好和起动、制动快的场合采用。随着近代交流调速技术的发展，交流电动机已经获得越来越广泛的应用，在满足性能的前提下应优先采用交流电动机。

（5）经济性　一是电动机及其相关设备（如起动设备、调速设备等）的经济性；二是电动机拖动系统运行的经济性，主要是要效率高、节省电能。

目前，各种形式的异步电动机在我国应用得非常广泛，用电量约占总发电量的60%，因此提高异步电动机运行效率所产生的经济效益和社会效益是巨大的。在选用电动机时，以上几个方面都应考虑到并进行综合分析，以确定出最终方案。

表5-3给出了电动机的主要种类、性能特点及典型（生产机械）应用实例。需要指出的是，表5-3中电动机的主要性能及相应的典型应用基本上是对电动机本身而言的。随着电动机的控制技术的发展，交流电动机拖动系统的运行性能越来越高，使得电动机的一些传统应用领域发生了很大变化，例如原来使用直流电动机调速的一些生产机械，现在则改用可调速的交流电动机系统并具有同样的调速性能。

表 5-3　电动机的主要种类、性能特点及典型应用实例

电动机种类		主要性能特点	典型生产机械举例
交流电动机	三相异步电动机 普通笼型	机械特性硬、起动转矩不大，调速时需要调速设备	调速性能要求不高的各种机床、水泵、通风机
	高起动转矩	起动转矩大	带冲击性负载的机械，如剪床、冲床、锻压机；静止负载或惯性负载较大的机械，如压缩机、粉碎机、小型起重机
	多速	有几档转速（2～4 速）	要求有级调速的机床、电梯、冷却塔等
	绕线转子型	机械特性硬（转子串电阻后变软）、起动转矩大、调速方法多，调速性能及起动性能好	要求有一定调速范围，调速性能较好的机械，如桥式起重机；起动、制动频繁且对起动、制动要求高的生产机械，如起重机、矿井提升机、压缩机、不可逆轧钢机
	同步电动机	转速不随负载变化，功率因数可调节	转速恒定的大功率生产机械，如大/中型鼓风及排风机、泵、压缩机、连续式轧钢机、球磨机
直流电动机	他励、并励	机械特性硬、起动转矩大、调速范围宽、平滑性好	调速性能要求高的生产机械，如大型机床（车、铣、刨、磨、镗）、高精度车床、可逆轧钢机、造纸机、印刷机
	串励	机械特性软、起动转矩大、过载能力强、调速方便	要求起动转矩大、机械特性软的机械，如电车、电气机车、起重机、吊车、卷扬机、电梯等
	复励	机械特性硬度适中、起动转矩大、调速方便	

2. 电动机的电压选择

电动机的电压等级、相数、频率都要与供电电源一致。因此，电动机的额定电压应根据其运行场所的供电电网的电压等级来确定。

我国的交流供电电源，低压通常为 380V，高压通常为 3kV、6kV 或 10kV。中等功率（约 200kW）以下的交流电动机，额定电压一般为 380V；大功率的交流电动机，额定电压一般为 3kV 或 6kV；额定功率为 1000kW 以上的电动机，额定电压可以是 10kV。需要说明的是，笼型异步电动机在采用星形-三角形减压起动时，应该选用额定电压为 380V、三角形联结的电动机。直流电动机的额定电压一般为 110V、220V、440V，最常用的电压等级为 220V。直流电动机一般由单独的电源供电，选择额定电压时通常只要考虑与供电电源配合即可。

3. 电动机的额定转速选择

电动机的额定功率决定于额定转矩与额定转速的乘积，其中额定转矩又决定于额定磁通与额定电流的乘积。因为额定磁通的大小决定了铁心材料的多少，额定电流的大小决定了绕组用铜的多少，所以电动机的体积是由额定转矩决定的。对于额定功率相同的电动机来说，额定转速越高、体积越小；对于体积相同的电动机来说，额定转速越高、额定功率越大。电动机的用料和成本都与体积有关，额定转速越高、用料越少、成本越低。这就是电动机大都制成具有较高额定转速的缘故。

大多数工作机构的转速都低于电动机的额定转速，因此需要采用传动机构进行减速。当传动机构已经确定时，电动机的额定转速只能根据工作机构要求的转速来确定。但是，为了

使过渡过程的能量损耗最小和时间最短，应该选择合适的转速比。可以证明，过渡过程的能量损耗最小和时间最短的条件是运动系统的动能最小。当转速比小时，电动机的额定转速低，电动机的体积大，因而飞轮矩大；当转速比大时，电动机的额定转速高，电动机的体积小，因而飞轮矩小。在这两种情况下，乘积 GD^2n^2 [GD^2 为转动部分的飞轮矩，其中 G 为转动部分的重力（N），D 为转动部分的惯性直径（m）] 可能都比较大，只有按照 GD^2n^2 最小的条件选择转速比，才能使过渡过程的能量损耗最小和时间最短，符合这种条件的转速比称为最佳速比。为了使电力拖动系统具有最佳速比，传动机构的设计应当同电动机的额定转速选择结合起来进行，还应综合考虑电动机和生产机械两方面的因素。

1）对不需要调速的高、中速生产机械（如泵、鼓风机），可选择相应额定转速的电动机，从而省去减速传动机构。

2）对不需要调速的低速生产机械（如球磨机、粉碎机），可选用相应的低速电动机或者传动比较小的减速机构。

3）对经常起动、制动和反转的生产机械，选择额定转速时则应主要考虑缩短起动、制动时间以提高生产效率，起动、制动时间的长短主要取决于电动机的飞轮矩和额定转速，应选择较小的飞轮矩和额定转速。

4）对调速性能要求不高的生产机械，可选用多速电动机或者选择额定转速稍高于生产机械的电动机配以减速机构，也可以采用电气调速的电动机拖动系统。在可能的情况下，应优先选用电气调速方案。

5）对调速性能要求较高的生产机械，应使电动机的最高转速与生产机械的最高转速相适应，直接采用电气调速。

4. 电动机的结构形式选择

电动机的安装方式有卧式和立式两种。卧式安装时电动机的转轴处于水平位置，立式安装时电动机的转轴则处于垂直于地面的位置。两种安装方式的电动机使用的轴承不同，一般情况下采用卧式安装。

电动机的工作环境是由生产机械的工作环境决定的。在很多情况下，电动机工作场所的空气中含有不同分量的灰尘和水分，有的还含有腐蚀性气体甚至易燃、易爆气体；有的电动机则要在水中或其他液体中工作。灰尘会使电动机绕组沾上污垢而妨碍散热；水分、瓦斯、腐蚀性气体等会使电动机的绝缘材料性能退化，甚至会完全丧失绝缘能力；易燃、易爆气体与电动机内产生的电火花接触时将有发生燃烧、爆炸的危险。因此，为了保证电动机能够在其工作环境中长期安全运行，必须根据实际环境条件合理地选择电动机的防护方式。电动机的外壳防护方式有开启式、防护式、封闭式和防爆式几种。

（1）开启式　开启式电动机的定子两侧与端盖上都有很大的通风孔，其散热条件好、价格便宜，但灰尘、水滴、铁屑等杂物容易从通风口进入电动机内部，因此只适用于清洁、干燥的工作环境。

（2）防护式　防护式电动机在机座下面有通风孔，散热较好，可防止水滴、铁屑等杂物从与电动机垂直的方向或小于45°的方向落入电动机内部，但不能防止潮气和灰尘的侵入，因此适用于比较干燥、少尘、无腐蚀性和爆炸性气体的工作环境。

（3）封闭式　封闭式电动机的机座和端盖上均无通风孔，是完全封闭的。这种电动机仅靠机座表面散热，散热条件不好。封闭式电动机又可分为自冷式、自扇冷式、他扇冷式、管道通风式以及密封式等。对于前四种电动机，电动机外的潮气、灰尘等不易进入其内部，因此多用于灰尘多、潮湿、易受风雨、有腐蚀性气体、易引起火灾等各种较恶劣的工作环境。密封式电动机能防止外部的气体或液体进入其内部，因此适用于在液体中工作的生产机械，如潜水泵。

（4）防爆式　防爆式电动机是在封闭式结构的基础上制成隔爆形式，机壳有足够的强度，适用于有易燃、易爆气体的工作环境，如有瓦斯的煤矿井下、油库、煤气站等。

5. 电动机的工作制

电动机的温升不仅与负载的大小有关，而且与负载持续时间的长短有关。为充分利用电动机的容量，按电动机发热的不同情况，可将电动机分为连续工作制、短时工作制和断续周期工作制三种。

（1）连续工作制　连续工作制是指电动机在恒定的负载下连续运行，工作时间 $t_W >$ $(3 \sim 4)T$ 时温升可达稳态值。属于连续工作的生产机械有水泵、鼓风机、造纸机、机床主轴等。

（2）短时工作制　短时工作制是指电动机在恒定负载下作短时间运行，工作时间 $t_W <$ $(3 \sim 4)T$，而停止运行的时间 $t_S > (3 \sim 4)T$ 较长，其工作时间 t_W 有 15min、30min、60min、90min 四种定额。短时工作制电动机的温升达不到稳态值，且温升能够降到零。属于短时工作的生产机械有管道和水库闸门等。

（3）断续周期工作制

1）断续周期工作制是指电动机运行和停机周期性交替进行，其运行时间与停机时间都比较短，即工作时间 $t_W < (3 \sim 4)T$，停止运行的时间 $t_S < (3 \sim 4)T$。

2）在运行期间，采用这种工作制的电动机的温升来不及达到稳态值，在停机时间温升也降不到零。

3）在断续周期工作制中，负载工作时间 t_W 与整个工作周期 t_P 之比称为负载持续率，用 $Z_C\%$ 表示，即

$$Z_C\% = \frac{t_W}{t_P} \times 100\% = \frac{t_W}{t_W + t_S} \times 100\%$$

我国规定的标准负载持续率有 15%、25%、40%、60% 四种定额，一个工作周期 $t_P = t_W + t_S \leqslant 10min$。

6. 电动机容量的选择

电动机容量的选择就是电动机额定功率的选择。在进行电力拖动设计时，必须按照经济、可靠的原则选择电动机，而选择电动机的一个重要问题，就是选择电动机的额定功率。通俗地说，就是选择多大的电动机。这个问题涉及电动机、电力拖动、热力学等方面的知识。

（1）电动机额定功率选择的一般原则　选择电动机功率的一般原则如下：

1）电动机的功率尽可能得到充分利用。

2）电动机的最高运行温度不超过允许值。

3）电动机的过载能力和起动能力均应满足负载要求。

（2）电动机额定功率选择的一般步骤

1）确定负载的功率 P_L。

2）根据负载功率预选一台功率相当的电动机，$P_N \geqslant P_L$。

3）对预选的电动机进行发热、过载能力和起动能力校验，若不合格，应另选一台额定功率稍大一点的再进行校验，直至合格为止。

连续工作制电动机的负载可分为两类，即恒定负载和周期性变化负载。在生产中属于恒定负载的生产机械很多，如水泵、风机、大型机床的主轴等。给这类生产机械选电动机的功率比较简单，只要算出生产机械的功率 P_L，就可以选择一台额定功率 P_N 等于或稍大于负载功率 P_L 的电动机，即 $P_N \geqslant P_L$。因为连续工作制的电动机是按长期在额定负载下运行来设计和制造的，当 $P_N \geqslant P_L$ 时，电动机的稳态温升不会超过允许温升，因此不必进行热校验。当环境温度与标准环境温度不同时，可对电动机实际可供容量进行修正。

有些生产机械的负载在连续的运行中不是恒定的，时大时小，最大与最小值相差较大，但负载的变化具有周期性规律，如大型龙门刨床和矿井提升机等。这类电动机功率的选择较为复杂，既不能按最大负载来选，也不能按最小负载来选，而是在最大值和最小值之间来选择。

对于短时工作制，可以选择为连续工作制而设计的电动机，也可以选择专为短时工作制而设计的电动机。

对于断续周期工作制，既可以选择专门为断续周期工作制而设计的电动机，也可以选择连续工作制的电动机。

7. 电动机选用的其他问题

1）若电动机安装在居民住宅区或公众开放的场所，应选用 IP44 或 IP23 加适当防护措施。

2）若电动机使用时预期会在低于额定或基本转速下运行，除非已采用有效措施，必须降低功率使用，以免电动机过热。

3）当电动机转移母线、异相同步、反接制动或多速电动机变速时，会产生很大的瞬时转矩，有时可达 5～20 倍的额定转矩，可能会损坏连接设备。因此，在系统设计时应考虑到可能出现的瞬时转矩峰值。

4）当电动机承受外来过度的扭转振动时，会造成转轴或联轴器的过应力及其他事故。因此，对产生周期性转矩脉动的设备，如往复式机械、电凿、粉碎机等，必须考虑扭转振动。

8. 异步电动机常见类型（图 5-19）

（1）三相异步电动机 Y 系列（见图 5-19a）　　Y 系列是一般用途的小型笼型电动机系列，体积小、重量轻、效率高、噪声低、起动转矩大、振动小、防护性能好、安全可靠、性能好、外观美，功率等级和安装尺寸及防护等级符合国际标准，主要用于金属切削机床、通用机械、矿山机械和农业机械等。

（2）三相异步电动机 Y2 系列（见图 5-19b）　　Y2 系列是 Y 系列电动机的更新换代产品，由全国统一设计，产品达到 20 世纪 90 年代国际先进水平，具有结构新颖、造型美观、低振动、低噪声等优点。

（3）三相异步电动机 YD 系列（见图 5-19c）　　YD 系列变极多速三相异步电动机，具有可随负载性质的要求而有级地变化转速的优点。它主要用于各式机床以及起重传动设备等需要多种速度的传动装置。

（4）三相异步电动机 YTSP 系列（见图 5-19d）　　YTSP 系列可使用于各种需要调速的传动装置，配合高精度传感器，实现高精度闭环运行。它调速范围广、过载能力强、低速性能好。

（5）YR 绕线转子异步电动机（见图 5-19e）　　YR 系列是一种大型三相绕线转子异步电动机系列，是我国统一设计的升级换代产品，用于电源线路容量不足，不能用笼型异步电动机起动及要求起动转矩或起动惯量较大的机械设备上，容量为 250 ~ 2500kW，主要用于冶金和矿山工业中。

（6）YB2 防爆型异步电动机（见图 5-19f）　　YB2 系列电动机是全封闭自扇冷式笼型隔爆三相异步电动机，是 YB 系列电动机的更新换代产品。它的各项性能指标达到国际 90 年代的先进水平，具有节能、安全、美观等特点。

（7）YQ 高起动转矩异步电动机（见图 5-19g）　　该产品为高起动转矩异步电动机，用在起动静止参数或惯性负载较大的机械上，如压缩机，粉碎机等。

（8）YX 高效率三相异步电动机（见图 5-19h）　　该产品具有结构紧凑、重量轻、高效、节能、噪声低、振动小、可靠性高、使用寿命长、安装维护方便等优点。它主要用于石油、化工、煤炭、电站、冶金、交通运输、纺织、医药、粮食加工等行业中的风机、水泵、压缩机、破碎机、切屑机床、运输机械等通用机械设备或其他类似机械设备。

（9）YTD 电梯用三相异步电动机（见图 5-19i）　　YTD 系列电梯用三相异步电动机为交流客梯、货梯等各种类型电梯的理想牵引动力。

（10）YZ 和 YZR 系列三相异步电动机（见图 5-19j）　　YZ 和 YZR 系列三相异步电动机是起重运输机械和冶金厂专用异步电动机，YZ 为笼型，YZR 为绕线转子型。

（11）YCT 系列三相异步电动机（见图 5-19k）　　YCT 系列三相异步电动机为电磁调速异步电动机，主要用于纺织、印染、化工、造纸、造船及要求变速的机械上。

（12）YJ 系列三相异步电动机（见图 5-19l）　　YJ 系列三相异步电动机为精密机床用异步电动机，使用于要求振动小、噪声低的精密机床。

a)　　　　　　b)　　　　　　c)　　　　　　d)

e)　　　　　　f)　　　　　　g)

图 5-19　异步电动机常见类型

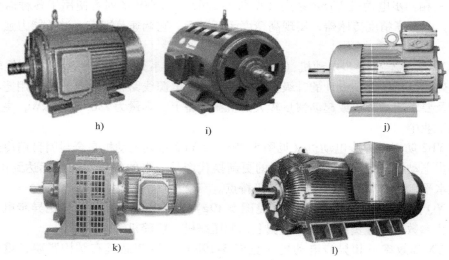

图5-19 异步电动机常见类型（续）

【**例题5-1**】 某泵站安装了一台离心式水泵，已知该泵轴上功率为27kW，转速为1480r/min，效率为 $\eta_2 = 0.84$，电动机与泵之间由联轴器直接传动，试选一台合适的电动机。

解：（1）取 $K = 1.1$，因电动机与水泵直接传动，故取 $\eta_1 = 1$，则电动机功率为

$$P_N = \frac{KP}{\eta_1 \eta_2} = \frac{1.1 \times 27}{1 \times 0.84} = 35.4 \text{kW}$$

（2）型式选择。因泵站潮湿，有水飞溅，应选择封闭式笼型电动机，Y系列电动机的防护等级为IP44，适宜于水土飞溅场所使用，应选用Y系列电动机。

（3）根据已决定的电动机类型、泵要求的转速和计算出的电动机功率，查电动机产品目录，选用Y225-4型、37kW、380V、50Hz、1480r/min的电动机。

5.3 技能培养

5.3.1 技能评价要点

表5-4所示为三相"异步电动机的选用"学习情境的技能评价要点。

表5-4 "异步电动机的选用"学习情境的技能评价要点

序号	技能评价要点	权重（%）
1	能正确认识三相异步电动机的结构	5
2	能正确说出三相异步电动机各部分的作用	10
3	能正确说出三相异步电动机的工作原理	10
4	能正确说出三相异步电动机电枢绕组的分类及其特点	10
5	能正确说出三相异步电动机旋转磁场、感应电动势等概念	20
6	能正确说出单相异步电动机的工作原理及起动方法	15
7	能根据工程实际要求正确选择三相异步电动机的型号、容量	10
8	培养时空结合的思维；培养沟通协调、组织实施的能力；学会在任务实施过程中，查找、搜集、整理、总结相关信息，从而建立工程实施的基本思路和思维	20

5.3.2　技能实训

1. 应知部分

（1）填空题

1）交流旋转电机的同步转速是指_____的转速。若电机转子转速低于同步转速，则该电机叫_____。

2）一台三相四极异步电动机，若电源的频率 $f = 50\mathrm{Hz}$，则定子旋转磁场每秒钟在空间转过_____。

3）三相异步电动机的转速取决于_____、_____和_____。

4）一台三相异步电动机的额定电压为 380V/220V，接法为 Y/△，其绕组额定电压为_____，当三相对称电源线电压为 220V 时，必须将电机接成_____。

5）三相异步电动机主要由_____和_____两个基本部分组成。

6）当 s 在_____范围内，三相异步电机运行于电动机状态，此时电磁转矩性质为_____；在_____范围内运行于发电机状态，此时电磁转矩性质为_____。

7）三相异步电动机根据转子结构不同可分为_____和_____两类。

8）两极异步电动机的同步转速 $n_1 = $_____，六极异步电动机的 $n_1 = $_____。

9）异步电动机的转子可分为_____和_____两种。

10）三相感应电机转速为 n，定子旋转磁场的转速为 n_1，当 $n < n_1$ 时为_____运行状态；当 $n > n_1$ 时为_____运行状态；当 n 与 n_1 反向时为_____运行状态。

（2）判断题（对：√；错：×）

1）三相异步电动机的转速取决于电源频率和极对数，而与转差率无关。（　　）

2）三相异步电动机转子的转速越低，电动机的转差率越大，转子电动势的频率越高。
（　　）

3）三相异步电动机定子磁极数越多，则转速越高，反之则越低。（　　）

4）三相异步电动机，无论怎样使用，其转差率都在 0～1 之间。（　　）

5）目前我国功率在 4kW 以上的 Y 系列三相异步电动机均采用星形联结。（　　）

6）单相异步电动机的体积较同容量的三相异步电动机大，但功率因数、效率和过载能力都比同容量的三相异步电动机低。（　　）

7）单相异步电动机的容量一般很小，它的绕组有集中式和分布式，如集中式绕组每个磁极只有一个工作绕组，通以正弦交流电，它的磁场波形也是正弦波，只不过不旋转而已。
（　　）

8）通常三相笼型异步电动机定子绕组和转子绕组的相数不相等，而三相绕线转子异步电动机的定、转子相数则相等。（　　）

9）异步电动机运行时，总要从电源吸收一个滞后的无功电流。（　　）

10）当三相异步电动机转子绕组短接并堵转时，轴上的输出功率为零，则定子边输入功率亦为零。（　　）

（3）选择题

1）磁极对数 $p = 4$ 的三相异步电动机的转差率为 0.04，其定子旋转磁场的转速应为（　　），转子转速为（　　）。

A. 3000r/min　　　　　B. 1500r/min　　　　　C. 1000r/min

D. 750r/min　　　　　　E. 2880r/min　　　　　F. 1440r/min

2）交流电机定、转子的极对数要求（　　　）。

A. 不等　　　　　　　　B. 相等　　　　　　　　C. 不可确定

3）10kW 的三相笼型异步电动机，若误接成星形，那么在额定负载下运行时，其铜损和温升将会（　　　）。

A. 减少　　　　　　　　B. 增大　　　　　　　　C. 不变

4）异步电动机在正常运行时，转子磁场在空间的转速为（　　　）。

A. 转子转速　　　　　　B. 同步转速　　　　　　C. 转差率与转子转速的乘积

D. 转差率与同步转速的乘积

5）异步电动机在额定负载下运行时，其转差率一般在（　　　）之间。

A. 1% ~3%　　　　　　B. 1.5% ~5%　　　　　C. 1% ~6%

6）单相异步电动机的绕组类型有（　　　）。

A. 一次绕组、二次绕组　　　　　　　　　　　B. 集中绕组、分布绕组

C. 单层绕组、双层绕组　　　　　　　　　　　D. 正弦绕组、非正弦绕组

7）三相异步电动机在运行中，把定子两相反接，则转子的转速会（　　　）。

A. 升高　　　　　　　　　　　　　　　　　　B. 下降一直到停转

C. 下降至零后再反向旋转　　　　　　　　　　D. 下降到某一稳定转速

8）国产额定转速为 1450r/min 的三相异步电动机为（　　　）极电机。

A. 2　　　　　　　　　　B. 4　　　　　　　　　C. 6　　　　　　　　　D. 8

9）下面哪项不属于转子结构？（　　　）

A. 转轴　　　　　　　　8. 转子铁心　　　　　　C. 转子绕组　　　　　　D. 机座

10）三相对称绕组通过三相对称电流时，产生的合成基波磁动势是一个（　　　）。

A. 幅值变化的旋转磁动势　　　　　　　　　　B. 幅值变化的椭圆形旋转磁动势

C. 脉振磁动势　　　　　　C. 幅值恒定的圆形旋转磁动势

（4）问答题

1）简述三相异步电动机的基本结构和各部分的主要功能。

2）什么是转差率？为什么异步电动机不能在转差率 $s=0$ 时正常工作？

3）把一台绕线转子电动机定子三相绕组的出线端短接，在其转子的对称三相绕组中通入工频（50Hz）的三相对称电流，试问：

①如果转子固定、定子可动，定子能转吗？为什么？如果能转，转向如何？

②如果转子可动、定子固定，转子能转吗？如果能转，转向如何？

4）为什么说笼型转子绕组是一个对称多相绕组？它的相数、匝数、绕组系数各是多少？

5）三相异步电动机的旋转磁场是怎样产生的？旋转磁场的转向和转速各由什么因素决定？

6）试述三相异步电动机的转动原理，并解释"异步"的含义。异步电动机为什么又称为感应电动机？

7）一台三相异步电动机，定子绕组为星形联结，若定子绕组有一相断线，仍接三相对

称电源时，绕组内将产生什么性质的磁动势？

8）单相异步电动机与三相异步电动机相比有哪些主要的不同之处？

9）单相异步电动机按起动及运行原理与方式不同可分为哪几类？它们各有什么特点？各自的应用范围如何？

2. 应会部分

某泵站安装了一台离心式水泵，已知该泵轴上功率为 30kW，转速为 1480r/min，效率为 $\eta = 0.88$，电动机与泵之间由联轴器直接传动，试选一台合适的电动机。

学习情境6 三相异步电动机的运行管理

6.1 学习目标

【知识目标】 掌握三相异步电动机空载运行与负载运行时的基本电磁关系、电动势方程式、等效电路；掌握三相异步电动机参数的测定方法；掌握三相异步电动机的功率与转矩的平衡关系；掌握三相异步电动机的运行特性。

【能力目标】 培养学生分析三相异步电动机基本运行规律的能力；培养学生通过实验验证异步电动机运行特性的能力；培养学生通过实验测定异步电动机参数的能力；培养学生电气设备规程规范的使用能力；培养学生根据生产实际需要管理异步电动机的能力。

【素质目标】 强化分析问题、解决问题的能力；培养学生能够沉着冷静应对复杂多变的运行状况；强化遵守规程的意识。

6.2 基础理论

6.2.1 三相异步电动机的空载运行

1. 空载运行时的电磁关系

三相异步电动机定子绕组接对称的三相交流电源，转轴上不带机械负载时的运行，称为空载运行。为了便于分析，根据磁通经过的路径和性质的不同，三相异步电动机的磁通可分为主磁通和漏磁通两大类。

(1) 主磁通 当三相异步电动机的定子绕组通入三相对称交流电流时，将产生旋转磁动势，该磁动势产生的磁通绝大部分穿过气隙，并同时交链定子绕组和转子绕组，这部分磁通称为主磁通，用 Φ_0 表示。其路径为：定子铁心→气隙→转子铁心→气隙→定子铁心，构成闭合磁路，如图6-1a所示。

主磁通同时交链定子绕组、转子绕组并在其中分别产生感应电动势。转子绕组为三相或多相对称短路绕组，在电动势的作用下，转子绕组中有感应电流通过。转子电流与定子磁场相互作用产生电磁转矩，实现三相异步电动机的能量转换，即将电能转化为机械能从电动机轴上输出，从而带动机械负载做功。因此，主磁通是能量转换的媒介。

(2) 漏磁通 除主磁通外的磁通称为漏磁通，用 $\Phi_{1\sigma}$ 表示，包括定子绕组、转子绕组的槽部漏磁通和端部漏磁通，如图6-1a、b所示。

漏磁通沿磁阻很大的空气隙形成闭合回路，空气中的磁阻较大，所以它比主磁通小很多。漏磁通仅在定子绕组上产生漏磁电动势，因此不能起能量转换的媒介作用，只起电抗压降的作用。

(3) 空载电流和空载磁动势 三相异步电动机空载运行时的定子电流称为空载电流，用 I_0 表示。当三相异步电动机空载运行时，定子三相绕组有空载电流 I_0 通过，三相空载电

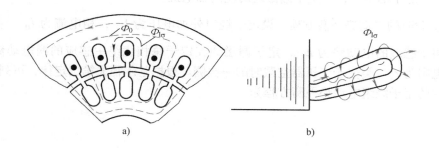

图 6-1 主磁通与漏磁通

a）主磁通和槽部漏磁通 b）端部漏磁通

流将产生一个旋转磁动势，称为空载磁动势，用 F_0 表示，其基波幅值为

$$F_0 = 0.9 \frac{m_1}{2} \cdot \frac{N_1 K_{W1}}{p} I_0 \tag{6-1}$$

式中 m_1——定子绕组相数；

$\quad\quad N_1$——定子绕组匝数；

$\quad\quad K_{W1}$——定子绕组系数；

$\quad\quad p$——电动机极对数。

三相异步电动机空载运行时，由于轴上不带机械负载，因而其转速很高，接近同步转速，即 $n \approx n_1$，s 很小。此时，定子旋转磁场与转子之间的相对速度几乎为零，于是转子感应电动势 $E_2 \approx 0$，转子电流 $I_2 \approx 0$。

与变压器的分析类似，空载电流 $\dot{I}_0$ 由两部分组成：一部分是专门用来产生主磁通 Φ_0 的无功分量 $\dot{I}_{0W}$；另一部分是用于补偿铁心损耗的有功分量 $\dot{I}_{0Y}$，即

$$\dot{I}_0 = \dot{I}_{0W} + \dot{I}_{0Y} \tag{6-2}$$

（4）电磁关系   由以上分析可以得出空载运行时三相异步电动机的电磁关系如下：

$$\dot{U}_1 \rightarrow \dot{I}_0 \rightarrow \begin{cases} \dot{\Phi}_0 \rightarrow \begin{cases} \dot{E}_1 \\ \dot{E}_2 = \dot{U}_2 \end{cases} \\ \dot{\Phi}_{1\sigma} \rightarrow \dot{E}_{1\sigma} \\ \rightarrow r_1 \dot{I}_0 \end{cases}$$

2. 空载运行时的电动势平衡方程

（1）主漏磁通感应的电动势   主磁通在定子绕组中感应的电动势为

$$\dot{E}_1 = -\text{j}4.44 f_1 N_1 K_{W1} \dot{\Phi}_0 \tag{6-3}$$

式中 f_1——电源频率；

$\quad\quad N_1$——定子绕组匝数；

$\quad K_{W1}$——定子绕组系数。

定子漏磁通在定子绕组中感应的漏磁电动势可用漏抗压降的形式表示为

$$\dot{E}_{1\sigma} = -\text{j}x_1 \dot{I}_0 \tag{6-4}$$

式中 x_1——定子漏电抗，与定子漏磁通对应的漏电抗。

（2）空载时的电动势平衡方程   设定子绕组外加电压为 $\dot{U}_1$，相电流为 $\dot{I}_0$，主磁通 $\dot{\Phi}_0$ 在定子绕组中感应的电动势为 $\dot{E}_1$，定子漏磁通在定子每相绕组中感应的漏电动势为 $\dot{E}_{1\sigma}$，定子每相电阻为 r_1，类似于变压器空载时的一次侧。根据基尔霍夫第二定律，可列出电动机空载时每相的定子绕组电动势平衡方程为

$$\dot{U}_1 = -\dot{E}_1 - \dot{E}_{1\sigma} + r_1\dot{I}_0 = -\dot{E}_1 + jx_1\dot{I}_0 + r_1\dot{I}_0$$
$$= -\dot{E}_1 + (r_1 + jx_1)\dot{I}_0 = -\dot{E}_1 + Z_1\dot{I}_0 \qquad (6\text{-}5)$$

式中 Z_1——定子绕组的漏阻抗，$Z_1 = r_1 + jx_1$。

（3）空载运行时的等效电路   与变压器的分析方法相似，可写出空载时的主磁通感应电动势的数学表达式为

$$\dot{E}_1 = -(r_m + jx_m)\dot{I}_0 = -Z_m\dot{I}_0 \qquad (6\text{-}6)$$

式中 Z_m——励磁阻抗，$Z_m = r_m + jx_m$；

r_m——励磁电阻，是反映铁心损耗的等效电阻；

x_m——励磁电抗，与主磁通 Φ_0 相对应。

于是电压方程可改写为

$$\dot{U}_1 = -\dot{E}_1 + jx_1\dot{I}_0 + r_1\dot{I}_0$$
$$= (r_m + jx_m)\dot{I}_0 + (r_1 + jx_1)\dot{I}_0 = Z_m\dot{I}_0 + Z_1\dot{I}_0$$

因为 $E_1 \gg Z_1 I_0$，可近似地认为

$$\dot{U}_1 \approx \dot{E}_1 = -j4.44 f_1 N_1 K_{W1}\dot{\Phi}_0 \qquad (6\text{-}7)$$

由式（6-5）定子侧电动势平衡方程式，可做出与变压器相似的等效电路，如图6-2所示。

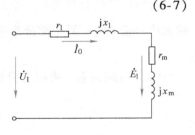

图6-2 异步电动机空载时的等效电路

上述分析结果表明，异步电动机空载时的物理现象和定子侧电动势平衡关系式与变压器十分相似。但是在变压器中不存在机械损耗，主磁通所经过的磁路气隙也很小，因此变压器的空载电流很小，仅为额定电流的 2% ~ 8%；而异步电动机的空载电流则较大，在小型异步电动机中，I_0 甚至可达额定电流的 60%。

6.2.2   三相异步电动机的负载运行

所谓负载运行，是指异步电动机的定子绕组接入对称三相电压，转子带上机械负载时的运行状态。当异步电动机负载运行时，由于转轴上带上了机械负载，原空载时的电磁转矩不足以平衡转轴上的负载转矩，电动机转速开始降低，旋转磁场与转子之间的相对运动速度增加，于是转子绕组中感应的电动势 $\dot{E}_{2S}$ 及转子电流 $\dot{I}_2$ 都增大了，不但定子三相电流 $\dot{I}_1$ 要在气隙中建立一个转速为 n_1 的旋转磁动势 $\vec{F}_1$，而且转子多相对称电流 $\dot{I}_2$ 也要在气隙中建立一个旋转的转子磁动势 $\vec{F}_2$。这个 $\vec{F}_2$ 的性质怎样？它与 $\vec{F}_1$ 的关系如何？下面将一一进行分析。

1. 负载运行时的电磁关系

转子磁动势$\vec{F_2}$也是一个旋转磁动势。这是因为：若电动机是绕线型转子，其转子绕组是三相对称绕组，转子电流是三相对称电流，则转子磁动势无疑是旋转磁动势；若电动机是笼型，其转子绕组将是多相对称绕组，转子电流也是多相对称电流，由多相对称电流形成的转子磁动势也是旋转磁动势。所以，无论转子结构形式如何，转子磁动势$\vec{F_2}$都是旋转磁动势。下面分析$\vec{F_2}$的旋转方向及转速大小。

（1）$\vec{F_2}$的旋转方向　若定子电流产生的旋转磁场按逆时针方向旋转，因$n < n_1$，经过分析可得到$\vec{F_2}$在空间的转向也是逆时针，与定子磁动势$\vec{F_1}$空间的旋转方向相同。

（2）$\vec{F_2}$的转速　转子不转时，气隙旋转磁场以同步转速n_1切割转子绕组，当转子以转速n旋转后，旋转磁场就以$n_1 - n$的相对速度切割转子绕组，因此，当转子转速n变化时，转子绕组各电磁量将随之变化。感应电动势的频率正比于导体与磁场的相对切割速度，则转子电动势的频率为

$$f_2 = \frac{p(n_1 - n)}{60} = \frac{n_1 - n}{n_1}\frac{pn_1}{60} = sf_1 \tag{6-8}$$

式中　s——电动机转差率；

　　　f_1——电源频率，为一定值。

故转子绕组感应电动势的频率f_2与转差率s成正比。

转子电流形成的转子磁动势$\vec{F_2}$相对于转子本身的转速为

$$\Delta n = \frac{60}{p}f_2 = \frac{60}{p}f_1 s = n_1 s = n_1 \frac{n_1 - n}{n_1} = n_1 - n \tag{6-9}$$

因为转子本身以转速n旋转，而且转子相对于定子的转向与转子磁动势$\vec{F_2}$相对于转子的转向一致，所以$\vec{F_2}$相对于定子的转速应为

$$\Delta n + n = n_1 - n + n = n_1 \tag{6-10}$$

式（6-10）说明转子磁动势$\vec{F_2}$和定子磁动势$\vec{F_1}$在空间的转速相同，均为n_1。故由以上分析可知，$\vec{F_2}$与$\vec{F_1}$在空间保持相对静止。

（3）定子磁动势与转子磁动势之间的电磁关系　由于转子磁动势$\vec{F_2}$与定子磁动势$\vec{F_1}$在空间上相对静止，因此可把$\vec{F_1}$与$\vec{F_2}$进行叠加。于是负载运行时，产生旋转磁场的励磁磁动势就是定子、转子的合成磁动势$(\vec{F_1} + \vec{F_2})$，即由$(\vec{F_1} + \vec{F_2})$共同建立气隙内的每极主磁通。与变压器相似，从空载到负载运行时，由于电源的电压和频率都不变，而且$U_1 \approx E_1 = 4.44 f_1 N_1 K_{W1} \Phi_0$，因此每极主磁通$\Phi_0$几乎不变，这样励磁磁动势也基本不变，负载时的励磁磁动势等于空载时的励磁磁动势，即

$$\vec{F_1} + \vec{F_2} = \vec{F_0} \tag{6-11}$$

这就是三相异步电动机负载运行时的磁动势平衡方程式。

三相异步电动机负载运行时的电磁关系如图6-3所示。

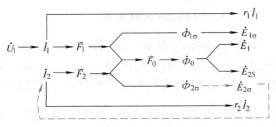

图6-3 三相异步电动机负载运行时的电磁关系

2. 转子绕组的各电磁物理量

（1）转子绕组的感应电动势 由上述讨论可知，转子旋转时的转子绕组感应电动势大小为

$$E_{2S} = 4.44 f_2 N_2 K_{W2} \Phi_0 \tag{6-12}$$

式中 N_2——转子每相绕组匝数；

K_{W2}——转子绕组系数，计算时应与具体谐波相对应。

若转子不转，则其感应电动势频率 $f_2 = f_1$，故此时感应电动势 $\dot{E}_{20}$ 的大小为

$$E_{20} = 4.44 f_1 N_2 K_{W2} \Phi_0 \tag{6-13}$$

把式（6-13）代入式（6-12），得

$$E_{2S} = sE_{20} \tag{6-14}$$

当电源电压 U_1 一定时，Φ_0 就一定，故 E_1、E_{20} 为常数，则 $E_{2S} \propto s$，即转子绕组感应电动势与转差率 s 成正比。

当转子不转时，转差率 $s = 1$，主磁通切割转子的相对速度最快，此时转子电动势最大。当转子转速增加时，转差率将随之减小。因正常运行时转差率很小，故转子绕组感应电动势也就很小。

（2）转子绕组的漏电抗 由于电抗与频率成正比，因此转子旋转时的转子绕组漏电抗 x_{2S} 为

$$x_{2S} = 2\pi f_2 L_2 = 2\pi s f_1 L_2 = s x_{20} \tag{6-15}$$

式中 x_{20}——转子不转时的漏电抗；

L_2——转子绕组的漏电感。

显然，x_{20} 是个常数，故转子旋转时的转子绕组漏电抗也正比于转差率 s。

同样，在转子不转（如起动瞬间）时，$s = 1$，转子绕组漏电抗最大。当转子转动时，漏电抗随转子转速的升高而减小，即转子旋转得越快，转子绕组中的漏电抗越小。

（3）转子绕组的电流和功率因数 转子绕组中除了有漏抗 x_{2S} 外，还存在电阻 r_2，故转子每相电流 I_2 为

$$\dot{I}_2 = \frac{\dot{E}_{2S}}{r_2 + jx_{2S}} = \frac{s\dot{E}_{20}}{r_2 + jsx_{20}} \tag{6-16}$$

其有效值为

$$I_2 = \frac{sE_{20}}{\sqrt{r_2^2 + (sx_{20})^2}} \tag{6-17}$$

转子绕组的功率因数为

$$\cos\varphi_2 = \frac{r_2}{\sqrt{r_2^2 + (sx_{20})^2}} \tag{6-18}$$

式（6-17）和式（6-18）说明，转子绕组电流 $\dot{I}_2$ 和转子回路功率因数与转差率 s 有关。当 $s=0$ 时，$\cos\varphi_2=1$；当转子转速降低时，转差率 s 增大，转子电流随着增大，而 $\cos\varphi_2$ 则减小。

综上所述，除 r_2 外，转子各电磁量均与转差率 s 有关，转差率是异步电动机的一个重要参数。转子各物理量随转差率变化的情况如图6-4所示。转子频率 f_2、转子电抗 x_2、电动势 E_2 与转差率 s 成正比。转子电流 $\dot{I}_2$ 随转差率增大而增大，转子功率因数随转差率增大而减小。例如：异步电动机起动时，$n=0$，$s=1$，此时，转子回路频率 $f_2=f_1$，转子回路电抗 x_2、电动势 E_2、转子电流 I_2 最大，功率因数 $\cos\varphi_2$ 最小。

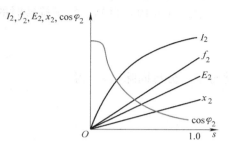

图6-4 转子各物理量
随转差率的变化

3. 定子、转子电动势平衡方程

在定子电路中，主电动势 E_1、漏磁电动势 $E_{1\sigma}$、定子绕组电阻压降 r_1I_1 与外加电源电压 U_1 相平衡，此时定子电流为 I_1。在转子电路中，因转子为短路绕组，故主电动势 E_{2S}、漏磁电动势 $E_{2\sigma}$ 与转子绕组电阻压降 r_2I_2 相平衡。因此，可写出负载时定子、转子的电动势平衡方程式为

$$\left.\begin{array}{l} \dot{U}_1 = -\dot{E}_1 + r_1\dot{I}_1 + jx_1\dot{I}_1 \\ 0 = \dot{E}_{2S} - r_2\dot{I}_2 - jx_{2S}\dot{I}_2 \end{array}\right\} \tag{6-19}$$

4. 负载运行时的等效电路

异步电动机与变压器一样，定子电路与转子电路之间只有磁的耦合而无电的直接联系。为了便于分析和简化计算，也采用了与变压器相似的等效电路的方法，即设法将电磁耦合的定子、转子电路变为有直接电联系的电路。根据定子、转子电动势平衡方程，可画出图6-5所示异步电动机旋转时的定子、转子电路图。但由于异步电动机定、转子绕组的有效匝数、绕组系数不相等，因此在推导等效电路时，与变压器相仿，

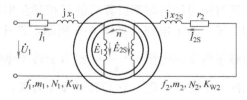

图6-5 频率折算前异步电动机旋转
时定子、转子电路

必须要进行相应的绕组折算。此外，由于定子、转子电流频率也不相等，还要进行频率折算。在折算时，必须保证转子对定子绕组的电磁作用和异步电动机的电磁性能不变。

（1）频率折算 频率折算就是要寻求一个等效的转子电路来代替实际旋转的转子电路，而该等效的转子电路应与定子电路有相同的频率。当异步电动机转子静止时，转子频率等于定子频率，即 $f_2=f_1$，所以频率折算的实质就是把旋转的转子等效成静止的转子。

在等效过程中，为了要保持电动机的电磁效应不变，折算必须遵循的原则有两条：一是折算前后转子磁动势不变，以保持转子电路对定子电路的影响不变；二是被等效的转子电路功率和损耗与原转子旋转时一样。

由于转子磁动势为

$$\vec{F}_2 = \frac{m_2}{2} \frac{0.9 K_{W2} N_2}{p} \dot{I}_2$$

因此要使折算前后 $\vec{F}_2$ 不变，只要保证折算前后转子电流 $\dot{I}_2$ 的大小和相位不变即可实现。

由式（6-19）可知，转子旋转时的转子电流为

$$\dot{I}_2 = \frac{\dot{E}_{2S}}{r_2 + jx_{2S}} = \frac{s\dot{E}_{20}}{r_2 + jsx_{20}} \quad （频率为 f_2） \tag{6-20}$$

将分子、分母同除以 s，得

$$\dot{I}_2 = \frac{\dot{E}_{20}}{\dfrac{r_2}{s} + jx_{20}} = \frac{\dot{E}_{20}}{r_2 + \dfrac{1-s}{s}r_2 + jx_{20}} \quad （频率为 f_1） \tag{6-21}$$

式（6-21）说明：进行频率折算后，只要用 $\dfrac{r_2}{s}$ 代替 r_2，就可保持转子电流的大小和相位角 ψ_2 也不变，这说明频率折算后转子电流的大小和相位没有发生变化。这样转子磁动势 $\vec{F}_2$ 的幅值和空间位置也就保持不变。频率折算后，转子电流的频率为 f_1，因此 $\vec{F}_2$ 在空间的转速仍为同步转速。这就保证了在频率折算前后转子对定子的影响不变。因为 $\dfrac{r_2}{s} = r_2 + \dfrac{1-s}{s}r_2$，说明频率折算时，相当于在转子电路中串入一个附加电阻 $\dfrac{1-s}{s}r_2$，而这正是满足折算前后电磁能量不变这一原则所需要的。转子转动时，转子具有动能（转化为输出的机械功率），当用静止的转子代替实际转动的转子时，这部分动能用消耗在电阻 $\dfrac{1-s}{s}r_2$ 上的电能来表示。这样则可画出经过频率折算后的三相异步电动机的定子、转子电路，如图6-6所示。图中，r_2 为转子的实际电阻，$\dfrac{1-s}{s}r_2$ 相当于转子电路串入的一个附加电阻，它与转差率 s 有关。在附

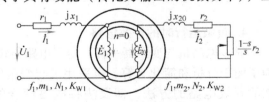

图6-6　频率折算后的三相异步电动机的定子、转子电路

加电阻 $\dfrac{1-s}{s}r_2$ 上会产生损耗 $I_2^2 \dfrac{1-s}{s}r_2$，而实际转子电路中并不存在这部分损耗，只产生机械功率，因此附加电阻就相当于等效负载电阻，附加电阻上的损耗实质上就是异步电动机的总机械功率。

（2）绕组折算　对异步电动机进行频率折算之后，定子、转子频率虽然相同了，但是还不能把定子、转子电路连接起来，所以还要像变压器那样进行绕组折算，才可得出等效电路。与变压器一样，三相异步电动机的绕组折算就是把实际上的相数为 m_2、每相匝数为 N_2，绕组系数为 K_{W2} 的转子绕组折算成与定子绕组完全相同的一个等效绕组。折算后转子各量称为折算量。为了区别起见，折算后的各转子物理量都加上符号"′"。

1）电流的折算。根据转子磁动势保持不变，可得

$$0.9 \frac{m_1}{2} \frac{N_1 K_{W1}}{p} \dot{I}_2' = 0.9 \frac{m_2}{2} \frac{N_2 K_{W2}}{p} \dot{I}_2$$

所以
$$\dot I_2' = \frac{m_2 N_2 K_{W2}}{m_1 N_1 K_{W1}} \dot I_2 = \frac{1}{K_i} \dot I_2$$

式中　K_i——电流比，$K_i = \dfrac{m_1 N_1 K_{W1}}{m_2 N_2 K_{W2}}$。 　　　　　　　　　　　　　　　（6-22）

　　2）电动势的折算。根据转子总的视在功率保持不变，可得

$$m_1 E_2' I_2' = m_2 E_2 I_2$$

所以
$$E_{20}' = \frac{N_1 K_{W1}}{N_2 K_{W2}} E_2 = K_e E_2$$

式中　K_e——电动势比，$K_e = \dfrac{N_1 K_{W1}}{N_2 K_{W2}}$。 　　　　　　　　　　　　　（6-23）

　　3）阻抗的折算。根据转子绕组铜损不变，可得

$$m_1 I_2'^2 r_2' = m_2 I_2^2 r_2$$

$$r_2' = \frac{m_2}{m_1}\left(\frac{I_2}{I_2'}\right)^2 r^2 = \frac{m_2}{m_1}\left(\frac{m_1 N_1 K_{W1}}{m_2 N_2 K_{W2}}\right)^2 r_2 = K_e K_i r_2 \tag{6-24}$$

　　根据转子绕组的无功功率不变，同理可得

$$x_{20}' = K_e K_i x_{20} \tag{6-25}$$
$$Z_2' = K_e K_i Z_2 \tag{6-26}$$

注意：折算只改变转子各物理量的大小，并不改变其相位。

　　经过频率折算和绕组折算后的三相异步电动机定子、转子电路如图 6-7 所示。

　　（3）T 形等效电路　经过频率折算和绕组折算后，异步电动机转子绕组的频率、相数、每相串联匝数以及绕组系数都和定子绕组一样。三相异步电动机的基本方程式变为

$$\begin{cases}
\dot U_1 = -\dot E_1 + \dot I_1 r_1 + j\dot I_1 x_1 = -\dot E_1 + \dot I_1 Z_1 \\[2mm]
\dot E_{20}' = \dot I_2' \dfrac{(1-s)}{s} r_2' + \dot I_2'(r_2' + j x_{20}') = \dot I_2' \dfrac{(1-s)}{s} r_2' + \dot I_2' Z_2' \\[2mm]
\dot I_1 + \dot I_2' = \dot I_0 \\[2mm]
\dot E_1 = \dot E_2' \\[2mm]
\dot E_1 = -\dot I_0(r_m + j x_m) = -\dot I Z_m
\end{cases} \tag{6-27}$$

　　根据基本方程式，再仿照变压器的分析方法，可以得出三相异步电动机的 T 形等效电路，如图 6-8 所示。

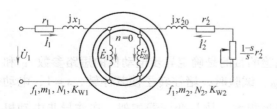

图 6-7　绕组折算后的三相异步
电动机的定子、转子电路

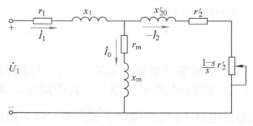

图 6-8　T 形等效电路

5. 异步电动机的参数测定

对于已制成的异步电动机，可通过做空载试验和短路（堵转）试验来测定其参数，以便使用等效电路对电动机运行进行计算。

（1）空载试验（图6-9） 空载试验的目的是测定励磁参数 r_m、x_m 以及铁损 p_{Fe} 和机械损耗 p_Ω。试验时，电动机转轴上不带任何机械负载，定子三相绕组接额定频率的三相电源。用调压器改变外加电压，使定子电压从（$1.1 \sim 1.3$）U_N 开始，逐渐降低电压，直到电动机转速明显下降，电流开始回升为止，测量数点，记录电动机的端电压 U_1、空载电流 I_0、空载损耗 p_0 和转速 n，并绘制空载特性曲线 $I_0 = f(U_1)$ 和 $p_0 = f(U_1)$。空载等效电路如图6-9a所示，曲线如图6-9b所示。

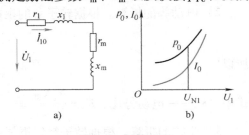

图6-9 空载试验

a）空载等效电路 b）空载试验曲线

1）铁损和机械损耗的确定。异步电动机空载时，转子铜损和附加损耗较小，可以忽略不计，此时电动机输入的功率全部消耗在定子铜损、铁损和机械损耗上，即

$$p_0 = m_1 I_0^2 r_1 + p_{Fe} + p_\Omega \tag{6-28}$$

所以，铁损与机械损耗之和为

$$p_{Fe} + p_\Omega = p_0 - m_1 I_0^2 r_1$$

铁损 p_{Fe} 与磁通密度的二次方成正比，即正比于 U_1^2，而机械损耗与电压无关，转速变化不大时，可认为 p_Ω 为一常数，因此在图6-10的 $p_{Fe} + p_\Omega = f(U_1^2)$ 曲线中可将铁损 p_{Fe} 和机械损耗 p_Ω 分开。只要将曲线延长使其与纵轴相交，交点的纵坐标就是机械损耗，过这一点作与横坐标平行的直线，该线上面的部分就是铁损，如图6-10所示。

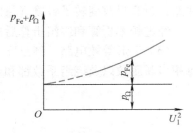

图6-10 铁损和机械损耗分离图

2）励磁参数的确定。由空载等效电路，并根据空载试验测得的数据，可以计算空载参数为

$$Z_0 = \frac{U_1}{I_0}$$

$$r_0 = \frac{p_0 - p_\Omega}{3 I_0^2}$$

$$x_0 = \sqrt{Z_0^2 - r_0^2}$$

励磁参数为

$$x_m = x_0 - x_1（x_1 \text{ 可由空载试验求取}）$$

$$r_m = r_0 - r_1$$

（2）短路（堵转）试验 短路（堵转）试验的目的是确定异步电动机的短路参数 r_K 和 x_K，以及转子电阻 r_2' 和定子、转子漏抗 x_1 和 x_{20}'。试验时，堵住转子使其停转，$s = 1$，电动机等效电路中附加电阻 $\frac{1-s}{s} r_2'$ 为零，定子短路电流很大，故与变压器相似，在作异步电动机短路试验时也要降低电源电压。调节施加到定子绕组上的电压 U_1，约从 $0.4 U_N$ 逐渐降低，再次记录定子相电压 U_1、定子短路电流 I_K 和短路功率 P_K。根据试验数据，即可绘出短路特

性曲线 $I_K = f(U_1)$ 和 $P_K = f(U_1)$，如图 6-11a 所示。（注意：为避免绕组过热损坏，试验应尽快进行。）

由于短路试验时电动机不转，机械损耗为零，而减压后铁损和附加损耗很小，可以略去，$I_0 \approx 0$，可以认为励磁支路开路，所以等效电路如图 6-11b 所示，这时功率表读出的短路功率 P_K，都消耗在定子、转子的电阻上。

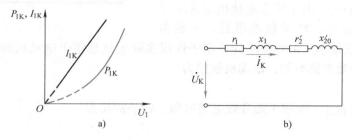

图 6-11 异步电动机短路试验

a）短路试验曲线 b）短路等效电路

根据短路试验测得的数据，可以计算短路参数为

$$p_K = m_1 I_K^2 (r_1 + r'_2) = m_1 I_K^2 r_K$$

$$Z_K = \frac{U_K}{I_K}$$

$$r_K = \frac{p_K}{3 I_K^2}$$

$$x_K = \sqrt{Z_K^2 - r_K^2}$$

对大、中型异步电动机，可以认为

$$r_1 = r'_2 = \frac{1}{2} r_K$$

$$x_1 = x'_{20} = \frac{1}{2} x_K$$

6.2.3 三相异步电动机的功率与转矩

1. 三相异步电动机的功率平衡关系

三相异步电动机运行时，把输入到定子绕组中的电功率转换成转子转轴上输出的机械功率。在能量变换过程中，不可避免地会产生一些损耗。根据能量守恒定律，输出功率应等于输入功率减去总损耗。本节着重分析能量转换过程中各种功率和损耗之间的关系。

功率变换过程，还可以结合 T 形等效电路知识，更加直观形象地说明各部分消耗的功率，如图 6-12 所示。

（1）输入电功率 P_1 三相异步电动机由电网向定子输入的电功率 P_1 为

$$P_1 = m_1 U_1 I_1 \cos\varphi_1 \tag{6-29}$$

式中 U_1、I_1——定子绕组的相电压和相电流。

$\cos\varphi_1$——异步电动机的功率因数。

（2）功率损耗

1）定子铜损 p_{Cu1}。定子电流 I_1 通过定子绕组时，电流 I_1 在定子绕组电阻上的功率损耗为定子铜损，即

$$p_{\text{Cu1}} = m_1 I_1^2 r_1 \qquad (6\text{-}30)$$

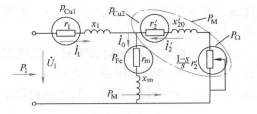

图6-12　在等效电路上表示功率和损耗

2）铁心损耗 p_{Fe}。由于异步电动机正常运行时，额定转差率很小，转子频率很低，一般为 $1\sim3\text{Hz}$，转子铁损很小，可略去不计，定子铁损实际上就是整个电动机的铁心损耗（即铁损）。根据 T 形等效电路可知，电动机铁损为

$$p_{\text{Fe}} = m_1 I_0^2 r_{\text{m}} \qquad (6\text{-}31)$$

3）转子铜损 p_{Cu2}。根据 T 形等效电路可知，转子铜损为

$$p_{\text{Cu2}} = m_1 I_2'^2 r_2' \qquad (6\text{-}32)$$

4）机械损耗 P_Ω 及附加损耗 p_{ad}。机械损耗是由于通风、轴承摩擦等产生的损耗；附加损耗是由于电动机定子、转子铁心存在齿槽以及谐波磁动势的影响，而在定子、转子铁心中产生的损耗。

（3）电磁功率 P_{M}　输入电功率扣除定子铜损和铁损后，便为由气隙旋转磁场通过电磁感应传递到转子的电磁功率 P_{M}，即

$$P_{\text{M}} = P_1 - p_{\text{Cu1}} - p_{\text{Fe}} \qquad (6\text{-}33)$$

由 T 形等效电路看能量传递关系，输入功率 P_1 减去 r_1 和 r_{m} 上的损耗 p_{Cu1} 和 p_{Fe} 后，应等于在电阻 r_2'/s 上所消耗的功率，即

$$P_{\text{M}} = m_1 E_{20}' I_2' \cos\varphi_2 = m_1 I_2'^2 \frac{r_2'}{s} \qquad (6\text{-}34)$$

（4）总机械功率 P_Ω　电磁功率减去转子绕组的铜损后，即是电动机转子上的总机械功率，即

$$P_\Omega = P_{\text{M}} - p_{\text{Cu2}} = m_1 I_2'^2 \frac{r_2'}{s} - m_1 I_2'^2 r_2' = m_1 I_2'^2 \frac{1-s}{s} r_2' \qquad (6\text{-}35)$$

式（6-35）说明了 T 形等效电路中引入电阻 $\dfrac{1-s}{s} r_2'$ 的物理意义。

由式（6-32）、式（6-34）、式（6-35）可得

$$p_{\text{Cu2}} = s P_{\text{M}} \qquad (6\text{-}36)$$

$$P_\Omega = (1-s) P_{\text{M}} \qquad (6\text{-}37)$$

以上两式说明，转差率 s 越大，电磁功率消耗在转子铜损中的比重就越大，电动机效率就越低，故异步电动机正常运行时，转差率较小，通常在 $0.01\sim0.06$ 的范围内。当电动机负载增加时，s 增加会使 p_{Cu2} 增加；如果人为地增加转子电阻 r_2'，p_{Cu2} 相应地增加，也会增加 s，使电动机转速下降。

（5）输出机械功率 P_2　总机械功率减去机械损耗 p_Ω 和附加损耗 p_{ad} 后，才是转子输出的机械功率 P_2，即

$$P_2 = P_\Omega - (p_\Omega + p_{\text{ad}}) = P_\Omega - p_0 \qquad (6\text{-}38)$$

式中　p_0——空载时的转动损耗。

将功率变换过程用功率流程图表示出来，如图6-13所示。

综上所得，功率平衡方程式为

$$P_2 = P_1 - (p_{Cu1} + p_{Fe} + p_{Cu2} + p_\Omega + p_{ad}) = P_1 - \Sigma p \qquad (6\text{-}39)$$

式中　Σp——电动机总损耗。

三相异步电动机的效率为

$$\eta = \frac{P_2}{P_1} \times 100\% \qquad (6\text{-}40)$$

2. 转矩平衡方程

功率等于转矩与机械角速度的乘积，即 $P = T\Omega$，在式（6-38）两

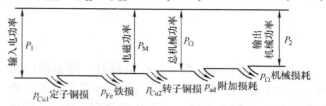

图 6-13　三相异步电动机的功率流程图

边同除以机械角速度 $\Omega\left(\Omega = \dfrac{2\pi n}{60}\text{rad/s}，转子铜损忽略不计\right)$ 可得转矩平衡方程式为

$$T_2 = T_M - T_0 \ 或 \ T_M = T_2 + T_0 \qquad (6\text{-}41)$$

式中　T_M——电磁转矩。

式（6-41）表明，当电动机稳定运行时，驱动性质的电磁转矩与制动性质的负载转矩及空载转矩相平衡。

$$T_M = \frac{P_\Omega}{\Omega} = \frac{m_1 I_2'^2 r_2' \dfrac{1-s}{s}}{2\pi \dfrac{n}{60}} = \frac{m_1 I_2'^2 \dfrac{1-s}{s} r_2'}{\dfrac{2\pi n_1}{60}(1-s)}$$

$$= \frac{m_1 I_2'^2 \dfrac{r_2'}{s}}{\dfrac{2\pi n_1}{60}} = \frac{P_M}{\Omega_1}$$

式中　T_2——负载转矩，$T_2 = P_2/\Omega$；

T_0——空载转矩，$T_0 = P_0/\Omega$。

由此可知，从转子方面看，电磁转矩等于总机械功率除以转子机械角速度；从定子方面看，它又等于电磁功率除以同步机械角速度。

6.2.4　三相异步电动机的运行特性

三相异步电动机的运行特性是指在额定电压和额定频率运行时，电动机的转速 n、输出转矩 T_2、定子电流 I_1、功率因数 $\cos\varphi_1$、效率 η 与输出功率 P_2 之间的关系。工作特性可以通过电动机直接加负载试验得到。图 6-14 为三相异步电动机的运行特性曲线。下面分别加以说明。

1. 转速特性 $n = f\,(P_2)$

三相异步电动机空载时，$P_2 = 0$，转子电流很小，$n \approx n_1$，$s = 0$，即转子转速接近同步转速。负载时，随着 P_2 的增大，T_2 增大，s 也增大，转子电流也增大，因此随着负载的增大，转速 n 则降低，但下降不多。由于 $T = f(s)$ 曲线在 s 接近零这一段很陡，故 T_2 的变化使 s 和 n 变化不大，故曲线较平坦。额定运行时，s_N 很小，一般 s_N 为 $0.01 \sim 0.06$，相应的转速 $n_N = (1 - s_N)n_1 = (0.94 \sim 0.99)n_1$，与同步转速 n_1 接近，故转速特性 $n = f(P_2)$ 是一条稍向下倾斜的曲线，与并励直流电动机的转速特性相似。

2. 转矩特性 $T_2 = f(P_2)$

三相异步电动机的输出转矩为

$$T_2 = \frac{P_2}{\Omega} = \frac{P_2}{2\pi\dfrac{n}{60}}$$

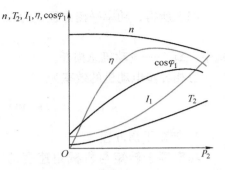

图 6-14 三相异步电
动机的运行特性曲线

空载时，$P_2 = 0$，$T_2 \approx T_0$；负载时，随着输出功率 P_2 的增加，转速略有下降，故 $T_2 = f(P_2)$ 为一条过零点稍向上翘的曲线。由于从空载到满载，n 变化很小，故 $T_2 = f(P_2)$ 可近似看成一条直线，而 $T_M = T_2 + T_0$，因 T_0 近似不变，所以 $T_M = f(P_2)$ 也近似为直线。

3. 定子电流特性 $I_1 = f(P_2)$

三相异步电动机空载时，$P_2 = 0$，定子电流 $I_1 = I_0$。负载时，随着输出功率 P_2 的增加，转子转速下降，转子电流增大，于是定子电流的负载分量及其磁动势也随之增大，以抵消转子电流产生的磁动势，从而保持磁动势的平衡。所以 I_1 随 P_2 的增大而增大。

4. 定子功率因数特性 $\cos\varphi_1 = f(P_2)$

功率因数是三相异步电动机的一个重要性能指标。三相异步电动机空载时，$P_2 = 0$，定子电流几乎全部为励磁电流，主要用于建立旋转磁场，因此定子电流主要是无功励磁电流，所以功率因数很低，通常不超过 0.2。

负载运行时，随着负载 P_2 的增加，转子电流和定子电流的有功分量增加，使功率因数逐渐上升，在额定负载附近，功率因数最高。当超过额定负载后，由于转差率 s 迅速增大，致使转子频率 f_2 增大、转子电抗 x_2 也增大，使转子功率因数 $\cos\varphi_2$ 下降，于是转子电流无功分量增大，相应的定子无功分量电流也增大，因此定子功率因数 $\cos\varphi_1$ 反而下降。

5. 效率特性 $\eta = f(P_2)$

效率特性也是三相异步电动机的一个重要指标，效率可根据下列公式求得

$$\eta = \frac{P_2}{P_1} \times 100\% = \left(1 - \frac{\sum p}{P_2 + \sum p}\right) \times 100\%$$

由此可知，电动机空载时，$P_2 = 0$，$\eta = 0$。当负载运行时，随着输出功率 P_2 的增加，效率 η 也在快速增加，此后负载 P_2 继续增大，由于 I_1、I_2 增加使可变损耗增加，η 反而趋于降低。三相异步电动机也是在可变损耗与不变损耗相等时，η 最高。过了最大点，若负载 P_2 继续增大，则与电流二次方成正比的定子、转子铜损增加很快，故效率 η 反而下降。

考虑到三相异步电动机的工作情况，通常中、小型三相异步电动机的负载在 $(0.75 \sim 1)P_N$ 时有最高效率 η_{max}。

$\cos\varphi_1 = f(P_2)$ 和 $\eta = f(P_2)$ 是三相异步电动机的两个重要特性。它们表明，要求电动机有满意的使用效果，运行时 $\cos\varphi_1$ 和 η 值都要高，因此电动机额定容量 P_N 和负载容量 P_2 要相匹配。选择过大额定容量的电动机，将使 $\dfrac{P_2}{P_N}$ 值过小，运行中 $\cos\varphi_1$ 和 η 也低。这种情况发生超载运行时，还会造成电动机过热影响电动机寿命，甚至烧坏。

6.3 技能培养

6.3.1 技能评价要点

该学习情境的技能评价要点见表6-1。

表6-1 "三相异步电动机的运行管理"学习情境的技能评价要点

序号	技能评价要点	权重（%）
1	能正确认识三相异步电动机空载运行的电磁关系、等效电路	20
2	能正确认识三相异步电动机负载运行的电磁关系、等效电路	20
3	能正确进行三相异步电动机的参数测定	10
4	能正确认识三相异步电动机的功率和转矩平衡	15
5	能正确分析三相异步电动机的运行特性	15
6	强化分析问题、解决问题的能力；能够沉着冷静应对复杂多变的运行状况；强化遵守规程的意识	20

6.3.2 技能实训

1. 应知部分

（1）填空题

1）当三相异步电动机定子绕组接于50Hz的电源上作电动机运行时，定子电流的频率为_____，定子绕组感应电动势的频率为_____，如转差率为 s，此时转子绕组感应电动势的频率为_____，转子电流的频率为_____。

2）一台三相八极异步电动机的电网频率为50Hz，空载运行时转速为735r/min，此时转差率为_____，转子电动势的频率为_____。当转差率为0.04时，转子的转速为_____，转子的电动势频率为_____。

3）三相异步电动机旋转磁场的转向是由_____决定的，运行中若旋转磁场的转向改变了，转子的转向将_____。

4）三相感应电动机转速为 n，定子旋转磁场的转速为 n_1，当 $n < n_1$ 时为_____运行状态；当 $n > n_1$ 时为_____运行状态；当 n 与 n_1 反向时为_____运行状态。

5）铁心饱和程度增加，则异步电动机的励磁电抗 X_m _____。

6）三相异步电动机等效电路中的附加电阻是模拟_____的等效电阻。

（2）判断题（对：√；错：×）

1）异步电动机转子电路漏电抗 X_2 与转差率 s 成反比。（   ）

2）三相异步电动机额定容量越大，额定效率就越高。（   ）

3）容量较大的异步电动机，一般采用钢板焊接机座。（   ）

4）带有额定负载转矩的三相异步电动机，若使电源电压低于电动机额定电压，则其电流就会低于额定电流。（   ）

5）三相异步电动机转子为任意转数时，定、转子合成基波磁动势转速不变。（   ）

6）当三相异步电动机转子绕组短接并堵转时，轴上的输出功率为零，则定子边输入功率亦为零。 （ ）

7）三相异步电动机的功率因数 λ（$\cos\varphi_1$）总是滞后的。 （ ）

8）异步电动机运行时，总要从电源吸收一个滞后的无功电流。 （ ）

9）只要电源电压不变，异步电动机的定子铁损和转子铁损基本不变。 （ ）

（3）选择题

1）三相异步电动机等效电路中的附加电阻 $\dfrac{1-s}{s}r'_2$ 上所消耗的电功率应等于（ ）。

A. 输出功率 P_2 B. 输入功率 P_1 C. 电磁功率 P_{em} D. 总机械功率 P_Ω

2）国产额定转速为 960r/min 的异步电动机为（ ）电动机。

A. 2 极   B. 4 极   C. 6 极   D. 8 极

3）如果有一台三相异步电动机运行在转差率为 $s=0.25$，此时通过气隙传递的功率有（ ）。

A. 25% 的转子铜损   B. 75% 是转子铜损

C. 75% 是输出功率   D. 75% 是全机械功率

4）异步电动机旋转磁场的旋转方向取决于（ ）。

A. 三相绕组   B. 三相电流频率   C. 三相电流相序   D. 电动机极数

5）三相异步电动机的空载电流比同容量变压器大的原因为（ ）。

A. 异步电动机是旋转的   B. 异步电动机的损耗大

C. 异步电动机有气隙   D. 异步电动机有漏抗

6）三相异步电动机空载时，气隙磁通的大小主要取决于（ ）。

A. 电源电压   B. 气隙大小

C. 定、转子铁心材质   D. 定子绕组的漏阻抗

7）三相异步电动机能画出像变压器那样的等效电路是由于（ ）。

A. 它们的定子或一次电流都滞后于电源电压

B. 气隙磁场在定、转子或主磁通在一、二次都感应电动势

C. 它们都有主磁通和漏磁通

D. 它们都由电网取得励磁电流

8）三相异步电动机气隙增大，其他条件不变，则空载电流（ ）。

A. 增大   B. 减小   C. 不变   D. 不能确定

9）设计在 $f_1=50Hz$ 电源上运行的三相异步电动机现改为在电压相同、频率为 $60Hz$ 的电网上，其电动机的（ ）。

A. T_{st} 减小，T_{max} 减小，I_{st} 增大   B. T_{st} 减小，T_{max} 增大，I_{st} 减小

C. T_{st} 减小，T_{max} 减小，T_{st} 减小   D. T_{st} 增大，T_{max} 增大，T_{st} 增大

（4）问答题

1）三相绕组中通入三相负序电流时，与通入幅值相同的三相正序电流时相比较，磁动势有何不同？

2）三相异步电动机的旋转磁场是怎样产生的？旋转磁场的转向和转速各由什么因素决定？

3）异步电动机转速变化时，为什么定子和转子磁动势之间没有相对运动？

4）一台三相异步电动机，定子绕组为星形联结，若定子绕组有一相断线，仍接三相对称电源时，绕组内将产生什么性质的磁动势？

5）导出三相异步电动机的等效电路时，转子侧要进行哪些折算？折算的原则是什么？如何折算？

6）异步电动机等效电路中的 Z_m，反映什么物理量？在额定电压下电动机由空载到满载，Z_m 的大小是否变化？若有变化，是怎样变化的？

7）异步电动机的等效电路有哪几种？试说明"T"形等效电路中各个参数的物理意义？

8）用等效静止的转子来代替实际旋转的转子，为什么不会影响定子边的各种物理量？定子边的电磁过程和功率传递关系会改变吗？

9）异步电动机等效电路中 $\dfrac{1-s}{s}r_2'$ 代表什么意义？能不能不用电阻而用一个电感或电容来表示？为什么？

10）异步电动机拖动额定负载运行时，若电网电压过高或过低，会产生什么后果？为什么？

2. 应会部分

通过实验测定三相异步电动机的基本参数并画出 T 形等效电路。

学习情境 7　异步电动机的控制

7.1　学习目标

【知识目标】　了解电力拖动的动力学基本知识；掌握三相异步电动机的机械特性，三相异步电动机的起动、调速、制动和反转的原理、操作方法与特性；掌握单相异步电动机的起动、调速、制动和反转；掌握三相异步电动机电力拖动最基本的控制电路的设计方法。

【能力目标】　培养学生设计三相异步电动机简单电力拖动控制电路的能力。

【素质目标】　培养学生创新思维，以目标为导向，树立优化设计意识；强化学生协同工作能力。

7.2　基础理论

7.2.1　电力拖动基础

电力拖动系统是指由各种电动机作为原动机，拖动各种生产机械（如起重机的大车和小车、龙门刨床的工作台等），完成一定生产任务的系统。电力拖动系统的组成如图 7-1 所示。其中，电动机是把电能转换为机械能，用来拖动生产机械工作的；生产机械是执行某一生产任务的机械设备（通过传动机构或直接与电动机相连接）；控制设备由各种控制电动机、电器、自动化元件或工业控制计算机等组成，用以控制电动机的运动，从而实现对生产机械的控制；电源用于对电动机和电气控制设备供电。

图 7-1　电力拖动系统的组成示意图

1. 单轴电力拖动系统的运动方程式

（1）运动方程式　由牛顿第二定律并忽略电动机的空载转矩，经整理可得出单轴电动机拖动系统（见图 7-2）的运动方程的实用表达式为

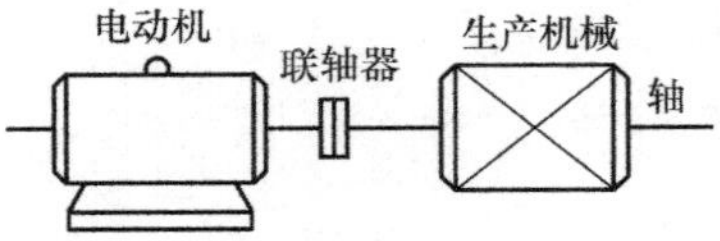

$$T_{\mathrm{M}} - T_{\mathrm{L}} = \frac{GD^2}{375} \frac{\mathrm{d}n}{\mathrm{d}t} \tag{7-1}$$

图 7-2　单轴电动机拖动系统

式中　GD^2——旋转体的飞轮矩（N·m²）。

电动机和生产机械的 GD^2 可从产品样本或有关设计资料中查得。

由式（7-1）可知，电力拖动系统运行可分为三种状态：

1）当 $T_{\mathrm{M}} > T_{\mathrm{L}}$，$\dfrac{\mathrm{d}n}{\mathrm{d}t} > 0$ 时，系统作加速运动，电动机把从电网吸收的电能转变为旋转系统的动能，使系统的动能增加。

2）当 $T_M < T_L$，$\dfrac{\mathrm{d}n}{\mathrm{d}t} < 0$ 时，系统作减速运动，系统将放出的动能转变为电能反馈回电网，使系统的动能减少。

3）当 $T_M = T_L$，$\dfrac{\mathrm{d}n}{\mathrm{d}t} = 0$ 时，n = 常数（或 $n = 0$），系统处于恒转速运行（或静止）状态。系统既不放出动能，也不吸收动能。

由此可见，只要 $\dfrac{\mathrm{d}n}{\mathrm{d}t} \neq 0$，系统就处于加速或减速运行（也可以说是处于瞬态过程），而 $\dfrac{\mathrm{d}n}{\mathrm{d}t} = 0$ 叫作稳态运行。

（2）运动方程式中转矩正、负号的规定　在电力拖动系统中，由于生产机械负载类型的不同，电动机的运行状态也发生变化，即电动机的电磁转矩并不都是驱动性质的转矩，生产机械的负载转矩也并不都是阻力转矩，它们的大小和方向都可能随系统运行状态的不同而发生变化。因此，运动方程式中的 T_M 和 T_L 是带有正、负号的代数量。一般规定如下：

首先规定电动机处于电动状态时的旋转方向为转速 n 的正方向。电动机的电磁转矩 T_M 与转速 n 的正方向相同时为正，相反时为负；负载转矩 T_L 与转速 n 的正方向相反时为正，相同时为负；$\dfrac{\mathrm{d}n}{\mathrm{d}t}$ 的正负由 T_M 和 T_L 的代数和决定。

2. 生产机械的负载特性

电力拖动系统是电动机和生产机械这两个对立物的统一体。单轴电力拖动系统的运动方程定量地描述了电动机的电磁转矩 T_M 与生产机械的负载转矩 T_L 和系统转速 n 之间的关系。但是，要对运动方程式求解，除了要知道电动机的机械特性 $n = f(T_M)$ 之外，还必须知道负载的机械特性 $n = f(T_L)$。

负载的机械特性就是生产机械的负载特性。它表示同一转轴上转速与负载转矩之间的函数关系，即 $n = f(T_L)$。虽然生产机械的类型很多，但是大多数生产机械的负载特性可概括为下列三大类。

（1）恒转矩负载特性　这一类负载比较多，它的机械特性的特点是：负载转矩 T_L 的大小与转速 n 无关，即当转速变化时，负载转矩保持常数。根据负载转矩的方向是否与转向有关，恒转矩负载又分为反抗性恒转矩负载和位能性恒转矩负载两种。

1）反抗性恒转矩负载。这类负载的特点是：负载转矩的大小恒定不变，而负载转矩的方向总是与转速的方向相反，即负载转矩始终是阻碍运动的。属于这一类的生产机械有起重机的行走机构、带传动运输机等。图 7-3a 为桥式起重机行走机构的行走车轮，其在轨道上的摩擦力总是和运动方向相反。图 7-3b 为对应的机械特性曲线，显然，反抗性恒转矩负载特性位于第一和第三象限内。

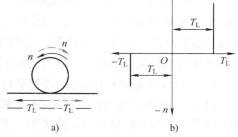

图 7-3　反抗性负载转矩与旋转方向的关系
a）示意图　b）机械特性曲线

2）位能性恒转矩负载。这类负载的特点是：不仅负载转矩的大小恒定不变，而且负载转矩的方向也不变。属于这一类的负载有起重机的提升机构，如图7-4a所示。该机构的负载转矩是由重力作用产生的，无论起重机是提升重物还是下放重物，重力作用方向始终不变。图7-4b为对应的负载特性曲线，显然位能性恒转矩负载特性位于第一与第四象限内。

（2）恒功率负载　恒功率负载的特点是：负载转矩与转速的乘积为一常数，即负载功率 $P_L = T_L \Omega = T_L \dfrac{2\pi n}{60}$ 为常数，也就是负载转矩 T_L 与转速 n 成反比。它的负载转矩特性曲线是一条双曲线，如图7-5所示。

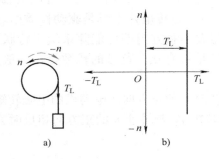 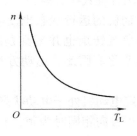

图7-4　位能性负载转矩与旋转方向的关系 　　　　　　　图7-5　恒功率负载特性曲线
　　　a）示意图　b）机械特性曲线

在机械加工工业中，有许多机床（或车床）在粗加工时，切削用量比较大，切削阻力也大，宜采用低速运行；而在精加工时，切削用量比较小，切削阻力也小，宜采用高速运行。这就使得在不同情况下，负载功率基本保持不变。需要指出，恒功率只是机床加工工艺的一种合理选择，并非必须如此。另外，一旦切削用量选定以后，当转速变化时，负载转矩并不改变，在这段时间内，应属于恒转矩性质。

（3）风机或泵类负载　它们的特点是负载转矩与转速的二次方成正比，即 $T_L \propto K n^2$，其中 K 是比例常数。这类机械的负载转矩特性曲线是一条抛物线，如图7-6中曲线1所示。

以上介绍的是三种典型的负载转矩特性，而实际的负载转矩特性往往是几种典型特性的综合。例如，实际的鼓风机除了主要是通风机负载特性外，由于轴上还有一定的摩擦转矩 T_{L0}，因此实际通风机的负载特性应为 $T_L = T_{L0} + K n^2$，如图7-6中曲线2所示。

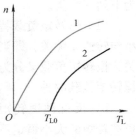

图7-6　泵与风机类负载转矩特性

3. 三相异步电动机的转矩-转差率特性和固有机械特性

（1）三相异步电动机的转矩-转差率特性　转矩–转差率特性反映了转差率 s 与电磁转矩 T_M 的关系，其数学表达式视分析问题的需要，有三种表示方法，下面先介绍物理表达式和参数表达式，实用表达式在后文介绍。

1）物理表达式：

$$T_{\mathrm{M}} = \frac{P_{\Omega}}{\Omega} = \frac{(1-s)\ P_{\mathrm{M}}}{\dfrac{2\pi n}{60}} = \frac{(1-s)\ P_{\mathrm{M}}}{\dfrac{2\pi\ (1-s)\ n_1}{60}} = \frac{P_{\mathrm{M}}}{\Omega_1} \tag{7-2}$$

$$\Omega_1 = \frac{2\pi n_1}{60} = \frac{2\pi f_1}{P}$$

式中　Ω_1——同步机械角速度。

由式（7-2）和式（6-34）可得

$$T_{\mathrm{M}} = \frac{P_{\mathrm{M}}}{\Omega_1} = \frac{m_1 E'_{20} I'_2 \cos\varphi_2}{\dfrac{2\pi n_1}{60}} = \frac{4.44 m_1 f_1 N_1 K_{\mathrm{W1}} \Phi_{\mathrm{m}} I'_2 \cos\varphi_2}{\dfrac{2\pi f_1}{p}}$$

$$= \frac{4.44 m_1 p N_1 K_{\mathrm{W1}}}{2\pi} \Phi_{\mathrm{m}} I'_2 \cos\varphi_2 = C_{\mathrm{T}} \Phi_{\mathrm{m}} I'_2 \cos\varphi_2 \tag{7-3}$$

$$C_{\mathrm{T}} = \frac{4.44 m_1 p N_1 K_{\mathrm{W1}}}{2\pi}$$

式中　C_{T}——转矩常数，与电动机结构有关，对于已制成的电动机，C_{T} 为一常数。

式（7-3）表明，电磁转矩是转子电流的有功分量与气隙主磁场相互作用产生的。若电源电压不变，每极磁通为一定值，电磁转矩大小与转子电流的有功分量成正比。

2）参数表达式。式（7-3）比较直观地表示出电磁转矩形成的物理概念，常用于定性分析。由于电磁转矩的物理表达式不能直接反映转矩与转速的关系，而电力拖动系统却常常需要用转速或转差率与转矩的关系进行系统的运行分析，为便于计算，需推导出电磁转矩的另一表达式，即参数表达式。

根据异步电动机简化等效电路，可得转子电流为

$$I'_2 = \frac{U_1}{\sqrt{\left(r_1 + \dfrac{r'_2}{s}\right)^2 + (x_1 + x'_{20})^2}} \tag{7-4}$$

将式（7-4）代入式（7-3）可得电磁转矩的参数表达式为

$$T_{\mathrm{M}} = \frac{P_{\mathrm{M}}}{\Omega_1} = \frac{m_1 {I'_2}^2 \dfrac{r'_2}{s}}{\dfrac{2\pi f_1}{p}} = \frac{m_1 p U_1^2 \dfrac{r'_2}{s}}{2\pi f_1 \left[\left(r_1 + \dfrac{r'_2}{s}\right)^2 + (x_1 + x'_{20})^2 \right]} \tag{7-5}$$

式中　p——磁极对数；

　　　U_1——定子相电压；

　　　f_1——电源频率；

　r_1，x_1——定子每相绕组电阻和漏抗；

r'_2，x'_{20}——折算到定子侧的转子电阻和漏抗；

　　　s——转差率。

当电动机的转差率 s 变化时，可由式（7-5）算出相应的电磁转矩 T_{M}，因而可以作出图 7-7a 所示的特性曲线。

由式（7-5）可得出如下几点重要结论：

① 三相异步电动机的电磁转矩与定子每相电压 U_1 的二次方成正比。

② 若不考虑 U_1、f_1 及参数变化，电磁转矩仅与转差率 s 或转速 n 有关。

（2）三相异步电动机的固有机械特性　三相异步电动机的固有机械特性是指异步电动机工作在额定电压和额定频率下，按规定的接线方式接线，定子、转子外接电阻为零时，n 与 T_M 的关系，当电动机转速 n_2 变化时，可得出相应的电磁转矩 T_M，因而可以作出图7-7b 所示的特性曲线。

（3）三相异步电动机的转矩－转差率特性曲线及固有机械特性曲线的分析　整个机械特性可由两部分组成：

1）图7-7b 中曲线 n_1C 部分（图7-7a 则是曲线 OC 部分）。转矩由0 至 T_m，转差率由0 至 s_m，跟他励直流电动机的固有机械特性（见模块三学习情境10）很相似。在这一部分，随着转矩 T_M 的增加，转速降低，根据电力拖动系统稳定运行的条件，这部分称为可靠稳定运行部分或工作部分，或称为稳定区。三相异步电动机的机械特性的工作部分接近于一条直线，只是在转矩接近于最大值时弯曲较大，故一般在额定转矩以内，三相异步电动机的机械特性曲线可看作直线。

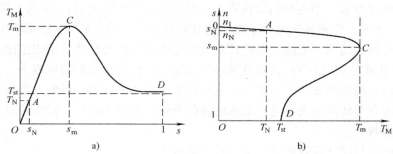

图7-7　转矩－转差率特性曲线及固有机械特性曲线

a）转矩－转差率特性曲线　b）固有机械特性曲线

2）CD 部分（转矩由 T_m 至 T_{st}，转差率由 s_m 至1）。在这一部分，随着转矩的减小，转速也减小，特性曲线为一曲线，称为机械特性的曲线部分。只有当三相异步电动机带动通风机负载时，才能在这一部分稳定运行；而对恒转矩负载或恒功率负载，在这一部分不能稳定运行，因此有时候这一部分也称为非工作部分，或称为非稳定区。

为了进一步描述机械特性的特点，下面介绍几个反映电动机工作情况的特殊点。

1）理想空载运行点（图7-7b 中的 n_1 或图7-7a 中的 O 点）。n_1 点是电动机的理想空载点，转子转速达到了同步转速，$n = n_1$，$s = 0$，电磁转矩 $T_M = 0$，转子电流 $I_2' = 0$，定子电流 $I_1 = I_0$。显然，此时的电动机不进行机电能量转换，如果没有外界转矩的作用，异步电动机本身不可能达到同步转速点。

2）额定运行点（图7-7a、b 中的 A 点）。在 A 点，三相异步电动机带额定负载运行，$n = n_N$，$s = s_N = 0.01 \sim 0.06$，$T_M = T_N$。若忽略空载转矩，T_N 即为额定输出转矩。

$$T_N = \frac{P_N \times 10^3}{\Omega} = \frac{P_N \times 10^3}{\dfrac{2\pi n_N}{60}} = 9550 \frac{P_N}{n_N}$$

其中，P_N 的单位为 kW，n_N 的单位是 r/min，T_N 的单位为 N·m。

3）最大电磁转矩点（图 7-7a、b 中的 C 点）。该点的横、纵轴坐标分别是最大电磁转矩 T_m 与临界转差率 s_m。用数学方法将式（7-5）对 s 求导，令 $\dfrac{\mathrm{d}T_M}{\mathrm{d}s}=0$，即可求得产生最大电磁转矩 T_m 的转差率 s_m，称为临界转差率，且有

$$s_m = \frac{r_2'}{\sqrt{r_1^2 + (x_1 + x_{20}')^2}} \tag{7-6}$$

$$T_m = \frac{m_1 p U_1^2}{4\pi f_1 \left[r_1 + \sqrt{r_1^2 + (x_1 + x_{20}')^2} \right]} \tag{7-7}$$

通常 $r_1 \ll (x_1 + x_{20}')$，不计 r_1，有

$$s_m \approx \frac{r_2'}{x_1 + x_{20}'} \tag{7-8}$$

$$T_m \approx \frac{m_1 p U_1^2}{4\pi f_1 (x_1 + x_{20}')} \tag{7-9}$$

由式（7-8）和式（7-9）可得如下结论：

① 电动机各参数与电源频率不变时，T_m 与 U_1^2 成正比，s_m 则保持不变，与 U_1 无关。

② 当电源频率及电压 U_1 不变时，s_m 和 T_m 近似地与 $x_1 + x_{20}'$ 成反比。

③ 当电源频率及电压 U_1 与电动机其他各参数不变时，s_m 与 r_2' 成正比，T_m 则与 r_2' 无关。由于该特点，对绕线转子异步电动机，当转子电路串联电阻时，可使 s_m 增大，但 T_m 不变。也就是说，选择不同的转子电阻值，可以在某一特定的转速时使电动机产生的转矩为最大，这一性质对于绕线转子异步电动机具有特别重要的意义。

T_m 是三相异步电动机可能产生的最大转矩，为了保证电动机不会因短时过载而停转，一般电动机都具有一定的过载能力。最大电磁转矩越大，电动机短时过载能力越强，因此把最大电磁转矩与额定转矩之比称为电动机的过载能力，用过载倍数 λ_m 表示，即

$$\lambda_m = \frac{T_m}{T_N} \tag{7-10}$$

λ_m 是三相异步电动机的一个重要性能指标，它反映了电动机短时过载的能力。一般异步电动机的过载倍数 $\lambda_m = 1.6 \sim 2.2$，对于起重、冶金用的异步电动机，其 λ_m 值可达 3.5。

4）起动转矩点（图 7-7a、b 中的 D 点）。在起动转矩点 D，$n=0$，$s=1$，电磁转矩 $T_M = T_{st}$。T_{st} 称为起动转矩（因此 $n=0$ 时，转子不动，故也称为堵转转矩），它是三相异步电动机接通电源、开始起动瞬间的电磁转矩。将 $s=1$ 代入式（7-5），即可求得

$$T_{st} = \frac{m_1 p U_1^2 r_2'}{2\pi f_1 \left[(r_1 + r_2')^2 + (x_1 + x_{20}')^2 \right]} \tag{7-11}$$

由式（7-11）可知，起动转矩具有以下特点：

① 起动转矩与电源电压的二次方成正比。

② 起动转矩与转子回路电阻有关，转子回路串入适当电阻可以增大起动转矩。绕线转子异步电动机可以通过在转子回路串入电阻的方法来增大起动转矩，改善起动性能。

③ 起动时绕线转子异步电动机在转子回路中所串电阻 R_{st} 适当，可以使起动时电磁转矩达到最大值。起动时获得最大电磁转矩的条件是 $s_m = 1$，即

$$r_2' + R_{st}' = \sqrt{r_1^2 + (x_1 + x_{20}')^2} \approx x_1 + x_{20}' \tag{7-12}$$

起动转矩与额定转矩之比称为起动转矩倍数，用 K_{st} 表示，即

$$K_{st} = \frac{T_{st}}{T_N} \tag{7-13}$$

起动转矩倍数也是反映电动机性能的另一个重要参数，它反映了电动机起动能力的大小。电动机起动的条件是起动转矩不小于 1.1 倍的负载转矩，即 $T_{st} \geqslant 1.1 T_L$。

（4）电磁转矩的实用表达式　前面介绍的参数表达式，对于分析电磁转矩与电动机参数间的关系，进行某些理论分析，是非常有用的。但是在电动机的产品目录中，定子及转子的内部参数是查不到的，往往只给出额定功率 P_N、额定转速 n_N 及过载倍数 λ_m 等，所以用参数表达式进行定量计算很不方便。为此，导出了一个较为实用的表达式（推导从略），即

$$\frac{T_M}{T_m} = \frac{2}{\dfrac{s}{s_m} + \dfrac{s_m}{s}} \tag{7-14}$$

利用产品目录中给出的数据估算 $T_M = f(s)$ 曲线的大体步骤如下。

1）根据额定功率 P_N 及额定转速 n_N 求出 T_N。

2）由过载倍数 λ_m 求得最大电磁转矩 T_m。

$$T_m = \lambda_m T_N$$

3）根据过载倍数 λ_m，借助于式（7-14）求取临界转差率 s_m。由

$$\frac{T_N}{T_m} = \frac{2}{\dfrac{s_N}{s_m} + \dfrac{s_m}{s_N}} = \frac{1}{\lambda_m}$$

求得 $\qquad\qquad\qquad s_m = s_N \left(\lambda_m + \sqrt{\lambda_m^2 - 1} \right)$

4）把上面求得的 T_m、s_m 代入式（7-14）就可获得机械特性方程为

$$T_M = \frac{2 T_m}{\dfrac{s}{s_m} + \dfrac{s_m}{s}}$$

只要给定一系列 s 值，便可求出相应的电磁转矩，并做出 $T_M = f(s)$ 曲线。

式（7-14）中的 T_m 及 s_m，可用下述方法求出，即

$$T_m = \lambda_m T_N = \frac{9.55 \lambda_m P_N}{n_N} \tag{7-15}$$

当电动机运行在 $T_M = f(s)$ 曲线的线性段时，因为 s 很小，所以 $\dfrac{s}{s_m} \ll \dfrac{s_m}{s}$，式（7-15）就可简化为

$$T_M = \frac{2 T_m}{s_m} \tag{7-16}$$

式（7-16）即为电磁转矩的简化实用表达式，又称直线表达式，用起来更为简单。但需注意，为了减小误差，s_m 的计算应采用以下公式，即

$$s_m = 2 \lambda_m s_N \tag{7-17}$$

以上三相异步电动机的三种电磁转矩表达式，应用场合有所不同。一般物理表达式适用

于定性分析 T 与 φ_1 及 $I_2'\cos\varphi_2$ 之间的关系；参数表达式适用于定性分析电动机参数变化对其运行性能的影响；实用表达式适用于工程计算。

4. 三相异步电动机的人为机械特性

由电磁转矩的参数表达式可知：人为地改变三相异步电动机的任何一个或多个参数（U_1、f_1、p、r_1、x_1、r_2、x_2），都可以得到不同的机械特性。这些机械特性统称为人为机械特性。下面介绍改变某些参数时的人为机械特性。

（1）降低定子电压时的人为机械特性　由前面介绍可知，电动机的电磁转矩（包括最大转矩 T_m 和起动转矩 T_{st}）与 U_1^2 成正比。当定子电压 U_1 降低时，最大转矩 T_m 和起动转矩 T_{st} 成二次方地降低，但产生最大转矩的临界转差率 s_m 因与电压无关，保持不变；由于电动机的同步转速 n_1 也与电压无关，因此同步点也不变。可见降低定子电压的人为机械特性是一组通过理想空载运行点的曲线族。图 7-8 为 $U_1 = U_N$ 时的固有机械特性曲线和 $U_1 = 0.8U_N$ 及 $U_1 = 0.5U_N$ 时的人为机械特性曲线。

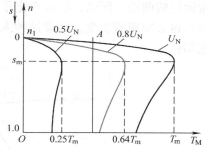

图 7-8　三相异步电动机降低定子电压时的人为机械特性

由图 7-8 可见：当电动机在某一负载下运行时，若降低电压，则电动机转速降低，转差率增大，转子电流将因此而增大，从而引起定子电流的增大。若电动机电流超过额定值，则电动机最终温升将超过允许值，导致电动机寿命缩短，甚至使电动机烧坏。如果电压降低过多，致使最大转矩 T_m 小于总的负载转矩，则会发生电动机停转事故。

（2）绕线转子三相异步电动机转子电路串联电阻时的人为机械特性　对于绕线转子三相异步电动机，如果其他条件都与固有机械特性时的一样，仅在转子电路串联三相对称电阻时得到的人为机械特性，由前面介绍可知：

1）因为 $n_1 = 60f_1/p$，所以转子串联电阻后，同步转速 n_1 不变。

2）转子串联电阻后的最大转矩 T_m 不变，但临界转差率 s_m 随转子回路附加电阻 R_S 的增大而增大（或临界转速 n_m 随 R_S 的增大而减小）。

转子电路串联不同电阻 R_S 时的人为机械特性的变化规律如图 7-9 所示。

由图 7-9 可知，绕线转子三相异步电动机的转子电路串联对称电阻，可以改变转速而应用于调速，也可以改变起动转矩，从而应用于改善三相异步电动机的起动性能，还可以提高功率因数。

（3）定子三相电路串联电阻或电抗时的人为机械特性　对于笼型三相异步电动机，如果其他条件都与固有机械特性时的一样，仅在定子电路串联三相对称电阻或电抗时得到的人为机械特性，由前面介绍可知：

1）因为 $n_1 = 60f_1/p$，所以定子电路串联电阻或电抗后，同步转速 n_1 不变。

2）串联电阻 R_S 或电抗 x_S 后的最大转矩 T_m

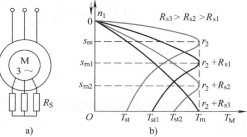

图 7-9　绕线转子三相异步电动机转子电路串联对称电阻

a）电路图　b）机械特性曲线

及临界转差率 s_m 都随 x_S 的增大而减小。

3）串联电阻或电抗后的起动转矩 T_{st} 随 x_S 的增大而减小。

定子三相电路串联不同电阻时的人为机械特性的变化规律如图 7-10 所示。

（4）改变定子磁极对数 p 时的人为机械特性（见图 7-11）

改变定子磁极对数 p 的人为机械特性是通过改变定子的接线方式实现的。定子磁极对数必须与转子磁极对数相等是异步电动机正常运行的前提，所以，在改变定子磁极对数 p 的同时，转子磁极对数也必须跟着改变，因此这种人为机械特性只适合于笼型异步电动机。

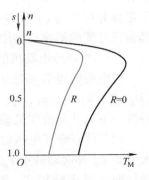

图 7-10 定子三相电路串联不同电阻时的人为机械特性

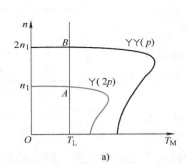

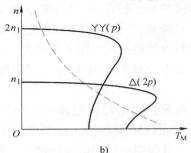

图 7-11 变极的人为机械特性

a）Y/YY的人为机械特性　b）△/YY的人为机械特性

（5）改变电源频率 f_1 时的人为机械特性　基频以下变频调速的人为机械特性如图 7-12 所示，基频以上变频调速的人为机械特性如图 7-13 所示。

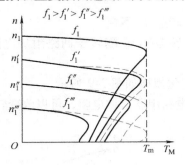

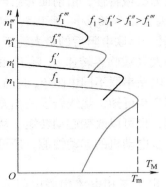

图 7-12 基频以下变频调速的人为机械特性　图 7-13 基频以上变频调速的人为机械特性

改变极对数 p 以及改变电源频率 f_1 时的人为机械特性，将在后面结合调速原理进行详细介绍。

5. 电力拖动系统稳定运行的条件

前面分别分析了负载的机械特性、电动机的转矩转差率特性及电动机的机械特性。当将电动机与负载机械构成电力拖动系统时就有一个两者特性相配合的问题，只有配合得当，才能正常运行。为分析方便起见，将一台异步电动机的转矩－转差率特性 $T_M = f(s)$ 与一恒转矩负载特性 $n = f(T_L)$ 画于同一坐标图中，如图7-14a所示；为便于比较，同时将异步电动机的固有机械特性 $n = f(T_M)$ 与一恒转矩负载特性 $n = f(T_L)$ 画于同一坐标图中，如图7-14b所示。据旋转运动方程式 $T_M - T_L = \dfrac{GD^2}{375}\dfrac{dn}{dt}$ 可知，此电力拖动系统稳定运行的必要条件是 $T_M = T_L$，即必须工作在两条特性的交点，如图7-14中的 A、B 点，但是否满足稳定运行的充分条件，还要看电力拖动系统在受到某种干扰（如电源电压波动、加负载、起动、制动、调速等）时能不能移到新的工作点稳定运行，当干扰消失时能否回到原来的工作点稳定运行。如果可以，此系统是稳定的，反之则是不稳定的。

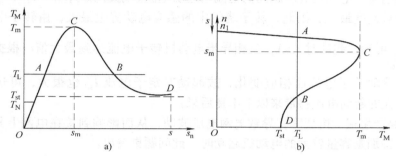

图7-14　电力拖动系统的特性曲线
a) 转矩－转差率特性曲线　b) 固有机械特性曲线

通过分析，得出的结论是：A 点是稳定的，B 点不稳定。电力拖动系统工作在图7-13a的 A 点时，是异步电动机转矩－转差率特性 $T_M = f(s)$ 的上升分支，随着转差率 s 的增大，电磁转矩 T_M 上升；而 B 点在转矩－转差率特性 $T_M = f(s)$ 的下降分支，随着转差率 s 的增大，电磁转矩 T_M 反而下降。将此结论用数学表达式可表示为

$$\begin{cases} \text{在 } T_M = T_L \text{ 处} \dfrac{dT_M}{ds} > 0 & \text{（图7-14a的 } A \text{ 点）} \\[3mm] \text{在 } T_M = T_L \text{ 处} \dfrac{dT_M}{dn} < \dfrac{dT_L}{dn} & \text{（图7-14b的 } A \text{ 点）} \end{cases}$$

如满足上述条件，系统是稳定的，否则就不稳定。

7.2.2　异步电动机的起动控制

电动机从静止状态一直加速到稳定转速的过程，称为起动过程。电动机带动生产机械的起动过程中，不同的生产机械有不同的起动情况。有些生产机械在起动时负载转矩很小，但负载转矩近似地与转速二次方成正比地增加，如鼓风机负载；有些生产机械在起动时的负载转矩与正常运行时的一样大，如电梯、起重机和带传动运输机等；有些生产机械在起动过程中接近空载，待转速上升至接近稳定转速时，才加负载，如机床、破碎机等；此外，还有频繁起动的机械设备等。以上这些因素都将对电动机的起动性能提出不同的要求，故总体来说，对三相异步电动机起动的要求如下：

1）起动转矩要大，以便加快起动过程，保证其能在一定负载下起动。

2）起动电流要小，以避免起动电流在电网上引起较大的电压降落，影响到接在同一电

网上其他电气设备的正常工作。

3）起动时所需的控制设备应尽量简单，力求操作和维护方便。

4）起动过程中的能量损耗尽量小。

1. 笼型三相异步电动机的直接起动控制

直接起动是指在额定电压下，将电动机三相定子绕组直接接到额定电压的电网上来起动，因此又称全压起动。这是一种最简单的起动方式，其优点是简单易行，但缺点是起动电流很大，起动转矩 T_{st} 不大。一般笼型三相异步电动机的直接起动电流为（4~7）I_N，直接起动转矩为（1.0~1.2）T_N。

（1）起动电流　电动机起动瞬间的电流叫起动电流。刚起动时，$n = 0$，$s = 1$，气隙旋转磁场与转子相对速度最大，因此，转子绕组中的感应电动势也最大，由转子电流公式 $I_2 = \dfrac{E_{20}}{\sqrt{(r_2/s)^2 + x_{20}^2}}$ 可知，起动时 $s = 1$，三相异步电动机转子电流达到最大值。根据磁动势平衡关系，定子电流随转子电流而相应变化，故起动时定子电流 I_{st1} 也很大，可达额定电流的 4~7 倍。这么大的起动电流将带来以下不良后果：

1）使线路产生很大电压降，导致电网电压波动，从而影响到接在电网上其他用电设备的正常工作。特别是容量较大的电动机起动时，此问题更突出。

2）电压降低，电动机转速下降，严重时使电动机停转，甚至可能烧坏电动机。另一方面，电动机绕组电流增加，铜损过大，使电动机发热、绝缘老化，特别是对需要频繁起动的电动机影响较大。

3）电动机绕组端部会受电磁力冲击，甚至发生形变。

（2）起动转矩　三相异步电动机直接起动时，起动电流很大，但起动转矩却不大。因为起动时，$s = 1$，$f_2 = f_1$，转子漏抗 x_{20} 很大，$x_{20} \gg r_2$，转子功率因数角 $\varphi_2 = \arctan(x_{20}/r_2)$ 接近 $90°$，功率因数 $\cos\varphi_2$ 很低；同时，起动电流大，定子绕组漏阻抗压降大，由定子电动势平衡方程 $\dot{U}_1 = -\dot{E}_1 + \dot{I}_1 Z_1$ 可知，定子绕组感应电动势 E_1 减小，使电动机主磁通有所减小。由于这两方面因素，根据电磁转矩公式 $T = C_T \Phi_0 I_2' \cos\varphi_2$ 可知尽管 I_2 很大，但三相异步电动机的起动转矩并不大。

通过以上分析可知，三相异步电动机直接起动的主要问题是起动电流大，而起动转矩却不大。为了限制起动电流，并得到适当的起动转矩。根据电网的容量、负载的性质、电动机起动的频繁程度，对不同容量、不同类型的电动机应采用不同的起动方法。从三相异步电动机起动时的等效电路可推出起动电流 I_{st1} 为

$$I_{st1} \approx I_{st2}' = \frac{U_1}{\sqrt{(r_1 + r_2')^2 + (x_1 + x_{20}')^2}} \tag{7-18}$$

由式（7-18）可知，减小起动电流有如下两种方法：

1）降低三相异步电动机的电源电压 U_1。

2）增加三相异步电动机的定子阻抗及转子阻抗。对笼型和绕线转子三相异步电动机，可采用不同的方法来改善起动性能。

结论：直接起动时三相异步电动机的起动性能是不理想的。过大的起动电流对电网电压的波动及电动机本身均会带来不利的影响，因此，直接起动一般只在小容量电动机中使用。一

般功率在 7.5kW 以下或用户由专用变压器供电时，或电动机的容量小于变压器容量的 20% 时可采用直接起动。若电动机的起动电流倍数 K_i、容量与电网容量满足下列经验公式，即

$$K_i = \frac{I_{st}}{I_N} \leqslant \frac{3}{4} + \frac{P_S}{4 \times P_N} \tag{7-19}$$

才可以直接起动。如果不能满足式（7-19）的要求，则必须采用减压起动方法，通过降压把起动电流限制到允许的范围内。

2. 笼型三相异步电动机的减压起动控制

由于笼型三相异步电动机转子绕组不能串联电阻，故只能采用减压起动。减压起动是通过降低直接加在电动机定子绕组的端电压来减小起动电流的。由于起动转矩 T_{st} 与定子端电压 U_1 的二次方成正比，因此减压起动时，起动转矩将大大减小。所以，减压起动只适用于对起动转矩要求不高的设备，如离心泵、通风机械等。

常用的减压起动方法有以下几种。

（1）定子三相电路串联电阻或电抗器减压起动控制　定子电路串联电阻或电抗器减压起动是利用电阻或电抗器的分压作用降低加到电动机定子绕组的实际电压，其原理接线图如图 7-15 所示。

在图 7-15 中，X 为电抗器。起动时，首先合上开关 S_1，然后把转换开关 S_2 合在起动位置，此时起动电抗器便接入定子回路中，电动机开始起动。待电动机接近额定转速时，再迅速地把转换开关 S_2 转换到运行位置，此时电网电压全部施加于定子绕组上，起动过程完毕。有时为了减小能量损耗，电抗器也可以用电阻器代替。

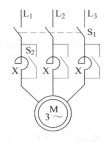

图 7-15　用电抗器减压
起动原理接线图

采用定子串联电抗器减压起动时，虽然降低了起动电流，但也使起动转矩大大减小。当电动机的起动电压减少到 $1/K$ 时，由电网所供给的起动电流也减小到 $1/K$。由于起动转矩正比于电压的二次方，故起动转矩也减少到 $1/K^2$。此法通常用于高压电动机。

定子串联电阻或电抗器减压起动的优点是：起动较平稳、运行可靠、设备简单。缺点是：定子串联电阻起动时电能损耗较大；起动转矩随电压成二次方降低，只适合轻载或空载起动。

（2）星形 – 三角形（Y – △）转换减压起动控制　星形 – 三角形转换减压起动只适用于定子绕组在正常工作时是三角形联结的电动机，其起动接线原理如图 7-16a 所示。

起动时，首先合上开关 S_1 然后将开关 S_2 合在起动位置，此时定子绕组为星形联结，定子每相的电压为 $U_1/\sqrt{3}$，其中 U_1 为电网的额定线电压。待电动机接近额定转速时，再迅速地把转换开关 S_2 换接到运行位置，这时定子绕组改为三角形联结，定子每相承受的电压便为 U_1，于是起动过程结束。另外，也可利用接触器、时间继电器等电器元件组成自动控制系统，实现电动机的星形 – 三角形联结转换减压起动过程的自动控制。

设电动机额定电压为 U_N，每相漏阻抗为 Z，由图 7-16b 所示可得星形联结时的起动电流为

$$I_{stY} = \frac{U_N/\sqrt{3}}{Z}$$

由图 7-16c 所示可得三角形联结时的起动电流（线电流），即直接起动电流为

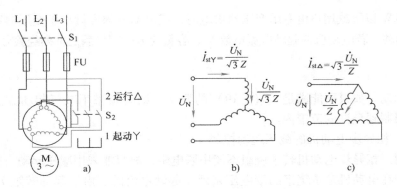

图 7-16　星形—三角形转换减压起动

a）起动接线原理图　b）星形联结起动　c）三角形联结起动

$$I_{\text{st}\triangle} = \sqrt{3}I_{相} = \sqrt{3}\frac{U_N}{Z}$$

于是得到起动电流减小的倍数为

$$\frac{I_{\text{stY}}}{I_{\text{st}\triangle}} = \frac{1}{3}$$

即

$$I_{\text{stY}} = \frac{1}{3}I_{\text{st}\triangle} \qquad (7\text{-}20)$$

根据 $T_{\text{st}} \propto U_1^2$，可得起动转矩的倍数为

$$\frac{T_{\text{stY}}}{T_{\text{st}\triangle}} = \left(\frac{U_N/\sqrt{3}}{U_N}\right) = \frac{1}{3}$$

即

$$T_{\text{stY}} = \frac{1}{3}T_{\text{st}\triangle} \qquad (7\text{-}21)$$

可见，星形－三角形联结转换减压起动时，起动电流和起动转矩都降为直接起动时的1/3。

星形－三角形联结转换减压起动的优点是：设备简单、成本低、运行可靠、体积小、重量轻，且检修方便，可谓物美价廉，所以 Y 系列功率等级在 4kW 以上的小型笼型三相异步电动机都设计成三角形联结，以便采用星形－三角形联结转换减压起动。星形－三角形联结转换减压起动的缺点是：只适用于正常运行时定子绕组为三角形联结的电动机，并且只有一种固定的降压比；起动转矩随电压的二次方降低，只适合轻载或空载起动。

（3）自耦变压器减压起动控制　这种起动方法是利用自耦变压器减低加到电动机定子绕组上的电压以减小起动电流，图 7-17 为自耦变压器减压起动的原理接线图。

起动时开关投向起动位置，这时自耦变压器的一次绕组加全电压，降压后的二次电压加在定子绕组上，电动机减压起动。当电动机转速接近额定值时，把开关迅速投向运行位置，自耦变压器被切除，电动机全压运行，起动过程结束。

设自耦变压器的电压比为 K，经过自耦变压器降压后，加在电动机定子绕组上的电压便为 U_1/K。此时电动机的最初起动电流 I_1'，便与电压成比例地减小，为额定电压下直接起动时电流 I_{st} 的 $1/K$，即 $I_{\text{st}}' = I_{\text{st}}/K$。

由于电动机接在自耦变压器的低压侧，自耦变压器的高压侧接在电网，故电网所供给的

直接起动电流 I''_{st} 为

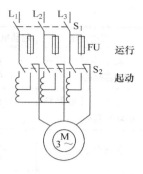

$$I''_{st} = \frac{1}{K}I'_{st} = \frac{1}{K^2}I_{st} \qquad (7\text{-}22)$$

直接起动转矩 T_{st} 与自耦变压器降压后的起动转矩 T'_{st} 的关系为

$$\frac{T'_{st}}{T_{st}} = \left(\frac{U'_1}{U_N}\right)^2 = \frac{1}{K^2} \qquad (7\text{-}23)$$

由式（7-22）、式（7-23）可知电网提供的起动电流减小倍数和起动转矩减小倍数均为 $1/K^2$。

图 7-17　自耦变压器减压起动的接线原理图

自耦变压器减压起动的优点是：在限制起动电流的同时，用自耦变压器减压起动将比用其他减压起动方法获得的降压比更多，可以更灵活地选择合适的降压比；起动用自耦变压器的二次绕组一般有三个抽头（二次电压分别为 80%、60%、40% 的电源电压），用户可根据电网允许的起动电流和机械负载所需的起动转矩进行合理选配。

自耦变压器减压起动的缺点是：自耦变压器体积和重量大、价格高、维护检修不方便；起动转矩随电压成二次方降低，只适合轻载或空载起动。

自耦变压器减压起动适用于容量较大的低压电动机作减压起动时使用，可以手动，也可以自动控制，应用很广泛。

（4）延边三角形减压起动控制　延边三角形减压起动是在起动时，把定子绕组的一部分接成三角形联结，剩下的一部分接成星形联结，如图 7-18a 所示。从图形上看就是一个三角形三条边的延长，因此称为延边三角形起动。当起动完毕，再把绕组改接为原来的三角形联结，如图 7-18b 所示。延边三角形联结实际上就是把星形联结和三角形联结结合在一起，因此，它每相绕组所承受的电压小于三角形联结时的线电压，大于星形联结时的 $1/\sqrt{3}$ 线电压，介于二者之间，而究竟是多少，则取决于相绕组中星形部分的匝数与三角形部分的匝数之比。当抽头在每相绕组中心时，起动电流 $I'_{st} = 0.5I_{st}$，起动转矩 $T'_{st} = 0.45T_{st}$，改变抽头的位置，抽头越靠近尾端，起动电流与起动转矩降低得越多。该起动法的缺点是定子绕组接线比较复杂。

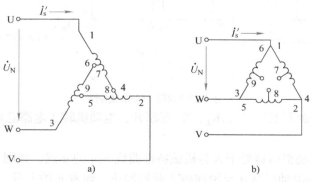

图 7-18　延边三角形减压起动原理图
a）起动时的接法　b）运行时的接法

四种减压起动方法的比较见表 7-1。

表7-1　四种减压起动方法的比较

起动方法	起动电压比值	起动电流比值	起动转矩比值	起动设备	应用场合
定子串联电阻或电抗器起动	$\dfrac{1}{K}$	$\dfrac{1}{K}$	$\dfrac{1}{K^2}$	一般	任意功率，轻载起动
星形—三角形联结转换起动	$\dfrac{1}{\sqrt{3}}$	$\dfrac{1}{3}$	$\dfrac{1}{3}$	简单	正常运行为三角形联结，可频繁起动
自耦变压器起动	$\dfrac{1}{K}$	$\dfrac{1}{K^2}$	$\dfrac{1}{K^2}$	较复杂	较大功率电动机，较大负载，不能频繁起动
延边三角形起动	0.66	0.5	0.45	简单	专门设计的电动机，较大负载，可频繁起动

3. 绕线转子异步电动机的起动控制

（1）转子回路串联三相对称电阻起动控制　绕线转子异步电动机在转子回路串联适当的电阻，既能限制起动电流，又能增大起动转矩，还可以提高功率因数，克服了笼型异步电动机起动电流大、起动转矩不大的缺点，适用于大、中型异步电动机重载起动。

为了在整个起动过程中得到较大的加速转矩，并使起动过程比较平滑，应在转子回路中串联多级对称电阻。起动时，随着转速的升高，逐段切除起动电阻，这与直流电动机电枢串联电阻起动类似，称为电阻分级起动。图7-19为三相绕线转子异步电动机转子串联对称电阻分级起动的接线原理图和对应三级起动时的机械特性。

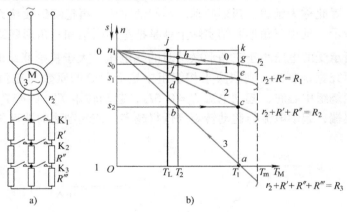

图7-19　转子串联对称电阻分级起动
a）接线原理图　b）机械特性

起动时，三个接触器触头 K_1、K_2、K_3 都断开，电动机转子电路总电阻为 $R_3 = r_2 + R' + R'' + R'''$。

与此相对应，电动机转速处于人为机械特性曲线 $n_1 a$ 的 a 点，如图7-19b所示。起动瞬间，转速 $n = 0$，于是电动机从 a 点沿曲线3开始加速。随着 n 的上升，电磁转矩逐渐减小。当减小到 T_2 时（对应于 b 点），触头 K_3 闭合，切除 R'''，切换电阻时的转矩值 T_2 称为切换转矩。切换后，转子每相电阻变为 $R_2 = r_2 + R' + R''$，对应的机械特性变为曲线2。

切换瞬间，转速 n 不突变，电动机的运行点由 b 点跃变到 c 点，电磁转矩由 T_2 跃升为

T_1。此后，工作点 c（n，T_M）沿曲线 2 变化，待电磁转矩又减小到 T_2 时（对应 d 点），触头 K_2 闭合，切除 R''。此后转子每相电阻变为 $R_1 = r_2 + R'$，电动机运行点由 d 点跃变到 e 点，工作点 e（n，T_M）沿曲线 1 变化，最后在 f 点，触头 K_1 闭合，切除 R'，转子绕组直接短路，电动机运行点由 f 点变到 g 点后，沿固有特性加速到负载点 h，此时电磁转矩与负载转矩平衡而稳定运行，起动结束。起动过程中一般取最大加速转矩 $T_1 = （0.6 \sim 0.85）T_{max}$，而最小切换转矩为 $T_2 = （1.1 \sim 1.2）T_N$。

（2）转子串联频敏变阻器起动控制　绕线转子异步电动机采用转子串联电阻起动时，若想在起动过程中保持有较大的起动转矩且起动平稳，则必须采用较多的起动级数，这必然导致起动设备复杂化。而且在每切除一段电阻的瞬间，起动电流和起动转矩会突然增大，造成电气和机械冲击。为了克服这个缺点，可采用转子电路串联频敏变阻器起动。

频敏变阻器是一个铁损很大的三相电抗器，从结构上看，相当于一个没有二次绕组的三相心式变压器，铁心由较厚的钢板叠成，其等效电阻为代表铁心损耗的 r_m，随着通过其中的电流频率 f_m 的变化而自动变化，因此称为频敏变阻器，它相当于一种无触头的变阻器。绕线转子异步电动机转子串联频敏变阻器的起动如图 7-20 所示。

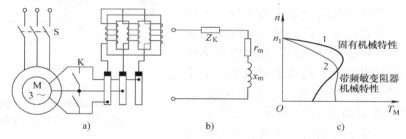

图 7-20　绕线转子异步电动机转子串联频敏变阻器的起动
a）接线图　b）等效电路　c）机械特性

在起动过程中，频敏变阻器能自动、无级而平滑地减小电阻。如果参数选择适当，可以在起动过程中保持转矩近似不变，使起动过程平稳、快速。转子串联频敏变阻器起动时，电动机的机械特性如图 7-20c 中的曲线 2 所示，曲线 1 是电动机的固有机械特性。

转子串联频敏变阻器起动的优点：不但能够减小起动电流、增大起动转矩，而且能够使等效起动电阻随转速升高而自动连续减小。所以其起动的平滑性优于转子串联电阻起动。此外，频敏变阻器还具有结构简单、价格便宜、运行可靠、维护方便等优点。目前转子串联频敏变阻器起动已被大量地推广与应用。

4. 深槽型和双笼型异步电动机起动控制

深槽型和双笼型异步电动机具有起动过程自动改变转子电阻的性能，它们兼有笼型电动机结构简单和绕线转子电动机转子串联电阻起动的一些优点，在需要较大起动转矩的大功率电动机中得到了广泛使用。

（1）深槽型异步电动机　这种电动机与普通笼型电动机的主要区别在于转子导条的截面形状，图 7-21 是深槽型异步电动机的转子结构。

转子导条的截面窄而深（一般槽深与槽宽之比为 1∶10 ～ 1∶12），如果在导条中流过电流，深槽型电动机转子槽漏磁通的分布如图 7-22a 所示。图中表明，如果把整个转子导条看作由上、下部的若干导体并联而成，导条下部导体所交链的漏磁通远比上部导体的要多，则下部导体漏抗大，上部导体漏抗小。起动时，由于转子电流频率高（$f_2 = f_1$），转子导条的漏抗比电阻大得多，这时转子导条中电流的分配主要决定于漏抗。因此，导条的下部漏抗大，电流小；上部导体漏抗小，电流大。这样在相同的电动势作用下，转子导条中电流密度的分布如图7-22b所示，这种现象称为趋肤效应，其效果相当于减小了导条的高度和截面（见图7-22c），使 r_2 增大，增大了起动转矩，改善了起动性能。

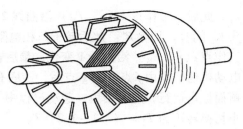

图7-21 深槽型异步
电动机的转子结构

与普通笼型异步电动机相比，深槽型异步电动机具有较大的起动转矩和较小的起动电流。

（2）双笼型异步电动机 双笼型异步电动机与深槽型异步电动机的差别在于把转子矩形导条分成了上、下两部分，图7-23是双笼型异步电动机的转子结构。转子导条的上部称为上笼，下部称为下笼，上、下笼的导条都由端环短接构成双笼型绕组。双笼型异步电动机的上笼用电阻率较大的黄铜或青铜材料制成，且截面积较小；下笼用电阻率较小的纯铜材料制成，且截面积较大。转子导条截面及槽型如图7-24所示。从图7-24中可见，上、下笼导条之间有一窄缝，其作用是

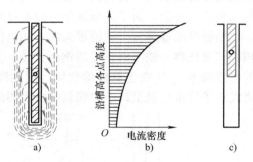

图7-22 深槽型转子导条中
漏磁通及电流密度分布
a）漏磁通的分布 b）电流密度分布 c）导条的有效截面

使主磁通与下笼磁通相互交链以及改变槽漏磁通分布，使下笼漏抗较大，上笼漏抗较小。

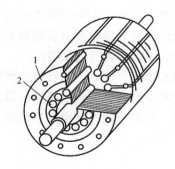

图7-23 双笼型异步电动机的转子结构
1—上笼 2—下笼

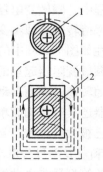

图7-24 转子双笼转子导条截面及槽型
1—上笼 2—下笼

双笼型与深槽型异步电动机起动原理相似。起动时，由于趋肤效应，转子电流的分配主要决定于导条的漏抗，此时转子电流流过电阻率较大、截面较小的上笼，使导条的电阻增大，从而增大起动转矩，减小起动电流，改善了起动性能。正常运行时，转子电流的分配主要决定于导条的电阻，此时转子电流流过电阻率较小、截面较大的下笼，使导条的电阻减小，电动机仍具有良好的运行性能。

双笼型异步电动机起动时，上笼起主要作用，又称为起动笼；正常运行时下笼起主要作用，又称为运行笼。实际上，上、下笼都同时流过电流，电磁转矩由两者共同产生。因此，可以把双笼型异步电动机的 $T=f(s)$ 曲线看作是转子电阻大和小的两台普通笼型异步电动机的 $T=f(s)$ 曲线的叠加。这种叠加关系如图 7-25 所示。图中，曲线 1 为上笼的 $T=f(s)$ 曲线，由于上笼转子电阻大，T_{max} 对应的 s 值也大；曲线 2 为下笼的 $T=f(s)$ 曲线，下笼转子电阻小，曲线形状与普通笼型异步电动机相同；曲线 3 是曲线 1 和曲线 2 的叠加，是双笼型异步电动机的综合 $T=f(s)$ 曲线。可见，双笼型异步电动机起动转矩较大，一般可重负载起动。

深槽型和双笼型异步电动机也有一些缺点。由于导条截面的改变，使它们的槽漏磁通增多，转子漏抗比普通笼型异步电动机大。这将使电动机的功率因数、过载能力比普通笼型异步电动机稍差。

5. 单相异步电动机的起动控制

为了使单相异步电动机能够产生起动转矩，通常的解决办法是在其定子铁心内放置两个在空间互差 90°的绕组（工作绕组和起动绕组），并且使这两个绕组中流过的电流相位不同（即分相），这样就可以在电动机气隙内产生一个旋转磁场，单相异步电动机就可以起动运行了。工程实践中，单相异步电动机常采用分相式和罩极式两种起动方法。

（1）分相起动电动机　分相起动电动机包括电容起动电动机、电容运转电动机、电容起动运转电动机和电阻起动电动机。

1）电容起动电动机。该电动机的定子上有两个绕组：一个称为主绕组（或称为工作绕组），用 1 表示；另一个称为辅助绕组（或称为起动绕组），用 2 表示。两绕组在空间相差 90°，在起动绕组回路中串联起动电容器 C 作电流分相用，并通过离心开关 S（或继电器触头）与工作绕组并联在同一单相电源上，电路图如图 7-26a 所示。因工作绕组呈电感性，$\dot{I}_1$ 滞后于 $\dot{U}$，若适当选择电容值 C，使流过起动绕组的电流 $\dot{I}_{st}$ 超前 $\dot{I}_1$ 90°，相量图如图 7-26b 所示。这就相当于在时间相位上互差 90°的两相电流流入在空间相差 90°的两相绕组中，便在气隙中产生旋转磁场，并在该磁场作用下产生电磁转矩使电动机转动。

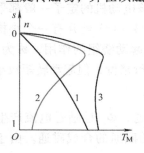

图 7-25　双笼型异步电动
机转子机械特性曲线

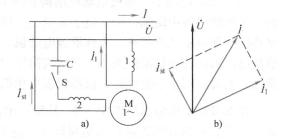

图 7-26　电容起动电动机
a）电路图　b）相量图

这种电动机的起动绕组是按短时工作设计的，所以当电动机转速达同步转速的 70% ~ 85%时，起动绕组和起动电容器 C 就在离心开关 S 的作用下自动退出工作，这时电动机就在工作绕组的单独作用下运行。

欲改变电容起动电动机的转向，只需将工作绕组或起动绕组的两个出线端对调，也就是改变起动时旋转磁场的旋转方向即可。

此类电动机起动电流及起动转矩均大，但价格稍贵，主要应用于电冰箱、洗衣机、压缩机、小型水泵等。

2）电容运转电动机。在起动绕组中串联电容器后，不仅能产生较大的起动转矩，而且运行时还能改善电动机的功率因数和提高过载能力；为了改善单相异步电动机的运行性能，电动机起动后，可不切除串有电容器的起动绕组。这种电动机称为电容运转电动机，如图 7-27 所示。

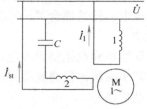

图 7-27 电容运转电动机

电容运转电动机实质上是一台两相异步电动机，因此起动绕组应按长期工作方式设计。

此类电动机无起动装置，价格低、功率因数高，主要应用于电扇、排气扇、洗衣机、复印机等。

3）电容起动运转电动机。电容运转电动机虽然能改善单相异步电动机的运行性能，但电动机工作时比起动时所需的电容量小。为了进一步提高电动机的功率因数、效率、过载能力，常采用如图 7-28 所示的电容起动运转电动机接线方式，在电动机起动结束后，必须利用离心开关把起动电容切除，而工作电容仍串联在起动绕组中。

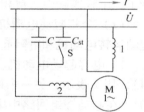

图 7-28 电容起动运转电动机

此类电动机的起动电流及起动转矩均较大，功率因数高，但价格较贵，主要应用于电冰箱、洗衣机、水泵、小型机床等。

4）电阻起动电动机。电阻起动电动机的起动绕组的电流用串联电阻器的方法来分相，但由于此时 $\dot{I}_1$ 与 $\dot{I}_{st}$ 间的相位差较小，因此其起动转矩较小，只适用于空载或轻载起动的场合。

此类电动机起动电流大，但起动转矩不大，价格稍低，主要应用于搅拌机、小型鼓风机、研磨机等。

（2）罩极电动机　罩极电动机结构如图 7-29 所示。该电动机的定子一般都采用凸极式的，工作绕组集中绕制，套在定子磁极上。极靴表面的 1/4～1/3 处开有一个小槽，并用短路环把这部分磁极罩起来，故称罩极电动机。短路环起到起动绕组的作用，称为起动绕组。罩极电动机的转子仍做成笼型。它结构简单、工作可靠、价格低，但起动转矩较小、功率因数低，主要应用于小型风扇、仪器仪表电动机、电唱机等。

在罩极电动机的原理图中，$\dot{\Phi}_1$ 是励磁电流产生的磁通，$\dot{\Phi}_2$ 是励磁电流产生的一部分磁通（穿过短路环的磁通）和短路环中感应电流所产生的磁通的合成磁通。由于短路环中的感应电流阻碍穿过短路环的磁通的变化，使 $\dot{\Phi}_1$ 和 $\dot{\Phi}_2$ 之间产生相位差，$\dot{\Phi}_2$ 滞后于 $\dot{\Phi}_1$。当 $\dot{\Phi}_1$ 达到最大时，$\dot{\Phi}_2$ 尚小；而 $\dot{\Phi}_1$ 减小时，$\dot{\Phi}_2$ 才增大到最大，这相当于在电动机内形成一个向被罩部分移动的磁场，它使笼型转子产生起动转矩而起动。

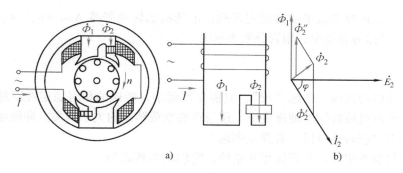

图 7-29　罩极电动机

a）电路图　b）相量图

7.2.3　异步电动机的调速控制

1. 三相异步电动机调速方法概述

根据三相异步电动机的转速公式

$$n = n_1(1-s) = \frac{60f_1}{p}(1-s)$$

可以看出，要改变电动机的转速，可以通过以下方法来实现：

1）改变定子绕组的极对数 p，即通过改变定子绕组的接线方式来改变定子磁极对数 p，从而改变同步转速 n_1 进行调速，即变极调速。

2）改变电源的频率 f_1，即通过改变电源频率 f_1 来改变同步转速 n_1，以进行调速，即变频调速。

3）保持同步转速 n_1 不变，改变转差率 s 进行调速。改变转差率的具体方法主要有：

① 改变定子端电压 U_1，即变压调速。

② 改变转子回路中串联的附加电阻，即串变阻器调速。

③ 改变转子回路中串联的附加电动势，即串级调速。

除上述三种调速方法外，还有一种调速方法，即电磁调速。它是唯一一种没有改变电动机本体的转速，而是通过改变电动机与机械负载之间所接的离合器的转速来达到改变机械负载的转速的方法。

2. 调速的性能指标

评价直流电动机调速性能好坏的指标有以下四个。

（1）调速范围　调速范围是指电动机在额定负载下可能运行的最高转速 n_{max} 与最低转速 n_{min} 之比，通常用 D 表示，即

$$D = \frac{n_{max}}{n_{min}} \tag{7-24}$$

不同的生产机械对电动机的调速范围有不同的要求。要扩大调速范围，必须尽可能地提高电动机的最高转速和降低电动机的最低转速。电动机的最高转速受到电动机的机械强度、换向条件、电压等级等方面的限制，而最低转速则受到低转速运行的相对稳定性的限制。

（2）静差率（相对稳定性）　转速的相对稳定性是指负载变化时转速变化的程度。转速变化越小，其相对稳定性越高。转速的相对稳定性用静差率 δ 表示。当电动机在某一机械

特性上运行时，由理想空载增加到额定负载，电动机的转速降落 $\Delta n_N = n_0 - n_N$ 与理想空载转速 n_0 之比，就称为静差率，用百分数表示为

$$\delta = \frac{n_0 - n_N}{n_0} \times 100\% = \frac{\Delta n_N}{n_0} \times 100\% \tag{7-25}$$

显然，电动机的机械特性越"硬"，其静差率越小，转速的相对稳定性就越高，但静差率的大小不仅仅由机械特性的硬度决定，还与理想空载转速的大小有关，即硬度相同的两条机械特性，理想空载转速越低，其静差率越大。

调速范围与静差率这两个指标相互制约，它们的关系式为

$$D = \frac{n_{max}\delta}{\Delta n(1 - \delta)} \tag{7-26}$$

式中　Δn——最低转速机械特性上的转速降落；

　　　δ——最低转速时的静差率，即系统的最大静差率。

由式（7-26）可知，若对静差率要求过高，即 δ 要求小，则调速范围 D 就越小；反之，若要求调速范围 D 越大，则静差率 δ 也越大，转速的相对稳定性越差。

不同的生产机械，对静差率的要求不同，普通车床要求 $\delta \leqslant 30\%$，而高精度的造纸机则要求 $\delta \leqslant 0.1\%$。在保证一定静差率的前提下，要扩大调速范围，就必须减小转速降落 Δn_N，即必须要提高机械特性的硬度。

（3）调速的平滑性　在一定的调速范围内，调速的级数越多，就认为调速越平滑，相邻两级转速之比称为平滑系数，用 φ 表示，即

$$\varphi = \frac{n_i}{n_{i-1}} \quad (i = 1, 2, 3\cdots) \tag{7-27}$$

φ 越接近于1，则平滑性越好，当 $\varphi = 1$ 时，称为无级调速，即转速可以连续调节。调速不连续时，级数有限，称为有级调速。

（4）调速的经济性　调速的经济性主要指调速设备投资、运行效率及维修费用等。

3. 异步电动机调速控制

（1）变压调速控制　当改变施加于定子绕组上的端电压进行调速时，如负载转矩不变，电动机的转速将发生变化，如图7-30所示，A 点为固有机械特性上的运行点，B 点为降低电压后的运行点，分别对应的转速为 n_A 与 n_B，可见，$n_B < n_A$。降压调速方法比较简单，但是，对于一般的笼型异步电动机，降压调速范围很窄，没有多大实用价值。

若电动机拖动泵类负载（如通风机），降压调速有较好的调速效果，如图7-30a所示，C、D、E 三个运行点转速相差很大。但是，应注意电动机在低速运行时存在的过电流及功率因数低的问题。

若要求电动机拖动恒转矩负载并且有较宽的调速范围，则应选用转子电阻较大的高转差率笼型异步电动机，其降低定子电压时的人为机械特性如图7-30b所示。此时，电动机的机械特性很软，其转差率常不能满足生产机械的要求，而且低压时的过载能力较低，一旦负载转矩或电源电压稍有波动，都会引起电动机转速的较大变化甚至停转，如图7-30b中的 C 点所示。

（2）绕线转子异步电动机转子回路串变阻器调速控制　在绕线转子异步电动机的转子回路中串联电阻后，电动机的机械特性会发生变化，最大转矩不变，但最大转矩时的临界转

差率改变，如图 7-31 所示。

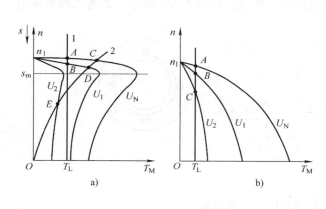
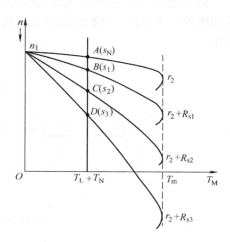

图 7-30　三相异步电动机
降压调速机械特性

图 7-31　绕线转子异步电动机
转子回路串变阻器调速

改变转子回路串联的电阻值的大小，例如转子绕组本身电阻为 r_2，分别串联电阻 R_{s1}、R_{s2}、R_{s3} 时，其机械特性如图 7-31 所示。当拖动恒转矩负载，且为额定负载转矩，即 $T_L = T_N$ 时，电动机的转差率由 s_N 分别变为 s_1、s_2、s_3，显然，串联的电阻越大，转速越低。

这种方法的优点是简单，易于实现；缺点是调速电阻中要消耗一定的能量，调速是有级的，不平滑。由于转子回路的铜损 $p_{Cu2} = sP_M$，故转速调得越低，转差率越大，铜损就越大，效率就越低。同时，转子加入电阻后，电动机的机械特性变"软"，于是负载变化时电动机的转速将发生显著变化。这种方法主要用在中、小容量的异步电动机中，如目前大部分交流供电的桥式起重机都采用此法调速。

（3）笼型三相异步电动机变极调速控制　通过改变定子绕组的接线方式来改变定子磁极对数 p，从而改变同步转速 n_1 以达到调速的目的，即变极调速。图 7-32 为三相四极异步电动机定子绕组接线及产生的磁极数，图中只画出了 U 相绕组的情况。

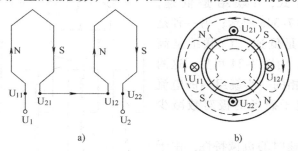

图 7-32　三相四极异步电动机定子 U 相绕组连接原理
a）定子绕组接线　b）磁极数

改变定子绕组磁极对数的方法是将一相绕组中一半线圈的电流方向反过来。例如，绕组接线如图 7-32a 所示，由绕组 U_1U_2 产生的磁极数便是四极，图 7-33b 所示即为四极异步电动机。

如果把图 7-32 中的接线方式改变一下，如图 7-33a 所示，或者如图 7-33b 所示。改变后的两种接线方式，三相绕组产生的磁极数都是二极的，如图 7-33c 所示，即为二极异步电动机。

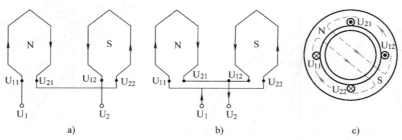

图 7-33 二极三相异步电动机定子 U 绕组连接原理
a) 反向串联　b) 反向并联　c) 磁极数

从上面分析可以看出：对于笼型三相异步电动机的定子绕组，若把每相绕组中一半线圈的电流改变方向，即半相绕组反向，则电动机的极对数成倍变化。因此，同步转速 n_1 也成倍变化，对拖动恒转矩负载运行的电动机来讲，运行的转速也接近成倍改变。

绕线转子异步电动机的转子极对数不能自动随定子极对数变化，如果同时改变定子、转子绕组磁极对数又比较麻烦，因此不宜采用变极调速。

需要说明的是，如果外部电源相序不变，则变极后，不仅会使电动机的运行转速发生变化，还会因三相绕组空间相序的改变而引起旋转磁场转向的改变，从而引起转子转向的改变。所以为了保证变极调速前后电动机的转向不变，在改变定子绕组接线的同时，必须把 V、W 两相出线端对调，使接入电动机的电源相序改变，这是在工程实践中必须注意的问题。

能够实现上述变极原理的线路很多，但是不管三相绕组的接法如何，其极对数仅能改变一次。下面介绍变极调速的两种典型方案：一种是 Y/YY 方式，Y 联结是低速，YY 联结是高速，如图 7-34a 所示；另一种是 △/YY 方式，△ 联结是低速，YY 联结是高速，如图 7-34b 所示。由图 7-34 可见，这两种接线方式都是使每相的一半绕组内的电流改变了方向，因而定子磁场的极对数减少一半。

1）Y/YY 变极调速时的机械特性。由于 Y 联结时的磁极对数是 YY 联结时的两倍，因此 $n_{YY} = 2n_Y$。又因为 Y 联结和 YY 联结时每相绕组的电压相等，可得出以下结论：

$$T_{mYY} = 2T_{mY}$$

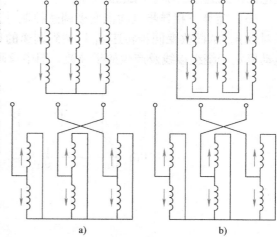

图 7-34 变极调速的两种典型方案
a) Y/YY方式　b) △/YY方式

$$s_{mYY} = s_{mY} \tag{7-28}$$

$$T_{stYY} = 2T_{stY}$$

根据以上结果，可定性画出Y/YY变极调速时的机械特性，如图 7-35a 所示。

为了使电动机得到充分利用，假设改接前后使电动机绕组内流过额定电流，效率和功率因数近似不变，则输出功率和转矩为

$$P_{YY} = 2P_Y$$
$$T_{YY} = T_Y \tag{7-29}$$

可见，采用Y/YY变极调速方案时，电动机的转速增大一倍，允许输出功率增大一倍，而允许输出转矩保持不变，所以采用这种变极调速方案的变极调速属于恒转矩调速，它适用于恒转矩负载。

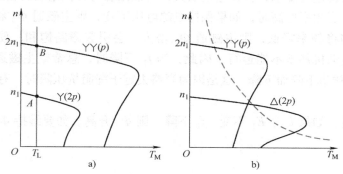

图 7-35　变极调速时的机械特性

a) Y/YY变极调速时的机械特性　b) △/YY变极调速时的机械特性

2）△/YY变极调速时的机械特性。当△联结改为YY联结后，磁极数减少一半，转速增大一倍，即 $n_Y = 2n_\triangle$。又由于YY联结时相电压 $U_Y = U_\triangle/\sqrt{3}$，所以得出以下结论：

$$T_{mYY} = \frac{2}{3}T_{m\triangle}$$
$$s_{mY} = s_{m\triangle}$$
$$T_{stY} = \frac{2}{3}T_{st\triangle}$$

根据以上结果，可定性画出△/YY变极调速时的机械特性，如图 7-35b 所示。

为了使电动机得到充分利用，假设改接前后使电动机绕组内流过额定电流，效率和功率因数近似不变，则输出功率和转矩为

$$P_{YY} = 1.15P_\triangle$$
$$T_{YY} = 0.58T_\triangle \tag{7-30}$$

可见，从△联结变成YY联结后，磁极对数减少一半，转速增加一倍，输出转矩近似减小一半，而输出功率近似保持不变，所以这种变极调速属于恒功率调速方式，适用于车床切削等恒功率负载。

综上所述，变极调速的优点是设备简单、运行可靠、机械特性"硬"、效率高、损耗小，为了满足不同生产机械的需要，定子绕组采用不同的接线方式，可获得恒转矩调速或恒功率调速。缺点是电动机绕组引出的抽头较多，转速只能成倍变化，调速的平滑性差，只能分级调速，调速级数少，必要时需与齿轮箱配合，才能得到多极调速。除了利用上述倍极比

变极方法获得多速电动机外，还可利用改变定子绕组接法达到非倍极比变极的目的，如4/6极等。另外，多速电动机的体积比同容量的普通笼型电动机大，运行特性也稍差一些，电动机的价格也较贵，故多速电动机多用于一些不需要无级调速的生产机械，如金属切削机床、通风机、升降机等。

（4）变频调速控制

1）变频调速原理。改变电源的频率f_1，可使旋转磁场的同步转速发生变化，电动机的转速也随之而变化。电源频率提高，电动机转速提高；电源频率下降，则电动机转速下降。若电源频率可以做到均匀调节，则电动机的转速就能平滑地改变。这是一种较为理想的调速方法，能满足无级调速的要求，且调速范围大，调速性能与直流电动机相近。

变频调速时，当频率增高时，如果保持电源电压不变，则主磁通Φ_0将减小，不会引起磁路饱和。但是如将频率降低，则主磁通Φ_0增大，会引起磁路饱和，使空载电流增大很多，损耗增大，电动机甚至不能运行。因此，当f_1下降时，总希望主磁通保持不变，这时可使端电压U_1随频率下降而下降。这是因为当略去定子漏阻抗压降时，有

$$U_1 \approx E_1 = 4.44 f_1 N_1 K_{W1} \Phi_0$$

其中N_1、K_{W1}不变，如果U_1、E_1不变，f_1下降，则Φ_0升高。如要维持Φ_0不变，则要求

$$\frac{U_1}{f_1} \approx \frac{E_1}{f_1} = 4.44 N_1 K_{W1} \Phi_0 = 常数$$

$$\Phi_0 = \frac{E_1}{4.44 f_1 N_1 K_{W1}} \approx \frac{U_1}{4.44 f_1 N_1 K_{W1}}$$

因为

$$\lambda_m = \frac{T_{max}}{T_N} \approx \frac{m_1 p U_1^2}{4\pi f_1 \ (x_1 + x_{20}') \ T_N} = C \frac{U_1^2}{f_1^2 T_N}$$

因此，为了使电动机能保持较好的运行性能，要求在调节f_1的同时，改变定子电压U_1以维持Φ_0不变或保持电动机的过载能力不变。为保持电动机的过载能力不变，要求下式成立。

$$\frac{U_1^2}{f_1^2 T_N} = \frac{U_1'^2}{f_1'^2 T_N'} 及 \frac{U_1'}{U_1} = \frac{f_1'}{f_1} \sqrt{\frac{T_N'}{T_N}}$$

电动机的额定频率f_1为基准频率，简称基频，在生产实践中，变频调速时电压随频率的调节规律是以基频为分界线的，于是分为基频以下的变频调速和基频以上的变频调速两种情况。

在基频以下调速时，应保持U_1/f_1为常数，即恒转矩调速，在此条件下变频调速，电动机的主磁通和过载能力均不变。由前面所学公式可知，当f_1减小时，最大转矩T_m不变，起动转矩T_{st}增大，临界点转速将不变。因此，机械特性随频率的降低而向下平移。如图7-36中虚线所示。实际上，由于定子电阻的存在，随着f_1的降低（$U_1/f_1 =$常数），T_m将减小，当f_1很低时，T_m减小很多，如图7-36中实线所示。为保证电动机在低速时有足够大的T_m值，U_1应比f_1降低的比例小一些，使U_1/f_1的值随f_1的降低而增加，这样才能获得如图7-36中虚线所示的机械特性。

从基频向上变频调速时，由于升高电源电压是不允许的，因此电压U_1不变，调速过程中随着频率f_1的升高，主磁通Φ_m减小，导致电磁转矩减小，电磁功率$P_M = T\Omega_1 =$

$$\frac{m_1 U_1^2 \ (r_2'/s)}{[r_1 + \ (r_2'/s)]^2 + \ (x_1 + x_{20}')^2} \approx \frac{m_1 U_1^2}{r_2'} s，P_M 近似不变，如图 7-37 所示。由此可见，基频以$$

上的变频调速为近似恒功率调速方式，适宜带恒功率负载，此时有

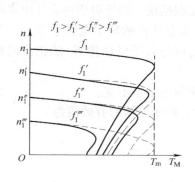
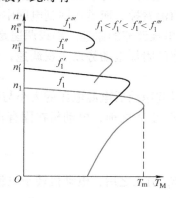

图 7-36 基频以下变频调速的机械特性　　图 7-37 基频以上变频调速的机械特性

$$P_N = \frac{T_N n_N}{9550} = \frac{T_N' n_N'}{9550} = 常数$$

$$\frac{T_N'}{T_N} = \frac{n_N}{n_N'} = \frac{f_1}{f_1'}$$

即

$$\frac{U_1}{\sqrt{f_1}} = \frac{U_1'}{\sqrt{f_1'}} = 常数$$

在此条件下变频调速，电动机的过载能力不变，但主磁通减小。

综上所述，三相异步电动机变频调速具有以下几个特点：

① 从基频向下变频调速为恒转矩调速方式；从基频向上变频调速近似为恒功率调速方式。

② 调速范围大。

③ 机械特性"硬"，转速稳定性好。

④ 运行时 s 小，效率高。

⑤ 频率 f_1 可以连续调节，变频调速为无级调速。

变频调速的缺点是：必须有专用的变频电源；恒转矩调速时，低速段电动机的过载能力大为降低，甚至不能带动负载。由于变频调速具有优越的调速性能，尤其对于笼型异步电动机，所以它是最有发展前途的一种调速方法。变频器用于驱动水泵/风机类负载的电动机，节能效率可达 30%，是国家重点推广的节能技术。

2）变频装置简介。由变频调速原理可知：要实现异步电动机的变频调速，必须有能够同时改变电压和频率的供电电源。由于电网提供的是频率为 50Hz 的交流电，频率无法改变，因此要得到频率可平滑调节的变频电源，必须采用专门的变频装置。

变频装置可分为间接变频装置和直接变频装置两类。间接变频装置是先将工频交流电通过整流器变成直流，然后再经过逆变器将直流变成可控频率的交流电，通常称为交－直－交变频装置。直接变频装置是将工频交流电一次变换成可控频率的交流电，没有中间的直流环

节，也称为交-交变频装置。目前应用较多的是间接变频装置。

（5）**串级调速控制**　由于绕线转子异步电动机转子串联电阻调速时，低速时效率低、损耗大，故经济性能不高，有必要设法将消耗在串联电阻上的大部分转差功率利用起来，不让它白白浪费掉，而是送回到电网中去。串级调速就是根据这一指导思想而设计出来的。

1）串级调速的原理。串级调速是指在绕线转子异步电动机的转子电路中串入一个与转子同频率的附加电动势以实现调速，该附加电动势 E_{ad} 可与转子电动势 E_2 的相位同相，也可反相。

假设调速前后电源电压的大小与频率不变，则主磁通也基本不变。

当 E_{ad} 引入之前，电动机在固有特性上稳定运行时，转子电流的有效值为

$$I_2 = \frac{sE_{20}}{\sqrt{r_2^2 + (sx_{20})^2}}$$

当 E_{ad} 引入之后，电动机转子电流的有效值为

$$I_2' = \frac{sE_{20} \pm E_{ad}}{\sqrt{r_2^2 + (sx_{20})^2}}$$

若与 E_{20} 反相，式中 E_{ad} 前取"$-$"号，则串入 E_{ad} 的瞬间，由于机械惯性使电动机的转速来不及变化，sE_{20} 不变，使 $I_2' < I_2$，对应的 $T_M < T_L$（因为定子电压、主磁通 Φ_m 和功率因数 $\cos\varphi_1$ 不变），因此 n 下降，s 上升，sE_{20} 上升，转子电流 I_2' 开始上升，电磁转矩 T_M 也开始上升，直至 $T_M = T_L$ 时，电动机在较以前低的转速下稳定运行。串入的电动势 E_{ad} 值越大，电动机稳定运行的转速越低。

若 E_{ad} 与 E_{20} 同相，式中 E_{ad} 前取"$+$"号，则串入 E_{ad} 的瞬间，由于机械惯性使电动机的转速来不及变化，sE_{20} 不变，使 $I_2' > I_2$ 对应的 $T_M > T_L$，因此 n 上升，s 下降，sE_{20} 下降，转子电流 I_2' 开始下降，电磁转矩 T_M 也开始下降，直至 $T_M = T_L$ 时，电动机在较以前高的转速下稳定运行。如果 E_{ad} 足够大，则转速可以达到甚至超过同步转速。串级调速的机械特性如图7-38所示。

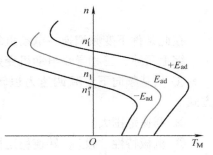

图7-38　串级调速的机械特性

2）串级调速的实现。实现串级调速的关键是在绕线转子异步电动机的转子电路中串入一个大小、相位可以自由调节，其频率能自动随转速变化而变化，始终等于转子频率的附加电动势。要获得这样一个变频电源不是一件容易的事，因此，在工程上往往是先将转子电动势通过整流装置变成直流电动势，然后串入一个可控的附加直流电动势去和它作用，从而避免了随时变频的麻烦。根据附加直流电动势作用而吸收转子转差功率后回馈方式的不同，可将串级调速方法分为电动机回馈式串级调速和晶闸管串级调速两种类型。下面只简单介绍最常用的晶闸管串级调速。

图7-39为晶闸管串级调速系统的原理示意图。系统工作时将异步电动机 M 的转子电动势 E_{2S} 经整流装置整流后变为直流电压 U_B，再由晶闸管逆变器将直流电压 U_B 逆变为工频交流电压，然后经变压器 T 变压与电网电压相匹配，从而使转差功率 sP_M 反馈回交流电网。这里的逆变电压 U_B 可视为加在异步电动机转子电路中的附加电动势 E_{ad}，改变逆变角 β 就

可以改变 U_B 的数值，从而实现异步电动机的串级调速。

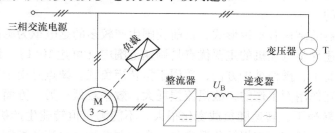

图 7-39　晶闸管串级调速系统的原理示意图

晶闸管串级调速具有机械特性"硬"、调速范围大、平滑性好、效率高，便于向大容量发展等优点，对于绕线转子异步电动机，它是很有发展前途的一种调速方法，其缺点是功率因数较低，但采用电容补偿等措施，可使功率因数有所提高。

晶闸管串级调速的应用范围很广，既可适用于风机型负载，也可适用于恒转矩负载。

（6）电磁调速控制　电磁调速异步电动机又称转差电动机。它实际上就是一台带有电磁转差离合器的笼型异步电动机，这是唯一一种没有改变异步电动机的实际转速的调速方法，其原理如图 7-40 所示。

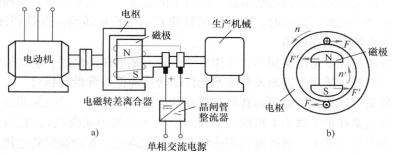

图 7-40　电磁调速异步电动机

a）连接原理图　b）电磁转差离合器工作原理

电磁转差离合器由电枢和磁极两部分组成，两者之间无机械联系，各自能独立旋转。电枢是由铸钢制成的空心圆柱体，直接固定在异步电动机轴端上，由电动机拖动旋转，是离合器的主动部分。磁极的励磁绕组由外部直流电源经集电环通入直流励磁电流进行励磁。磁极通过联轴器与异步电动机拖动的生产机械直接连接，称为从动部分。

磁极的励磁绕组通入直流电后形成磁场。异步电动机带动离合器电枢以转速 n 旋转，电枢便切割磁场产生涡流，方向如图 7-40b 所示。电枢中的涡流与磁场相互作用产生电磁力和电磁转矩，电枢受到力 F 的方向可用左手定则判定。对电枢而言，F 是制动转矩，需要依靠异步电动机的输出机械转矩来克服此制动转矩，从而维持电枢的转动。

根据作用力与反作用力大小相等、方向相反的原则，可知离合器磁极所受到电磁力 F' 的方向，与 F 方向相反。在 F' 的作用下，磁极转子带动生产机械沿电枢旋转方向以 n' 的速度旋转，$n' < n$。由此可见，电磁转差离合器的工作原理和异步电动机工作原理相同。电磁转矩的大小由磁极磁场的强弱和电枢与磁极之间的转差决定。当励磁电流为零，磁通为零时，无电磁转矩；当电枢与磁极间无相对运动时，涡流为零，电磁转矩也为零，故电磁转差离合器必须有转差才能工作，所以电磁调速异步电动机又称为转差电动机。

当负载转矩一定时，调节励磁电流的大小，磁场强弱和电磁转矩的大小随之改变，从而达到调节转速的目的。

电磁转差离合器的结构有多种形式，目前我国生产较多的是电枢为圆筒形铁心，磁极为爪形磁极。电磁调速异步电动机的主要优点是调速范围广（可达10:1）、调速平滑，可实现无级调速，且结构简单、操作维护方便，适用于恒转矩负载。缺点是由于离合器是利用电枢中的涡流与磁场相互作用而工作的，故涡流损耗大，效率较低；另一方面由于其机械特性较"软"，特别是在低转速下，转速随负载变化很大，不能满足恒转速生产机械的需要。为此，电磁调速异步电动机一般都配有根据负载变化而自动调节励磁电流的控制装置。

4. 单相异步电动机的调速控制

单相异步电动机与三相异步电动机相比，其单位容量的体积大，效率及功率因数均较低，过载能力也较差。因此，单相异步电动机只做成微型的，功率一般在几十瓦至几百瓦之间。单相异步电动机一般要求能调速，其调速方法有变频调速、降压调速和变极调速。常用的降压调速又分为串电抗器调速、绕组抽头调速、串电容调速、自耦变压器调速和晶闸管调压调速等，下面分别介绍。

（1）串电抗器调速控制 这种调速方法将电抗器与电动机定子绕组串联，通电时，利用在电抗器上产生的电压降使加到电动机定子绕组上的电压低于电源电压，从而达到降压调速的目的。因此用串电抗器调速法时，电动机的转速只能由额定转速向低速调速。图7-41所示是电风扇的串电抗器调速电路。

这种调速方法的优点是线路简单、操作方便；缺点是电压降低后，电动机的输出转矩和功率明显降低，因此只适用于转矩及功率都允许随转速降低而降低的场合。

（2）绕组抽头调速控制 电容运转电动机在调速范围不大时，普遍采用定子绕组抽头调速。这种调速方法是在定子铁心上再放一个调速绕组（又称中间绕组），它与工作绕组及起动绕组连接后引出几个抽头，通过改变调速绕组与工作绕组、起动绕组的连接方式，调节气隙磁场大小及椭圆度来实现调速的目的，这样就省去了调速电抗铁心，降低了产品成本，节约了电抗器的能耗。这种调速方法的缺点是使电动机嵌线比较困难，引出线头多，接线复杂。这种调速方法通常有 L 形接法和 T 形接法两种，如图7-42所示。

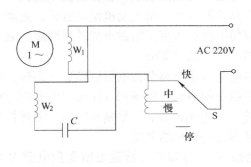

图 7-41　电风扇的串电抗器调速电路

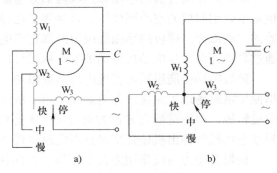

图 7-42　电容电动机绕组抽头调速接线图
a) L形接法　b) T形接法

（3）串电容调速控制 将不同电容量的电容器串联到单相异步电动机电路中，也可调节电动机的转速。电容器容抗与电容量成反比，故电容量越小，容抗就越大，相应的电压降也就越大，电动机转速就低；反之电容量越大，容抗就越小，相应的电压降也就越小，电动机转速就高。

由于电容器具有两端电压不能突变的特点，因此，起动瞬间，调速电容器两端的电压为零，即电动机的电压为电源电压，电动机起动性能好。正常运行时，电容器上无功率损耗，效率较高。

（4）自耦变压器调速控制　可以通过调节自耦变压器来调节加在单相异步电动机上的电压，从而实现电动机的调速，如图 7-43 所示。图 7-43a 所示电路在调速时是使整台电动机减压运行，因此低速挡时起动性能较差。图 7-43b 所示电路在调速时仅使工作绕组减压运行，因此低速挡时起动性能好，但接线较复杂。

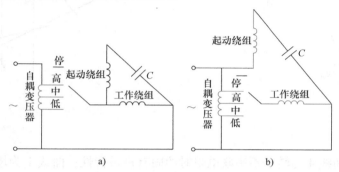

图 7-43　自耦变压器调速电路
a) 整台电动机减压运行　b) 仅工作绕组减压运行

（5）晶闸管调压调速控制　前面介绍的各种调速电路都是有级调速，目前采用晶闸管调压的无级调速已越来越多，如图 7-44 所示，整个电路只用了双向晶闸管、双向二极管、带电源开关的电位器、电容器和电阻器五种元器件，电路结构简单，调速效果好。

7.2.4　异步电动机的制动与反转控制

1. 三相异步电动机的制动与反转

三相异步电动机既可工作于电动状态，也可工作于制动状态。电动状态的特点是：电动机的电磁转矩 T_M 与转速 n 方向相同，机械特性位于第一、三象限，而且电动机从电网中吸取电能，并把电能转换成机械能输出。制动状态的特点是：电动机的电磁转矩 T_M 与转速 n 方向相反，机械特性必然位于第二、四象限。

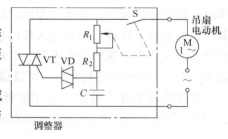

图 7-44　吊扇晶闸管调压调速电路

（1）能耗制动控制　实现能耗制动的方法是：将定子绕组从三相交流电源断开，然后立即加上直流励磁电源，同时在转子电路串联制动电阻。能耗制动的接线图如图 7-45 所示，气隙中产生一个恒定的磁场，因惯性作用，转子还未停止转动，运动的转子导体切割此恒定磁场，便在其中产生感应电动势。由于转子是闭合绕组，因此能产生感应电流，继而产生电磁转矩，此转矩与转子因惯性作用而旋转的方向相反，起制动作用，迫使转子迅速停下来。这时储存在转子中的动能转变为电能消耗在转子电阻上，以达到迅速停止运行的目的，故称这种制动方法为能耗制动。

处于能耗制动状态的异步电动机实质上变成了一台交流发电机，其输入是电动机所储存的机械能，其负载是转子电路中的电阻，因此能耗制动状态时的机械特性与发电机状态时的机械特性一样，处于第二象限（见图7-46），而且由于制动到 $n=0$ 时，$T_M=0$，因此能耗制动时的机械特性是一条经过原点且形状与发电机状态机械特性相似的曲线，如图7-46所示（具体推导过程见有关参考书）。

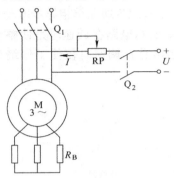

图7-45　三相异步电动机
能耗制动接线图

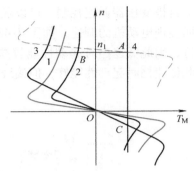

图7-46　三相异步电动机的
能耗制动机械特性

图7-46中，曲线4为转子不串联电阻时的固有机械特性；曲线1为增大励磁电流 I_f 而转子不串联电阻时的机械特性，此时最大制动转矩增大，但产生最大转矩时的转速不变；曲线3为励磁电流 I_f 不变而转子串联电阻时的机械特性，此时最大制动转矩不变，但产生最大转矩时的转速增大。

能耗制动过程可分析如下：从图7-46可知，设电动机原来工作在固有机械特性曲线上的 A 点，制动瞬间，因转速不突变，工作点便由 A 点平移至能耗制动特性曲线2上的 B 点，在制动转矩的作用下，电动机开始减速，工作点沿曲线2变化，直到原点，$n=0$，$T_M=0$。如果拖动的是反抗性负载，则电动机停转，实现了快速制动；如果是位能性负载，当转速过零时，若要停止运行，必须立即用机械抱闸装置将电动机轴刹住，否则电动机将在位能性负载转矩的倒拉下反转，直到进入第四象限中的 C 点（$T_M=T_L$），系统处于稳定的能耗制动运行状态，这时重物保持匀速下降。C 点称为能耗制动运行点。由图7-46可见，改变制动电阻 R_B 或直流励磁电流的大小，可以获得不同的稳定下降速度。

当绕线转子异步电动机采用能耗制动时，最大制动转矩取（1.25~2.2）T_N，可用式（7-31）和式（7-32）计算直流励磁电流和转子应串联电阻的大小，即

$$I_{fav}=(2\sim3)I_0 \tag{7-31}$$

$$R_B=(0.2\sim0.4)\frac{E_{2N}}{\sqrt{3}I_{2N}} \tag{7-32}$$

式中　I_0——异步电动机的空载电流，一般取 $I_0=(0.2\sim0.5)I_{1N}$；

I_{fav}——直流励磁电流；

E_{2N}——转子堵转时的额定线电动势；

I_{2N}——转子额定电流。

由以上分析可知，三相异步电动机的能耗制动具有以下特点：

1）能够使反抗性恒转矩负载准确停止运行。

2）制动平稳，但制动至转速较低时，制动转矩也较小，制动效果不理想。

3）由于制动时电动机不从电网中吸取交流电能，只吸取少量的直流电能，因此制动比较经济。

（2）反接制动控制　当三相异步电动机转子的旋转方向与定子旋转磁场的方向相反时，电动机便处于反接制动状态。反接制动分为两种情况：一种是在电动状态下突然将电源两相反接，使定子旋转磁场的方向由原来的顺转子转向改为逆转子转向，这种情况下的制动称为电源两相反接的反接制动（简称电源反接制动）；另一种是保持定子磁场的转向不变，而转子在位能性负载作用下进入倒拉反转，这种情况下的制动称为倒拉反转的反接制动（简称倒拉反接制动）。

1）电源反接制动控制。实现方法：将三相异步电动机任意两相定子绕组的电源进线对调，同时在转子电路串联制动电阻。这种制动类似于他励直流电动机的电压反接制动，反接制动原理如图 7-47a 所示。反接制动前，电动机处于正向电动状态（K_1 闭合），以转速 n 逆时针旋转。电源反接制动时（K_2 闭合），把定子绕组的两相电源进线对调，同时在转子电路串联制动电阻 R，使电动机气隙旋转磁场方向反转，这时的电磁转矩方向与电动机惯性转矩方向相反，成为制动转矩，使电动机转速迅速下降。

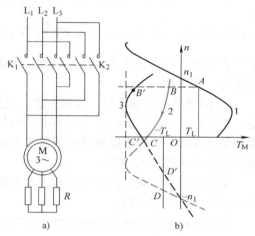

图 7-47　电源两相反接的反接制动
a）反接制动原理　b）反接制动机械特性

电源反接制动过程可分析如下：从图 7-47b 可知，设反接制动前，电动机拖动恒转矩负载稳定运行于固有机械特性曲线 1 的 A 点。电源反接后，旋转磁场的转向改变，电动机转速来不及变化，工作点由 A 点平移到 B 点，这时系统在制动的电磁转矩和负载转矩共同作用下迅速减速，工作点沿曲线 2 移动，当到达 C 点时，转速为零，制动结束。对于反抗性恒转矩负载，若要停止运行，制动到了 C 点时应快速切断电源，否则电动机会反向起动，最后稳定运行于 D 点。如制动仅是为了迅速停止运行，则当转速降到零以后一般应采用速度继电器或时间继电器控制，以便电动机速度为零或接近零时立即切断电源，防止电动机反转。图中曲线 3 为串电阻反接制动曲线，曲线 2 为不串电阻的反接制动。

上述电源反接制动过程的机械特性位于第二象限，实际上就是反向电动状态的机械特性在第二象限的延长部分。

定子两相反接制动时，n_1 为负，n 为正，所以电动机的转差率为

$$s = \frac{-n_1 - n}{-n_1} = \frac{n_1 + n}{n_1} > 1$$

通过公式

$$\frac{r_2}{s} = \frac{r_2 + R}{s'}$$

可推出制动电阻的公式，即

$$R = \left(\frac{s'}{s} - 1 \right) r_2 \tag{7-33}$$

式中　s'——固有机械特性线性段上对应任意给定电磁转矩 T_M 的转差率，$s' = \frac{s_N}{T_N} T_M$；

　　　　s——转子串联电阻 R 时人为机械特性线性段上与 s' 对应相同电磁转矩 T_M 的转差率。

由以上分析可知，三相异步电动机的电源反接制动具有以下特点：

① 制动转矩即使在转速降至很低时仍较大，因此制动强烈而迅速。

② 能够使反抗性恒转矩负载快速实现正反转，若要停止运行，需在制动到转速为零时立即切断电源。

③ 由于电源反接制动时 $s > 1$，从电源输入的电功率 $P_1 \approx P_M = \frac{m_1 I_2'^2 r_2'}{s} > 0$，从电动机轴

上输出的机械功率 $P_2 \approx P_\Omega = m_1 I_2'^2 \frac{1-s}{s} r_2' < 0$。这说明制动时，电动机既要从电网吸取电能，又要从轴上吸取机械能并转换为电能，这些电能全部消耗在转子电路的电阻上，因此制动时能耗大、效率差。

2）倒拉反接制动控制。实现方法：由外力使电动机转子的转向倒转，而电源的相序不变，这时产生的电磁转矩方向也不变，但与转子实际转向相反，故电磁转矩将使转子减速。这种制动方式主要用于以绕线转子异步电动机为动力源的起重机械拖动系统。倒拉反接制动的机械特性如图 7-48 所示。

实现倒拉反接制动的方法是在转子电路中串联一个足够大的电阻。这种制动类似于直流电动机的倒拉反接制动。

倒拉反接制动过程可分析如下：在图 7-48 中，设电动机原来工作在固有机械特性曲线上的 A 点提升重物，当在转子回路中串联电阻 R 时，其机械特性变为曲线 2。串入 R 的瞬间，转速来不及变化，工作点由 A 点平移到 B 点，此时电动机的提升转矩 T_M 小于位能性负载转矩 T_L，因此提升速度减小，工作点沿曲线 2 由 B 点向 C 点移动。在减速过程中，电动机仍运行在电动状态。当转速降为零时，仍然有 $T_M < T_L$，因此位能性负载（重物）便迫使电动机转子反转，电动机开始进入倒拉反接制动状态。在重物的作用下，电动机反向加速，电磁转矩逐渐增大，直到 D 点，$T_M = T_L$ 时为止，电动机处于稳定的倒拉反接制动运行状态，电动机以较低的速度匀速下放重物。

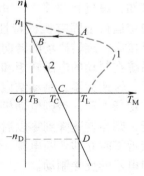

图 7-48　三相异步电动机倒拉反接制动的机械特性

倒拉反接制动时的转差率为

$$s = \frac{n_1 - (-n)}{n_1} = \frac{n_1 + n}{n_1} > 1$$

这一点与电源反接制动一样，所以 $s > 1$ 是反接制动的共同特点。

当电动机工作在机械特性的线性段时，制动电阻 R 的近似计算仍然采用式（7-33）。由以上分析可知，倒拉反接制动具有以下特点：

① 能够低速下放重物，安全性好。

② 由于制动时 $s>1$，因此与电源反接制动一样，$P_1>0$，$P_2>0$。这说明在制动时，电动机既要从电网吸取电能，又要从轴上吸取机械能并转换为电能，这些电能全部消耗在转子电路的电阻上，因此制动时能耗大、经济性差。

（3）回馈制动控制　若三相异步电动机在电动状态运行时，由于某种原因，使电动机的转速超过了同步转速（转向不变），电动机转子绕组切割旋转磁场的方向将与电动运行状态时相反，因此转子电动势 E_{2S}、转子电流 I_2 和电磁转矩 T_M 的方向也与电动状态时相反，即 T_M 与 n 反向，T_M 成为制动转矩，电动机便处于制动状态，这时电磁转矩由原来的驱动作用转为制动作用，电动机转速便减慢下来。同时，由于电流方向反向，电磁功率回送至电网，故称回馈制动。回馈制动的机械特性如图 7-49 所示。

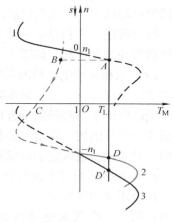

回馈制动常用来限制转速，例如当电车下坡时，重力的作用使电车转速增大，当 $n>n_1$ 时，电动机自动进入回馈制动。回馈制动可以向电网回输电能，所以经济性能好，但只有在特定状态下才能实现制动，而且只能限制电动机的转速，不能使电动机停止运行。

此时电动机的转差率为

$$s=\frac{n_1-n}{n_1}<0 \qquad （正向运转，n>0）$$

图 7-49　回馈制动的机械特性

1）下放重物时的回馈制动控制。在图 7-49 中，设 A 点是电动状态提升重物工作点，D 点是回馈制动状态下放重物工作点。电动机从 A 点过渡到 D 点的过程如下：

首先，将电动机定子两相反接，这时定子旋转磁场的同步转速为 $-n_1$，机械特性如图 7-49 中曲线 2 所示。反接瞬间，转速不能突变，工作点由点 A 平移到点 B，然后电动机经过反接制动过程（工作点沿曲线 2 由点 B 变到点 C）、反向电动加速过程（工作点由点 C 向同步点 $-n_1$ 变化），最后在位能性负载作用下反向加速并超过同步转速，直到 D 点保持稳定运行，即匀速下放重物。如果在转子电路中串联制动电阻，对应的机械特性如图 7-49 中曲线 3 所示，这时的回馈制动工作点为 D'，其转速增加，重物下放的速度增大。为了限制电动机的转速，回馈制动时在转子电路中串联的电阻值不应太大。

2）变极或变频调速过程中的回馈制动。图 7-50 为一笼型异步电动机的 $\triangle/YY$ 变极调速时的回馈制动过程。设电动机原来在机械特性曲线 1 上的 A 点稳定运行，当电动机采用变极（如增加极数）或变频（如降低频率）进行调速时，其机械特性变为曲线 2，同步转速变为 n_1。在调速瞬间，转速不能突变，工作点由 A 点变到 B 点。在 B 点，转速 $n_B>0$，电磁转矩 $T_{MB}<0$，为制动转矩，且因为 $n_B>n_1$，故电动机处于回馈制动状态。工作点沿曲线 2 的 B 点到 n_1 点，这一段变化过程称为回馈制动过程，在此过程中，电动机吸

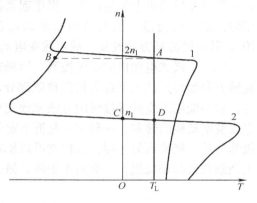

图 7-50　变极调速时回馈制动过程

收系统释放的动能，并转换成电能回馈到电网。电动机沿曲线 2 的 n_1 点到 D 点的变化过程称为电动状态的减速过程，D 点为调速后的稳态工作点。

由以上分析可知，回馈制动具有以下特点：

① 电动机转子的转速高于同步转速，即 $|n| > n_1$。

② 只能高速下放重物，安全性差。

③ 制动时电动机不从电网吸取有功功率，反而向电网回馈有功功率，制动很经济。

综上所述，三相异步电动机的各种运行状态所对应的机械特性画在一起，如图 7-51 所示。

（4）三相异步电动机的反转控制 由三相异步电动机的工作原理可知，三相异步电动机的转动方向始终与定子绕组所产生的旋转磁场方向相同，而旋转磁场方向与通入定子绕组的三相电流的相序有关，所以要想改变转向，只需改变通入定子绕组的三相电流的相序。

2. 单相异步电动机的反转控制

在使用单相异步电动机的过程中，常希望能调节其转向。例如，换气扇电动机的转向需要根据情况经常变换。

（1）分相电动机反转控制 把工作绕组和起动绕组中任意一个绕组的首端和尾端对调，单相异步电动机则反转。其原因是把其中一个绕组反接后，该绕组磁场相位将反相，工作绕组和起动绕组磁场在时间上的相位差也发生改变，原来超前 90°的将改变为滞后 90°，旋转磁场的方向改变了，转子的转向也随之改变。

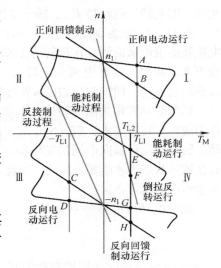

图 7-51 三相异步电动机各种
运行状态的机械特性

对于电容运转单相异步电动机，如洗衣机中的电动机，其正、反转控制电路比较简单，如图 7-52 所示。当开关 S 掷于 1 或 2 的位置时，电容运转单相异步电动机的工作绕组和起动绕组互换使用，电容器从一个绕组改接到另一绕组中，工作绕组和起动绕组中电流的时间相位差在超前滞后关系上发生改变。当把起动绕组当成工作绕组使用时，原起动绕组中的电流由原来的超前 90°近似变成滞后 90°，其旋转磁场方向改变，故可改变电动机的转向。

（2）罩极式电动机的反转控制 罩极式单相异步电动机的旋转方向始终是从未罩部分转向被罩部分，而罩极部分是固定的，故不能用改变外部接线的方法来改变电动机的转向。如果想改变电动机的转向，一种方法是拆下定子上的凸极铁心，调转方向后装进去，也就是把罩极部分从一侧换到另一侧，这样就可以使罩极式单相异步电动机反转；另一种方法是在定子上绕制两套起动绕组，一套负责正转，另一套负责反转。

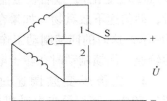

图 7-52 电容运转单
相异步电动机的
正、反转控制电路

7.2.5 三相异步电动机电力拖动控制电路设计举例

三相异步电动机正、反转控制电路设计举例如图 7-53 所示。

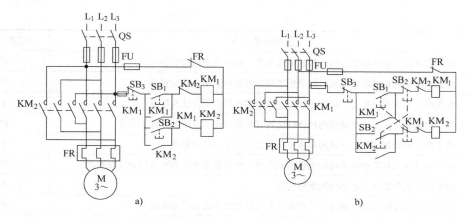

图 7-53　三相异步电动机的正、反转控制电路

a）接触器互锁的正、反转控制电路　b）双重联锁的正、反转控制电路

图 7-53a 为接触器互锁的正、反转控制电路，KM_1、KM_2 分别为电动机正转、反转控制的交流接触器，SB_1、SB_2 分别为电动机正转、反转起动按钮，SB_3 为停止按钮，熔断器 FU 作短路保护，热继电器 FR 作过载保护。

合上开关 QS，接通电源，按下正转按钮 SB_1，正转控制电路接通，电流流过的路径是电源 W 相→停止按钮 SB_3→正转按钮 SB_1→接触器常闭辅助触头 KM_2→接触器线圈 KM_1→热继电器 FR 的常闭触头→电源 U 相。接触器线圈 KM_1 带电，其主触头 KM_1 闭合，电动机与电源接通，通入定子绕组的电源相序为 U→V→W，电动机起动正转运行。

按下按钮 SB_3，无论原来电动机是正转还是反转，控制电路都将断电，交流接触器线圈 KM_1 和线圈 KM_2 都将失电，使电动机停止运行。

电动机若要反转，可在 QS 接通情况下，按下反转按钮 SB_2，反转控制电路通电，接触器线圈 KM_2 带电，其主触头 KM_2 闭合，此时通入电动机定子绕组电源的相序为 U→W→V，电动机反转。

接触器 KM_1（KM_2）的常开触点与按钮 SB_1（SB_2）并联，起自保持（自锁）作用，而 KM_1（KM_2）的常闭辅助触点串联在反转（正转）控制电路中，起联锁（互锁）作用，以防止因误操作而使两只接触器主触点同时闭合所造成的短路事故。两个接触器 KM_1、KM_2 中的任一个通电后，它的常闭辅助触点应断开，但有时也会遇到该触点已损坏，并未断开，不能实现联锁的情况。为了安全起见，采用了图 7-53b 所示的双重联锁的正、反转控制电路，即分别把正、反转起动按钮 SB_1、SB_2 的常闭触点串联在反转、正转接触器 KM_2、KM_1 电路中，该控制电路安全可靠，在实际应用中较多。

7.3　技能培养

7.3.1　技能评价要点

该学习情境的技能评价要点见表 7-2。

表 7-2　"异步电动机的控制"学习情境的技能评价要点

序号	技能评价要点	权重（%）
1	能正确认识三相异步电动机的机械特性及各个特殊点的电磁转矩的特点	15
2	能正确认识三相异步电动机的起动性能指标和各种起动方法及特点	10
3	能正确认识单相异步电动机的起动性能指标和各种起动方法及特点	5
4	能正确认识三相异步电动机的调速性能指标和各种调速方法、原理和特点	10
5	能正确认识单相异步电动机的调速原理及各种调速方法和特点	5
6	能正确认识三相异步电动机的电磁制动原理、各种制动方法和特点以及反转控制	10
7	能正确认识单相异步电动机的反转控制	5
8	能根据工程实际要求正确设计三相异步电动机的电力拖动控制电路	20
9	培养创新思维，以目标为导向，树立优化设计意识；强化协同工作能力	20

7.3.2　技能实训

1. 应知部分

（1）填空题

1）三相异步电动机在起动状态中，其转差率的范围是_____，正常工作时转差率的范围是_____，对应最大转矩的转差率叫_____。

2）三相异步电动机的转速取决于_____、_____和_____。

3）异步电动机的起动主要要求是：起动电流_____，起动转矩_____。

4）异步电动机的转速与_____有关，还与_____有关。

5）绕线转子异步电动机的特点是：通过_____和_____可在转子回路串入电阻以便改善电动机的_____和_____。

6）三相笼型异步电动机减压起动的方法有定子电路串_____或_____起动、_____起动、_____起动、_____起动。

7）一台三相异步电动机，其额定电压为 380/220V，当电源电压为 380V 时，则该电动机_____采用Υ－△减压起动。

8）三相异步电动机的电气制动方法有_____制动、_____制动、_____制动。

9）适当提高起动转矩的意义在于_____时间，提高_____。

10）适当降低起动电流的意义在于减少_____和_____。

11）单相分相式电动机包括_____、_____、_____、_____。

12）罩极式电动机分为_____和_____两种。

13）单相异步电动机调速有_____、_____、_____三种。

14）电容分相式异步电动机的旋转方向与_____绕组和_____绕组的接法有关，这两个绕组在_____的作用下，其相位相差_____。

（2）判断题（对：√；错：×）

1）为了提高三相异步电动机的起动转矩，可使电源电压高于电动机的回馈制动额定电压，从而获得较好的起动性能。

2）三相异步电动机起动瞬间，因转子还是静止的，故此时转子中的感应电流为零。

3）绕线转子三相异步电动机的最大转矩与转子电阻大小无关，而其临界转差率则随转子电阻的增加而增加。

4）双速三相异步电动机调速时，将定子绕组由原来的△联结改接成星形联结，可使电动机的磁极对数减小一半，使转速增加一倍。

5）绕线转子异步电动机，若在转子回路中串入频敏变阻器起动，频敏变阻器的特点是它的电阻值随着转速的上升而自动地、平滑地减小，使电动机能平稳地起动。

6）单相双值电容电动机，起动时，采用两个电容并联，以增大电容值，达到增大起动转矩的目的。起动后切除一个电容，减少电容值的目的是为了提高功率因数，有较好的工作性能。

7）三相绕线转子异步电动机在转子回路中串电阻可增大起动转矩，所串电阻越大，起动转矩就越大。

8）三相异步电动机的功率因数 $\cos\varphi_1$ 总是滞后的。

9）绕线转子异步电动机转子串电阻可以增大起动转矩；笼型异步电动机定子串电阻亦可以增大起动转矩。

10）深槽型和双笼型异步电动机与普通笼型电动机相比，能减小起动电流的同时增大起动转矩。

11）三相异步电动机起动电流越大，起动转矩也越大。

（3）选择题

1）当电源电压降低时，三相异步电动机的起动转矩将（　　　）。

A. 提高　　　　　　B. 不变　　　　　　C. 降低

2）三相笼型电动机常用的改变转速的方法是（　　　）。

A. 改变电压　　　　B. 改变磁极　　　　C. Y改接△　　　　D. △改接Y

3）三相异步电动机采用Y – △减压起动时，其起动电流是全压起动电流的（　　　）。

A. 1/3　　　　　　B. $1/\sqrt{3}$　　　　　C. 1/2　　　　　　D. 不确定

4）当异步电动机的定子电源电压突然降低为原来的80%的瞬间，转差率维持不变，其电磁转矩会（　　　）。

A. 减小到原来电磁转矩的80%　　　　B. 减小到原来电磁转矩的64%

C. 不变

5）与普通三相异步电动机相比，深槽、双笼型三相异步电动机正常工作时，性能差一些，主要是（　　　）。

A. 由于 R_2 增大，增大了损耗　　　　B. 由于 X_2 减小，使无功电流增大

C. 由于 X_2 的增加，使 $\cos\varphi_2$ 下降　　　　D. 由于 R_2 减少，使输出功率减少

6）异步电动机起动时，起动电流与额定电流的比值为（　　　）。

A. 2～3　　　　　　B. 3～5　　　　　　C. 4～7

7）一般异步电动机的起动转矩与额定转矩的比值在（　　　）之间。

A. 0.9～1　　　　　B. 0.95～2　　　　　C. 1.8～2.5

8）如果电源容量允许，笼型异步电动机应采用（　　　）。

A. 直接起动　　　　B. Y – △减压起动　　　　C. 补偿器起动

9）分相式单相异步电动机，在轻载运行时，若两绕组之一断开，则电动机（　　　）。

A. 立即停转　　　B. 继续转动　　　C. 有可能继续转动

10）分相式单相异步电动机改变转向的具体方法是（　　　）。

A. 对调两相绕组之一的首末端　　　B. 同时对调两相绕组的首末端

C. 对调电源极性

（4）问答题

1）什么是三相异步电动机的固有机械特性和人为机械特性？

2）当三相异步电动机的电源电压，电源频率，定、转子的电阻和电抗发生变化时，对同步转速、临界转差率和起动转矩有何影响？

3）异步电动机拖动额定负载运行时，若电网电压过高或过低，会产生什么后果？为什么？

4）为什么三相异步电动机全压起动时的起动电流可达额定电流的 4～7 倍，而起动转矩仅为额定转矩的 0.8～1.2 倍？

5）为什么异步电动机的功率因数总是滞后的？为什么负载过大和过小都使异步电动机功率因数降低？如果使用异步电动机时额定容量选择不当，会有何不良后果？

6）一台笼型异步电动机，$\dfrac{T_{st}}{T_N}=1.1$，如果用定子电路中串入电抗器起动，使电动机起动电压降到 $80\% U_N$。试问，当负载转矩为额定转矩的 85% 时，电动机能否起动？

7）三相异步电动机拖动的负载越大，是否起动电流就越大？为什么？负载转矩的大小对电动机起动的影响表现在什么地方？

8）三相笼型异步电动机在何种情况下可全压起动？绕线转子异步电动机是否也可进行全压起动？为什么？

9）三相笼型异步电动机的几种减压起动方法各适用于什么情况下？绕线转子异步电动机为何不采用减压起动？

10）一台三相笼型异步电动机的铭牌上标明：定子绕组接法为 Y-△，额定电压为 380/220V，则当三相交流电源为 380V 时，能否进行 Y-△ 减压起动？为什么？

11）绕线转子异步电动机串适当的起动电阻后，为什么既能减小起动电流，又能增大起动转矩？如把电阻改为电抗，其结果又将怎样？

12）为什么说绕线转子异步电动机转子串频敏变阻器起动比串电阻起动效果更好？

13）变极调速时，改变定子绕组的接线方式有何不同？其共同点是什么？

14）为什么变极调速时需要同时改变电源相序？

15）三相异步电动机有哪几种电磁制动方法？如何使电动运行状态的三相异步电动机转变到各种制动状态运行？

16）三相绕线转子异步电动机反接制动时，为什么要在转子电路中串入比起动电阻还要大的电阻？

17）三相异步电动机的各种电磁制动方法各有什么优、缺点？分别应用在什么场合？

2. 应会部分

设计两台三相异步电动机的顺序起动控制电路并画出原理接线图。

学习情境 8　三相异步电动机的维护

8.1　学习目标

【知识目标】　掌握三相异步电动机的常规维护方法，能够监视其运行状况；掌握三相异步电动机绕组故障的种类及分析方法；掌握三相异步电动机运行中常见故障的种类及分析、处理方法；掌握三相异步电动机的基本检测方法。

【能力目标】　培养学生分析、处理三相异步电动机常见故障的能力。

【素质目标】　塑造工程思维与科学思维，提高辩证思考能力；培育吃苦耐劳精神；强化节约意识，合理使用耗材。

8.2　基础理论

8.2.1　三相异步电动机的常规维护

常规维护主要包括运行监视及现场异常的分析处理、基本装卸方法及常规维修技术。

1. 起动检查及运行维护

（1）起动准备　对新安装或较长时间未使用的电动机，在起动前必须作认真检查，以确定电动机是否可以通电。

1）安装检查。要求电动机装配灵活、螺栓拧紧、轴承运行无阻，联轴器中心无偏移。

2）绝缘电阻检查。要求用绝缘电阻表检查电动机的绝缘电阻，包括三相相间绝缘电阻和三相定子绕组对地绝缘电阻。

对于 500V 以下的三相异步电动机，可用 500~1000V 绝缘电阻表测量，其绝缘电阻不应小于0.5MΩ。对于 1000 V 以上的电动机，可用 1000~2500V 绝缘电阻表测量，定子每千伏不小于1MΩ，绕线转子电动机转子绕组的绝缘电阻不应小于0.5MΩ。

3）测量各相直流电阻。对于 40kW 以上的电动机，各相绕组的电阻值互差不应超过2%。如果超过上述值，绕组可能出现问题（绕组断线、匝间短路、接线错误、线头接触不良），应查明原因并排除。

4）电源检查。一般要求电源波动电压不超过 ±10%，否则应改善电源电压后再投入。

5）起动、保护措施检查。要求起动设备接线正确，电动机所配熔丝的型号合适。

6）清理电动机周围异物，准备好后方可合闸起动。

（2）起动监视

1）合闸后，若电动机不转，应迅速、果断地拉闸，以避免烧毁电动机。

2）电动机起动后，应实时观察电动机状态，若有异常情况，应立即停机，待查明故障并排除后，才能重新合闸起动。

3）笼型电动机采用全压起动时，次数不宜过于频繁，对于功率较大的电动机要随时注意电动机的温升。

4）起动绕线转子电动机之前，应注意检查起动电阻，必须保证接入了电阻。接通电源后，随着电动机转速增加，应逐步切除各级起动电阻。

5）当多台电动机由同一台变压器供电时，尽量不要同时起动，在必须首先满足工艺起动顺序要求的情况下，最好是从大到小逐台起动。

（3）运行监视　对于运行中的电动机应经常检查它的外壳有无裂纹，螺钉是否有脱落或松动，电动机有无异响或振动等。监视时，要特别注意电动机有无冒烟和异味出现，若嗅到焦煳味或看到冒烟，必须立即停止运行，检查处理。

对轴承部位，要注意它的温度和响声。温度升高、响声异常则有可能缺油或磨损。

用联轴器传动的电动机，若联轴器与电动机中心校正不好，会在运行中发出响声，并伴随发生电动机振动和联轴器螺栓胶垫的磨损，必须停止运行后重新校正中心线。用传动带传动的电动机，应注意传动带不能松动或打滑，但也不能因过紧而使电动机轴承过热。

发生以下严重故障时，应立即停止运行后进行处理：

1）人员触电事故。

2）电动机冒烟。

3）电动机剧烈振动。

4）电动机轴承剧烈发热。

5）电动机转速迅速下降，温度迅速升高。

2. 三相异步电动机的定期维修

定期维修是消除故障隐患、防止故障发生的重要措施。电动机维修分为月维修和年维修，俗称小修和大修。前者不用拆开电动机，后者需要将电动机全部拆开进行维修。

（1）三相异步电动机的拆卸　进行定子绕组故障的检修和修理，必须对电动机进行局部拆卸，或整机解体，拆卸电动机的 12 个步骤如图 8-1 所示。

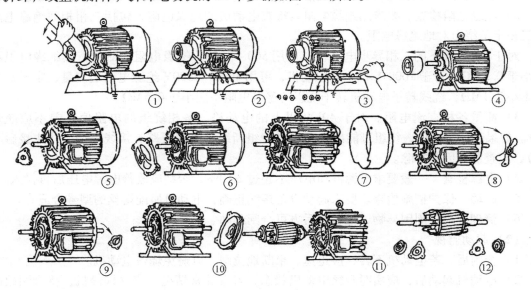

图 8-1　拆卸三相异步电动机的 12 个步骤

大体可按以下步骤进行：

1）切断电源，卸下传动带。

2）拆去接线盒内的电源接线和接地线。

3）卸下底脚螺母、弹簧垫圈和平垫片。

4）卸下带轮。

5）卸下前轴承外盖。

6）卸下前端盖（可用大小适宜的扁凿，插在端盖突出的耳朵处，按端盖对角线依次向外撬，直至卸下前端盖）。

7）卸下风叶罩。

8）卸下风叶。

9）卸下后轴承外盖。

10）卸下后端盖。

11）卸下转子（在抽出转子之前，应在转子下面和定子绕组端部之间垫上厚纸板，以免抽出转子时碰伤铁心和绕组）。

12）用工具拆卸前后轴承及轴承内盖。

（2）年维修的主要内容　三相异步电动机的定期大修（年维修）应结合负载机械的大修进行。大修时，拆开电动机后的检修项目包括：

1）检查电动机各部件有无机械损伤，按损伤程度做出相应的修理方案。

2）对拆开的电动机和起动设备进行清理，清除所有的油泥、污垢，清理过程中应注意观察绕组的绝缘状况，若绝缘呈现暗褐色，说明绝缘已老化，对这种绝缘要特别注意不要碰撞使它脱落，若发现脱落就应进行修复和刷漆。

3）拆下轴承，浸在柴油或汽油中清洗一遍，清洗后的轴承应转动灵活、不松动。若轴承表面粗糙，表明油脂不合格；若轴承表面发蓝，则表明已经退火。根据检查结果，对油脂或轴承进行更换，并消除故障（清除油中砂、铁屑等杂物，正确安装电动机等）。轴承新安装时，加油应从一侧加入，加至占轴承同容积的 1/3~2/3 即可。

4）检查定子、转子有无变形和磨损，若观察到有磨损处和发亮点，说明可能存在定子、转子铁心磨损，应使用锉刀或刮刀把亮点刮掉。

5）用绝缘电阻表测定子绕组有无短路与绝缘损坏，根据故障程度作相应处理。

6）对各项检查修复后，对电动机进行装配。

7）装配完毕的电动机，应进行必要的测试，各项指标符合要求后，就可起动试运行，进行观察。

8）各项运行记录都表明电动机达到技术要求后，方可带负载投入使用。

（3）月修的主要内容　定期小修（月维修）是对电动机的一般性清理与检查，应经常进行。其基本内容包括：

1）擦净电动机外壳，除去运行中积累的污垢。

2）测量电动机绝缘电阻，测量后应注意重新接好线，拧紧接线头螺钉。

3）检查电动机与接地是否牢固。

4）检查电动机盖、地角螺钉是否坚固。

5）检查与负载机械之间的传动装置是否良好。

6）拆下端盖，检查润滑介质是否变脏、干涸，应及时加油、换油。

7）检查电动机的附属起动和保护设备是否完好。

【例题8-1】　一台三相四极异步电动机，通电后不能起动。

解：

（1）检查诊断　询问用户后得知，该电动机在重新绕制后通电试机时，声音发闷，振动强烈，配电盘闪火，电动机不能起动。根据上述情况，可初步判断前维修人员在为电动机接引出线时，首、尾标记号出现错误，此时相当于其中的某一相的首尾接反，从而引发故障。

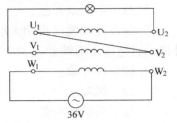

（2）检测方式　如图8-2所示，将一相接于36V交流电源，另外两相按原先顺序首尾串联后接入低压灯泡上，如发现灯不亮，将串联的某一相绕组端子倒接后，测试灯亮。三相依次试验。

图8-2　三相异步电动机首尾接错故障检测

检测结果说明，灯不亮的一次测试中的串联相首尾接错，两相感应电动势相减，灯上的电压减小，所以灯不亮。倒接以后，感应电动势相加，灯上电压变大，故灯亮。

（3）处理方法　将接错的相绕组首尾对调后，三相定子绕组故障分析及维修试验正确，接入三相交流电源，试机正常，故障排除。

8.2.2　三相异步电动机运行中的常见故障分析与处理

三相异步电动机的运行故障可分为两大类，即电气故障与机械故障。一旦运行出现异常，则应根据故障现象，分析原因，做出检测诊断，找出故障，制订维修方案，组织故障处理。

1. 电动机不能起动

（1）理论基础　电动机的起动必须要有起动转矩，而且起动转矩要大于起动时的负载总转矩，才能产生足够的加速度，电动机方可正常起动。无论是何种原因，造成电动机起动转矩、负载总转矩的异常，都将使起动异常。

（2）故障原因

1）三相供电线路断路。

2）定子绕组中有一相或两相断路。

3）开关或起动装置的触头接触不良。

4）电源电压过低。

5）负载过大或传动机械有故障。

6）轴承过度磨损，转轴弯曲，定子铁心松动。

7）定子绕组重新绕制后短路。

8）定子绕组接法与规定不合。

（3）处理方法

1）检测供电回路的开关、熔断器，恢复供电。

2）测量三相绕组电压，若不对称，确定断路点，修复断路相。

3）三相电压过低，则应分析原因，判断是否有接线错误；若是由于供电绝缘线太细造成的电压降过大，则应更换粗线。

4）减轻起动负载。

5）检查传动部位有无堵塞阻碍，若有则应排除。

6）若有短路迹象，应检测出短路点，作绝缘处理或更换绕组。

2. 运行中的声音异常与振动

（1）理论基础　电动机运行过程中的异常声音与振动主要来自于电磁振动与机械振动。电磁原因主要为电动机产生的电磁转矩不对称，转矩分布不平衡；机械原因主要为结构部件松动、摩擦加剧等。

（2）故障原因

1）电动机安装基础不平。

2）转子与定子摩擦。

3）转子不平衡。

4）轴承严重磨损。

5）轴承缺油。

6）电动机缺相运行。

7）定子绕组接触不良。

8）转子风叶碰壳、松动、摩擦。

（3）处理方法

1）检查紧固安装螺栓及其他部件，保持平衡。

2）校正转子中心线。

3）检查定子绕组供电回路中的开关、接触器触点、熔丝、定子绕组等，查出断相原因，作相应的处理。

4）更换磨损的轴承。

5）清洗轴承，重新加润滑脂或更换轴承。

6）清理风扇污染，校正风叶，旋紧螺栓。

7）查找电动机短路或断路的原因，做出相应的处理。

3. 温升过高或冒烟

（1）理论基础　电动机温升超过正常值，主要是由于电流增大，各种损耗增加，与散热失去平衡。温度过高时，将使绝缘材料燃烧冒烟。

（2）故障原因

1）电源电压过高或过低。

2）电动机过载。

3）电动机的通风不畅或积尘太多。

4）环境温度过高。

5）定子绕组有短路或断路故障。

6）定子缺相运行。

7）定子、转子摩擦，轴承摩擦等引起气隙不均匀。

8）电动机受潮或浸漆后烘干不够。

9）铁心硅钢片间的绝缘损坏，使铁心涡流增大，损耗增大。

（3）处理方法

1）检查调整电源电压值，是否将三角形联结的电动机误接成星形联结或将星形联结的电动机误接成三角形联结，应查明纠正。

2）对于过载原因引起的温升，应降低负载或更换容量较大的电动机。

3）检查风扇是否脱落，移开堵塞的异物，使空气流通，清理电动机内部的粉尘，改善散热条件。

4）采取降温措施，避免阳光直晒或更换绕组。

5）检查三相熔断器的熔丝有无熔断及起动装置的三相触点是否接触良好，排除故障或更换。

6）检查定子绕组的断路点，进行局部修复或更换绕组。

7）更换磨损的轴承。

8）校正转子轴。

9）检查绕组的受潮情况，必要时进行烘干处理。

4. 电动机转速不稳定

（1）理论基础　电动机转速不稳的原因一方面来自控制原因造成的电源不稳定，如反馈控制线松动，另一方面为电动机本身缺陷引起的电磁转矩不平衡。

（2）故障原因

1）笼型电动机的转子断条或脱焊。

2）绕线转子绕组中断相或某一相接触不良。

3）绕线转子的集电环短路装置接触不良。

4）控制单元接线松动。

（3）处理方法

1）查找并修补笼型电动机的转子断裂导条。

2）对于断路或短路的转子绕组要进行故障分析与处理，正常后投入运行。

3）调整电刷压力，改善电刷与集电环的接触面。

4）检查控制电路的接线，特别是给定端与反馈接头的接线，保持接线正确可靠。

5）对于绕线转子电动机集电环接触不良，应及时修理与更换。

5. 电动机外壳带电

（1）理论基础　机壳带电表明机壳与电源回路中的某一部件有不同程度的接触。这是一个严重故障的预兆，必须仔细检测分析，找出故障原因，确定合适的维修方法，排除故障后方可投入运行。

（2）故障原因

1）误将电源线与接地线搞错。

2）电动机的引出线破损。

3）电动机绕组绝缘老化或损坏，对机壳短路。

4）电动机受潮，绝缘能力降低。

（3）处理方法

1）检测电源线与接地，纠正接线。

2）修复引出线端部的绝缘。

3）用绝缘电阻表测量绝缘电阻是否正常，决定受潮程度，若较严重，则应进行干燥处理。

4）对绕组绝缘严重损坏的情况应及时更换。

6. 轴承过热

（1）理论基础　电动机轴承过热是由于摩擦增大，机械损耗增加引起的。

（2）故障原因

1）轴承损坏。

2）转轴弯曲，使轴承受外力作用。

3）缺润滑油。

4）润滑油污染或混入铁屑。

5）电动机两侧端盖或轴承未装平。

6）传动带过紧。

7）联轴器装配不良。

（3）处理方法

1）更换轴承。

2）校正轴承，调整润滑油，使其容量不超过轴承润滑室容积的 2/3。

3）对于轴承装配不正，应将端盖或轴承盖的正口装平，旋紧螺栓。

7. 负载运行转速低于额定值

（1）理论基础　在额定负载时的运行转速低于标定额定转速，说明电动机在此时并没有运行在固有特性曲线上，输出的功率低于额定功率。

（2）故障原因

1）电源电压过低（低于额定电压）。

2）三角形联结的电动机误接成了星形联结。

3）笼型电动机笼条断裂或脱焊。

4）绕线转子电动机的集电环与电刷接触不良，从而使接触电阻增大、损耗增大，输出功率减少。

5）电源缺相。

6）定子绕组的并联支路或并联导体断路。

7）绕线转子电动机转子回路串电阻过大。

8）机械损耗增加，从而使总负载转矩增大。

（3）处理方法

1）检测接线方式，纠正接线错误。

2）采用焊接法或冷接法修补笼型电动机的转子断条。

3）对于有转子绕组短路或断路的，应检测修复或更换绕组。

4）调整电刷压力，用细砂布磨好电刷与集电环的接触面。

5）对于由于熔断器断路出现的断相运行，应检查出原因，处理并更换熔断器熔丝。

6）对于机械损耗过大的电动机，应检查损耗原因，处理故障。

7）减轻负载。

8）适当减小转子回路串联的变阻器阻值。

【例题 8-2】　JO61—8 型 7.5kW 电动机，工作时机壳带电，温升快，无法正常运行。

解：

（1）检查诊断　该电动机与小型提升绞车配用。长期过载运行该电动机，很可能导致绝缘性能降低，从而引起接地故障。

（2）检测方法　拆开各相绕组连线端子，用 500V 绝缘电阻表测绕组与机壳的绝缘电阻，观察指针接近于"0"位，说明该相绕组存在接地故障。经仔细检查，发现当绝缘电阻表摇动时，线圈伸出槽口位置有微弱放电闪烁，并伴有"吱吱"声，由此可判断该处为接地点。

（3）处理方法　该点接地不严重，故可用增加绝缘的方法进行修复。具体做法为

1）用电烙铁对接地线圈加热软化。

2）在接地线圈与铁心之间插入绝缘材料。

3）在接地点涂上绝缘漆，并用耐温等级相同的漆绸带包扎好。

4）涂上绝缘漆干燥后，装机试验，故障排除。

8.3　技能培养

8.3.1　技能评价要点

该学习情境的技能评价要点见表 8-1。

表 8-1　"三相异步电动机的维护"学习情境的技能评价要点

序号	技能评价要点	权重（%）
1	能正确处理三相异步电动机的常见故障	20
2	能正确检查新安装和维修后的电动机，特别是对其绝缘、电源及起动保护作必要的测试	20
3	能在三相异步电动机运行过程中监视运行中的异常状况，能够正确分析出现的异常声响与气味的原因，做出正确的处理。对于严重振动、冒烟、剧烈温升，能够及时、妥善地处理	20
4	能正确应用定期小修与大修的基本项目中的测试方法	20
5	塑造工程思维与科学思维，提高辩证思考能力；培育吃苦耐劳精神；强化节约意识，合理使用耗材	20

8.3.2　技能实训

1. 应知部分

（1）三相异步电动机的常规检查项目有哪些？

（2）三相异步电动机的定期检修项目有哪些？

（3）三相异步电动机的绕组故障有哪些？

（4）三相异步电动机运行中有哪些故障？有哪些不正常运行状态？

（5）三相异步电动机的基本检测方法有哪些？

2. 应会部分

（1）对三相异步电动机进行常规维护。

（2）正确处理三相异步电动机的绕组故障。

（3）正确处理三相异步电动机运行中的常见故障。

（4）正确运用三相异步电动机的基本检测方法。

模块 3 直流电机

学习情境 9 直流电机的选用

9.1 学习目标

【知识目标】 掌握直流电机的原理与结构；了解直流电机的电枢绕组的基本类型、特点及用途；理解直流电机磁场、感应电动势与转矩的概念；掌握直流电机的选用方法。

【能力目标】 培养学生根据生产实际需要选择直流电机的能力。

【素质目标】 强化学生立足需求分析、比较、优化选择方案；培育学生使用国产化产品意识。

9.2 基础理论

9.2.1 直流电机的原理与结构

直流电机既可用作发电机将机械能转换为直流电能，又可用作电动机将直流电能转换为机械能。直流发电机具有电压波形好、过载能力大的特点，直流电机广泛应用于各种便携式的电子设备或器具中，如录音机、VCD 机、电动按摩器及各种玩具，也广泛应用于汽车、摩托车、电动自行车、船舶、航空、机械等行业，在一些高精尖产品中也有广泛应用。在武器装备中，直流电机广泛应用于导弹、火炮、人造卫星、宇宙飞船、舰艇、飞机、坦克、火箭、雷达、战车等场合。随着时代的发展，直流电机的应用会更多。特别是出现永磁无刷电机后，永磁直流电机的生产数量不断上升。我国每年生产的各种永磁直流电机达数十亿台以上，生产永磁直流电机的厂家不计其数。

1. 直流电机的结构

直流电机主要由静止的定子和旋转的转子两大部分组成。定子与转子之间有空隙，称为气隙。定子部分包括机座、主磁极、换向极、端盖、电刷等装置；转子部分包括电枢铁心、电枢绕组、换向器、转轴、风扇等部件。

下面介绍直流电机主要部件的作用与基本结构，如图 9-1 所示。

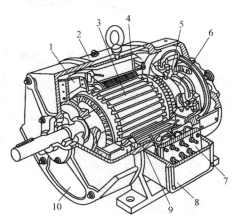

图 9-1 直流电机的基本结构

1—风扇 2—机座 3—电枢 4—主磁极
5—刷架 6—换向器 7—接线板
8—出线盒 9—换向极 10—端盖

（1）定子部分

1）机座

① 作用：固定主磁极、换向极、端盖等。机座还是磁路的一部分，用以通过磁通的部分称为磁轭。

② 材料：铸钢或厚钢板焊接而成，具有良好的导磁性能和机械强度。

2）主磁极

① 作用：产生气隙磁场。

② 组成：如图 9-2 所示，主磁极包括铁心和励磁绕组两部分。主磁极铁心的柱体部分称为极身，靠近气隙一端较宽的部分称为极靴。极靴做成圆弧形，使气隙磁通均匀；极身上套有产生磁通的励磁绕组。

③ 材料：主磁极铁心一般由 1.0～1.5mm 厚的低碳钢板冲片、叠压、铆接而成。

3）换向极

① 作用：改善换向。

② 组成：如图 9-3 所示，有铁心、绕组。

③ 材料：铁心用整块钢制成，如要求较高，则用 1.0～1.5mm 厚的钢板叠压而成；绕组用粗铜线绕制，流过的是电枢电流。

④ 安装位置：在相邻两主磁极的正中间。

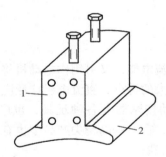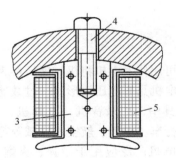

图 9-2　直流电机的主磁极

1—极身　2—极靴　3—主磁极铁心　4—螺栓　5—励磁绕组

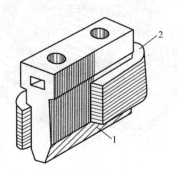

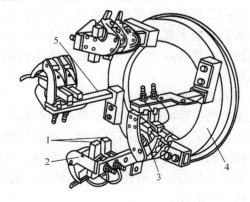

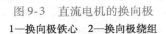

图 9-3　直流电机的换向极

1—换向极铁心　2—换向极绕组

图 9-4　直流电机的电刷装置

1—电刷　2—刷握　3—弹簧及弹簧压板　4—座圈　5—刷杆

4）电刷装置

① 作用：既起连接内外电路的作用，又起交流、直流变换作用。

② 组成：电刷、刷握、刷杆、弹簧及弹簧压板、座圈等构成，如图 9-4 所示。一般情况下，电刷组的个数等于主磁极的个数。

（2）转子部分

1）电枢铁心

① 作用：磁路的一部分。

② 结构：如图 9-5 所示，用 0.5mm 厚、两边涂有绝缘漆的硅钢片叠压而成。电枢铁心的外圆周开槽，用来嵌放电枢绕组。

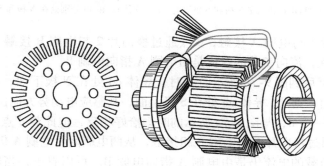

图 9-5　电枢铁心

2）电枢绕组

① 作用：产生感应电动势、通过电枢电流。它是电动机实现机 – 电能量转换的关键。

② 组成：绝缘导线绕成的线圈（或称元件），按一定规律连接而成。

3）换向器

① 作用：控制绕组中电流换向。

② 组成：如图 9-6 所示，是由多个压在一起的梯形铜片构成的一个圆筒，片与片之间用一层薄云母绝缘，电枢绕组各元件的首端和尾端与换向片按一定规律连接。换向器与转轴固定在一起。

2. 直流电机的工作原理

（1）直流发电机的工作原理　直流发电机是根据导体在磁场中做切割磁力线运动，从而在导体中产生感应电动势的电磁感应原理制成的。为获得直流电动势输出，就要把电枢绕组先连接到换向器上，再通过电刷输给负载，其工作原理如图 9-7 所示。

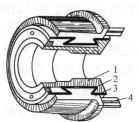

图 9-6　换向器
1—V 形套筒　2—云母片
3—换向片　4—连接片

定子上的主磁极 N 和 S 可以是永久磁铁，也可以是电磁铁。嵌在转子铁心槽中的某一个元件 abcd 位于一对主磁极之间，元件的两个端点 a 和 d 分别接到换向片 1 和 2 上，换向片表面分别放置固定不动的电刷 A 和 B，而换向片随同元件同步旋转，由电刷、换向片把元件 abcd 与外负载连接成电路。

当转子在原动机的拖动下按逆时针方向恒速旋转时，元件 abcd 中将有感应电动势产生。在图 9-7a 所示时刻，导体 ab 处在 N 极下面，根据右手定则判断其感应电动势方向由 b 到 a；导体 cd 处在 S 极下面，其感应电动势方向由 d 到 c；元件中的电动势方向为 d—c—b—a，

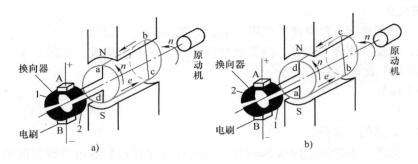

图 9-7　直流发电机的工作原理

a）导体 ab 和 cd 分别处在 N 极和 S 极下时　　b）导体 cd 和 ab 分别处在 N 极和 S 极下时

此刻 a 点通过换向片 1 与电刷 A 接触，d 点通过换向片 2 与电刷 B 接触，则电刷 A 呈正极性，电刷 B 呈负极性，流向负载的电流是由电刷 A 指向电刷 B。

当转子旋转 180°后到图 9-7b 所示时刻时，导体 cd 处在 N 极下面，根据右手定则判断其感应电动势方向由 c 到 d；导体 ab 处在 S 极上面，其感应电动势方向为 a 到 b；元件中的电动势方向为 a—b—c—d，与图 9-7a 所示的时刻恰好相反，但此刻 d 点通过换向片 2 与电刷 A 相接触，a 点通过换向片 1 与电刷 B 相接触，从两电刷间看电刷 A 仍呈正极性，电刷 B 仍呈负极性，流向负载的电流仍是由电刷 A 指向电刷 B。可以看出，当转子旋转 360°经过一对磁极后，元件中的电动势将变化一个周期，转子连续旋转时，元件中产生的是交变电动势，而电刷 A 和电刷 B 之间的电动势方向却保持不变。

由以上分析看出，由于换向器的作用，处在 N 极下面的导体永远与电刷 A 相接触，处在 S 极下面的导体永远与电刷 B 相接触，使电刷 A 总是呈正极性，电刷 B 总是呈负极性，从而获得直流输出电动势。

一个线圈产生的电动势波形如图 9-8a 所示，这是一个脉动的直流，不能作为直流电源使用。实际应用的直流发电机是由很多个元件和相同个数的换向片组成电枢绕组，这样可以在很大程度上减少其脉动幅值，可以看作是稳恒电流电源，如图 9-8b 所示。经验表明：一对磁极范围内电枢绕组匝数不低于 8 匝即可得到近似恒稳直流电压。

（2）直流电动机的工作原理（图 9-9）　根据电磁力定律可知，通电导体在磁场中要受到电磁力的作用。直流电动机就是根据通电导体在磁场中受力而运动的原理制成的。

电磁力的方向用左手定则来判定，左手定则规定：将左手伸平，使拇指与其余四指垂直，并使磁力线的方向指向掌心，四指指向电流的方向，则拇指所指的方向就是电磁力的方向。

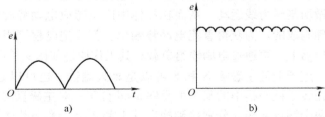

图 9-8　直流发电机输出的电动势波形

a）单匝线圈电动势　b）电刷间输出电动势

如图 9-9a 所示，导体 ab 在 N 极下，电流方向由 a 到 b，根据左手定则可知导体 ab 受力方向向左；导体 cd 在 S 极上，电流方向由 c 到 d，因此导体 cd 的受力方向向右。两个电磁力所产生的电磁转矩使电枢按逆时针方向旋转。当转子旋转 180°，转到如图 9-9b 所示的位置时，导体 ab 转到 S 极上，电流方向由 b 到 a，导体的受力方向向右；而导体 cd 在 N 极下，电流方向由 d 到 c，导体的受力方向向左，故电枢仍按逆时针方向旋转。

由此可知，通过换向器的作用，与电源负极相连的电刷 B 始终和 S 极下的导体相连，故 S 极下导体中的电流方向恒为流出；而与电源正极相连的电刷 A 始终和 N 极下导体相连，故 N 极下导体中电流方向恒为流入。当导体 ab 和 cd 不断交替出现在 N 极和 S 极下时，两导体所受电磁力矩始终为逆时针方向，因而使电枢按一定方向旋转。

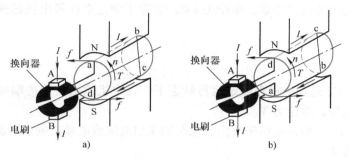

图 9-9　直流电动机的工作原理

a）导体 ab 和 cd 分别处在 N 极下和 S 极上时　b）导体 cd 和 ab 分别处在 N 极下和 S 极上时

直流电动机有以下几方面的优点：

① 调速范围广，且易于平滑调节。

② 过载能力强，起动、制动转矩大。

③ 易于控制，可靠性高。

直流电动机调速时的能量损耗较小，所以在调速要求高的场所，如轧钢机、电车、电气铁道牵引、高炉送料、造纸、纺织拖动、吊车、挖掘机械、卷扬机拖动等方面，直流电动机均得到了广泛的应用。

从以上分析可以看出：一台直流电机原则上既可以作为电动机运行，也可以作为发电机运行，取决于外界不同的条件。将直流电源加于电刷输入直流电流，电机能将直流电能转换为机械能；如用原动机拖动直流电机的电枢旋转，输入机械能，电机能将机械能转换为直流电能从电刷输出。同一台电机既能作为电动机运行又能作为发电机运行的原理，称为电机的可逆原理。

从直流电机的工作原理分析还可知：无论是发电机还是电动机，其绕组内的感应电动势和电枢电流都是交流，而正、负电刷的极性却是固定的，即通过电刷输出的（发电机）或输入的（电动机）都是直流。电刷和换向片起着机械整流的作用，将电刷外部的直流变成电枢绕组内的交流（电动机）或将内部的交流变成电刷外部的直流（发电机）。

3. 直流电机的铭牌

电机制造厂在每台电机机座的显著位置上都钉有一块金属标牌，这块标牌称为铭牌。铭牌上标明的各物理量的数值，是电机制造厂根据国家有关标准的要求规定的，称为额定值。如果电机运行时的全部电量和机械量都等于额定值就称为电动机的额定运行。

铭牌数据主要包括：电机型号、额定功率、额定电压、额定电流、额定转速、励磁电流及励磁方式等。此外，还有电机的出厂数据，如出厂编号、出厂日期等。

电机铭牌上所标的数据为额定数据，具体含义有以下几点。

（1）型号 电机的型号一般采用大写印刷体的汉语拼音字母和阿拉伯数字表示。一般用途直流发电机的类型代号是 ZF，直流电动机的类型代号是 ZD。类型代号后面的数字表示电机的尺寸、规格。例如，ZF423/230 表示直流发电机电枢铁心外径为 423mm，铁心长为 230mm。

（2）直流电机的额定值

1）额定功率 P_N 是指电机在额定状态下运行时，作为发电机向负载输出的电功率或作为电动机时轴上输出的机械功率，单位为 kW。它等于额定电压和电流的乘积再乘以电动机的效率，即

$$P_N = \eta_N U_N I_N（直流电动机）$$
$$P_N = U_N I_N（直流发电机）$$

2）额定电压 U_N 是指电机在额定运行状态下，发电机供给负载的端电压或加在电动机两端的直流电源电压，单位为 V。

3）额定电流 I_N 是指发电机带额定负载时的输出电流或电动机轴上带额定机械负载时的输入电流，单位为 A。

4）额定转速 n_N 是指在额定电压、额定电流和额定输出功率的情况下的转速，单位为 r/min。

（3）励磁方式 励磁方式是指主磁极励磁绕组供电的方式以及它与电枢绕组的连接方式。

实际运行中，电机不可能总是运行在额定状态。如果电机的电流小于额定电流，称为欠载运行；超过额定电流，称为过载运行。长期过载，有可能因过热而损坏电机；长期欠载，运行效率不高，浪费能量。为此，在选择电机时，应根据负载要求，尽量让电机工作在额定状态。

9.2.2 直流电机的电枢绕组

电枢绕组是直流电机的核心部分。电枢绕组放置在电机的转子上，当转子在电机磁场中转动时，不论是电动机还是发电机，绕组均产生感应电动势。当转子中通有电流时将产生电枢磁动势，该磁动势与电机气隙磁场相互作用产生电磁转矩，从而实现机电能量的相互转换。

1. 电枢绕组的基本要求及基本概念

对电枢绕组的基本要求是：一方面能够产生足够大的电动势，通过一定大小的电流，产生足够的转矩；另一方面要尽可能节约材料，结构简单。

电枢绕组是由多个形状相同的线圈，按照一定的规律连接起来而组成的。根据连接规律的不同，绕组可分为单叠绕组、单波绕组、复叠绕组、复波绕组及混合绕组等几种形式。下面介绍绕组中的常用术语。

（1）元件 构成绕组的线圈称为绕组的元件，元件分为单匝和多匝两种。

元件的首尾端：每一个元件不管是单匝还是多匝，均引出两根线与换向片相连，其中一根称为首端，另一根称为尾端。

（2）实槽与虚槽 电机电枢上实际开出的槽称为实槽。电机往往由较多的元件来构成

电枢绕组，通常在每个槽的上、下层各放置若干个元件边，如图 9-10 所示。所谓"虚槽"，即单元槽。每个虚槽的上、下层各有一个元件边。一个电机有 Z 个实槽，每个实槽有 u 个虚槽，则虚槽数为 uZ。

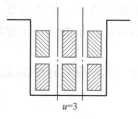

图 9-10　实槽与虚槽

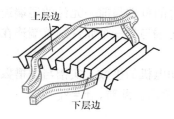

图 9-11　绕组元件在槽内的放置

（3）元件数、换向片数与虚槽数　每个元件有两个元件边，而每一个换向片连接两个元件边，又因为每个虚槽里包含两个元件边，所以绕组的元件数 S、换向片数 K 和虚槽数 Z_i 三者应相等。

（4）极距　极距就是沿电枢表面圆周上相邻两磁极间的距离，用 τ 表示。通常用虚槽数表示较为方便，即

$$\tau = \frac{Z_i}{2p} \tag{9-1}$$

式中　p——磁极对数。

　　　Z_i——虚槽数。

（5）波绕组　波绕组是指相串联的两个元件呈波浪式的前进。

节距是指被连接的两个元件边或换向片之间的距离，用跨过的元件边数或换向片数表示。

绕组是由元件构成的，而元件由两条元件边和端接线组成。元件边放在槽内，能切割磁力线产生感应电动势，称为"有效边"；端接线放在槽外，不切割磁力线，仅作为连接线使用。为了便于嵌线，每个元件的一个边放在某一个槽的上层，称为上层边；另一个边则放在另一个槽的下层，称为下层边，如图 9-11 所示。绘图时，为了表达清晰，将上层边用实线表示，下层边用虚线表示。

1）第一节距 y_1。同一个元件两个有效边之间的距离称为第一节距。为了获得较大的感应电动势，y_1 应等于或接近于一个极距，即

$$y_1 = \frac{Z_i}{2p} \pm \varepsilon = 整数 \tag{9-2}$$

式中　ε——小于 1 的正分数，用它来把 y_1 凑成整数。

若 $\varepsilon = 0$，则 $y_1 = \tau$，称为整距绕组；当 $y_1 > \tau$ 时，称为长距绕组；当 $y_1 < \tau$ 时，称为短距绕组。

2）第二节距 y_2。它表示相邻的两个元件中，第一个元件下层边与第二个元件上层边之间的距离。

3）合成节距 y。相邻两个元件对应边之间的距离称为合成节距。它表示每串联一个元件后，绕组在电枢表面前进或后退了多少个虚槽，是反映不同形式绕组的一个重要标志。

4）换向节距 y_K。一个元件两个出线端所连接的换向片之间的距离称为换向节距。由于

元件数等于换向片数，所以换向片节距等于合成节距，即 $y_K = y$。

2. 单叠绕组

（1）展开图 单叠绕组是指每个元件的首端和尾端分别连接到相邻的两个换向片上，后一元件的首端与前一元件的尾端连在一起，并接到同一个换向片上，依次串联，最后一个元件的尾端与第一个元件的首端连在一起，形成一个闭合的结构。单叠绕组示意图如图9-12所示。

已知电机的极数，实槽与虚槽数相同，且 $Z = S = K = 16$，其单叠右行整距绕组展开图如图9-13所示。此时，$y = y_K = 1$。

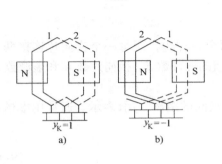

图9-12 单叠绕组示意图

a）右行绕组 b）左行绕组

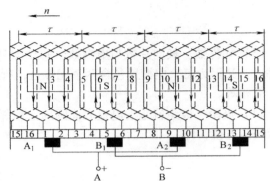

图9-13 单叠绕组展开图

（2）绕组的并联支路数 由单叠绕组电枢支路图9-14可知，每个支路的电流是电枢总电流的1/4。

从图9-14不难看出，单叠绕组的支路数恒等于主磁极数，或者说支路对数等于主磁极的对数，即

$$2a = 2p \text{ 或 } a = p \qquad (9-3)$$

式中 a——并联支路对数。

图9-14表明，支路内的元件随电枢旋转是变化的，但支路的几何位置是不变的。

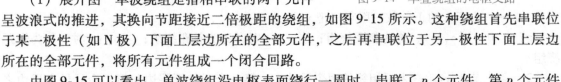

图9-14 单叠绕组的电枢支路

3. 单波绕组

（1）展开图 单波绕组是指相串联的两个元件呈波浪式的推进，其换向节距接近二倍极距的绕组，如图9-15所示。这种绕组首先串联位于某一极性（如N极）下面上层边所在的全部元件，之后再串联位于另一极性下面上层边所在的全部元件，将所有元件组成一个闭合回路。

由图9-15可以看出，单波绕组沿电枢表面绕行一周时，串联了 p 个元件，第 p 个元件绕完后恰好回到起始元件所连换向片相邻的左边或右边的换向片上，由此再绕行第二周、第三周，一直绕到第 $(K+1)/2$ 周，将最后一个元件的下层边连接到起始元件上层边所连的换向片上，构成闭合绕组。

单波绕组的换向节距为

$$y_K = \frac{Z \mp 1}{p}$$

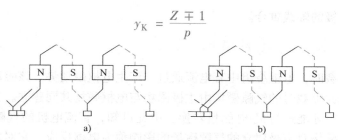

图 9-15　单波绕组示意图

a）左行绕组　b）右行绕组

式中若取负号，则绕行一周后，比出发时的换向片后退一片，称为左行绕组，如图 9-15a 所示；如取正号，绕行一周后，则前进一片，称为右行绕组，如图 9-15b 所示。由于右行绕组端线耗铜较多，又有交叉现象，所以一般采用左行绕组。

已知电机极数、实槽与虚槽数相同，且 $z = s = k = 15$，单波左行绕组展开图如图 9-16 所示。

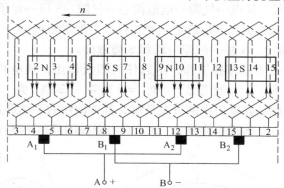

图 9-16　单波左行绕组展开图

（2）绕组的并联支路数　单波绕组的并联支路如图 9-17 所示。由图不难看出，无论电机有多少对磁极，单波绕组并联支路数恒等于 2，即

$$2a = 2 \text{ 或 } a = 1 \qquad (9\text{-}4)$$

从图 9-17 来看，单波绕组只要有正、负各一组电刷即可，但实际上仍采用电刷

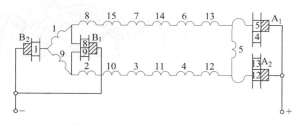

图 9-17　单波绕组的并联支路

组数与主磁极的数目相等，这样可以减少每组电刷通过的电流，又能缩短换向器的长度，节约用铜量。

综上所述可知，单叠绕组的支路数等于主磁极数，电枢电动势就是每个支路电动势，电枢电流是各支路电流之和。单波绕组的支路数恒等于 2，电枢电动势也是每个支路的电动势，电枢电流是各支路电流之和。在绕组元件数、磁极对数（$p > 1$）和导线截面等均相同的情况下，单叠绕组多用于电压较低、电流较大的电机；单波绕组多用于电压较高、电流较小的电机。

4. 主磁极和电刷的放法

单叠绕组和单波绕组的主磁极放法相同，即对称均匀放置。电刷的放置原则也相同，即电刷的中心与主磁极的轴线重合。

9.2.3　直流电机的磁场及电枢反应

当电机带有负载时，电枢绕组中有电流通过，产生电枢磁动势。该磁动势所建立的磁场称为电枢磁场，因此负载时的气隙磁场由主极磁场与电枢磁场共同建立。正是这两个磁场的相互作用，直流电机才能进行机-电能量转换。由此可知，直流电机的气隙磁场从空载到负载是变化的，电枢磁场对主极建立的气隙磁场的影响称为电枢反应，它对电机的运行性能影响很大。

1. 直流电机的空载磁场

直流电机空载（发电机开路、电动机空轴）运行时，其电枢电流等于零或近似等于零。因而，空载磁场是由励磁绕组产生的励磁磁动势建立的。

图9-18a为四极空载时的磁场分布，通电产生 N、S 磁极间隔均匀的空载磁场。

1）主磁通 Φ 的路径　N 极→气隙→电枢铁心→气隙→S 极→定子磁轭→N 极。

作用：同时交链励磁绕组和电枢绕组，实现机－电能量转换。

2）漏磁通 Φ_σ 的路径　N 极→气隙→相邻 S 极磁极。

作用：只影响电机的能量转换工作，不起任何积极作用，使电机的损耗加大、效率降低，增大了磁路的饱和程度。一般情况下，$\Phi_\sigma = （15\% \sim 20\%）\Phi$。

图9-18b为两极主磁场在电机中的分布情况，其方向用右手螺旋定则确定。在电枢表面上磁感应强度为零的地方是物理中性线 $m-m$，它与磁极的几何中性线 $n-n$ 重合。

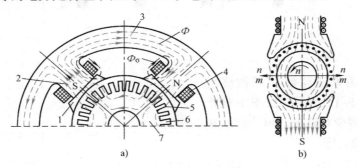

图 9-18　直流电机空载时的磁场分布

a）四极主磁场　b）两极主磁场

1—极靴　2—极身　3—定子磁轭　4—励磁线圈　5—气隙　6—电枢齿　7—电枢磁轭

2. 直流电机的电枢磁场

图9-19为直流电机的电枢磁场，其方向由右手定则确定。电枢电流的方向总是以电刷为界限来划分的，在电刷两边，N 极下面的导体和 S 极上面的导体电流方向始终相反。

3. 直流电机的电枢反应

图9-20为电枢磁场与主磁场叠加后的磁场。与图9-18b 比较可见，带负载后出现的电枢磁场对主磁场的分布有如下明显的影响：

1）电枢反应使主磁极下的磁力线扭斜，磁通密度分布不均匀，合成磁场发生畸变。磁场畸变的结果，使原来的几何中性线 $n-n$ 处的磁场不等于零，物理中性线与几何中性线不再重合。对于发电机是顺旋转方向偏移 α 角，对于电动机是逆旋转方向偏移 α 角。

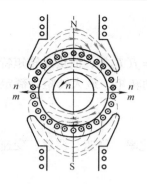
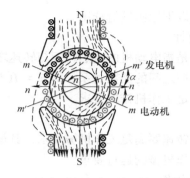

图 9-19　直流电机的电枢磁场　　　　　　图 9-20　电枢磁场与主磁场叠加后的磁场

2) 电枢反应使主磁场削弱, 电动机输出功率减小。

9.2.4　直流电机的感应电动势与电磁转矩

1. 直流电机的感应电动势

直流电机电枢绕组的感应电动势为

$$E_a = C_e \Phi n \tag{9-5}$$

式中　Φ——电机的气隙磁通;

　　　n——电机的转速;

　　　C_e——与电机结构有关的常数, 称为电动势常数, $C_e = \dfrac{pN}{60a}$。

E_a 的方向由 Φ 与 n 的方向按右手定则确定, p 为极对数, N 为电枢导体总数, a 为串联支路对数。对发电机, E_a 与电枢电流同方向, 为正电动势; 对电动机, E_a 与电枢电流反方向, 为反电动势。

式 (9-5) 表明, 直流电机的感应电动势与电机结构、气隙磁通和电机转速有关。当电机制造好后, 与电机结构有关的常数 C_e 不再变化。因此, 电枢电动势仅与气隙磁通和转速有关, 改变磁通和转速均可以改变电枢电动势的大小。

2. 直流电机的电磁转矩

直流电机的电磁转矩 T_M 为

$$T_M = C_T \Phi I_a \tag{9-6}$$

式中　I_a——电枢电流;

　　　C_T——与电机结构相关的常数, 称为转矩常数, $C_T = \dfrac{pN}{2\pi a}$。

电磁转矩 T_M 的方向由气隙磁通 Φ 及电枢电流 I_a 的方向按左手定则确定。对发电机, T_M 与转速反方向, 为阻力转矩; 对电动机, T_M 与转速同方向, 为驱动力矩。

式 (9-6) 表明, 若要改变电磁转矩的大小, 只要改变 Φ 或 I_a 的大小即可; 若要改变 T_M 的方向, 只要改变 Φ 或 I_a 其中之一的方向即可。

从式 (9-6) 可看出, 制造好的直流电机的电磁转矩仅与电枢电流和气隙磁通成正比。

9.2.5　直流电机的选用

直流电动机的选择要从负载的要求出发, 考虑工作条件、负载性质、生产工艺、供电情况等，可按照以下原则进行选用。

1. 机械特性

机械特性是指电动机的电磁转矩与转速之间的函数关系 $n = f(T_M)$；而负载转矩特性是负载转矩与转速之间的函数关系，即 $n = f(T_L)$；电动机的起动转矩、最大转矩、额定转矩等性能均应满足工作机械的要求。

2. 转速

电动机的转速要满足工作机械要求，其最高转速、转速变化率、稳速、调速、变速等性能均能适应工作机械的运行要求。

3. 运行经济性

为避免出现"大马拉小车"现象，在满足工作机械运行要求的前提下，尽可能选用结构简单、运行可靠、造价低廉的电动机。

4. 直流电动机常见类型

（1）SZ 系列微型直流伺服电动机　SZ 系列微型直流伺服电动机广泛应用于自动控制等系统中用作执行元件，也可作驱动元件（见图 9-21a）。

（2）ZK 系列直流电动机　本型电动机系封闭式并励直流电动机，作驱动液泵之用。本电动机按湿热带型电动机要求制造（见图 9-21b）。

（3）ZYT 型永磁直流电动机　采用铁氧体永久磁铁，系封闭自冷式。作为小功率直流电动机，可在各种装置中用作驱动元件。它可直联各种减速机如：RV 系列涡轮减速机；WB 系列微型摆线减速机（见图 9-21c）。

（4）GK（CJ）系列方箱齿轮直流减速电动机　本系列减速电动机由 HK（CJ）系列方箱齿轮与各系列的直流电动机耦合而成，采用高精度加工设备，结合完善的工艺加工而成。它具有噪声低、运转平稳的特性。减速比 3 - 500，搭配不同功率电动机，可得到立项的输出转矩（见图 9-21d）。

（5）ZYT261、ZYT261/H1 永磁直流电动机　ZYT261、ZYT261/H1 永磁直流电动机系封闭自冷式铁氧体永久磁铁的直流电动机，广泛用于自动焊接设备和其他装置中做驱动元件（见图 9-21e）。

（6）铝镍钴永磁直流电动机　起动转矩与电枢电流成正比。转速变化也为 5% ~ 15%。它可以通过消弱磁场恒功率来提高转速或通过降低转子绕组的电压来使转速降低（见图 9-21f）。

（7）铁氧体永磁直流电动机　短时过载转矩为额定转矩的 1.5 倍。转速变化率较小，为 5% ~ 15%。它可通过消弱磁场的恒功率来调速（见图 9-21g）。

（8）TYCX132M - 4 - 7.5kW 上海三相稀土永磁直流电动机　并励直流电动机的励磁绕组与转子绕组相并联，其励磁电流较恒定，起动转矩与电枢电流成正比，起动电流为额定电流的 2.5 倍左右。转速则随电流及转矩的增大而略有下降（见图 9-21h）。

（9）复励直流电动机　空载转速甚高（一般不允许其在空载下运行）。它可通过用外用电阻器与串励绕组串联（或并联）或将串励绕组并联换接来实现调速（见图 9-21i）。

（10）并励直流电动机　励磁绕组与转子绕组之间通过电刷和换向器相串联，励磁电流与电枢电流成正比，定子的磁通量随着励磁电流的增大而增大，转矩近似与电枢电流的二次方成正比（见图9-21j）。

（11）ZQ－76 直流牵引电机　它为用于矿用电机车上的电机。主要技术参数定额：小时制，额定功率：24kW，额定电压：550V，额定电流：50.5A，额定转速：600r/min，最大电流：111A，最高转速：1400r/min，励磁方式：串励（见图9-21k）。

（12）Z4 系列直流电动机　本系列电动机可广泛应用于冶金工业轧机、金属切削机床、造纸、染织、印刷、水泥、塑料挤出机械等各类工业部门（见图9-21l）。

（13）Z2 系列直流电机　Z2 系列电机为一般工业用小型直流电机，可用于金属切削机床、造纸、染织、印刷、水泥等。其发电机可作动力电源，照明或其他恒压供电（见图9-21m）。

（14）ZTP 铁路机车电机　ZTP 型直流辅助电机，专用于内燃机车、电力机车上拖动液压泵、鼓风机、空气压缩机、辅助发电机、测速发电机及其他辅助机械电动机等（见图9-21n）。

（15）Z 系列直流电机　本系列电机可广泛用于冶金工业轧机、金属切削机床、造纸、染织、印刷、水泥、塑料挤出机械等各类工业部门（见图9-21o）。

（16）ZSN4 系列直流电机　本系列电机采用管道通风的冷却方式，使电机能在粉尘较大的恶劣环境中，安全可靠地运行（见图9-21p）。

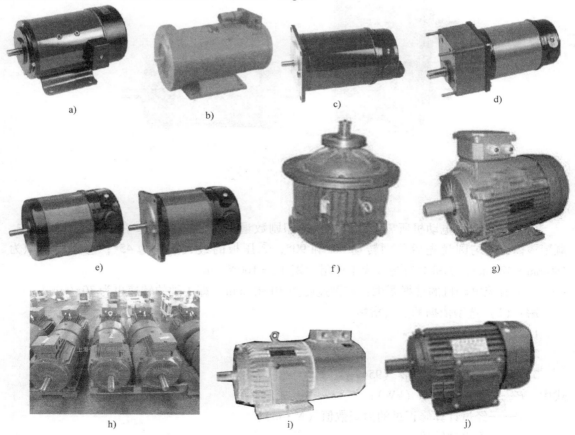

a) b) c) d)

e) f) g)

h) i) j)

图9-21　直流电动机常见类型

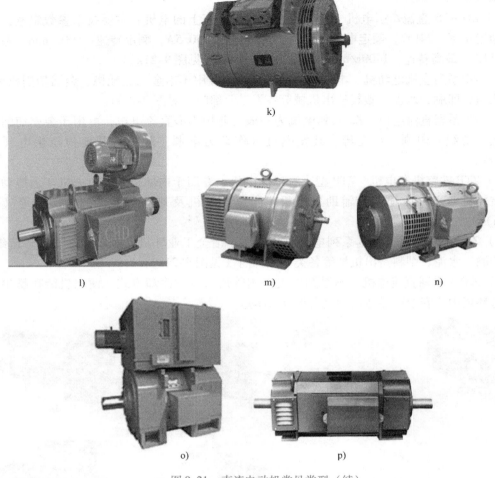

k)

l)

m)

n)

o)

p)

图 9-21 直流电动机常见类型（续）

【例题 9-1】

（1）选择直流电动机所需要的数据：①印刷数量为 30 张/min；②在一个工作循环中，蘸墨滚筒，均匀圆盘先后分别转动 60° 和 90°；③压板的最大摆角为 45°；④印刷面积为 480mm×325mm；⑤机器所受最大工作阻力矩 $M_r = 100$N·m。

（2）直流电动机的选择要求：印刷速度为 30 张/min（即主轴的转速也为 30r/min）。

解：（1）选型依据的主要指标

1）输入轴功率。

2）输出轴力矩。

3）两者关系：$P = Tn_2 / (9549\eta)$

式中　P——输入轴功率（kW）；

　　　T——经过计算修正过的力矩数值（N·m）；

　　　n_2——输出轴转速（r/min）；

　　　η——减速机的转动效率。

（2）选型计算步骤

1）主轴的理论力矩。根据使用要求，计算出主轴的理论输出力矩 T_1，即

$$T_1 = 9549P/n$$

$$P = [0.02(蘸墨) + 0.35(刷墨) + 0.02(匀墨) + 0.35(压印) + 0.01(夹纸)]kW = 0.75kW$$

$$T_1 = 9549 \times 0.75/30N \cdot m = 238.725N \cdot m$$

2）输出轴理论力矩的修正。由于使用环境温度的不同与工作运转中受力的变化，所以在进行实际考虑的时候必须要对理论力矩进行修正，以保证减速器的正常运作和使用寿命。

$$T = T_1 a_1 a_2$$

式中 T——选型用力矩（N·m）；

T_1——理论计算力矩（N·m）；

a_1——环境温度系数（见表9-1）；

a_2——工作运转过程中受力变化状况系数（见表9-2）。

表9-1 环境温度系数

环境温度/℃	10 ~ 25	26 ~ 30	31 ~ 40	41 ~ 50
a_1	1	1.2	1.4	1.6

表9-2 受力变化状况系数

运行状况	24h 内运行的实际时间		
	<2	>2 ~ 10	>10 ~ 24
平稳运行	0.8	1	1.2
中等冲击载荷	1	1.2	1.4
加大冲击载荷	1.25	1.5	1.75

注：如果在运行过程中每小时开启次数或者正反转换向次数等于或大于12次，那么表中的数值应再乘以1.2。

本机器工作的环境温度在 26 ~ 30℃ 范围内，所以 $a_1 = 1.2$，在工作中所受到的载荷为中等冲击载荷，工作时间在 2 ~ 10h 范围内，所以 $a_2 = 1.2$，有

$$T = 238.725 \times 1.2 \times 1.2N \cdot m = 343.764N \cdot m$$

（3）输出轴功率的计算

$$P = Tn_2/(9549\eta)$$

式中 P——输入轴功率（kW）；

T——经过计算修正过的力矩数值（N·m）；

n_2——输出轴转速（r/min）；

η——减速机的转动效率，由表9-3查取。

表9-3 减速机的转动效率

1	V 带传动	$\eta_1 = 0.94$
2	圆柱直齿轮传动（8 级精度）	$\eta_2 = 0.97$
3	凸轮机构传动	$\eta_3 = 0.95 \sim 0.97$
4	棘轮机构传动	$\eta_4 = 0.95 \sim 0.97$
5	四杆机构传动	$\eta_5 = 0.969$
6	槽轮机构传动	$\eta_6 = 0.95 \sim 0.97$
7	不完全齿轮传动	$\eta_7 = 0.96 \sim 0.98$

算得直流电动机输入功率 $P = 1.08\mathrm{kW}$。

查直流电动机选型手册知道,最接近 $1.08\mathrm{kW}$ 的为 $1.1\mathrm{kW}$,转速为 $955\mathrm{r/min}$。

根据直流电动机选型手册,最终选定电动机型号为西玛电动机 Z2 – 32。

9.3　技能培养

9.3.1　技能评价要点

该学习情境的技能评价要点见表9-4。

表9-4　"直流电机的选用"学习情境的技能评价要点

序号	技能评价要点	权重(%)
1	能正确认识直流电机结构	10
2	能正确说出直流电机各部分的作用	10
3	能正确说出直流电机的工作原理	10
4	能正确说出直流电机电枢绕组的分类及其特点	5
5	能正确说出直流电机磁场、感应电动势、电磁转矩的概念	5
6	能根据工程实际要求正确选择直流电机的型号	40
7	强化立足需求分析、比较、优化选择方案;培育使用国产化产品意识	20

9.3.2　技能实训

1. 应知部分

(1)填空题

1)直流电机主要由_____和_____两部分组成。

2)直流电机定子部分主要由_____、_____、_____、_____和_____等部分组成。

3)直流电机转子部分主要由_____、_____和_____等部分组成。

4)主磁极的作用是_____;电枢绕组的作用是_____。

5)直流电机的额定参数包括_____、_____、_____和_____。

6)对于已经制造好的直流电机,电枢电动势的大小取决于电动机的_____和每极_____。

7)直流电机的换向磁极应安装在_____,其数目和主磁极数_____。

8)若想使绕组元件得到最大感应电动势,则应使绕组元件中的两条_____之间的距离等于_____。

9)直流电动机主磁极的作用是产生_____,它由_____、_____、_____组成。

10)直流电机换向磁极的作用是_____,它安装在相邻两个_____的中线上。

11)直流电机的电枢铁心是_____的支持部分,又是_____的组成部分。

12）电刷装置的作用主要是使_____的电刷和_____的换向器保持_____接触。

13）直流发电机中，当励磁绕组通过_____电流时就建立了_____。

（2）判断题（对：√；错：×）

1）并励直流电机的主磁场绕组匝数较少，导线较粗。　　　　　　　　　　（　　）

2）直流电机电刷的数目一般等于主磁极数目。　　　　　　　　　　　　　（　　）

3）直流电机的物理中性面和几何中性面通常是重合的。　　　　　　　　　（　　）

4）直流电机的换向极绕组一般和电枢绕组并联。　　　　　　　　　　　　（　　）

5）嵌放电机绕组的每个绕组元件时，它的两个有效边之间的距离应大于一个极距。

　　　　　　　　　　　　　　　　　　　　　　　　　　　　　　　　　（　　）

6）直流电机的一对电刷可以连接相邻的两条支路。　　　　　　　　　　　（　　）

7）直流发电机和直流电动机的电枢绕组都同时存在电动势和电压。对于发电机，电动势小于输出电压；对于电动机，电动势大于输出电压。　　　　　　　　　　　（　　）

8）根据直流电机电枢反应结果，应使主磁极与换向磁极的交替排列关系为逆着电机的旋转方向。　　　　　　　　　　　　　　　　　　　　　　　　　　　　　（　　）

（3）选择题

1）直流电机的主磁极铁心一般都是用（　　）厚的薄钢板冲剪叠装而成的。

A. 0.5～1mm　　　　　　　B. 1～1.5mm　　　　　　　C. 2mm

2）一般换向极的相邻换向片间垫（　　）mm 厚的云母片。

A. 0.2～0.5　　　　　　　B. 0.5～0.6　　　　　　　C. 0.6～1

3）直流发电机主磁极与换向磁极的正确顺序是（　　）。

A. N－S－S－N　　　　　　B. N－N－S－S　　　　　　C. N－S－N－S

4）直流发电机换向极的极性，沿电枢旋转方向看应（　　）。

A. 与它前方主磁极极性相同　　　　　　　　B. 与它前方主磁极极性相反

C. 与它后方主磁极极性相反

5）直流电动机换向极的极性，沿电枢旋转方向看应（　　）。

A. 与它前方主磁极极性相同　　　　　　　　B. 与它前方主磁极极性相反

C. 与它后方主磁极极性相反

6）某直流电机励磁电流的大小与电枢绕组两端的电压有关，且只有一个励磁绕组，绕组的匝数较多，导线截面较小，则该电机为（　　）。

A. 他励电机　　　　　　B. 串励电机　　　　　　C. 并励电机　　　　　D. 复励电机

7）直流电机的电枢绕组的主要作用是（　　）。

A. 将交流电流变为直流电流

B. 实现直流电能和机械能的相互转换

C. 在气隙中产生主磁通

D. 将直流电流变为交流电流

8）由于电枢反应的作用，使直流发电机磁场的物理中性线（　　）。

A. 沿电枢转向偏移 α　　　　　　　　　　B. 逆电枢转向偏移 α

C. 保持不变　　　　　　　　　　　　　　　D. 不确定

9）直流电动机的电刷逆转向移动一个小角度，电枢反应性质为（　　）。

A. 去磁与交磁　　　　　　B. 增磁与交磁　　　　　C. 纯去磁　　　D. 纯增磁

10）直流发电机的电刷逆转向移动一个小角度，电枢反应性质为（　　）。

A. 去磁与交磁　　　　　　B. 增磁与交磁　　　　　C. 去磁

（4）问答题

1）直流电机从结构上分为哪两大部分？各部分又分为哪些部件？各部件起什么作用？

2）简述直流发电机的原理。

3）简述直流电动机的原理。

4）直流电机是如何分类的？按励磁方式可分为哪几类？

5）电枢反应在发电机和电动机中有什么不同？

6）直流电机的主磁场是如何产生的？

7）直流电机的电枢磁场对主磁场有何影响？

2. 应会部分

某印刷厂需要直流电动机，要求①印刷数量为 35 张/min；②在一个工作循环中，蘸墨滚筒、均匀圆盘先后分别转动 60° 和 90°；③压板的最大摆角为 45°；④印刷面积为 480mm × 325mm；⑤机器所受最大工作阻力转矩 $M_r = 120N \cdot m$。试选用合适的直流电动机。

学习情境 10 直流电机的运行管理

10.1 学习目标

【知识目标】 了解直流电机的基本特性；掌握直流电机的换向的定义、原理及可能存在的问题；掌握直流电机的运行特性。

【能力目标】 培养学生从事直流电机运行管理的能力。

【素质目标】 树立规矩意识，培养沟通协作能力；培育干一行、爱一行的行业情怀。

10.2 基础理论

10.2.1 直流电机的换向

直流电机电枢绕组中一个元件经过电刷从一条支路进入另一条支路时，电流方向将改变一次，这个过程称为换向。

1. 换向过程的基本概念

直流电机每条支路里所含元件的总数是相等的，就某一个元件来说，它有时在这条支路里，有时又在另一条支路里。电枢元件从一条支路换到另一条支路时，要经过电刷。当电机带了负载后，电枢元件中有电流流过，同一条支路里元件的电流大小与方向都是一样的。相邻支路里电流大小虽然一样，但方向却是相反的。由此可见，某一元件经过电刷，从一条支路换到另一条支路时，元件的电流必然改变方向。

元件从换向开始到换向完成所经历的时间，称为换向周期。换向问题很复杂，若换向不良则会在电刷与换向片之间产生火花，当火花大到一定程度时，有可能损坏电刷和换向器表面，从而使电机不能正常工作。但也不是说直流电机运行时一点火花也不许出现。产生火花的原因是多方面的，除电磁原因外，还有机械的原因。此外，换向过程中还伴随着电化学和电热学等现象，所以相当复杂。

2. 影响换向的电磁原因

正在换向的元件，由于被电刷短接，元件中电动势及电流应为零，但因种种原因，仍然会产生附加电动势，这些附加电动势如下所述。

（1）电抗电动势 e_r 在换向过程中，换向元件中的电流由 $+i_a$ 变化到 $-i_a$，必然会在换向元件中产生自感电动势 e_L。因实际电刷宽度为 $2 \sim 3$ 片换向片的宽度，使几个元件同时进行换向，故被研究的换向元件中除了有自感电动势外，还有其他换向元件电流变化引起的互感电动势 e_M，e_L 与 e_M 的总和，称为电抗电动势 e_r。

电流的变化所产生的电动势会影响电流的换向。根据楞次定律，e_r 的作用是阻止换向元件中的电流变化，故 e_r 的方向总是与换向前的电流方向相同。

（2）旋转电动势 e_K　当电枢旋转时，换向元件切割换向区域内的磁场而感应的电动势 e_K，称为旋转电动势。换向区域内可能存在两种磁动势，即交轴电枢反应磁动势和换向极磁动势。因换向元件一般处于几何中性线上或其附近，该处的主极磁场为零。为改善换向，在两主极间的几何中性线处装有换向极，它的磁动势方向总是与交轴电枢反应磁动势相反。交轴电枢反应磁感应的电动势是阻碍换向的，换向极磁动势感应的电动势是帮助换向的。e_K 则由换向元件切割二者的合成磁场 B_K 产生。

换向元件中的总电动势为

$$\sum e = e_r + e_K \tag{10-1}$$

如果换向极磁动势大于交轴电枢反应磁动势，则 $\sum e < 0$，否则 $\sum e > 0$。当换向极设计得合理时，可获得 $\sum e \approx 0$ 的良好换向情况。

3. 改善换向的主要方法

改善换向的目的在于消除电刷下的火花，而产生火花的原因除上述电磁原因外，还有机械和化学方面的原因。从电磁原因来看，如果减小附加换向电流，就能改善换向。常用的方法有以下几种。

（1）选用合适的电刷，增加电刷与换向片之间的接触电阻　电机所用电刷的型号规格很多，其中碳-石墨电刷的接触电阻最大，石墨电刷和电化石墨电刷次之，铜-石墨电刷的接触电阻最小。

直流电机如果选用接触电阻大的电刷，则有利于换向，但接触压降较大、电能损耗大、发热严重，同时由于这种电刷允许的电流密度较小，电刷接触面积和换向器尺寸以及电刷的摩擦都将增大，因而设计制造电机时必须综合考虑这两方面的因素，选择恰当的电刷。为此，在使用维修中欲更换电刷时，必须选用与原来同一牌号的电刷，如果实在配不到相同牌号的电刷，那就尽量选择特性与原来相接近的电刷并全部更换。

（2）安装换向极　目前改善直流电机换向最有效的办法是安装换向极，使换向元件里 $\sum e \approx 0$。为了达到这个目的，直流电机对换向极的极性有一定要求。在发电机运行时，换向极的极性应与顺电枢转向的相邻主极的极性相同；而电动机运行时，换向电极的极性应该与逆电枢转向的相邻主极的极性相同。换向极装设在相邻两主磁极之间的几何中性线上，如图 10-1 所示（图中 F_a 为电枢反应磁动势）。

为了随时抵消交轴电枢反应磁动势以及电抗电动势，换向极绕组应与电枢回路串联，并保证换向极磁路不饱和。

由前面分析可知，负载时的电枢反应使气隙磁场发生畸变，会增大某几个换向片之间的电压。由此引起的电位差火花与换向产生的电磁性火花会连成一片而形成环火，即在正、负电刷之间出现电弧。环火可以在很短时间内损坏电机。

在主极上装补偿绕组，可避免出现环火现象。它嵌放在主极极靴上专门冲出的槽内，并与电枢绕组串联。它产生的磁动势恰好抵消交轴电枢反应磁动势，有利于改善换向（见图 10-1）。

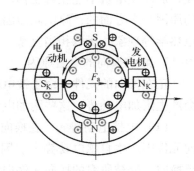

图 10-1　装设换向极改善换向

10.2.2　直流电机的基本特性

1. 直流电动机的工作特性

直流电动机的工作特性有转速特性、转矩特性、效率特性、机械特性。前三种特性是指供给电动机额定电压 U_N、额定励磁电流 I_{fN} 时，在电枢回路不串联外电阻的条件下，电动机的转速 n、电磁转矩 T_M、输出转矩 T_2、效率 η 随输出功率 P_2 变化的关系曲线。在实际应用中，由于电枢电流 I_a 容易测量，且 I_a 与 P_2 基本成正比变化，故这三种特性常以 $n = f(I_a)$，$T_M = f(I_a)$，$\eta = f(I_a)$ 表示。机械特性是指在 U、I_f 为常数，电枢回路电阻为恒值的条件下，电动机的转速与电磁转矩间的关系曲线，即 $n = f(T_M)$ 曲线。从使用电动机的角度看，机械特性是最重要的一种特性。

（1）他励（并励）直流电动机的工作特性　他励（并励）直流电动机的工作特性指在 $U = U_N$，$I_f = I_{fN}$，电枢回路的附加电阻 $R_{fj} = 0$ 时，电动机的转速 n、电磁转矩 T_M 和效率 η 三者与输出功率 $P_2(I_a)$ 之间的关系，即 $n = f(I_a)$、$T_M = f(I_a)$、$\eta = f(I_a)$。可用试验得出并励直流电动机的工作特性曲线如图 10-2 所示。

1）转速特性。电动机转速 n 为

$$n = \frac{U_N - I_a R_a}{C_e \Phi} \qquad (10\text{-}2)$$

对于某一直流电动机，C_e 为一常数，影响转速的因素有两个：一个是电枢回路的电阻压降 $I_a R_a$；另一个是气隙磁通 Φ。随着负载的增加，当电枢电流 I_a 增加时，一方面使电枢压降 $I_a R_a$ 增加，从而使转速 n 下降；另一方面由于电枢反应的去磁作用增加，使气隙磁通 Φ 减小，从而使转速 n 上升。

电动机转速从空载到满载的变化程度称为电动

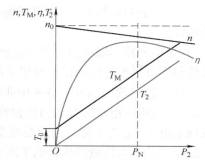

图 10-2　并励直流电动机的工作特性曲线

机的额定转速变化率 $\Delta n\%$，他励（并励）直流电动机的转速变化率很小，为 $2\% \sim 8\%$，基本上可认为是恒速电动机。

2）转矩特性。输出转矩 $T_2 = 9.55 P_2 / n$，当转速不变时，$T_2 = f(P_2)$ 将是一条通过原点的直线。但实际上，当 P_2 增加时，n 略有下降，因此 $T_2 = f(P_2)$ 的关系曲线略为向上弯曲。

电磁转矩 $T_M = T_2 + T_0$（T_0 为空载转矩，其数值很小且近似为一常数），只要在 $T_2 = f(P_2)$ 曲线上加上空载转矩 T_0 便得到 $T_M = f(P_2)$ 的关系曲线。

3）效率特性。效率特性是在 $U = U_N$ 时的 $\eta = f(P_2)$ 关系。效率是指输出功率 P_2 与输入功率 P_1 之比。当电动机的不变损耗 p_0 等于可变损耗 p_{Cua} 时，效率达到最大值。

（2）串励直流电动机的工作特性　因为串励直流电动机的励磁绕组与电枢绕组串联，故励磁电流 $I_f = I_a$，与负载有关。这就是说，串励直流电动机的气隙磁通 Φ 将随负载的变化而变化，正是这一特点，使串励直流电动机的工作特性与他励直流电动机有很大的

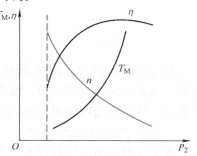

图 10-3　串励直流电动机的工作特性曲线

差别，如图 10-3 所示。

与他励直流电动机相比，串励直流电动机的转速 n 随输出功率 P_2 的增加而迅速下降。这是因为 P_2 增大时，I_a 随之增大，电枢回路的电阻压降 $I_a R_a$ 和气隙磁通 Φ 同时也增大，这两个因素均使转速 n 下降。另外，由于串励直流电动机的转速 n 随 P_2 的增加而迅速下降，所以 $T_M = f(P_2)$ 的曲线将随 P_2 的增加而很快地向上弯曲。

需要注意的是，当负载很轻时，由于 I_a 很小，磁通 Φ 也很小，因此电动机的运行速度将会很高（俗称飞车），易导致事故发生。

2. 他励直流电动机的机械特性

（1）固有机械特性　固有机械特性是指当电动机的工作电压 U 和气隙磁通 Φ 均为额定值时，电枢电路中没有串联附加电阻时 $n = f(T_M)$ 的机械特性，其方程式为

$$n = \frac{U_N}{C_e \Phi_N} - \frac{R_a}{C_e C_T \Phi_N} T_M \tag{10-3}$$

固有机械特性如图 10-4 中 $R = R_a$ 曲线所示。由于 R_a 较小，故他励直流电动机的固有机械特性较 "硬"。n_0 为 $T = 0$ 时的转速，称为理想空载转速；Δn 为额定转速降。

（2）人为机械特性　人为机械特性是指人为地改变电动机参数（U，R_a，Φ）而得到的机械特性。

1）电枢回路串联电阻时的人为机械特性：此时 $U = U_N$，$\Phi = \Phi_N$，$R = R_a + R_{fj}$，人为机械特性与固有机械特性相比，理想空载转速 n_0 不变，但转速降 Δn 相应增大，R_{fj} 越大，Δn 越大，特性越 "软"，如图 10-4 中曲线 1、曲线 2 所示。

2）改变电枢电压时的人为机械特性：此时 $R_{fj} = 0$、$\Phi = \Phi_N$。由于电动机的电枢电压一般以额定电压 U_N 为上限，因此要改变电枢电压，通常只能在低于额定电压的范围。

减压时的人为机械特性是低于固有机械特性曲线的一组平行直线，如图 10-5 所示。

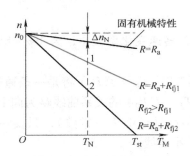

图 10-4　他励直流电动机固有机械特
性及串联电阻时的人为机械特性

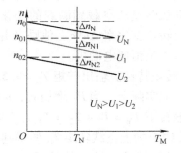

图 10-5　他励直流电动机减压
时的人为机械特性

3）减弱磁通时的人为机械特性：减弱磁通可以在励磁回路内串联电阻 R_f 或降低励磁电压 U_f，此时 $U = U_N$、$R_{fj} = 0$。因为气隙磁通 Φ 是变量，所以 $n = f(I_a)$ 和 $n = f(T_M)$ 必须分开表示，其特性曲线分别如图 10-6a、b 所示。

3. 直流发电机的运行特性

直流发电机的运行特性常用下述四个可测物理量来表示，即电枢转速 n、电枢端电压 U、励磁电流 I_f 和负载电流 I_L。直流发电机运行时通常转速 $n = n_N$，而另外三个物理量中任

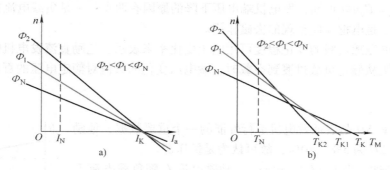

图 10-6　他励直流电动机减弱磁通时的人为机械特性

a)　$n = f(I_a)$　　b)　$n = f(T_M)$

意两个量之间的关系，即构成空载特性、外特性和调节特性。励磁方式不同，特性曲线也有所不同，下面将分别介绍。

（1）他励直流发电机的运行特性

1）空载特性。当 $n = n_N$，$I_L = 0$ 时，发电机端电压 U_0 与励磁电流 I_f 的关系，即 $U_0 = f(I_f)$ 称为发电机的空载特性。空载特性曲线可通过图 10-7 所示的发电机空载试验接线求得。做空载试验时，将刀开关 Q 打开，保持 $n = n_N$，调节励磁电阻 R_f，使励磁电流 I_f 由零逐渐增大，直到 $U_0 = (1.1 \sim 1.3)U_N$ 为止，在升流过程中逐点记取电流表 A 和电压表 V 的读数，便得到空载特性的上升曲线，如图 10-8 所示。然后逐渐减小励磁电流，直至 $I_f = 0$，得到空载特性的下降曲线。空载特性曲线通常取上升曲线和下降曲线的平均值，如图 10-8 中的虚线所示。

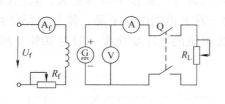

图 10-7　他励直流发电机空载试验接线图

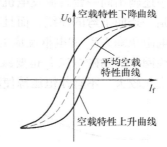

图 10-8　他励直流发电机空载特性曲线

空载时，$U_0 = E_0$，由于 $E_0 \propto \Phi$、励磁磁动势 $F_f \propto I_f$，所以空载特性曲线与铁心磁化曲线形状相似。由于主磁极铁心存在剩磁，所以当励磁电流为零时，仍有一个不大的剩磁电动势，其大小一般为额定电压的 2% ~ 4%。

2）外特性。当 $n = n_N$，I_f 为常数时，端电压 U 与负载电流 I_L 的关系，即 $U = f(I_L)$ 称为直流发电机的外特性。用图 10-7 所示的接线可求得发电机的外特性曲线。使发电机在额定转速下运行，闭合 Q，调节励磁电流 I_f，使发电机达到额定状态（$U = U_N$，$I_L = I_N$）。此时发电机的励磁电流为额定励磁电流 I_{fN}，保持转速 $n = n_N$ 和 I_{fN} 不变，逐渐增大负载电阻 R_L 来减小负载电流。逐点记取电流表和电压表的读数，最后用描点法得出发电机的外特性曲线，如图 10-9 所示。

由外特性曲线可知，发电机的端电压 U 随负载电流 I_L 的增加而有所下降。从公式 $U =$

$E_a - I_a R_a$ 和 $E_a = C_e n \Phi$ 可知，发电机端电压下降的原因有两点：一是负载电流在电枢电阻上产生电压降；二是电枢反应呈现的去磁作用。

　　发电机端电压随负载的变化程度可用电压变化率来表示。他励直流发电机的额定电压变化率是指发电机从额定负载过渡到空载时，端电压变化的数值对额定电压的百分比，即

$$\Delta U = \frac{U_0 - U_N}{U_N} \times 100\% \tag{10-4}$$

　　电压变化率 ΔU 是表征发电机运行性能的一个重要数据，他励直流发电机的 ΔU 为 5% ~ 10%，故可认为是恒压源。

　　3）调节特性。当 $U = U_N$，$n = n_N$，励磁电流 I_f 随负载电流 I_L 的变化关系，即 $I_f = f(I_L)$ 称为发电机的调节特性。他励直流发电机的调节特性曲线如图 10-10 所示，曲线表明，欲保持端电压不变，负载电流增加时，励磁电流也应随着增加，故调节特性曲线是一条上翘的曲线。曲线上翘的原因有两个：第一是补偿电枢电阻压降；第二是补偿电枢反应的去磁作用。

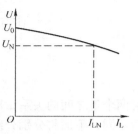

图 10-9　他励直流发电机的外特性曲线

　　（2）并励直流发电机的外特性　当 $n = n_N$，R_f 为常数时，发电机端电压 U 与负载电流 I_L 的关系，即 $U = f(I_L)$ 称为并励直流发电机的外特性。与他励直流发电机相比，不是保持 I_f 为常数，而是保持 R_f 为常数，R_f 是励磁回路的总电阻。用试验方法求并励直流发电机外特性曲线的接线如图 10-11 所示，闭合开关 Q，调节励磁电流 I_f 使并励直流发电机达到额定状态时（$U = U_N$，$I_L = I_N$），保持励磁回路 R_f 为常数，然后逐点测出不同负载时的端电压值，便可得到并励发电机的外特性曲线，如图 10-12 所示，为方便比较，图中还画出同一台直流发电机他励时的外特性曲线。由图 10-12 看出，并励发电机的外特性也是一条向下弯的曲线，而且比他励直流发电机外特性曲线下弯得更大，其原因是，除了电枢电阻压降 $I_a R_a$ 和电枢反应的去磁外，还由于发电机端电压下降，使与电枢绕组并联的励磁线圈中的励磁电流 I_f 也要减少。并励直流发电机的电压变化率一般为 20% ~ 30%，如果负载变化较大，不宜作恒压源使用。

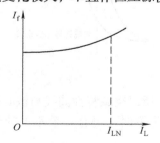

图 10-10　他励直流发电机的调节特性曲线

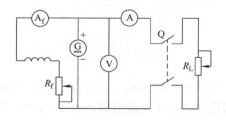

图 10-11　并励直流发电机原理接线图

　　（3）复励直流发电机的外特性　复励直流发电机是在并励直流发电机的基础上增加一个串励绕组，其原理接线如图 10-13 所示，外特性曲线如图 10-14 所示。复励又分为积复励和差复励两种：当串励绕组磁场对并励磁场绕组起增强作用时，叫积复励；当串励绕组磁场对并励绕组磁场起减弱作用时，叫差复励。

　　积复励直流发电机能补偿并励直流发电机电压变化率较大的缺点。一般来说串励磁场要比并励磁场弱得多，并励绕组使直流发电机建立空载额定电压，串励绕组在负载时可补偿电

枢电阻压降和电枢反应的去磁作用，使直流发电机端电压能在一定的范围内稳定。

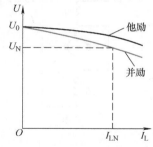

图 10-12　并（他）励直流发
电机的外特性曲线

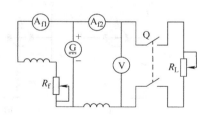

图 10-13　复励直流发电
机的原理接线图

积复励中根据串励磁场补偿的程度又分为三种情况：若直流发电机在额定负载时端电压恰好与空载时相等，称为平复励；若补偿过剩，使得额定负载时端电压高于空载电压，则称为过复励；若补偿不足，则称为欠复励。复励直流发电机的外特性曲线如图 10-14 所示。差复励直流发电机的外特性曲线是随负载增大端电压急剧下降。

积复励直流发电机用途比较广，如电气铁道的电源等。差复励直流发电机只用于要求恒电流的场合，如直流电焊机等。

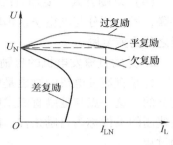

图 10-14　复励直流发电
机的外特性曲线

10.2.3　直流电机的励磁方式

直流发电机的各种励磁方式接线如图 10-15 所示。直流电动机的各种励磁方式接线如图 10-16 所示。

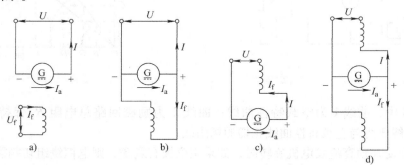

图 10-15　直流发电机按励磁分类接线图
a）他励　b）并励　c）串励　d）复励

1. 励磁方式简介

（1）他励方式　他励方式中，电枢绕组和励磁绕组电路相互独立，电枢电压 U 与励磁电压 U_f 彼此无关，电枢电流 I_a 与励磁电流 I_f 也无关。

（2）并励方式　并励方式中，电枢绕组和励磁绕组是并联关系，在并励直流发电机中 $I_a = I + I_f$，而在并励直流电动机中 $I_a = I - I_f$。

（3）串励方式　串励方式中，电枢绕组与励磁绕组是串联关系。由于励磁电流等于电枢电流，所以串励绕组通常线径较粗，而且匝数较少。无论是发电机还是电动机，均有 $I_a =$

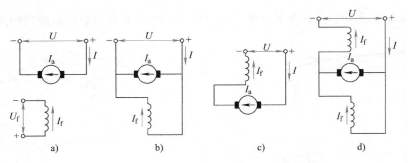

图 10-16　直流电动机按励磁分类接线图

a）他励　b）并励　c）串励　d）复励

$I = I_f$。

（4）复励方式　复励直流电机的主磁极上有两部分励磁绕组，其中一部分与电枢绕组并联，另一部分与电枢绕组串联。当两部分励磁绕组产生的磁通方向相同时，称为积复励，反之称为差复励。

2. 并励直流发电机的自励

并励直流发电机的励磁是由发电机本身的端电压提供的，而端电压是在励磁电流作用下建立的，这一点与他励直流发电机不同。并励直流发电机建立电压的过程称为自励过程，满足建压的条件称为自励条件。图 10-17、图 10-18 分别为并励直流发电机的自励接线图及自励过程。

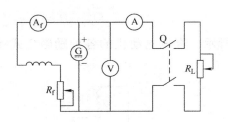

图 10-17　并励直流发电机的自励接线图

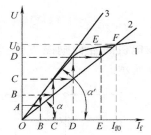

图 10-18　并励直流发电机的自励过程

图 10-18 中，曲线 1 为空载特性曲线；曲线 2 为励磁回路总电阻 R_f 保持不变场阻线 $U_f = I_f R_f$；曲线 3 为与空载特性曲线相切的场阻线。

原动机带动并励直流发电机旋转时，如果主磁极有剩磁，则电枢绕组切割剩磁磁通会感应出一个很小的电动势 $E'_a = \overline{OA}$（纵坐标）。在电动势 E'_a 作用下，励磁回路产生励磁电流 $I'_f = \overline{AB}$（横坐标）。如果励磁绕组和电枢绕组连接正确，励磁电流 I'_f 产生与剩磁方向相同的磁通，使主磁路磁通增加，电动势增大到 $E'_a = \overline{OB}$（纵坐标），励磁电流增加到 $I'_f = \overline{AC}$（横坐标）。如此不断增长，直到励磁绕组两端的电压 $U_f = I_f R_f = U_0$，达到稳定的平衡工作点 F。

增大 R_f 直到场阻线与空载特性曲线相切（见图 10-18 中的曲线 3）时，R_f 等于临界电阻 R_{cr}。若再增加励磁回路电阻，发电机将不能自励。$R_{cr} = \tan\alpha'$，不同的转速有不同的 R_{cr}，此处的 R_{cr} 是指额定转速对应的临界电阻。由以上分析可见，并励直流发电机的自励条件有：

1）电机的主磁路有剩磁。

2）并联在电枢绕组两端的励磁绕组极性要正确。

3）励磁回路的总电阻小于该转速下的临界电阻。

10.2.4　直流发电机的基本方程式

下面以他励直流发电机为例说明直流发电机的基本方程式。

1. 直流发电机的电动势平衡方程式

根据图 10-19 中标出的有关物理量的正方向，依据基尔霍夫电压定律可列出电枢回路的电压平衡方程式为

$$E_a = U + I_a R_a \tag{10-5}$$

式中　E_a——电枢电动势（V）；

　　　U——发电机端电压（V）；

　　　I_a——电枢电流（A）；

　　　R_a——电枢回路总电阻（Ω）。

由式（10-5）可知，发电机负载时 $U < E_a$。

2. 直流发电机的功率平衡方程式

他励直流发电机的功率流程如图 10-20 所示。

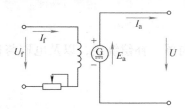

图 10-19　他励直流发电机原理接线图

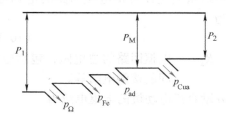

图 10-20　他励直流发电机的功率流程

将式（10-5）两边同乘以电枢电流，则得到电枢回路的功率平衡方程式为

$$E_a I_a = U I_a + I_a^2 R_a$$

或

$$P_M = P_2 + p_{Cua} \tag{10-6}$$

式中　P_M——电磁功率；

　　　P_2——发电机的输出功率，$P_2 = U I_a$；

　　p_{Cua}——电枢回路的铜损，$p_{Cua} = I_a^2 R_a$。

由式（10-6）可知，发电机的输出功率等于电磁功率减去电枢回路的铜损。电磁功率等于原动机输入的机械功率 P_1 减去空载损耗 p_0。p_0 包括轴承、电刷及空气摩擦所产生的机械损耗 p_Ω，电枢铁心中磁滞、涡流产生的铁损 p_{Fe} 以及附加损耗 p_{ad}。因此，输入功率平衡方程为

$$P_1 = P_M + p_\Omega + p_{Fe} + p_{ad} = P_M + p_0 \tag{10-7}$$

将式（10-6）代入式（10-7），可得功率平衡方程式为

$$P_1 = P_2 + \sum p \tag{10-8}$$

$$\sum p = p_{Cua} + p_\Omega + p_{Fe} + p_{ad} \tag{10-9}$$

式中　$\sum p$——电机总损耗。

3. 直流发电机的转矩平衡方程式

直流发电机在稳定运行时存在三个转矩：对应原动机输入机械功率 P_1 的机械转矩 T_1；对应电磁功率 P_M 的电磁转矩 T_M；对应空载损耗 p_0 的空载转矩 T_0。其中，T_1 是驱动性质

的，T_M 和 T_0 是制动性质的。当直流发电机稳态运行时，根据转矩平衡原则，可得出发电机转矩平衡方程式为

$$T_1 = T_M + T_0 \tag{10-10}$$

10.2.5 直流电动机的基本方程式

同直流发电机一样，直流电动机也有电动势、功率和转矩等基本方程式，它们是分析直流电动机各种运行特性的基础。下面以并励直流电动机为例进行讨论。

1. 并励直流电动机的电动势平衡方程式

直流电动机运行时，电枢两端接入电源电压 U，若电枢绕组的电流 I_a 方向以及主磁极的极性如图 10-21 所示。旋转的电枢绕组切割主磁极磁场感应出电动势 E_a，可由右手定则得出电动势 E_a 与电枢电流 I_a 的方向是相反的。各物理量的正方向如图 10-21b 所示，根据基尔霍夫定律可得电枢回路的电动势方程式为

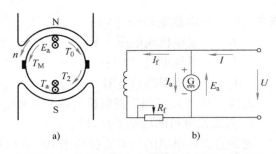

图 10-21 并励直流电动机的电动势和电磁转矩
a）电动机作用原理 b）电动势和电流方向

$$U = E_a + I_a R_a \tag{10-11}$$

式中 R_a——电枢回路的总电阻，包括电枢绕组、换向器、补偿绕组，以及电刷与换向器间的接触电阻等。

并励直流电动机的电枢电流为

$$I_a = I - I_f \tag{10-12}$$

式中 I——输入电动机的电流；

I_f——励磁电流，$I_f = U/R_f$，其中 R_f 是励磁回路的电阻。

由于电动势 E_a 与电枢电流 I_a 方向相反，故称 E_a 为反电动势。反电动势 E_a 的计算公式与发电机相同，即为 $E_a = C_e n \Phi$。

由式（10-11）表明，加在电动机的电源电压 U 是用来克服反电动势 E_a 及电枢回路的总电阻压降 $I_a R_a$ 的。可见 $U > E_a$，电源电压 U 决定了电枢电流 I_a 的方向。

2. 并励直流电动机的功率平衡方程式

并励直流电动机的功率流程如图 10-22 所示。

图 10-22 中，P_1 为电源向电动机输入的电功率（$P_1 = UI$），再扣除小部分在励磁回路的铜损 p_{Cuf} 和电枢回路铜损 p_{Cua} 便得到电磁功率 P_M（$P_M = E_a I_a$）。电磁功率 $E_a I_a$ 全部转换为机械功率，此机械功率扣除机械损耗 p_Ω、铁损 p_{Fe} 和附加损耗 p_{ad} 后，即为电动机转轴上输出的机械功率 P_2，故功率平衡方程式为

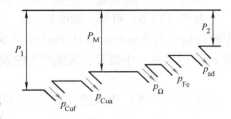

图 10-22 并励直流电动机的功率流程

$$P_M = P_1 - (p_{Cua} + p_{Cuf}) \tag{10-13}$$

$$P_2 = P_M - (p_\Omega + p_{Fe} + p_{ad}) = P_M - p_0 \tag{10-14}$$

$$P_2 = P_1 - \sum p = P_1 - (p_{Cua} + p_{Cuf} + p_\Omega + p_{Fe} + p_{ad}) \tag{10-15}$$

式中 p_0——空载损耗，$p_0 = p_\Omega + p_{Fe} + p_{ad}$；

$\sum p$——电机的总损耗，$\sum p = p_{Cua} + p_{Cuf} + p_{\Omega} + p_{Fe} + p_{ad}$。

3. 直流电动机的转矩平衡方程式

将式（10-14）除以电动机的机械角速度 Ω，可得转矩平衡方程式为

$$\frac{P_2}{\Omega} = \frac{P_M}{\Omega} - \frac{p_0}{\Omega}$$

即

$$T_2 = T_M - T_0$$

或

$$T_M = T_2 + T_0 \tag{10-16}$$

直流电动机的电磁转矩 T_M 为驱动转矩，其值由式（9-3）决定，即 $T_M = C_T \Phi I_a$。转轴上机械负载转矩 T_2 和空载转矩 T_0 是制动转矩。式（10-16）表明，电动机在转速恒定时，驱动性质的电磁转矩 T_M 与负载制动性质的负载转矩 T_2 和空载转矩 T_0 相平衡。

10.3　技能培养

10.3.1　技能评价要点

该学习情境的技能评价要点见表 10-1。

表 10-1　"直流电机的运行管理"学习情境的技能评价要点

序号	技能评价要点	权重（%）
1	能正确说出采用不同励磁方式的直流电机的特点	10
2	能正确说出直流电机平衡方程式的意义	10
3	能正确说出直流电机工作特性的意义	10
4	能正确选择改变直流电机机械特性的方法	15
5	能正确选择改善换向的方法	15
6	能正确实施对直流电机的运行管理	20
7	树立规矩意识，培养沟通协作能力；培育干一行、爱一行的行业情怀	20

10.3.2　技能实训

1. 应知部分

（1）填空题

1）直流电机的励磁方式有_____、_____、_____ 和_____。

2）分别写出直流电动机的电压平衡方程式_____、转矩平衡方程式_____和功率平衡方程式_____。

3）直流电动机的工作特性包括_____、_____和_____。

4）并励直流电动机的转速特性曲线的特点是_____。

5）串励直流电动机的转速特性曲线的特点是_____。

6）直流电机的电枢绕组的元件中的电动势和电流是_____。

7）一台四极直流发电机采用单叠绕组，若取下一支或相邻的两支电刷，其电流和功率_____，而电刷电压_____。

8）电枢反应对并励电动机转速特性和转矩特性有一定的影响，当电枢电流 I_a 增加时，

转速 n 将_____，电磁转矩 T_M 将_____。

9）直流电动机电刷放置的原则是_____。

（2）判断题（对：√；错：×）

1）直流电动机的电枢绕组至少有两条并联支路。 （ ）

2）电磁转矩和负载转矩的大小相等，则直流电机稳定运行。 （ ）

3）直流发电机中的电刷间感应电动势和导体中的感应电动势均为直流电动势。（ ）

4）直流电机转子绕组通过的电流是交流电流。 （ ）

5）串励直流电机可以空载试运行。 （ ）

6）直流电机的换向器安装在转轴端部，用于调配电枢绕组电源方向。 （ ）

7）直流电机转子绕组通过的电流是交流电流。 （ ）

8）直流电机换向极绕组的匝数要比其并励绕组的匝数多。 （ ）

9）因为直流发电机电枢绕组中感应电动势为直流电，所以称之为直流电机。 （ ）

10）并励直流电动机的励磁绕组绝不允许开路。 （ ）

11）一台并励直流发电机，正转能自励，若反转也能自励。 （ ）

（3）选择题

1）一台串励直流电动机，若电刷顺转向偏离几何中性线一个角度，设电机的电枢电流保持不变，此时电动机转速（ ）。

A. 降低 B. 保持不变 C. 升高

2）一台并励直流电动机将单叠绕组改接为单波绕组，保持其支路电流不变，电磁转矩将（ ）。

A. 变大 B. 不变 C. 变小

3）一台并励直流电动机运行时励磁绕组突然断开，则（ ）。

A. 电机转速升到危险的高速 B. 熔丝熔断

C. 上面情况都不会发生

4）并励直流电动机在运行时励磁绕组断开了，电动机将（ ）。

A. 飞车 B. 停转 C. 可能飞车，也可能停转

5）一台四极直流电机电枢绕组为单叠绕组，其并联支路数和电枢电流分别为（ ）。

A. 并联支路数为4，电枢电流等于每条支路电流

B. 并联支路数为4，电枢电流等于各支路电流之和

C. 并联支路数为2，电枢电流等于每条支路电流

D. 并联支路数为2，电枢电流等于各支路电流之和

6）并励直流电动机的机械特性曲线是（ ）。

A. 双曲线 B. 抛物线 C. 一条直线 D. 圆弧线

7）直流电机电枢绕组通过的电流是（ ）。

A. 交流 B. 直流 C. 不确定

8）直流电机主磁极上有两个励磁绕组：一个绕组与电枢绕组串联，另一个绕组与电枢绕组并联，称为（ ）电机。

A. 他励 B. 并励 C. 串励 D. 复励

9）只改变串励直流电机电源的正负极，直流电机转动方向就会（ ）。

A. 不变　　　　　　B. 反向　　　　　　C. 不确定

10）直流电机换向极的作用是（　　　）。

A. 削弱主磁场　　　B. 增强主磁场　　　C. 抵消电枢反应　　D. 产生主磁场

（4）问答题

1）什么是直流电动机的固有机械特性？

2）如何改变直流电动机的机械特性？

3）什么是直流电动机的换向？换向不良会产生什么问题？

4）如何改善直流电动机的换向？

5）为什么串励直流电机不能空载或者轻载运行？

6）简述直流电机换向器的作用。

7）试比较他励和并励直流发电机的外特性有何不同？并说明影响曲线形状的因素。

2. 应会部分

会通过实验验证并励直流发电机的自励条件。

学习情境 11 直流电动机的控制

11.1 学习目标

【知识目标】 掌握直流电动机的起动方法及其选择原则；掌握直流电动机的调速方法及其选择原则；掌握直流电动机的制动方法及其选择原则；掌握直流电动机控制电路的设计方法。

【能力目标】 培养学生选择直流电动机起动、调速、制动方法的能力；培养学生设计直流电动机控制电路的能力。

【素质目标】 强化学生创新思维，以目标为导向，树立优化设计意识；培养精益求精的工程精神和吃苦耐劳的工匠精神。

11.2 基础理论

11.2.1 他励直流电动机起动控制

直流电动机的起动是指直流电动机接通电源后，由静止状态加速到稳定运行状态的过程。电动机在起动瞬间（$n=0$）的电磁转矩称为起动转矩，用 T_{st} 表示；起动瞬间的电枢电流称为起动电流，用 I_{st} 表示。

1. 他励直流电动机起动的基本要求分析

如果他励直流电动机在额定电压下直接起动，由于起动瞬间转速 $n=0$，电枢电动势 $E_a=0$，故起动电流为

$$I_{st} = \frac{U_N}{R_a} \tag{11-1}$$

因为电枢电阻 R_a 很小，所以直接起动电流将达到很大的数值，通常可达到额定电流的 $10\sim20$ 倍。从电动机本身考虑，换向条件许可的最大电流通常只有额定电流的 2 倍左右。过大的起动电流一方面会危及直流电动机本身的安全，会使电刷与换向器间产生强烈的火花，使电刷与换向器表面接触电阻增大，使电动机在正常运行时的转速降落增大，使电动机的换向严重恶化，甚至会烧坏电动机；另一方面，会引起电网电压的波动，影响电网上其他用户的正常用电。因此，除了个别容量很小的电动机外，一般直流电动机是不允许直接起动的。

他励直流电动机的起动转矩为

$$T_{st} = C_T \Phi I_{st} \tag{11-2}$$

因为他励直流电动机的起动电流很大，故起动转矩也很大，通常可为额定转矩的 $10\sim20$ 倍。电枢绕组会受到过大的冲击转矩而损坏；对于传动机构来说，过大的起动转矩会损坏齿轮等传动部件。

他励直流电动机起动时一般有如下要求：

1）要有足够大的起动转矩，以保证电动机正常起动。

2）起动电流要限制在一定的范围内，一般限制在 2 倍额定电流之内。

3）起动设备要简单、可靠。

为了限制起动电流，他励直流电动机通常用电枢回路串电阻起动或降低电枢电压起动。无论采用哪种起动方法，起动时都应保证电动机的气隙磁通达到最大值。这是因为在同样的电流下，Φ 大则 T_{st} 大；而在同样的转矩下，Φ 大则 I_{st} 可以小一些。

2. 他励直流电动机的起动控制

（1）电枢回路串电阻起动　控制电动机起动前，应使励磁回路调节电阻 $R_{st}=0$，这样励磁电流 I_f 最大，使磁通 Φ 最大。电枢回路串联起动电阻 R_{st} 在额定电压下的起动电流为

$$I_{st} = \frac{U_N}{R_a + R_{st}} \tag{11-3}$$

式中 R_{st} 应使 I_{st} 不大于允许值。对于普通直流电动机，一般要求 $I_{st} \leqslant (1.5 \sim 2) I_N$。

在起动电流产生的起动转矩作用下，电动机开始转动并逐渐加速。随着转速的升高，电枢电动势（反电动势）E_a 逐渐增大，使电枢电流逐渐减小，电磁转矩也随之减小，这样转速的上升就逐渐缓慢下来。为了缩短起动时间，保持电动机在起动过程中的加速度不变，就要求起动过程中电枢电流保持不变，因此随着电动机转速的升高，应将起动电阻平滑地切除，最后使电动机转速达到运行值。

实际上，平滑地切除电阻是不可能的。一般的他励直流电动机，起动时会在电枢回路中串联多级（通常是 2～5 级）电阻来限制起动电流。专门用来起动电动机的电阻称为起动电阻器（又称起动器）。起动时，起动电阻全部串入，当转速上升时，在起动过程中再将电阻逐级加以切除，直到电动机的转速上升到稳定值，起动过程结束。起动电阻的级数越多，起动过程就越快越平稳，但所需要的控制设备也越多，投资也越大。

串电阻三级起动时电动机的电路原理及其机械特性如图 11-1 所示。

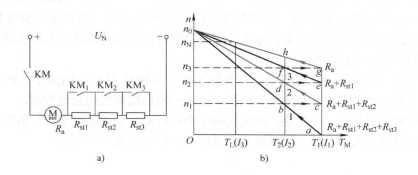

图 11-1　他励直流电动机串电阻三级起动

a）串电阻起动电路原理　b）串电阻三级起动机械特性

他励直流电动机的起动电路原理如图 11-1a 所示。起动开始时，接触器的触点 KM 闭合，而 KM_1、KM_2、KM_3 断开，额定电压 U_N 加在电枢回路总电阻 R_3（$R_3 = R_a + R_{st1} + R_{st2} + R_{st3}$）上，起动电流 $I_{st} = U_N/R_3$，此时起动电流 I_{st} 和起动转矩 T_{st} 均达到最大值（通常

取额定值的2倍左右）。接入全部起动电阻 R_3 时的人为机械特性曲线如图11-1b中曲线1所示。起动瞬间对应于 a 点，因为起动转矩 T_1 大于负载转矩 T_L，所以电动机开始加速，电动势逐渐增大，电枢电流和电磁转矩逐渐减小，工作点沿曲线1箭头方向移动。当转速升到 n_1，电流降至 I_2、转矩减至 T_2（图11-1b中的 b 点）时，触点 KM_3 闭合，切除电阻 R_{st3}。I_2 称为切换电流，一般取 $I_2 = (1.1 \sim 1.2) I_N$ 或 $T_2 = (1.1 \sim 1.2) T_N$。切除电阻 R_{st3} 后，电枢回路电阻减小为 $R_2 = R_a + R_{st1} + R_{st2}$，与之对应的人为机械特性曲线如图11-1b中曲线2所示。在切除电阻瞬间，由于机械惯性，转速不能突变，所以电动机的工作点由 b 点沿水平方向跃变到曲线2上的 c 点。选择适当的各级起动电阻，可使 c 点的电流仍为 I_1，这样电动机又在最大转矩 T_1 下进行加速，工作点沿曲线2箭头方向移动。当到达 d 点时，转速升至 n_2，电流又降至 I_2，转矩也降至 T_2，此时触点 KM_2 闭合，将 R_{st2} 切除，电枢回路电阻变为 $R_1 = R_a + R_{st1}$，工作点由 d 点平移到人为特性曲线3上的 e 点。e 点的电流和转矩仍为最大值，电动机又在最大转矩 T_1 下加速，工作点在曲线3上移动。当转速升至 n_3 时，即在 f 点切除最后一级电阻 R_{st1} 后，电动机将过渡到固有机械特性曲线上，并加速到 h 点，处于稳定运行，起动过程结束。

在起动过程中，若要使电动机的转速均匀上升，只有让起动电流和起动转矩保持不变，即起动电阻应平滑地切除，但是实际上很难办到，通常将起动电阻分成许多段，分的段越多，则起动电流过大，难以保证安全，故手动起动器广泛应用于各种中、小型直流电动机中，而较大容量的直流电动机需采用自动起动器。

（2）降低电枢电压起动　降低电枢电压起动简称减压起动。当直流电源电压可调时，可以采用减压起动。起动时，以较低的电源电压起动电动机，通过降低起动时的电枢电压来限制起动电流，起动电流随电压的降低而成正比地减小，因而起动转矩减小。随着电动机转速的上升，反电动势逐渐增大，再逐渐提高电源电压，使起动电流和起动转矩保持在一定的数值上，从而保证电动机按需要的加速度升速，待电压达到额定值时，电动机稳定运行，起动过程结束。

这种起动方法需要可调压的直流电源，过去多采用直流发电机—电动机组，即每一台电动机专门由一台直流发电机供电，当调节发电机的励磁电流时，便可改变发电机的输出电压，从而改变加在电动机电枢两端的电压。随着晶闸管技术和计算机技术的发展，直流发电机逐步被晶闸管整流电源所取代。

自动化生产线中均采用减压起动，在实际工作中一般从50V开始起动，稳定后逐渐升高电压直至达到生产要求的转速为止，因此，这是一种比较理想的起动方法。

减压起动的优点是起动电流小，起动过程中消耗的能量少，起动平滑，但需配备专用的直流电源，设备投资大，多用于要求经常起动的大、中型直流电动机。

11.2.2　他励直流电动机调速控制

为了提高生产效率或满足生产工艺的要求，许多生产机械在工作过程中都需要调速。例如，在车床切削工件时，精加工用高转速，粗加工用低转速；轧钢机在轧制不同品种和不同厚度的钢材时，也必须有不同的加工速度。

电动机的调速可采用机械调速、电气调速或二者配合的调速。通过改变传动机构速度比进行调速的方法称为机械调速；通过改变电动机参数进行调速的方法称为电气调速。

改变电动机的参数就是人为改变电动机的机械特性，从而使负载工作点发生变化，转速随之改变。可见，在调速前后，电动机必然运行在不同的机械特性上。如果机械特性不变，因负载变化而引起的电动机转速的改变，则不能称为调速。直流电动机能在宽广的范围内平滑地调速。当电枢回路内接入调节电阻 R_f 时，则他励直流电动机的转速公式为

$$n = \frac{U - I_a (R_a + R_f)}{C_e \Phi} \tag{11-4}$$

可见，当电枢电流 I_a 不变时（即在一定的负载下），只要改变电枢电压 U、电枢回路调节电阻 R_f 及励磁磁通 Φ 这三者之中的任意一个量，就可以改变转速 n。因此，他励直流电动机具有三种调速方法：调磁调速、调压调速和调节电枢串联电阻调速。

为了评价各种调速方法的优缺点，对调速方法提出了一定的技术经济指标，称为调速指标。含调速范围、稳定性、平滑性、经济性，详见学习情景 7。

1. 调节电枢回路串联电阻的调速控制

电枢串联电阻调速的优点是设备简单，操作方便（见图 10-4）。缺点有以下几点：

由于电阻只能分段调节，所以调速的平滑性差。低速时特性曲线斜率大，静差率大，所以转速的相对稳定性差。轻载时调速范围小，额定负载时调速范围一般为 $D \leqslant 2$。如果负载转矩保持不变，则调速前后因磁通不变而使电动机的 T_M 和 I_a 不变，输入功率（$P_1 \propto U_N I_a$）也不变，但输出功率（$P_2 \propto T_L n$）却随转速的下降而减小，减小的部分被串联的电阻消耗掉了，所以消耗功率较大、效率较低，而且转速越低，所串联的电阻越大，损耗越大，效率越低。因此，电枢串联电阻调速适用于对调速性能要求不高的生产机械中，如起重机等。

2. 调节电枢电压的调速控制

电动机的工作电压不允许超过额定电压，因此，电枢电压只能在额定电压以下进行调节（见图 10-5）。

调节电枢电压调速的优点：电源电压能够平滑调节，可实现无级调速；调速前后机械特性的斜率不变，硬度较高，负载变化时，速度稳定性好；无论轻载还是重载，调速范围相同，一般 D 可达 $2.5 \sim 12$；电能损耗较小。

调节电枢电压调速的缺点是需要一套电压可连续调节的直流电源，多用在对调速性能要求较高的生产机械上，如机床、轧钢机、造纸机等。

3. 调节励磁电流的调速控制

额定运行的电动机，其磁路已基本饱和，即使励磁电流增加很大，磁通也增加很少，从电动机的性能考虑也不允许磁路过饱和。因此，改变励磁电流只能将 I_{fN} 由额定值往下调，即为弱磁调速（见图 10-6）。

对于恒转矩负载，调速前后电动机的电磁转矩不变，因为磁通减少，所以调速后的电枢电流大于调速前的电枢电流。

调节励磁电流调速的优点：由于在电流较小的励磁回路中进行调节，因而控制方便、能量损耗小、设备简单，而且调速平滑性好。虽然弱磁升速后电枢电流增大，电动机的输入功率增大，但由于转速升高，输出功率增大，电动机的效率基本不变，因此，该调速方式经济性较好。其缺点是：机械特性的斜率变大，特性变软；转速的升高受到电动机换向能力和机械强度的限制，因此升速范围不可能很大，一般 $D \leqslant 2$。

不同调速方法的主要特点、性能和适用范围见表 11-1。

表 11-1 不同调速方法的主要特点、性能和适用范围

调速方法	调节励磁电流	调节电枢电压	调节电枢回路串联电阻
特性曲线	参见图 10-6	参见图 10-5	参见图 10-4
主要特点	1. U 为常值，转速 n 随励磁电流 I_f 和磁通 Φ 的减小而升高 2. 转速越高，换向越难，电枢反应和换向元件中电流的去磁效应对电动机运行稳定性的影响越大。最高转速受机械因素、换向和运行稳定性的限制 3. 电枢电流保持额定值不变时，转矩 T_M 与 Φ 成正比，n 与 Φ 成反比，输入、输出功率及效率基本不变	1. Φ 为常值，转速 n 随电枢端电压 U 的减少而较低 2. 低速时，机械特性的斜率不变，稳定性好 3. 电枢电流保持额定值不变时，T_M 保持不变，U 与转速 n 成正比，输入、输出功率随 U 和 n 的降低而减小，效率基本不变	1. U 为常值，转速 n 随电枢回路电阻 R_a 的增加而降低 2. 转速越低，机械特性越软。采用此法调速时，调速变阻器可作起动变阻器用 3. 电枢电路保持额定值不变时，T_M 保持不变，可作恒转矩调速，但低速时，输出功率随 n 的降低而减小，而输入功率不变，效率将随 n 的降低而降低，经济性很差
适用范围	适用于额定转速以上的恒功率调速	适用于额定转速以下的恒转矩调速	只适用于额定转速以下，不需经常调速，且机械特性要求较软的调速

11.2.3 他励直流电动机制动控制

根据电磁转矩 T_M 和转速 n 方向之间的关系，可以把电动机分为两种运行状态。当 T_M 与 n 方向相同时，称为电动机运行状态，简称电动状态；当 T_M 与 n 方向相反时，称为制动运行状态，简称制动状态。电动状态时，电磁转矩为驱动转矩，电动机将电能转换成机械能；制动状态时，电磁转矩为制动转矩，电动机将机械能转换成电能。在制动过程中，要求电动机制动迅速、平滑、可靠、能量损耗少。

他励直流电动机的制动方式主要有能耗制动、反接制动和回馈制动三种，下面对其分别进行介绍。

1. 能耗制动控制

（1）制动原理 图 11-2 为他励直流电动机能耗制动示意图。在制动时，将刀开关 Q 合向下方，刚开始因为气隙磁通保持不变，电枢存在惯性，其转速 n 不能马上降为零，而是保持原来的方向旋转，于是 n 和 E_a 的方向均不变。但是，由于在闭合的回路内产生的电枢电流 I_{aB} 与电动状态时的电枢电流 I_a 的方向相反，由此产生与转速 n 方向相反的制动电磁转矩 T_{MB}，即电动机处于制动状态。很明显，此时，电动机的动能在电阻上转变为热能的形式消耗了，从而使电动机的转速迅速下降。这时电动机实际上处于发电机运行状态，将转动部分的动能转换成电能消耗在电枢回路的电阻上，所以称其为能耗制动。

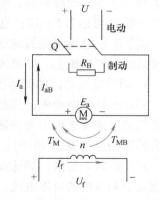

图 11-2 他励直流电动机能耗制动示意图

（2）机械特性 能耗制动的机械特性就是在 $U=0$、$\Phi=\Phi_N$、$R_Z = R_a + R_B$ 条件下的一条人为机械特性，即

$$n = \frac{0}{C_e \Phi_N} - \frac{R_a + R_B}{C_e C_T \Phi_N^2} T_M = -\frac{R_a + R_B}{C_e C_T \Phi_N^2} T_M \tag{11-5}$$

或

$$n = -\frac{R_a + R_B}{C_e \Phi_N} I_a \qquad (11\text{-}6)$$

因此，能耗制动的机械特性为一条过坐标原点的直线，其理想空载转速为零。机械特性曲线的斜率与电动状态下电枢串联电阻 R_B 时的人为机械特性的斜率相同，如图 11-3 中的直线 BC。

若电动机拖动反抗性恒转矩负载在 A 点运行，当进行能耗制动时，在制动开始瞬间，由于转速 n 不能突变，电动机的工作点由 A 点跳变至 B 点，此时电磁转矩反向，与负载转矩同方向，在它们共同作用下，电动机沿 BO 曲线减速，直至工作点达到 O 点（速度减到零）。

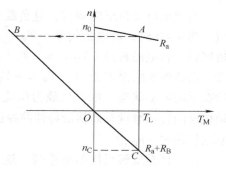

图 11-3　能耗制动的机械特性

若电动机拖动的是位能性负载，虽然到达 O 点时 $n = 0$，$T_M = 0$，但在位能负载的作用下，电动机将反转并加速，工作点将沿特性曲线 OC 方向移动。此时，E_a 的方向随 n 的反向而反向，则 n 和 E_a 的方向均与电动状态时相反，而 E_a 产生的 I_a 的方向与电动状态相同，随之 T_M 的方向也与电动状态方向相同，电磁转矩仍为制动转矩。随着反向转速 n 的增加，制动转矩也不断增大，当制动转矩达到与 A 点转矩相同时，获得稳定运行，此状态称为稳定能耗制动运行。

能耗制动操作简单，但随着转速 n 的下降，电动势 E_a 减小，制动电流和制动转矩也随之减小，制动效果会变差。

2. 反接制动控制

反接制动分为电压反接制动和倒拉反转反接制动两种。

（1）电压反接制动控制

1）制动原理。电压反接制动是将电枢反接在电源上，即电枢电压由原来的正值变为负值，同时电枢回路要串联制动电阻 R_B。此时，在电枢回路内，U 与 E_a 方向相同，共同产生很大的反向电流，即

$$I = \frac{-U_N - E_a}{R_a + R_B} \qquad (11\text{-}7)$$

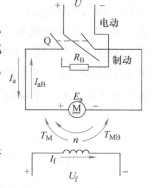

反向的电枢电流 I 产生很大的反向电磁转矩 T_{MB}，从而产生很强的制动作用，即电压反接制动，其控制电路如图 11-4 所示。

2）机械特性。电压反接制动时，在 $U = -U_N$，$R = R_a + R_B$ 条件下得到人为机械特性方程式为

图 11-4　电压反接
制动控制电路

$$n = -\frac{U_N}{C_e \Phi_N} - \frac{R_a + R_B}{C_e C_T \Phi_N^2} T_{MB} = -n_0 - \frac{R_a + R_B}{C_e C_T \Phi_N^2} T_{MB} \qquad (11\text{-}8)$$

可见，电压反接制动的机械特性曲线是一条通过 $-n_0$ 点，斜率为 $\dfrac{R_a + R_B}{C_e C_T \Phi_N^2}$ 的直线，如图 11-5 所示。

电压反接制动时，由于惯性，电动机的工作点从电动状态 A 点瞬间跳变到 B 点，此时电磁转矩与转速反向，对电动机起制动作用，使电动机转速迅速降低，从 B 点沿制动特性下降到 C 点，此时 $n=0$。若要求电动机准确停机，应必须马上切断电源，否则将进入反向起动。

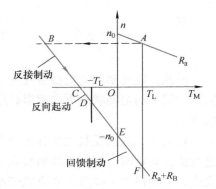

图 11-5　电压反接制动的机械特性

若要求电动机反向运行，且负载为反抗性恒转矩负载，当 $n=0$ 时，若电磁转矩 $|T_M|<|T_L|$，则电动机堵转；若电磁转矩 $|T_M|>|T_L|$，则电动机反向起动，沿特性曲线至 D 点（ $-T_M=-T_L$ ），电动机稳定运行在反向电动状态。如果负载为位能性恒转矩负载，电动机反向转速继续升高将沿特性曲线过 E 点，在反向发电回馈制动状态下稳定运行于 F 点，制动特性过 $-n_0$ 点。

（2）倒拉反转反接制动控制　这种制动方法一般发生在提升重物转为下放重物的情况下，即位能性恒转矩负载。

1）制动原理。图 11-6a 为电动状态下拖动重物的原理图，图 11-6b 为电动机在倒拉反转反接制动状态下拖动重物的原理图。可见，两图的差别就在于在制动过程中，主电路中串联了一个适当大的电阻 R_B，可得到一条斜率较大、进入第四象限的人为机械特性。倒拉反转反接制动的机械特性曲线如图 11-7 所示。

制动过程如下：串联电阻瞬间，因转速不能突变，所以工作点由固有机械特性上的 A 点沿水平方向跳跃到人为机械特性的 B 点，此时电磁转矩 T_M 小于负载转矩 T_L，于是电动机开始减速，工作点沿人为机械特性由 B 点向 C 点转化。到达 C 点时，$n=0$，电磁转矩为堵转转矩 T_K，因 T_K 仍小于负载转矩 T_L，所以在重物的重力作用下电动机将反向旋转，即下放重物。因为励磁电流不变，所以 E_a 随 n 的反向而改变方向，由图 11-6b 可看出 I_a 的方向不变，故 T_M 的方向也不变。这样，电动机反向后，电磁转矩为制动转矩，电动机处于制动状态，如图 11-7 中的 CD 段所示。随着电动机反向转速的增加，E_a 增大，电枢电流 I_a 和制动的电磁转矩 T_M 也相应增大，当到达 D 点时，电磁转矩与负载转矩平衡，电动机便以稳定的转速匀速下放重物。电动机串联的电阻 R_B 越大，最后稳定的转速越高，下放重物的速度也越快。

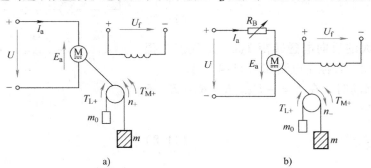

图 11-6　正向电动与倒拉反转反接制动
a）正向电动状态下拖动重物原理图　b）倒拉反转反接制动状态下拖动重物原理图

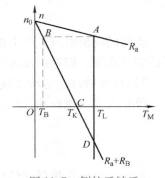

图 11-7　倒拉反转反接制动的机械特性曲线

电枢回路串联较大的电阻后，电动机能实现反转反接制动运行，主要是位能负载的倒拉作用，又因为此时的 E_a 与 U 也是顺向串联，共同产生电枢电流，因此把该制动称为倒拉反转反接制动。

2）机械特性。倒拉反转反接制动的机械特性方程式就是电动状态时电枢串联电阻的人为机械特性方程式，即

$$n = \frac{U_N}{C_e \Phi_N} - \frac{R_a + R_B}{C_e C_T \Phi_N^2} T_M = n_0 - \frac{R_a + R_B}{C_e C_T \Phi_N^2} T_M \tag{11-9}$$

不过此时电枢串联的电阻值较大，使得 $\frac{R_a + R_B}{C_e C_T \Phi_N^2} T_M > n_0$，所以 n 为负值，特性曲线位于第四象限的 CD 段，如图 11-7 所示。

由上可知，倒拉反转反接制动下放重物的速度随串联电阻 R_B 的大小而异，制动电阻越大，机械特性越"软"，下放速度越高。

综上所述，电动机进入倒拉反转反接制动状态必须有位能负载反拖电动机，同时电枢回路必须串联较大电阻。此时位能负载转矩为拖动转矩，而电动机的电磁转矩是制动转矩，以安全下放重物。

3. 回馈制动控制

电动状态运行的电动机，在拖动机车下坡等情况下会出现电动机转速高于理想空载转速（即 $n > n_0$）的情况，此时，电枢电动势 E_a 大于电枢电压 U，电枢电流 $I_a = (U - E_a)/R < 0$，电枢电流的方向与电动状态相反。从能量传递方向看，电动机处于发电状态，将机车下坡时失去的位能转变成电能回馈给电网，因此该制动为回馈制动。回馈制动一般用于位能负载高速拖动电动机场合和降低电枢电压调速场合。

回馈制动时的特性方程式与电动状态下相同，只是运行在机械特性曲线上的不同区段而已。当电动机拖动机车下坡出现回馈制动（正向回馈制动）时，其机械特性位于第二象限，如图 11-8 中的 n_0A 段。当电动机下放重物出现回馈制动（反向回馈制动）时，其机械特性位于第四象限，如图 11-8 中的 $-n_0B$ 段。图 11-8 中的 A 点是电动机的正向回馈制动稳定运行点，表示机车以恒定的速度下坡，B 点是电动机的反向回馈制动稳定运行点，表示重物高速匀速下放，不安全。

除以上两种回馈制动稳定运行外，还有一种发生在电动状态中的回馈制动过程。例如，降低电枢电压的调速过程和增磁调速过程中都会出现回馈制动过程，下面对这两种情况进行说明。

在图 11-9 中，A 点是电动状态运行的工作点，对应电压为 U_1，转速为 n_A。当进行降压（U_1 降为 U_2）调速时，因转速不突变，工作点由 A 点平稳移到 B 点，此后工作点在降压人为机械特性的 Bn_{02} 段上的变化过程即为回馈制动过程，它起到加快电动机减速的作用，当转速降到 n_{02} 时，制动过程结束。转速从 n_{02} 降到 n_C 的过程为电动状态减速过程。

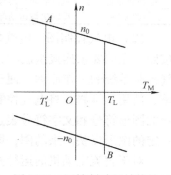

图 11-8　回馈制动机械特性

在图 11-10 中，磁通由 Φ_1 增至 Φ_2 时，工作点的变化情况与图 11-8 回馈制动时相同，由于有功率回馈到电网，因此与能耗制动和反接制动相比，回馈制动是比较经济的。

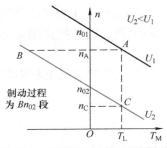

图 11-9　减压调速时的回馈制动

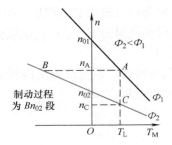

图 11-10　增磁调速时的回馈制动

11.2.4　直流电动机的反转控制

直流电动机的反转有两种方法：改变电枢电流的方向或改变励磁电流的方向。通常，前一种方法常见。

11.2.5　直流电动机电力拖动控制电路设计举例

1. 直流电动机控制的认知

直流电动机在实际应用中有多种控制方法，因此对直流电动机的电气控制原则、控制方式等需要作进一步的认识。

（1）直流电动机控制原则　所谓直流电动机的控制，就是对直流电动机进行起动、反转、调速、制动的电气控制。这些运行状态的改变最为明显的是直流电动机转速的变化和旋转方向的改变，但运行状态的改变是由直流电动机的一些电磁参数变化而改变的，如直流电动机转子或定子的电流、电动势等。因此，直流电动机的控制原则有速度原则、时间原则、电流原则、电动势原则和行程原则。这些控制原则的应用场合及特点见表 11-2。

表 11-2　直流电动机控制原则的应用场合及特点

控制原则	应用场合	特　　点
速度原则	直流电动机的反接制动	电路简单，采用速度继电器控制
时间原则	直流电动机的起动和能耗制动	电路简单，采用速度继电器控制
电流原则	串励直流电动机的起动和制动	电路联锁较多，采用电流继电器控制
电动势原则	直流电动机的起动和反接制动	较准确反映电动机转速，采用电压继电器控制
行程原则	反映机械运动部件的运动位置	电路简单，采用行程开关控制

（2）电气控制图　电气控制系统是由电气控制元件按照一定的要求连接组成的，为了清晰表达生产机械电气控制系统的工作原理，便于电气控制系统的安装、调整、使用和维修，将电气控制系统中的各电气元件用一定的图形符号和文字符号表达出来，再将其连接情况用一定的图形反映出来的图，即为电气控制图。

对于直流电动机的运行控制过程，需要根据电气控制图通过开关、线圈等元件的动作先后来进行分析。

常用的电气控制图有电气原理图、电气元件布置图和电气安装接线图。电气原理图是用来表示电路中各个

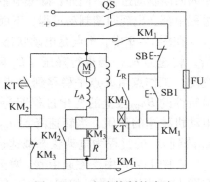

图 11-11　电流控制的直流
电动机起动控制电路

电器元件导电部分的连接关系和工作原理的图；电器元件布置图是用来表明电气设备上所有电动机和各电器元件的实际位置；电气安装接线图是为了进行电器元件的接线和排除电器故障而绘制的。

2. 直流电动机起动控制电路设计举例

直流电动机起动控制时，有不同的控制参数，下面主要以电流起动控制、时间继电器起动控制、电枢串联电阻单向旋转起动控制为例来说明起动控制电路的设计。

（1）通过电流控制直流电动机起动控制　图 11-11 为通过电流控制的直流电动机起动控制电路。

工作原理：合上开关 QS，按下起动按钮 SB1，接触器 KM_1 线圈得电吸合，其常开触点闭合，电动机电枢回路串联电阻 R 作减压起动，KM_1 的一个常开触点闭合，实现自锁，KT 线圈也得电。与此同时，接触器 KM_3 动作，其常闭触点断开。当电动机转速升高，使电枢电流下降时，KM_3 释放，其常闭触点闭合，KM_2 得电动作，KM_2 的常开触点闭合，把降压电阻 R 短接，电动机便开始在额定工作电压下正常运行。采用延时继电器 KT，目的是为了防止在起动之初，降压电阻 R 被接触器 KM_2 短接。

（2）通过时间继电器控制直流电动机起动控制　图 11-12 为由时间继电器控制的直流电动机起动控制电路。这实际上是电阻减压起动的直流电动机起动电路，只不过是用时间继电器来控制短接电阻的先后而已。

工作原理：闭合电源开关 QS，按下起动按钮 SB1，直流接触器 KM_1 得电吸合，其常开触点闭合，使电枢回路串联电阻 R_1、R_2 起动。而时间继电器 KT_1 也同时得电起动，其常开触点经延时闭合，使 KM_3 得电吸合，从而将 R_1 短接，电动机 M 加速。此时，另一只时间继电器 KT_2 得电动作，其常开触点延时闭合，使 KM_2 得电动作，把电阻 R_2 短接。这样，电动机便进入了正常运行状态。

（3）直流电动机电枢串联电阻单向旋转起动控制　图 11-13 为直流电动机电枢串联二级电阻，按时间原则起动电路。图中 KM_1 为线路接触器，KM_2、KM_3 为短接起动电阻接触器，KOC 为过电流继电器，KUC 为欠电流继电器，KT_1、KT_2 为时间继电器，R_1、R_2 为起动电阻，R_3 为放电电阻。

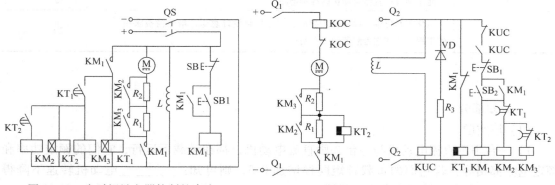

图 11-12　由时间继电器控制的直流电动机起动控制电路

图 11-13　直流电动机电枢串联电阻单向旋转起动电路

工作原理：合上电动机电枢电源开关 Q_1、励磁与控制电路电源开关 Q_2。KT_1 线圈得电，其常闭触点断开，切断 KM_2、KM_3 线圈电路，确保起动时将电阻 R_1、R_2 全部串联入电枢回路。按下起动按钮 SB_2，KM_1 线圈得电并自锁，主触点闭合，接通电枢回路，电枢串联二级起动电阻起动；同时 KM_1 常闭辅助触点断开，KT_1 线圈断电，为使 KM_2、KM_3 线圈延时通电，短接电枢回路起动电阻 R_1、R_2 作准备。在电动机串联 R_1、R_2 起动的同时，并联在 R_1 电阻两端的 KT_2 线圈得电，其常闭触点断开，使 KM_3 线圈电路处于失电状态，确保 R_2 串联入电枢回路。

经过一段时间延时后，KT_1 常闭触点因线圈失电，延时闭合触点闭合，KM_2 线圈得电吸合，主触点短接电阻 R_1，电动机转速升高，电枢电流减小。为保持一定的加速转矩，起动中应逐级切除电枢起动电阻。在 R_1 被 KM_2 主触点短接的同时，KT_2 线圈失电释放，再经过一定时间的延时，KT_2' 常闭触点因线圈失电，延时闭合触点闭合，KM_3 线圈得电吸合，KM_3 的主触点闭合短接第二段电枢起动电阻 R_2。电动机在额定电枢电压下运转，起动过程结束。

电路保护环节：该电路由过电流继电器 KOC 实现电动机过载和短路保护；由欠电流继电器 KUC 实现电动机欠磁场保护；电阻 R_3 与二极管 VD 构成电动机励磁绕组断开电源时产生感应电动势的放电回路，以免产生过电压。

11.3 技能培养

11.3.1 技能评价要点

该学习情境的技能评价要点见表 11-3。

表 11-3 "直流电动机的控制" 学习情境的技能评价要点

序 号	技能评价要点	权重（%）
1	能正确选择直流电动机的起动方法	15
2	能正确选择直流电动机的调速方法	15
3	能正确选择直流电动机的制动方法	15
4	能正确分析直流电动机控制电路的工作原理	20
5	能正确设计直流电动机的控制电路	15
6	强化创新思维，以目标为导向，树立优化设计意识；培养精益求精的工程精神和吃苦耐劳的工匠精神	20

11.3.2 技能实训

1. 应知部分

（1）填空题

1）一台串励直流电动机与一台并励直流电动机，都在满载下运行，它们的额定功率和额定电流都相等，若它们的负载转矩同样增加 0.5，则可知：_____电动机转速下降得多，而_____电动机的电流增加得多。

2）电枢反应对并励电动机转速特性和转矩特性有一定的影响，当电枢电流 I_a 增加时，转速 n 将_____，转矩 T_M 将_____。

3）直流电动机调速时，在励磁回路中增加调节电阻，可使转速_____，而在电枢回路中增加调节电阻，可使转速_____。

4）并励直流电动机改变转向的方法有_____，_____。

5）串励直流电动机在电源反接时，电枢电流方向_____，磁通方向_____，转速 n 的方向_____。

6）当保持并励直流电动机的负载转矩不变，在电枢回路中串入电阻后，则电动机的转速将_____。

7）并励直流发电机的励磁回路电阻和转速同时增大一倍，则其空载电压_____。

8）直流电动机的起动方法有_____和_____。

9）当电动机的转速超过_____时，出现回馈制动。

10）拖动恒转转负载进行调速时，应采用_____调速方法，而拖动恒功率负载时应采用_____调速方法。

（2）判断题（对：√；错：×）

1）直流电动机的人为特性都比固有特性软。（　　）

2）他励直流电动机在固有特性上弱磁调速，只要负载不变，电动机转速升高。（　　）

3）直流电动机串多级电阻起动。在起动过程中，每切除一级起动电阻，电枢电流都将突变。（　　）

4）他励直流电动机降低电源电压调速与减小磁通调速都可以做到无级调速。（　　）

5）起动直流电动机时，励磁回路应与电枢回路同时接入电源。（　　）

6）直流电机的转子转向不可改变。（　　）

7）他励直流电动机的降压调速属于恒转矩调速方式，因此只能拖动恒转矩负载运行。（　　）

8）一台并励直流电动机，若改变电源极性，则电动机转向也改变。（　　）

9）直流电动机的电磁转矩是驱动性质的，因此稳定运行时，大的电磁转矩对应的转速就高。（　　）

10）提升位能负载时的工作点在第一象限内，而下放位能负载时的工作点在第四象限内。（　　）

（3）选择题

1）一台直流发电机，由额定运行状态转速下降为原来的30%，而励磁电流及电枢电流不变，则（　　）。

A. E_a 下降 30%　　　　　　B. T 下降 30%　　　　　　C. E_a 和 T 都下降 30%

D. 端电压下降 30%

2）一台并励直流发电机希望改变电枢两端正负极性，采用的方法是（　　）。

A. 改变原动机的转向　　　B. 改变励磁绕组的接法

C. 改变原动机的转向或改变励磁绕组的接法

3）把直流发电机的转速升高20%，他励方式运行空载电压为 U_{01}，并励方式空载电压为 U_{02}，则（　　）。

A. $U_{01} = U_{02}$　　　　　　B. $U_{01} < U_{02}$　　　　　　C. $U_{01} > U_{02}$

4）一台并励直流电动机，在保持转矩不变时，如果电源电压 U 降为 $0.5U_N$，忽略电枢反应和磁路饱和的影响，此时电动机的转速（　　）。

A. 不变   B. 降低到原来转速的 0.5

C. 下降   D. 无法判定

5）起动直流电动机时，磁路回路应（　　）电源。

A. 与电枢回路同时接入   B. 比电枢回路先接入   C. 比电枢回路后接入

6）负载转矩不变时，在直流电动机的励磁回路串入电阻，稳定后，电枢电流将（　　），转速将（　　）。

A. 上升，下降   B. 不变，上升   C. 上升，上升

7）他励直流电动机的人为特性与固有特性相比，其理想空载转速和斜率均发生了变化，那么这条人为特性一定是（　　）。

A. 串电阻的人为特性   B. 降压的人为特性   C. 弱磁的人为特性

8）直流电动机采用降低电源电压的方法起动，其目的是（　　）。

A. 为了使起动过程平稳   B. 为了减小起动电流   C. 为了减小起动转矩

9）当电动机的电枢回路铜损比电磁功率或轴机械功率都大时，这时电动机处于（　　）。

A. 能耗制动状态   B. 反接制动状态   C. 回馈制动状态

10）他励直流电动机拖动恒转矩负载进行串电阻调速，设调速前、后的电枢电流分别为 I_1 和 I_2，那么（　　）。

A. $I_1 < I_2$ B. $I_1 = I_2$ C. $I_1 > I_2$

（4）问答题

1）什么叫直流电动机的起动？直流电动机在起动时，有什么特点？对直流电动机起动的基本要求有哪些？

2）直流电动机常用的起动方法有哪些？简述每种起动方法的特点。

3）直流电动机常用的制动方法有哪些？简述每种制动方法的特点。

4）评价直流电动机调速性能的指标有哪几个？

5）直流电动机常用的调速方法有哪些？简述每种调速方法的主要特点和它的适用范围。

6）什么是直流电动机的控制？直流电动机的控制原则有哪些？

7）常用的电气控制图分哪几种？

8）电力拖动系统稳定运行的条件是什么？

2. 应会部分

请设计并画出直流电动机可逆旋转反接制动电路图。

学习情境 12　直流电机的维护

12.1　学习目标

【知识目标】　掌握直流电机换向故障的分析与维护方法；掌握直流电机电枢绕组故障的分析及维护方法；了解直流电机主磁极绕组、换向极绕组、补偿绕组故障的分析及处理方法；熟练掌握直流电机运行中的常见故障分析与处理方法。

【能力目标】　培养学生分析直流电机故障的能力；培养学生处理直流电机故障的能力。

【素质目标】　注重 6S（整理、整顿、清扫、清洁、素养和安全）规范的养成；培养节约意识；培育不怕苦的劳动精神。

12.2　基础理论

12.2.1　直流电机换向故障的原因及维护

直流电机的换向故障是直流电机经常遇到的重要故障。换向不良不但严重影响直流电机的正常工作，还会危及直流电机的安全，造成较大的经济损失。另外，直流电机的内部故障，大多数会引起换向时出现有害的火花或火花增大，严重时会灼伤换向器表面，甚至妨碍直流电机的正常运行。因此，对换向故障进行正确的分析、检测、维护是现场技术人员必不可少的基本技能。

以下就机械方面和由机械引起的电气方面、电枢绕组、定子绕组、电源等故障，对造成换向恶化的主要原因作概要分析，并介绍一些基本的维护方法。

1. 机械原因及维护

直流电机的电刷和换向器的连接属于滑动接触，保持良好的滑动接触才可能保证良好的换向，但腐蚀性气体、空气湿度、电机振动、电刷和换向器装配质量及安装工艺等因素都会对电刷和换向器的滑动接触情况产生一定的影响。当电机振动时，电刷和换向器的机械原因使电刷和换向器的滑动接触不良，这时就会在电刷和换向器之间产生有害的火花。

（1）电机振动　电机振动对换向的影响是由电枢振动的振幅和频率高低所决定的。当电枢向某一方向振动时，就会使电刷与换向器的接触面产生压力波动，从而使电刷在换向器表面跳动。随着电机转速的增高，振动加剧，电刷在换向器表面的跳动幅度就越大。电机的振动过大，主要是由于电枢两端的平衡块脱落，造成电枢的不平衡，或是电枢绕组修理后未进行平衡校正引起的。一般来说，对低速运行的电机，电枢应进行静平衡校验；对高速运行的电机，电枢必须进行动平衡校验，所加平衡块必须牢靠地固定在电枢上。

（2）换向器　换向器是直流电机的关键部件，要求表面光洁圆整，没有局部变形。在换向良好的情况下，长期运转的换向器表面与电刷接触的部分将形成一层坚硬的褐色薄膜，这层薄膜有利于换向，并能减少换向器的磨损。当换向器因装配质量不良造成变形或换向片间云母凸出以及受到碰撞使个别换向片凸出或凹下，表面有撞痕或飞边时，电刷就不能在换向器上平稳地滑动，使火花增大。换向器表面粘有油腻污物也会使电刷因接触不良而产生火花。

换向器表面如有污物，应用沾有酒精的抹布擦净。

换向器表面出现不规则形状时，应用与换向片表面吻合的木块垫上细玻璃砂纸来磨换向器，若还不能满足要求，则必须车削换向器的外圆。

若换向片间的绝缘云母凸出，应将云母片下刻，下刻深度以 1.5mm 左右为宜，过深的下刻，易在换向片之间堆积炭粉，造成换向片之间短路。下刻换向片之间填充云母后，应研磨换向器外圆，使换向器表面光滑。

（3）电刷　为保证电刷和换向器的良好接触，电刷表面至少要有 3/4 与换向器接触，电刷压力要保持均匀，电刷间压力相差不超过 10%，以保证各电刷的接触电阻基本相当，从而使各电刷电流均衡。

电刷弹簧压力不合适，电刷材料不符合要求，电刷型号不一致，电刷与刷盒之间的配合太紧或太松，电刷伸出盒太长，都会影响电刷的受力，产生有害火花。

电刷压力弹簧应根据不同的电刷而定。一般电机用的 D104 或 D172 电刷，其压力可取 1500～2500Pa。

2. 电气原因及维护

换向接触电动势与电枢反应电动势是直流电机换向不良的主要原因，一般在电机设计与制造时都做了较好的补偿与处理，电刷通过换向器与几何中心线的元件接触，使换向元件不切割主磁场。但是由于维修后换向极绕组、补偿绕组安装不准确，磁极、刷盒装配偏差，造成各磁极间距离相差太大、各磁极下的气隙不均匀、电刷中心对齐不好、电刷沿换向器圆周等分不均（一般电机电刷沿换向器圆周等分差不超过 ±0.5mm）。上述原因都可以增大电枢反应电动势，从而使换向恶化，产生有害火花。

因此，在检修时，应使各个磁极、电刷安装合适，分配均匀。换向极绕组、补偿绕组安装正确，就能起到改善换向的作用。

12.2.2　直流电机电枢绕组故障的原因及维护

直流电机电枢绕组是电机产生感应电动势和电磁转矩的核心部件，输入的电压较高，电流较大，它的故障不但直接影响电机的正常运行，也随时危及电机和运行人员的安全，所以在直流电机的运行维护过程中，必须随时监测，一旦发现电枢故障，应立即处理，以避免事故扩张造成更大损失。

1. 电枢绕组短路故障的原因及维护

电枢绕组由于短路故障而烧毁时，一般打开电机通过直接观察就可找到烧焦的故障点。为了准确，除了用短路测试器检查外，还可通过图 12-1 所示的简易方法进行确定。

将 6～12V 直流电源接到电枢两侧的换向片上，用直流毫伏表依次测量各相邻的两个换向片间的电压值，由于电枢绕组是非常有规律的重复排列，所以正常情况下换向片间的读数也是相等的或呈现规律的重复变化偏转。如果出现某两

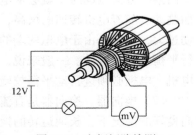

图 12-1　电枢短路检测

个测点的读数很小或近似为零的情况，则说明连接这两个换向片的电枢绕组存在短路故障，若其读数为零，则多为换向片间的短路。

电枢绕组短路的原因，往往是由于绝缘老化、机械磨损使同槽绕圈间的匝间短路或上下层之间的层间短路。对于使用时间不长、绝缘并未老化的电机，当只有一两个线圈有短路时，可以切断短路线圈，在两个换向片接线处接以跨接线，作应急使用，如图 12-2 所示。若短路线圈过多，则应送电机修理厂重绕。

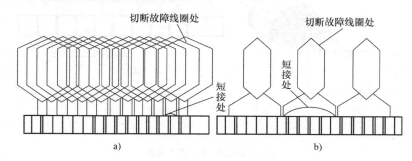

图 12-2　电枢绕组的短接
a）单叠绕组　b）单波绕组

对于叠绕直流电机的电枢绕组线圈，其首尾正好在相邻的两片上，所以将对应的这两个换向片短接就可以了。而对于单波绕线，其短接线应跨越一个磁极矩，具体的位置应以准确的测量点来定，即被短接的两个换向片之间的电压测量读数最小或为零。

2. 电枢绕组断路故障的原因及维护

电枢绕组断路的原因多是由于换向片与导线接头焊接不良，或由于电机的振动过大而造成脱焊，个别也有内部断线的，这时明显的故障现象是电刷下产生较大火花。具体要确定是哪一线圈断路，检测方法如图 12-3 所示。

抽出电枢，将直流电源接于电枢换向器的两侧，由于断线，回路不会有电流，所以电压都加在断线的线圈两端，这时可通过毫伏表依次测换向片间的电压，当毫伏表跨接在未断线圈换向片间测量时，没有读数；当毫伏表跨接到断路线圈时，就会有读数指示，且指针剧烈跳动。

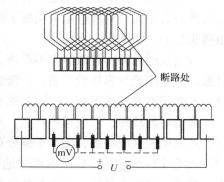

应急处理方法是将断路线圈进行短接，对于单叠绕组，将有断路的绕组所接的两个换向片用短接线跨接起来，而对于单波绕组，短接线跨过了一个极矩，接在有断路的两个换向片上。

图 12-3　电枢绕组的线圈断路检测

3. 电枢绕组接地故障的原因及处理

电枢绕组接地的原因，多数是由于槽绝缘及绕组相间绝缘损坏，导体与硅钢片碰接所致，也有的是由于换向片接地。一般击穿点出现在槽口换向片内和绕组端部。

检测电枢绕组是否接地的方法是比较简单的，通常采用试验灯进行检测。先将电枢取出放在支架上，再将电源线串联一个灯泡，一端接在换向片上，另一端接在轴上，如图 12-4a

所示，若灯泡发亮，说明电枢线圈有接地。

若要确定是哪槽线圈接地，还要用毫伏表来测定，如图 12-4b 所示。先将电源和灯泡串联，然后一端接换向器，另一端与轴相接，由于电枢绕组与轴形成短路，所以灯是亮的。将毫伏表的一个端接在轴上，另一端与换向片依次接触。若毫伏表跨接的线圈是完好的，则毫伏表指针要摆动；若是接地的故障线圈，则指针不动。

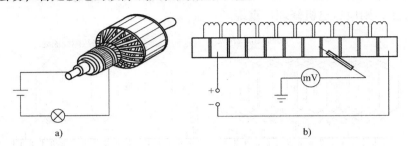

图 12-4　电枢绕组接地检查
a）试验灯法　b）毫伏表法

若要判明是电枢线圈接地还是换向器接地，还需要进一步检测，就是将接地线圈从换向片上焊脱下来，分别测试，就可判断出是哪种接地故障。

应急处理的方法是：在接地处插垫上一块新的绝缘材料，将接地点断开，或将接地线从换向片上拆除下来，再将这两个换向片短接起来即可。

12.2.3　直流电机主磁极绕组、换向极绕组、补偿绕组故障的原因及维护

主磁极绕组为直流电机提供了主磁场，换向极绕组与补偿绕组则是专为改善直流电机的换向而设置的。这些绕组一旦出了故障，都将严重影响直流电机的正常运行。

主磁极绕组、换向极绕组、补偿绕组最常见的故障是匝间短路、绕组接地。这些会引起电机换向火花大，绝缘电阻值明显下降，甚至为零的现象，使电机不能正常工作。另外，绕组接头松动、断线也时有发生。

绕组匝间短路，若故障点不严重，则可将铜瘤等部分锉掉，用玻璃丝布将匝间损坏部分补强；若匝间绝缘损坏较严重，但绕组线圈良好，则要将全部匝间绝缘剔除，重新垫匝间绝缘；若匝间绝缘严重损坏，引起线圈烧毁，则须重新更换损坏的绕组线圈。

绕组对地故障，若故障不严重，则可将故障点剔除干净。用相同绝缘材料成阶梯状包扎好，然后用绝缘漆涂刷，进行干燥处理及检验。若故障严重，应将全部对地绝缘剥除，使用同等级绝缘材料包扎。如果线圈对地故障造成铜线截面减小，应用银焊条或铜焊条进行补焊、锉平，打磨光滑后，重新包扎绝缘，再将线圈套在铁心上，进行整体浸漆。对于损坏特别严重的则应更换新品。

1. 主磁极绕组故障分析

直流电动机的励磁方式有他励、并励、串励和复励四类；直流发电机的励磁方式有他励和自励两类。自励发电机又可按其励磁绕组与电枢绕组的连接方式不同，分为并励、串励和复励三种情况。由于连接方式比较复杂，所以表现出的故障现象也有所不同，以下就其常见故障进行讨论。

（1）主磁极绕组短路故障分析　造成主磁极绕组线圈短路的主要原因是由于绝缘老化，工作环境恶劣，灰尘特别是金属粉尘沉积绕组表面，使电机绝缘等级降低。另外，也有运行过程中的机械磨损等原因。

当主磁极绕组出现部分线圈短路后，由于励磁电阻减小，励磁电流增大，从而使励磁损耗增大，线圈发热加剧，短路点的绝缘垫被损坏，甚至绕组线圈烧毁。

由于匝间短路，使各主磁极的磁动势不均匀，无故障磁极的磁动势大于故障磁极，这就造成合成磁场严重畸变。合成磁场的畸变一方面使换向恶化，火花增大；另一方面，会使电枢各支路感应电动势失去平衡，造成电枢绕组支路间的环流随短路匝数的增多、损坏程度的加剧而增大，这无形中又增大了电枢回路的有功损耗。另一个重要参数电磁转矩也会因磁场不对称而分布失衡，这就会使直流电机运行异常，磨损加剧，出现周期性振动噪声。

由于主磁极绕组的短路，磁通下降，其机械特性变"软"，转差率增大，直流电机转速随负载的波动增加，会影响生产及加工精度。

若只是复励电动机（实际常用的为积复励磁）串励绕组的部分匝间短路，会使串励磁通减小，其合成主磁通减小（补偿减少），机械特性要变"硬"，从而使电动机的转速升高，负载越大则其转速变化越明显。若带的是恒转矩负载或重载，这时的电枢电流要超过额定值，电机发热增大，甚至过电流跳闸。

应急处理方式：仔细检查，寻找出短路线圈，若只存在于表面，而且匝数少，可作适当的修复处理；若损坏严重，则要更换。

（2）主磁极绕组断路故障分析　直流电机在整个运行过程中，是绝不允许励磁断路的，否则将造成"飞车"重大事故。直流电机的断路故障大都出在操作控制失误等情况下。

对于未起动的直流电动机，若励磁绕组断路，主磁场还未建立，基本无起动转矩，电动机不能起动，由于此时的电枢电流为堵转电流，电枢绕组发热，温升较快，还会出现较大的振动声；对于直流发电机，即使达到了额定运行转速，也无电压输出，此时检查励磁监测电流表的读数为零。对于自励发电机，若主磁极绕组的线圈断路，只能输出很小的剩磁电压。

若是复励电动机的串励磁线圈因接头松动造成断路，这时的电枢电流为零（串励绕组是与电枢绕组相串联的），无起动转矩，电动机无法起动。若是运行中的直流电动机串励磁线圈断路，则电动机会迅速停转。

若是复励发电机串励磁线圈断路，检测时会发现励磁电流（并励绕组电流）正常，转速正常，但端电压输出为零。

由于主励磁断路大都由励磁回路的调节电阻、控制开关等连接松动引起。检测时，停机后用校线灯或万用表电阻档分段检测就可查出断路点。对于断路的处理也较容易，找出断路点后，紧固连接，重新恢复绝缘即可，对于断路损坏的控制开关等应更换。

2. 换向极绕组与补偿绕组故障分析

安装换向极绕组与补偿绕组都是为了改善换向，抵消换向电动势与电枢反应电动势。换向极绕组及补偿绕组的连接原则是其产生的附加磁场的方向应与电枢反应磁场的方向相反，而且要与电枢绕组相串联。

（1）换向极绕组连接故障分析　换向极绕组的连接故障有以下两种情况：一种是双极性接反，这会使得换向磁场与电枢反应磁场相互叠加后不是抵消削弱，而是增强，使得换向更加恶化，换向火花明显加剧，形成明显的环火，特别是随着负载的增加，火花更强烈，各极电刷出现均匀灼痕；另一种是部分换向极线圈接反，会出现火花分布不匀，极性接反的电刷下火花增大，烧伤也较严重。

以上两种情况只要沿绕线方向通少量直流电流作极性测试，就能确定其极性。

直流发电机磁极沿转速方向的排列顺序为

$$N_主 \rightarrow S_换 \rightarrow S_主 \rightarrow N_换 \rightarrow N_主 \rightarrow S_换 \rightarrow S_主 \rightarrow N_换$$

直流电动机磁极沿转速方向的排列顺序为

$$N_主 \rightarrow N_换 \rightarrow S_主 \rightarrow S_换 \rightarrow N_主 \rightarrow N_换 \rightarrow S_主 \rightarrow S_换$$

（2）补偿绕组的连接故障分析　直流电机中的补偿绕组主要是与电枢绕组相串联的，安装在主磁极的极靴槽内，如图 12-5 所示。

受电枢反应磁动势的影响，气隙磁场发生畸变，特别是随负载的增大，畸变程度越严重。增加换向片间的电压，会导致换向火花的增大。补偿绕组的作用，是使其产生的磁动势方向与电枢反应磁动势的方向相反，抵消电枢反应磁动势的影响，削弱或消除气隙磁场的畸变，减小换向火花。

无论是直流发电机还是电动机，其线圈电流的进出方向应与极靴下对应的电枢绕组电流方向相反，如图 12-5 所示。若连接极性错误，电枢反应磁动势反而增大，换向更加恶化，环火增大。由于电枢反应造成的畸变加剧，去磁作用更强，电枢电流增加（恒转矩负载情况），电机温升增加。

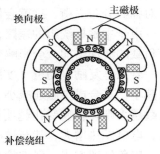

图 12-5　补偿绕组的连接

若是部分极靴下的补偿绕组进出端接反，将造成各个磁极下的气隙磁场严重不均匀，电磁转矩的分布也失去均衡，电机的振动加剧，噪声增大，还会因电枢绕组内各支路电动势差的增大，使内部环流增大而加速发热。

若是将补偿绕组误与主磁极绕组相串联，那就完全失去了与负载变化同步补偿的作用，即换向火花随负载的大小变化而相应变化；由于补偿绕组的电流方向固定，当电枢电流反向后，补偿的效果也相反，即造成某一转向时换向火花会减小，而在另一转向下则换向火花增大。

12.2.4　直流电机运行中常见故障的原因及维护

直流电机运行常见故障的原因是复杂的。在实际运行中一个故障现象总是与多种因素有关。只有在实践中认真总结经验，仔细检测、诊断并观察分析，才能准确地找到故障原因，做出正确的处理，起到事半功倍的效果。

本节就直流电动机常见故障现象、可能的原因及处理方法作简单分析归纳，可供在实际处理中参考。

1. 自励直流发电机不能建立端电压

直流发电机是依靠自身的剩磁来完成发电→励磁→发电的自励过程，最后输出额定电压。造成运行后无端电压输出的主要原因可从以下几方面考虑。

（1）故障原因

1）无剩磁。自励直流发电机发不出剩磁电压，故无法形成自励过程，所以无法建立起端电压。

2）自励直流发电机励磁的方向与剩磁方向相反。自励直流发电机使励磁变成了退磁，致使无电压输出。

3）励磁回路电阻过大，超过了临界电阻值。

（2）处理方法

1）检查励磁电位器，将其电阻值调到最小。

2）若有端电压建立，就检测剩磁（用指南针测试）。

3）若有剩磁存在，则改变励磁绕组与电枢的并联端线；若无剩磁，则先用直流电源给励磁绕组充磁，再投入运行即可。

2.　直流电动机通电后不能起动

直流电动机起动必须要有足够的起动转矩（要大于起动时的静阻转矩），而提供起动转矩必须有两个基本条件：一是要有足够的电磁场；二是要有足够的电枢电流。对于直流电动机通电后不能起动的故障也应以此为核心进行检测、分析、试验。

（1）故障原因分析

1）电枢回路断路，无电枢电流，所以无起动转矩，无法起动，故障点多在电枢回路的控制开关、保护电器及电枢线圈与换向极、补偿磁极的接头处。

2）励磁回路断路，励磁电阻过大，励磁线接地，励磁绕组维修后空气隙增大。这些磁场故障会造成缺磁、磁场削弱，故无起动转矩或起动转矩太小，无法起动。

3）起动时的负载转矩过大，起动时的电磁转矩小于静阻转矩。

4）电枢绕组匝间短路，起动转矩不足。

5）电刷严重错位。

6）电刷研磨不良，压力过大。

7）电动机负载过重。

（2）处理方法

1）对于电枢断路、励磁回路断路，可分别沿两个回路查找断路点，更换故障开关，修复断点。

2）查找短路点，局部修理或更换。

3）重新调整电枢起动电阻、励磁起动电阻（电枢电阻调大，励磁电阻调小）。

4）调整电刷位置到几何中心线，精细研磨电刷，测试调整电刷压力到正确值。

5）对于脱焊点应重新焊接。

6）若负载过重则应减轻负载起动。

3.　电枢冒烟

电枢冒烟主要由电枢电流过大、电枢绕组绝缘发热损坏所致。

（1）故障原因

1）长时期过载运行。

2）换向器或电枢短路。

3）发电机负载超重。

4）电动机端电压过低。

5）电动机直接起动或反向运转频繁。

6）定子、转子铁心相擦。

（2）处理方法

1）恢复正常负载。

2）用毫伏表检测是否短路，是否有金属屑落入换向器或电枢绕组。

3）检查负载线路是否短路。

4）恢复电压正常值，避免频繁反复运行。

5）检查气隙是否均匀，轴承是否磨损。

4. 直流电动机温度过高

直流电动机温度的升高是损耗增大的结果，主要有电磁方面的损耗与机械方面的损耗。

（1）故障原因

1）电源电压过高或过低。

2）励磁电流过大或过小。

3）电枢绕组匝间短路。

4）励磁绕组匝间短路。

5）气隙偏心。

6）铁心短路。

7）定子、转子铁心相擦。

8）风道通风不畅，散热不良。

（2）处理方法

1）调整电源电压至标准值。

2）查找励磁电流过大或过小的原因，进行相应的处理。

3）查找短路点，局部修复或更换绕组。

4）调整气隙。

5）修复或更换铁心。

6）校正转轴，更换轴承。

7）疏通风道，改善工作环境。

5. 电刷下火花过大

电刷下火花过大主要有电磁方面的原因，机械、电化学、维护等方面的原因也不能忽略。

（1）故障原因

1）电刷不在几何中心线上。

2）电刷与换向器接触不良。

3）刷握松动或装置不正。

4）电刷与刷握装配过紧。

5）电刷压力大小不当或不均。

6）换向器表面不光洁、不圆或有污垢。

7）换向片间云母凸出。

8）电刷磨损过度，或所用型号及尺寸与技术要求不符。

9）过载时换向极饱和或负载剧烈波动。

10）换向极绕组短路。

11）电枢过热，电枢绕组的接头片与换向器脱焊。

12）检修时将换向片绕组接反。

13）刷架位置不均匀，引起的电刷间的电流分布不均，转子平衡未校正。

（2）处理方法

1）调整电刷位置。

2）研磨电刷接触面，并在轻载下运行 0.5h。

3）紧固或纠正刷握位置。

4）调整刷握弹簧压力或换刷握。

5）洁净或研磨换向器表面。

6）换向器刻槽、倒角，再研磨。

7）按制造厂原用牌号更换电刷。

8）恢复正常负载。

9）紧固地脚螺栓，防止振动。

10）检查换向极绕组，修复损坏的绝缘层。

11）查明换向片脱焊位置并修复。

12）用指南针检查主磁极与换向极的极性，纠正接线。

13）调整刷架位置，等分均匀。

14）重校转子的动平衡。

6. 机壳漏电

机壳漏电使表面绝缘等级降低，电枢、励磁线路中有短路存在。

（1）故障原因

1）运行环境恶劣，电机受潮，绝缘电阻降低。

2）电源引出接头碰壳。

3）出线板、绕组绝缘损坏。

4）接地装置不良。

（2）处理方法

1）测量绕组对地绝缘，如绝缘电阻低于 $0.5M\Omega$，应加以烘干。

2）重新包扎接头，修复绝缘。

3）检测接地电阻是否符合规定，规范接地。

12.3　技能培养

12.3.1　技能评价要点

该学习情境的技能评价要点见表 12-1。

表 12-1　"直流电机的维护"学习情境的技能评价要点

序号	技能评价要点	权重（%）
1	能正确分析直流电机的换向故障并进行处理	15

（续）

序号	技能评价要点	权重（%）
2	能正确分析直流电机电枢绕组的故障并进行处理	15
3	能正确分析直流电机主磁极绕组的故障并进行处理	10
4	能正确分析补偿绕组的故障并进行处理	10
5	能正确分析直流电机运行中的常见故障并进行处理	30
6	注重6S规范的养成；培养节约意识；培育不怕苦的劳动精神	20

12.3.2　技能实训

1. 应知部分

（1）直流电机换向不良的主要现象有哪些？

（2）直流电机换向故障产生的原因有哪些？

（3）直流电机过热的原因有哪些？

（4）如何检测直流电机电枢绕组是否接地？

（5）如何检测直流电机电枢绕组短路、断路和开焊故障？

（6）直流电机电刷磨损过快的原因是什么？

（7）直流电机机壳漏电的原因是什么？

2. 应会部分

（1）一台Z—550型直流电动机，带刨床工作十几分钟后出现过热现象。试对故障现象进行分析和检测，并提出故障处理方案。

（2）电吹风上的小型直流电机，必须用手拧动转轴，才能起动，但转动无力。试对故障现象进行分析和检测，并提出故障处理方案。

模块 4　同步电机

学习情境 13　同步电机的选用

13.1　学习目标

【知识目标】　掌握同步电机的基本工作原理；了解同步电机的分类及发展状况；熟练掌握同步发电机的结构；掌握同步电机额定值的意义；了解同步电机绕组的基本知识；掌握三相双层绕组展开图的绘制方法；掌握同步电机绕组的电动势的计算方法与削弱谐波电动势的方法；理解单相脉振磁动势和三相旋转磁动势；掌握电枢反应的性质及电枢反应和机电能量转换的关系；了解同步电抗的意义；理解同步发电机的等效电路；掌握同步发电机的选择方法。

【能力目标】　培养学生根据生产实际需要选择同步电机的能力。

【素质目标】　继续强化学生的时空结合的思维能力；强化学生的爱国主义精神；提高利用信息化手段搜集、整理信息的能力。

13.2　基础理论

三峡水电站总装机容量 2250 万 kW，单机容量为 70 万 kW 的水电机组有 32 台，是全世界最大的水力发电站和清洁能源生产基地，是中国首屈一指的发电中心。三峡水电站供电范围包括上海、江苏、浙江、安徽、河南、湖北、湖南、江西、重庆、广东等省市。自 2003 年 7 月三峡水电站第一台机组正式并网发电以来，截至 2019 年 7 月，三峡水电站发电量累计超过 5600 亿 kWh，相当于替代消耗了近 2 亿 t 标准煤，减排二氧化碳 4 亿 t、二氧化硫 500 多万 t。依靠着滚滚东流的长江水，三峡工程以清洁能源"点亮"了半个中国。

13.2.1　同步电机的基本原理

1. 同步电机的概念

同步电机和异步电机同属交流旋转电机，因其转子的转速始终与定子旋转磁场的转速相同而得名。同步电机主要用作发电机，同步发电机将机械能转换为电能，是现代发电厂的主要设备。现代电力工业中，无论是火力发电、水力发电、还是原子能发电，几乎全部采用同步发电机。同步电机也可用作电动机，同步电动机将电能转换为机械能，主要用于拖动功率较大、转速不要求调节的生产机械，如大型水泵、空气压缩机、矿井通风机等。同步电机还可用作同步调相机，同步调相机实际上就是一台空载运转的同步电动机，专门向电网输送感性无功功率，用来改善电网的功率因数，以提高电网的运行经济性及电压的稳定性。

无论同步电机还是异步电机，交流电机绕组的结构形式及其所产生的电动势和磁动势都有许多共同之处，因而在学习过程中应注意比较它们的相似之处和差别。

2. 同步电机的基本工作原理

图13-1所示为同步电机的构造原理，它由定子和转子两部分组成。同步电机的定子和异步电机的定子相同，即在定子铁心内圆上均匀分布的槽内嵌放三相对称定子绕组，转子主要由磁极铁心与励磁绕组组成，当励磁绕组通以直流电流后，转子即建立恒定的转子磁场。由于磁极极靴做成特定形状，使定子与转子之间的气隙磁场按正弦规律分布。

作为发电机，当原动机拖动转子顺三相绕组相序方向旋转时，同步发电机定子绕组依次切割正弦分布的转子磁场而产生正弦交流感应电动势，该电动势的频率为

$$f = \frac{pn}{60} \tag{13-1}$$

式中　　p——电机的磁极对数；

　　　　n——转子每分钟转的圈数。

如果同步发电机接上负载，在电动势作用下，将有三相交流电流流过。这说明同步发电机将机械能转换为三相正弦交流电能（见图13-2）。

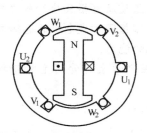

图13-1　同步电机的构造原理

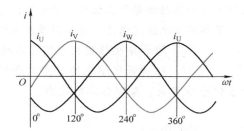

图13-2　三相对称交流电流

如果同步电机作为电动机运行，当在定子绕组上施以三相正弦交流电压时，电机内部产生一个定子旋转磁场，其旋转速度为同步转速 n_1，转子将在定子旋转磁场的带动下，带动负载沿定子旋转磁场的方向以相同的同步转速 n_1 旋转，此时，同步电动机将电能转换为机械能。转子的转速为

$$n = n_1 = \frac{60f}{p} \tag{13-2}$$

综上所述，同步电机无论作为发电机还是作为电动机运行，其转速与频率之间都将保持严格不变的关系。电网频率一定时，电机转速为恒定值，这是同步电机和异步电机的基本差别之一。

由于我国电力系统的标准频率为50Hz，所以同步电机的转速为 $n = (3000/p)$ r/min。汽轮发电机转速高、磁极对数少，$p=1$，$n=3000$r/min；四极电机的转速为1500r/min。依此类推，水轮发电机转速较低，磁极对数较多，如 $n=125$r/min，则 $p=24$。

13.2.2　同步电机的分类及发展概况

按运行方式分，同步电机可分为发电机、电动机和调相机三类；按结构形式，同步电机可分为旋转电枢式和旋转磁极式两种。旋转电枢式适用于小容量同步电机，近来应用很少；旋转磁极式应用广泛，是同步电机的基本结构形式。按原动机类别分，同步发电机又可分为汽轮发电机、水轮发电机和柴油发电机等。

旋转磁极式同步电机按磁极的形状，又可分为隐极式和凸极式两种类型，如图 13-3 所示。汽轮发电机由于转速高，转子各部分受到的离心力很大，机械强度要求高，故一般采用隐极式；水轮发电机转速低、磁极对数多，故都采用结构和制造上比较简单的凸极式；同步电动机、柴油发电机和调相机，一般也都做成凸极式。

隐极式同步电机的气隙是均匀的，转子做成圆柱形。凸极式有明显

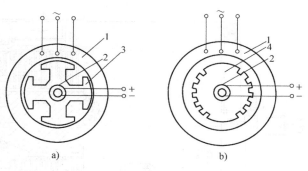

图 13-3　旋转磁极式同步电机
a）凸极式　b）隐极式
1—定子　2—集电环　3—凸极转子　4—隐极转子

的磁极，气隙是不均匀的，极弧底下气隙较小，极间部分气隙较大。

同步电机按冷却介质及冷却方式不同可分为空气冷却（空冷）－外冷、氢气冷却（氢冷）－外冷或内冷和水冷却（水冷）－内冷。这几种冷却介质和冷却方式还可以有不同的组合，如水－氢－氢（定子绕组水内冷、转子绕组氢内冷、铁心氢冷）、水－水－氢（定子绕组水内冷、转子绕组水内冷、铁心氢冷）等。

随着电力系统容量的迅速提高，发电机的单机容量也随之不断增大。电机在能量的传递和转换过程中均会产生损耗，而这些损耗一般以热能的形式散发在电机的有关部位，使电机的温升增高，这将限制电机的使用寿命。随着单机容量的增大，冷却介质、冷却方式及电机所用材料（包括绝缘材料、导磁材料、导电材料等）也不断得到改进和发展。事实上，电机制造技术的发展与上述三方面的不断改进是紧密相关的。

13. 2. 3　同步发电机结构简介

1. 隐极式汽轮发电机的基本结构

现代汽轮发电机均为 2 极，转速为 3000r/min，这是因为提高转速可以提高汽轮机的运行效率，减少机组的尺寸和造价。同时由于转速高，汽轮发电机的直径较小，在容量一定的情况下，发电机转子的长度要加长，且均为卧式结构，故一般汽轮发电机的转子长度 L 和定子内径 D 之比为 2 ~ 6.5。汽轮发电机由定子、转子、端盖及轴承组成，如图 13-4 和图 13-5 所示。

（1）定子　定子由定子铁心、定子绕组、机座、端盖和挡风装置等部件组成。定子铁心由厚度为 0.35mm 或 0.5mm 的涂漆硅钢片叠成，沿轴向叠成多段形式，每段叠片厚为 30 ~ 60mm。各叠之间留有 10mm 的通风槽，以利于铁心散热。当定子铁心的外径大于 1m 时，其每层钢片常由若干块扇形片（见图 13-6a）拼装而成。叠装时把各层扇形片间的接缝互相错开，压紧后成为一整体的圆筒形铁心。为减少漏磁，防止涡流引起过热，定子铁心的两端用非磁性材料制成的压板将其夹紧，整个铁心固定于机座上，如图 13-6b 所示。

在定子铁心的内圆槽内嵌放定子三相线圈，按一定规律连接成三相对称绕组，一般均采用三相双层短距叠绕组。为了减小由于趋肤效应引起的附加损耗，绕组导线常由若干股相互绝缘的并联多股扁铜线组成，并且在槽内线圈的直线部分还应按一定方式进行换位。汽轮发电机定子铁心结构及外形如图 13-7 所示。

三相定子绕组对铁心绝缘强度的要求，取决于电机的额定电压，为了防止电晕，6.3kV

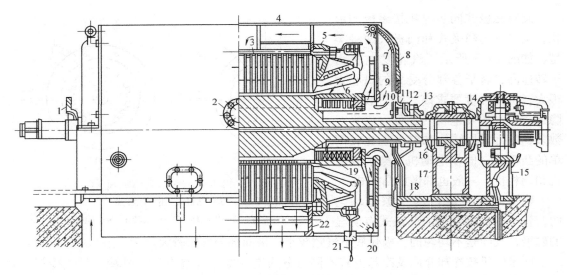

图 13-4　汽轮发电机结构总图

1—汽轮机边的油封口　2—吊起定子的装置　3—定子铁心　4—外壳　5—定子的压紧环　6—定子绕组
7—里护板　8—外护板　9—通风壁　10—导风屏　11—电刷架　12—电刷握　13—电刷　14—轴承衬
15—励磁机　16—油封口　17—轴承　18—基础板　19—转子　20—防火导水管　21—端线　22—定子机座

汽轮发电机主要部件

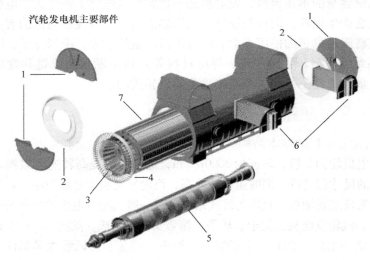

图 13-5　汽轮发电机的主要结构部件

1—发电机外端盖　2—发电机内端盖　3—定子绕组　4—冷却水管
5—转子　6—氢气冷却器　7—定子铁心

及以上的定子绕组经绝缘处理后还要涂以半导体漆，定子的每一槽内放置上、下两层线圈边，并垫以层间绝缘，线圈放入槽内，采用槽楔固定。为了能承受住因突然短路时产生的巨大电磁力而引起的端部变形，以及正常运行时不致产生较大的振动，定子绕组端接部分需用线绳绑紧或压板夹紧在非磁性钢做成的端箍上，如图13-8所示。

定子机座应有足够的强度和刚度，除支撑定子铁心外，还要满足通风散热的需要。一般机座都是由钢板焊接而成的。

（2）转子　转子由转子铁心、励磁绕组、护环、中心环、集电环及风扇等部件组成。

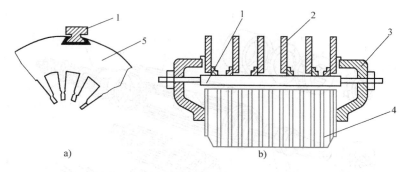

图 13-6　汽轮发电机定子铁心夹紧结构
1—拉紧螺杆　2—机座壁板　3—端压板　4—铁心　5—冲片

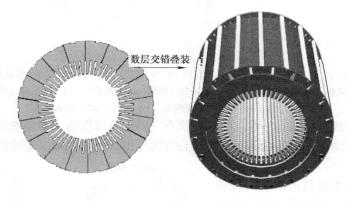

数层交错叠装

图 13-7　汽轮发电机定子铁心结构及外形

转子铁心既是电机磁路的主要组成部分，又承受着由于高速旋转产生的巨大离心力，因而其材料既要求有良好的导磁性能，又需要有很高的机械强度。一般采用整块的含铬、镍和钼的合金钢锻成，与转轴锻成一个整体，如图 13-9 所示。

在转子铁心表面铣有槽，槽内嵌放励磁绕组。槽的排列形状有辐射式和平行式两种，如图 13-10 所示，前者用得较普遍。由图 13-10 可见，沿转子外圆在一个极距内约有 1/3 部分没有开槽，叫作大齿，即主磁极。

励磁绕组是由扁铜线绕成的同心式线圈，两圈边分别放置在大齿两侧所开出的槽内，所有线圈串联组成励磁绕组，构成转子的直流电路，且利用不导磁、高强度

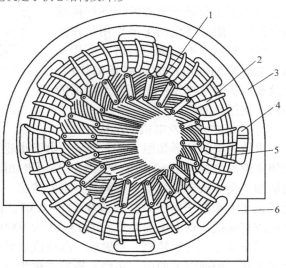

图 13-8　汽轮发电机定子绕组端部结构
1—定子绕组　2—端部连接线　3—机壳
4—通风孔　5—线绳　6—机座

材料的硬铝或铝青铜制成的槽楔将励磁绕组在槽内压紧，如图 13-11所示。

励磁绕组引出的两个线端接在集电环上，集电环装在转轴一端，直流励磁电流经电刷与集电环的滑动接触而引入励磁绕组。

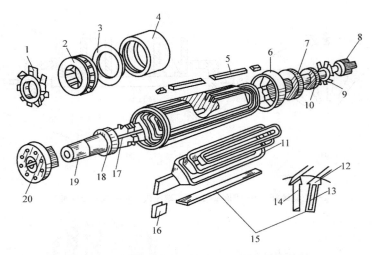

图 13-9 两极空冷汽轮发电机的转子结构

1—轴向风扇 2、7—径向风扇 3—中心环 4、6—护环 5、12—槽楔 8—励磁机电枢
9—励磁机风扇 10、18—集电环 11、13—转子绕组 14—转子槽 15—槽绝缘（对地绝缘）
16—槽口保护套 17—励磁引线 19—轴头 20—联轴器

励磁绕组的各线匝间垫有绝缘，线圈和铁心之间也有可靠的"对地绝缘"。

护环用于保护励磁绕组的端部不致因离心力而甩出。中心环用以支持护环，并阻止励磁绕组的轴向移动。

某些大型汽轮发电机的转子上还装有阻尼绕组，它是一种短路绕组，由放在槽下的铜条和转子两端的铜环焊接成闭合回路。阻尼绕组的主要作用是在同步发电机短路或不对称运行时，利用其感应电流来削弱负序旋转磁场的作用，以及在同步发电机发生振荡时起阻尼的作用，使振荡衰减。

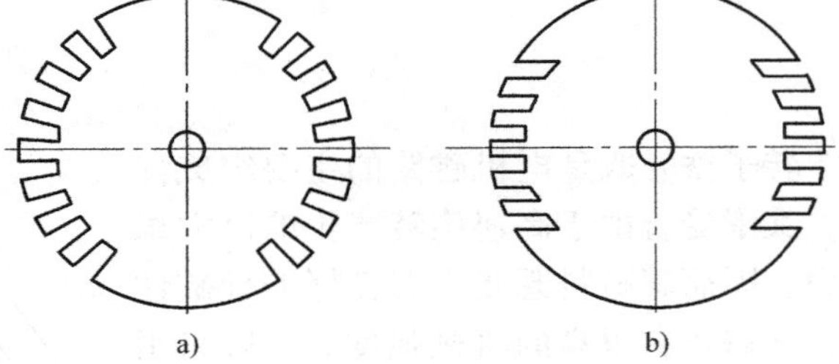

图 13-10 隐极式转子槽的两种排列

a）辐射式 b）平行式

2. 凸极式水轮发电机的结构

水轮发电机外形如图 13-12 所示。由于水轮发电机的转速远没有汽轮发电机的转速高，要使水轮发电机发出 50Hz 的交流电，必须增加同步发电机的磁极对数。由于转子磁极对数的增加，会导致转子变粗，在容量一定的情况下，发电机的长度便可缩短，故水轮发电机的转子长度 L 和定子内径 D 之比为 0.125~0.07。因此将同步发电机做成凸极式更适合水轮发电机或其他低速动力机的要求。图 13-13 为 10000kW 水轮发电机的转子。

同步发电机与水轮机、励磁机一起组成水轮发电机组。一般大、中型低速水轮发电机为立式安装，中速以上的中、小型水轮发电机为卧式安装，下面以立式水轮发电机为例介绍其基本结构。

立式水轮发电机的结构又分为悬式和伞式，如图 13-14 所示。图 13-15 为悬式水轮发电机的结构。悬式的推力轴承装在转子上部的上机架中，整个转子悬吊在上机架上，这种结构运行时稳定性好，适用于转速较高（150r/min 以上）的水轮发电机。伞式的推力轴承装在转子下部的下机架中，整个转子形同被撑起的伞，这种结构运行时稳定性较差，适用于转速

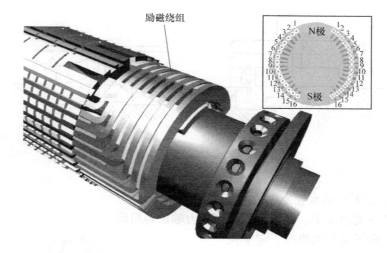

图 13-11　汽轮发电机的励磁绕组

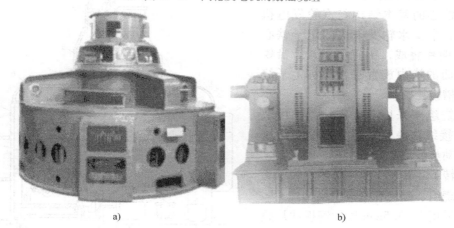

a)　　　　　　　　　　　　　　　　b)

图 13-12　水轮发电机外形
a）立式水轮发电机　b）卧式水轮发电机

图 13-13　10000kW 水轮发电机的转子

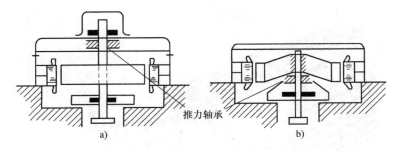

图 13-14 立式水轮发电机的基本结构形式

a）悬式 b）伞式

较低（125r/min 以下）的水轮发电机。

水轮发电机主要由定子、转子、机架和推力轴承等组成。

（1）定子 定子主要由机座、定子铁心、定子三相对称绕组组成。

定子铁心的基本结构与汽轮发电机相同，大、中型水轮发电机的定子铁心由扇形硅钢片叠成，留有通风沟。沿铁心内圆表面的槽内放置三相对称定子绕组，并用槽楔压紧。

定子绕组多采用双层波绕组，可节省极间连接线，并多采用分数槽绕组以便改善电动势波形。

（2）转子 转子主要由转轴、转子支架、阻尼绕组、磁轭和磁极组成。

磁极采用 1～1.5mm 厚的钢板冲片叠成，励磁绕组多采用绝缘扁铜线绕制而成，经浸胶热压处理，套装在磁极上。大、中型凸极式同步发电机的阻尼绕组一般装在极靴部位，用以减少并联运行时转子振荡的振幅，整个阻尼绕组由插入极靴阻尼孔中的铜条和端部铜环焊接而成。某些中、小型凸极式同步发电机，磁极铁心是整体的，一般不另装阻尼绕组。转子磁极如图 13-16 所示。

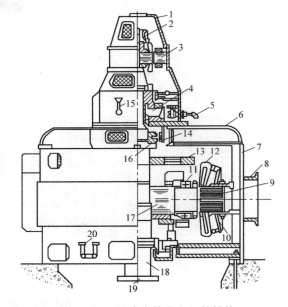

图 13-15 悬式水轮发电机的结构

1—端盖 2—励磁机换向器 3—励磁机主极 4—推力轴承
5—冷却水进出水管 6—上端盖 7—发电机机座
8—风罩 9—定子铁心 10—端部撑架 11—磁极线圈
12—定子绕组 13—制动环 14—电刷 15—油面高度指示器
16—集电环 17—磁极装配支架
18—主轴 19—靠背轮 20—出线盒

（3）轴承 水轮发电机有导轴承和推力轴承两种。导轴承的作用是约束轴线位移和防止轴摆动。推力轴承承受水轮发电机转动部分（包括电机转子和水轮机）的全部重量及轴向水推力，是水轮发电机组中的关键部件。

3. 同步发电机励磁方式简介

同步电机运行时必须在励磁绕组中通入直流电，以便建立磁场，这个电流称为励磁电流，而供给励磁电流的整个系统称为励磁系统。励磁系统是同步电机的一个重要组成部分，它对电机运行有很大影响，如运行的可靠性、经济性以及同步电机的某些主要特性等都直接与励磁系统有关。

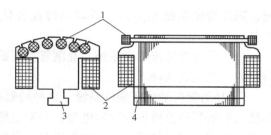

图 13-16　转子磁极

1—阻尼绕组　2—励磁绕组　3—磁极　4—磁极压板

目前采用的励磁系统可分为两大类：一类是直流发电机励磁系统；另一类是交流整流励磁系统。但不论何种励磁系统，都应满足下列要求：

1）能稳定地提供发电机从空载到满载（及过载）所需的励磁电流 I_f。

2）当电网电压减小时能快速强行励磁，提高系统的稳定性。

3）当发电机内部发生短路故障时能快速灭磁。

4）运行可靠、维护方便、简单、经济。

同步发电机各种励磁方式如下所述。

（1）直流励磁机励磁系统　同轴直流发电机励磁原理线路如图 13-17 所示。

1）以并励直流发电机作主励磁机　直流发电机励磁是将一台较小的并励直流发电机与主发电机同装在一个转轴上，将直流发电机发出的直流电直接供给交流发电机的励磁绕组。直流电首先经过直流发电机的电刷流出，然后又经过一对电刷流入交流发电机的励磁绕组。当改变并励直流发电机的励磁电流时，直流发电机的端电压改变，主发电机的励磁电流也随之发生改变，于是主发电机的输出电压或输出功率就相应发生了变化。

当电网发生故障，电网电压突然下降时，继电保护装置动作，立即闭合短路开关 S 而切除电阻 R_f，使直流励磁机的输出电压迅速大幅度提高，以适应系统对同步发电机的强励要求，如图 13-17a 所示。

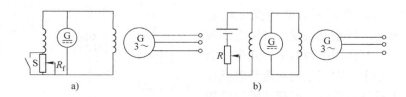

图 13-17　同轴直流发电机励磁原理线路

a）并励直流发电机　b）他励直流发电机

2）以他励直流发电机作主励磁机　对容量稍大的发电机，采用他励直流发电机作为主励磁机，主励磁机的励磁电流再由另外一台功率更小的直流励磁机供给。如图 13-17b 所示。该励磁方法可以使励磁电压增长速度加快，且在低压调节时很方便，电压也较稳定。但多了一台励磁机，使设备复杂，降低了运行可靠性。

近年来，由于汽轮发电机单机容量增大，相应的励磁机容量也随之增大。例如，一台 300000kW 或 500000kW 的汽轮发电机，其励磁机功率竟达 1300 ～ 2500kW。因为转速高达 3000r/min 的大容量直流励磁机在制造上非常困难，所以大容量汽轮发电机不能采用同轴直流发电机励磁方式，而采用非同轴直流发电机励磁方式。这时，可采用直流励磁机与汽轮机通过降速齿轮系统相连接，或者由转速较低的异步电动机来带动直流励磁机来完成励磁任务。

（2）晶闸管整流励磁系统　晶闸管整流励磁系统也称为静止交流整流励磁系统，可分为自励式和他励式两种。

1）晶闸管自励恒压励磁系统　这种励磁系统的原理如图 13-18 所示。当发电机空载时，单独由晶闸管整流桥供给励磁电流；当发电机负载时，复励变压器经硅整流桥又给发电机提供复励电流，有了复励电流，就可以在一定程度上对发电机随负载而变化的电压进行调节。在电网发生短路故障的情况下，电网电压突然下降时，由复励部分单独提供励磁电流，并能得到一定的强励效果。

图 13-18 中还简要地画出了电压自动调整系统的控制电路。它由电压互感器和电流互感器分别测得电压和电流的变化，通过自动电压调整器进行比较后，输出控制信号，送到晶闸管整流桥进行自动控制。

晶闸管自励恒压励磁法，是利用晶闸管整流特性，把同步发电机发出的交流电用晶闸管整流

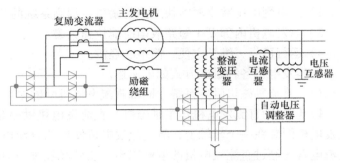

图 13-18　晶闸管自励恒压励磁系统原理

后供给同步发电机自身的励磁电流。因为晶闸管整流的输出电压是可以调整的，而且很方便，所以同步发电机的输出电压也可以方便地得到调整。这种方法的优点是不需要小型同轴发电机，缺点是需要使用一对电刷。

2）晶闸管他励恒压励磁系统　这种励磁系统的原理如图 13-19 所示，它由交流励磁机、交流副励磁机、硅整流装置、自动电压调整器等部分组成。其作用原理如下：同步发电机的励磁电流，是由与它同轴的交流励磁机经静止的硅整流器整流后供给，而交流励磁机的励磁电流则由交流副励磁机（国内多采用 1000Hz 的中频发电机）通过晶闸管整流器整流后供给。至于交流副励磁机的励磁电流，开始可由外部直流电源供给，待电压建立后，则

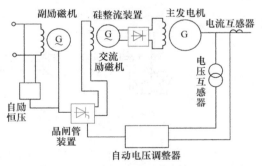

图 13-19　晶闸管他励恒压励磁系统原理

改由自励恒压装置供给（即转为自励方式），并保持电压恒定。该励磁系统的自动调压器跟晶闸管自励恒压励磁系统完全一样。

为了使主发电机的励磁电流波形良好、反应速度快并减小励磁机的体积，常采用频率为 100Hz 的三相同步发电机作励磁机。励磁机的定子绕组为三相星形联结，通过三相硅整流桥装置对主发电机励磁绕组供电。

这种励磁系统目前在国内外大容量机组上已广泛采用，它没有直流励磁机的电流换向问题，运行维护方便，技术性能良好。交流副励磁机也可采用永磁发电机，此时无需自励恒压

装置。这种励磁系统的主要缺点是整个装置较为复杂，且起动时有时需要另外的直流电源供电。

（3）同轴交流发电机励磁系统　上述静止的晶闸管整流系统，虽然未采用直流励磁机，解决了换向器上可能出现的火花问题，但是主发电机还存在着集电环和电刷，在要求防腐、防爆或励磁电流过大的场合，还是不适宜的。为解决这个问题，将交流励磁机制做成旋转电枢式的三相同步发电机，使交流励磁机的电枢与主发电机同轴旋转，晶闸管整流装置也安装在主发电机的转轴上，无刷励磁系统原理线路如图 13-20 所示。

这种方法是把同轴的直流发电机换成同轴的单相或三相交流发电机，此交流发电机输出的电流，经硅整流装置整流后直接供给同步发电机的励磁绕组。硅整流管也固定在轴上，这就使励磁电流不经过电刷，所以叫无刷励磁。这种励磁方法的优点是无需使用电刷，避免了电刷故障，从而提高了工作的可靠性，使维护容易了。缺点是转动部分的电压、电流难于测量。

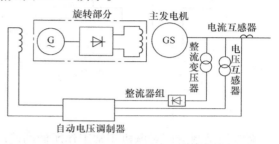

图 13-20　无刷励磁系统原理线路

图 13-20 中的自动电压调制器系统是根据主发电机的电压偏差和电流变化自动调整交流励磁机的励磁电流，以保证主发电机输出端电压的恒定。

近年来，在较大容量汽轮发电机中，同轴交流发电机励磁系统正逐渐被推广使用。

（4）三次谐波励磁系统　所谓谐波励磁，实际上是利用发电机气隙磁场中的三次及其整数倍次谐波进行自励磁，通常简称为谐波励磁。

凸极式同步发电机主磁极的励磁绕组大多为集中式的，因而在空载时，其主磁极在空间的磁场分布为一矩形。又由于极靴下气隙不均匀等因素，所以主磁极呈现的波形为一平顶波，或称为矩形波。

此平顶波可分解为一个正弦基波和一系列奇次谐波，其中以三次谐波含量最大。凸极式同步发电机主极磁场的波形如图 13-21 所示。

在发电机的定子槽中专门嵌放一套谐波绕组，其绕组元件的节距取极距的 1/3，每极下三个绕组元件串联在一起成为一个元件组。因为谐波绕组各元件间相隔 $60°$ 电角度，发电机在额定转速下，基波在谐波绕组中的电动势之和为 0，而谐波绕组产生频率为 $3f$ 的交流电动势，经整流后，供给发电机励磁绕组。三次谐波的单相桥式全波整流电路如图 13-22 所示。

这种方法的优点是：提高了发电机的效率，利用三次谐波，节约了设备投资；当发电机负载发生变化时，三次谐波的电动势也随之发生变化，能起到自动稳定电压的作用。三次谐波绕组是静止的，整流设备的安装和维修比较容易，所以这种励磁方法在小的机组上多被采用。

同步电动机是用电设备，常采用的励磁方式有直流发电机励磁系统、晶闸管整流励磁系统和无刷励磁系统。

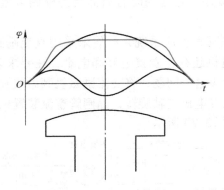

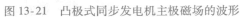

图 13-21 凸极式同步发电机主极磁场的波形

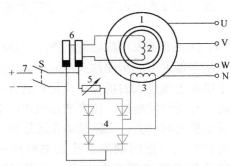

图 13-22 三次谐波的单相桥式全波整流电路
1—同步发电机 2—励磁绕组 3—谐波绕组 4—硅桥式整流
5—调节电阻 6—集电环 7—直流电源

13.2.4 额定值

额定值是制造厂对电机正常工作所做的使用规定，也是设计和试验电机的依据。同步电机的铭牌上注明了该电机的额定值，这些额定值主要有以下几种。

（1）额定容量 S_N 或额定功率 P_N 额定容量是指同步电机在额定状态下运行时，输出功率的保证值。

对同步发电机是指输出的额定视在功率或有功功率，单位为 kV·A 或 kW。

对同步电动机指轴端输出的额定机械功率，单位为 kW。

对同步调相机则用线端输出额定无功功率表示，单位为 var，常用 kvar。

（2）额定电压 U_N 额定电压是指同步电机在额定运行时的三相定子绕组的线电压，常以 kV 为单位。

（3）额定电流 I_N 额定电流是指电机在额定运行时流过三相定子绕组的线电流，单位为 A 或 kA。

（4）额定功率因数 $\cos\varphi_N$ 额定功率因数是指电机在额定运行时的功率因数。

（5）额定效率 η_N 额定效率是指电机额定运行时的效率。

综合上述定义，额定值之间有下列关系：

对发电机，有

$$P_N = \sqrt{3} U_N I_N \cos\varphi_N$$

对电动机，有

$$P_N = \sqrt{3} U_N I_N \cos\varphi_N \eta_N$$

除上述额定值外，铭牌上还列出电机的额定频率 f_N、额定转速 n_N、额定励磁电流 I_{fN}、额定励磁电压 U_{fN} 和额定温升等。

13.2.5 同步电机绕组的基本知识

同步电机与异步电机一样，其定子绕组（电枢绕组）都可称为交流绕组，它们是电机实现机电能量转换的主要部件之一，是电机的电路组成部分。研究交流绕组是研究电机电磁关系、电动势、磁动势的关键。下面介绍同步电机定子绕组的基本知识。

1. 定子绕组的构成原则

在制造线圈、构成绕组时，对定子绕组提出如下原则：

（1）在一定导体数下，获得较大的电动势和磁动势。

（2）对于定子三相绕组，各相电动势和磁动势要对称，各相阻抗要平衡。

（3）绕组的合成电动势和磁动势在波形上力求接近正弦波。

（4）用铜量要少，绝缘性能和机械强度要高，散热好，制造检修方便。

一台电机的定子绕组首先由绝缘漆包铜线经绕线机绕制成单匝或多匝线圈，再由若干个线圈组成线圈组；各线圈组的电动势的大小和相位相同；根据需要，各相线圈可并联或串联，从而构成一相绕组。三相绕组之间可接成星形联结或三角形联结。

线圈是组成绕组的最基本的单元，也叫元件，每一嵌放好的绕组元件都有两条切割磁力线的边，称为有效边。有效边嵌放在定子铁心的槽内。在双层绕组中，一条有效边在上层，叫上层边；另一条在下层，叫下层边，在槽外用以连接上、下层边的部分称为端接。三相双层叠绕组如图 13-23 所示。

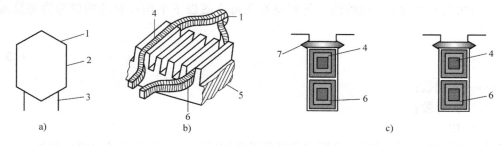

图 13-23　三相双层叠绕组

a）绕组元件示意图　b）双层叠绕组元件构成　c）双层叠绕组上、下层边连接示意图
1—端接　2—有效边　3—引出连接线　4—上层边　5—定子铁心　6—下层边　7—槽楔

2. 交流绕组的基本概念

（1）电角度与机械角度　电机圆周在几何上分为 360°，这个角度称为机械角度；从电磁的观点看，一对磁极所占空间为 360°，这是电角度。若磁场在气隙空间为正弦分布，则一对 N、S 极的分布范围刚好是一个正弦磁场的分布周期，如图 13-24 所示；若导体切割正弦磁场，经过一对 N、S 极时，电磁感应产生的电动势的变化正好也是一个周期，即 360°。根据以上观念，则有

$$电角度 = p \times 机械角度 \tag{13-3}$$

若电机的磁极对数为 p，则电机定子内腔整个圆周有 $360°p$ 电角度。

（2）极距 τ 与节距　相邻的一对磁极，轴线间沿气隙圆周即电枢表面的距离叫极距。极距 τ 既可用电角度表示，在电机学上通常用每个极面下所占的槽数表示。

当用电角度表示时，极距 $\tau = 180°$ 电角度。如定子槽数为 Z，磁极对数为 p（极数为 $2p$），则极距用槽数表示时为

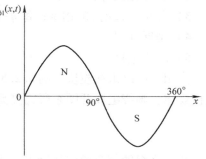

图 13-24　一对磁极范围内气隙
磁通密度分布波形

$$\tau = \frac{Z}{2p} \tag{13-4}$$

同一线圈的两个有效边间的距离称为第一节距，用 y_1 表示；第一个线圈的下层边与第二个线圈的上层边间的距离称第二节距，用 y_2 表示；第一个线圈与第二个线圈对应边间的距离称合成节距，用 y 表示。从图 13-25 可见，叠绕组的 $y = y_1 - y_2 = 1$；波绕组的 $y = y_1 + y_2 = 2\tau$。

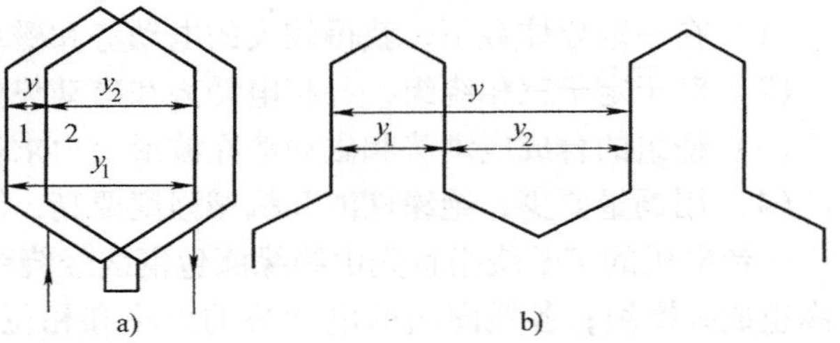

图 13-25　绕组节距

a) 叠绕组　b) 波绕组

$y_1 = \tau$ 称为整距绕组；$y_1 < \tau$ 称为短距绕组；$y_1 > \tau$ 称为长距绕组。长距绕组与短距绕组均能削弱谐波电动势或磁动势，但长距绕组的端接部分较长，故很少采用。短距绕组由于其端接部分较短，故采用较多。

（3）每极每相槽数 q 与线圈组　每相绕组在每个磁极下平均占有的槽数称为每极每相槽数 q。即

$$q = \frac{Z}{2mp} \tag{13-5}$$

式中　Z——总槽数；

$\quad\quad p$——极对数；

$\quad\quad m$——相数。

将同一相带的 q 个线圈按一定规律连接起来就构成了一个线圈组（也叫极相组）。将属于同一相的所有线圈组并联或串联起来，就构成了一相定子绕组。

（4）相带　每个磁极极面下每相连续占有的电角度叫相带。交流电机一般采用 60°相带。

（5）并联支路数 a　每相交流绕组形成的并联支路数目。

（6）线圈组数　线圈组数 = 线圈个数/q。

（7）交流绕组展开图绘制步骤

1）计算极距。

2）计算每极每相槽数 q。

3）分相，采用 60°相带；每 q 个槽一组，按照 $U_1 \rightarrow W_2 \rightarrow V_1 \rightarrow U_2 \rightarrow W_1 \rightarrow V_2$ 顺序分相。

4）画展开图。

5）端线连接。

三相单层绕组在模块 2 的 5.2.5 已叙述。这里仅以三相双层绕组为主，研究交流绕组的连接规律，画绕组展开图来研究交流绕组的分布情况。

13. 2. 6　三相双层绕组

双层绕组的每个槽内放置上、下两层线圈边，如图 13-23c 所示。每个线圈的一个有效边放置在某一槽的上层，另一个有效边则放置在相隔节距为 y_1 的另一槽的下层，整台电机的线圈总数等于定子槽数。双层绕组所有线圈尺寸相同，便于绕制，端接部分排列整齐，有

利散热，且机械强度高。在分析电动势和磁动势的章节中，将会知道合理选择交流绕组的节距 y_1，可改善电动势和磁动势波形。

根据双层绕组的形状和端部连接方式的不同，可分为三相双层叠绕组和三相双层波绕组两种。

1. 三相双层叠绕组

以 $Z = 36$，$2p = 4$，$a = 1$ 的电机为例，来研究三相双层叠绕组的连接规律。绘制叠绕组展开图时，相邻的两个串联线圈中，后一个线圈紧"叠"在前一个线圈上，其合成节距 $y = y_1 - y_2 = 1$。

绘制绕组展开图的步骤如下。

（1）先计算出每极每相槽数和极距

$$\tau = \frac{Z}{2p} = \frac{36}{2 \times 2} 槽 = 9 \ 槽$$

$$q = \frac{Z}{2mp} = \frac{36}{2 \times 3 \times 2} 槽 = 3 \ 槽$$

（2）找出属于同一相的槽 按照每对磁极范围三相互差 120° 必须遵循 $U_1 \rightarrow W_2 \rightarrow V_1 \rightarrow U_2 \rightarrow W_1 \rightarrow V_2$ 顺序，每 q 个槽一组依次分相，两对磁极于是就有两轮 $U_1 \rightarrow W_2 \rightarrow V_1 \rightarrow U_2 \rightarrow W_1 \rightarrow V_2$。三相双层叠绕组 U 相展开图如图 13-26 所示。

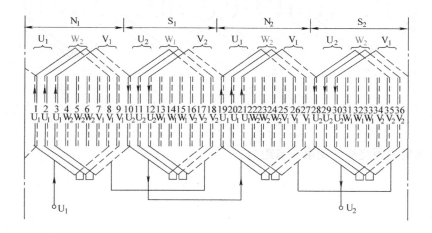

图 13-26 三相双层叠绕组 U 相展开图

这里若选用短距绕组，$y_1 = \frac{7}{9}\tau = \frac{7}{9} \times 9 \ 槽 = 7 \ 槽$，上层边选上述四组槽，则下层边按照第一节距为 7 选择，从而构造成线圈（上层边的槽号也代表线圈号）。例如，第一个线圈的上层边在 1 槽中，则下层边在 $1 + 7 = 8$ 槽中；第二个线圈的上层边在 2 槽中，则下层边在 $2 + 7 = 9$ 槽中，依此类推，得到 12 个线圈。这 12 个线圈构成 4 个线圈组（4 个磁极）。然后根据并联支路数来构成一相，这里 $a = 1$，所以将 4 个线圈组串联起来，成为一相绕组。

极相组的电动势及电流方向与相邻极相组的电动势及电流方向相反，为避免电动势或电流所形成的磁场互相抵消，串联时应将极相组和极相组反向串联，即首－首相连，把尾端引出，或尾－尾相连，把首端引出。

2. 三相双层波绕组

交流电机的波绕组与直流电机的波绕组类似，其线圈示意图如图 13-25 所示，相邻线圈串联沿绕制方向波浪形前进，其合成节距 $y = y_1 + y_2 = 2\tau$。

以 $Z = 36$，$2p = 4$，$a = 1$ 的电机为例，来研究三相双层波绕组的连接规律以及绘制其中一相绕组（U 相）的展开图。

绘制绕组展开图的步骤如下。

（1）先计算出每极每相槽数和极距（与叠绕组相同不再赘述）。

（2）找出属于同一相的槽（与叠绕组相同）。

三相双层波绕组 U 相展开图如图 13-27 所示，先将 36 槽按磁极数和极距分成四段，然后以 U 相为例，其所属的 12 个线圈的上层边仍然在 1、2、3，10、11、12，19、20、21 和 28、29、30 槽的上层，12 个线圈的下层边仍然在 8、9、10、17、18、19、26、27、28、35、36、1 槽的下层，只是端部形状和连接次序有所改变。

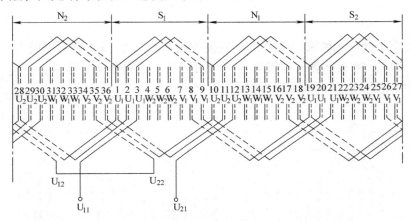

图 13-27　三相双层波绕组 U 相展开图

这里若选用短距绕组，则第一节距为

$$y_1 = \frac{7}{9}\tau = \frac{7}{9} \times 9 \text{ 槽} = 7 \text{ 槽}$$

合成节距为

$$y = 2\tau = 2 \times \frac{Z}{2p} = \frac{Z}{p} = \frac{36}{2}\text{槽} = 18 \text{ 槽}$$

第二节距为

$$y_2 = y - y_1 = （18 - 7）\text{ 槽} = 11 \text{ 槽}$$

上层边选上述四组槽，则下层边按照第一节距为 7 选择，从而构造成线圈（上层边的槽号也代表线圈号）。例如，第一个线圈的上层边在 3 槽中，则下层边在 3 + 7 = 10 槽中，根据 $y_2 = 11$，第二个线圈的上层边在 21 槽中，则下层边在 21 + 7 = 28 槽中，至此绕组已经沿电枢表面绕了一周，这时如果仍然按照 $y_2 = 11$，则第三个线圈的上层边将接至 28 + 11 = 39 = 36 + 3 槽的上层边而自行闭合，显然这是不行的。为使绕组能继续连接下去，每绕完一周后必须人为地后退一个槽。图中槽 28 的下层边改与槽 2 的上层边相连，按此规律，接下去是槽 9 的下层边、槽 20 的上层、槽 27 的下层、槽 1 的上层（又后退一槽）、槽 8 的下层、槽 19

的上层、槽 26 的下层。至此，就绕完了所有上层边在 S 极下属于 U 相的 6 个线圈，构成 U 相绕组的一半，称为一组，首端标以 U11，尾端标以 U12。再以同样方法连接在 N 极下属于 U 相的 6 个线圈，从 N_1

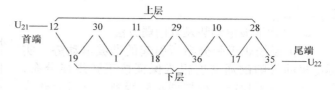

图 13-28　N 极下属于 U 相的 6 个线圈连接图

极下槽 12 的上层边开始，连接的次序如图 13-28 所示。

U21 U22 为 U 相绕组的另一组，由于 U11 U12、U21 U22 这两组线圈处在不同极性的磁极下，所以串联时应该反向串联，即第一组尾端 U12 和第二组的尾端 U22 相连，如果两路并联，则应 U11 与 U22 相并，U12 与 U21 相并，如图 13-27 所示。可见，在波绕组中，不论极数多少，只有两组线圈，$a = 1$ 时每相只需一根组间连线。波绕组适用于极数较多的同步电机和绕线转子异步电机的转子绕组中。

3. 结论

（1）双层绕组的每个线圈，一个边放在一个槽的上层，另一个边放在相隔一个极距或接近一个极距的另一个槽的下层，线圈的形式相同，线圈数等于槽数。

（2）双层绕组的节距可以根据需要来选择，一般做成短距以削弱高次谐波电动势，改善电动势波形。

（3）绕组端部排列方便，便于整形；可以得到较多的并联支路数。

（4）缺点是线圈数目多一倍，绕线下线麻烦；槽内上、下层线圈边之间需垫层间绝缘，降低了槽的利用率；短距时，有些槽的上、下层线圈边不属于同一相，存在相间绝缘击穿的薄弱环节，适用于功率大于 10kW 的交流电机。

（5）应用：通常容量较大的同步发电机均采用三相双层短距叠绕组，波绕组主要用于水轮发电机中。

13. 2. 7　同步电机绕组的电动势

1. 正弦分布的磁场下绕组的基波电动势

一相电动势为

$$E_{\phi 1} = 4.44 f_1 N K_{W1} \Phi_1 \tag{13-6}$$

对于双层绕组，有

$$N = \frac{2pqN_c}{a} \tag{13-7}$$

对于单层绕组，有

$$N = \frac{pqN_c}{a} \tag{13-8}$$

式中　qN_c——一个线圈组的总匝数；

　　　K_{W1}——绕组的基波绕组系数，$K_{W1} = K_{y1}K_{q1}$。

式(13-6)与变压器绕组电动势的计算公式形式上相似，只不过因为交流电机采用短距和分布绕组，所以要乘以一个小于 1 的绕组系数 K_{W1}。

式(13-6)说明同步发电机在额定频率下运行时，其相电动势大小与转子的每极磁通成正比。若要调节同步发电机的电压，必须调节转子励磁电流，即改变转子每极磁通量。

线电动势 E_{L1} 与三相绕组的连接方式有关。对于三相对称绕组，采用三角形联结时，线电动势等于相电动势，即 $E_{L1} = E_{\phi 1}$；采用星形联结时，线电动势应为相电动势的 $\sqrt{3}$ 倍，即

$E_{L1} = \sqrt{3}E_{\phi 1}$。

2. 高次谐波电动势及其削弱方法

（1）磁场非正弦分布所引起的谐波电动势　实际电机的气隙磁通密度很难保证按正弦规律分布，实际波形为平顶波，根据傅里叶级数，它可分解成为正弦分布的基波和一系列奇次谐波。以凸极式同步发电机为例，一对主磁极磁通密度的空间分布曲线如图 13-29 所示。图中还分别画出 3 次和 5 次谐波所对应的转子模型。

磁通密度 $B(x)$ 的展开式为

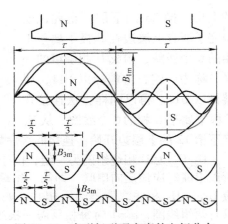

图 13-29　主磁极磁通密度的空间分布

$$B(x) = B_{1m}\cos\frac{\pi}{\tau}x + B_{3m}\cos\frac{\pi}{\tau}x$$
$$+ B_{5m}\cos\frac{\pi}{\tau}x + \cdots + B_{vm}\cos\frac{v\pi}{\tau}x + \cdots \tag{13-9}$$

式中　v——谐波次数；

　　　x——气隙磁场中某一点与坐标原点之间的距离；

　　　B_{1m}、B_{3m}、B_{5m}、B_{vm}——气隙磁通密度的基波、3 次、5 次和 v 次谐波幅值。

谐波电动势的计算方法和基波电动势的计算方法相似。

由图 13-28 可知，v 次谐波磁场的磁极对数为基波的 v 倍，而极距则为基波的 $1/v$，即

$$p_v = vp \qquad \tau_v = \frac{1}{v}\tau$$

由于谐波磁场也因转子旋转而形成旋转磁场，其转速等于转子转速，即 $n_v = n$，因为 $p_v = vp$，故在定子绕组内感应的谐波电动势的频率为

$$f_v = \frac{p_v n_v}{60} = \frac{vpn}{60} = vf_1 \tag{13-10}$$

式中　f_1——基波的频率，$f_1 = \dfrac{pn}{60}$。

根据式（13-6），谐波电动势的有效值为

$$E_{\phi v} = 4.44 f_v N K_{Wv} \Phi_v \tag{13-11}$$

式中　Φ_v——v 次谐波的每极磁通，$\Phi_v = \dfrac{2}{\pi}B_{vm}L\tau$

　　　K_{Wv}——v 次谐波的绕组系数，$K_{Wv} = K_{yv}K_{qv}$

K_{yv} 和 K_{qv}——v 次谐波的短距系数和分布系数。

考虑了谐波电动势在内，相电动势的有效值为

$$E_{\phi} = \sqrt{E_{\phi 1}^2 + E_{\phi 3}^2 + E_{\phi 5}^2 + \cdots + E_{\phi v}^2 + \cdots}$$
$$= E_{\phi 1}\sqrt{1 + \left(\frac{E_{\phi 3}}{E_{\phi 1}}\right)^2 + \left(\frac{E_{\phi 5}}{E_{\phi 1}}\right)^2 + \cdots + \left(\frac{E_{\phi v}}{E_{\phi 1}}\right)^2 + \cdots} \tag{13-12}$$

计算表明，由于 $(E_{\phi 3}/E_{\phi 1})^2 \ll 1$，$(E_{\phi v}/E_{\phi 1})^2 \ll 1$，所以谐波电动势对相电动势大小的影响很小，主要是对电动势波形的影响。为了改善电动势的波形，必须削弱或消除谐波，特别是影响较大的 3、5、7 次谐波，下面介绍常见的办法。

（2）磁场非正弦分布所引起的谐波电动势的削弱方法

1）改善磁场分布，使之接近正弦波。改善磁场分布的目的是使磁通密度的分布波形比较接近正弦波。对凸极式同步发电机，可采用合适的磁极极靴形状；对隐极式同步发电机，可改善励磁绕组的分布范围使主磁极磁场沿定子表面的分布波形接近于正弦波。

2）将三相绕组接成星形联结，可消除线电动势中的 3 次及其倍数的奇次谐波。在相电动势中，各相的三次谐波电动势大小相等、相位相同，采用星形联结时，线电动势中的 3 次谐波电动势互相抵消，同理也不存在 3 的倍数的奇次谐波电动势。故同步发电机定子三相绕组都采用星形联结，线电动势有效值为

$$E_{L} = \sqrt{3}\ \sqrt{E_{\phi1}^{2} + E_{\phi5}^{2} + E_{\phi7}^{2} + \cdots + E_{\phi v}^{2} + \cdots}$$

当三相交流绕组为三角形联结时，三角形回路中产生 3 次谐波环流。3 次谐波电动势正好等于 3 次谐波电流所引起的阻抗电压降，所以在线电动势中也不会出现 3 次谐波。但三角形回路中的 3 次谐波环流会使损耗增加、效率降低、温升变高，故同步发电机定子绕组不能采用三角形联结。线电动势的有效值为

$$E_{L} = \sqrt{E_{\phi1}^{2} + E_{\phi5}^{2} + E_{\phi7}^{2} + \cdots + E_{\phi v}^{2} + \cdots}$$

3）采用合适的短距绕组来削弱高次谐波电动势。只要选择适当的短距绕组，可使某次谐波的短距绕组系数远比基波的小，故能在基波电动势降低不多的情况下大幅度削弱某次谐波。一般说，如短距为 τ/v，即可消去 v 次谐波。例如，短距为 $\tau/5$，可消去 5 次谐波，因为此时线圈的两有效边处在 5 次谐波的两个同极性磁极下相对应的位置上，如图 13-30 所示，这样，两有效边中感应的 5 次谐波电动势大小相等、相位相同，在沿线圈回路内谐波电动势正好互相抵消。为此，要削弱 v 次谐波，只要使线圈的节距 y_1 为

$$y_1 = \tau - \tau_v = \tau - \frac{\tau}{v} = \left(1 - \frac{1}{v}\right)\tau$$

而对于 5、7 次谐波，选 $y = \dfrac{5}{6}\tau$ 即可。

4）采用适当的分布绕组来削弱谐波电动势。当每极每相槽数 q 增加时，基波的分布系数减小不多，但高次谐波的分布系数却有显著减小。故增加每极每相槽数可削弱高次谐波电动势。但是 q 增加到一定数值时，高次谐波的分布系数已经下降不明显，因此，除两极汽轮发电机（$q>6$）外，一般交流电机选 q 为 2～6。

在多极水轮发电机中，由于磁极对数过多而使 q 值达不到 2 时，常用分数槽绕组来消除高次谐波电动势，这里不再讨论。图 13-31 是分布绕组的合成电动势波形，可以看出其波形近似为正弦波。

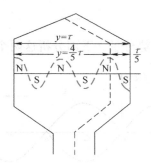

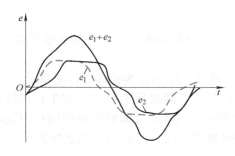

图 13-30　短距绕组能削弱谐波电动势的原理图　　　图 13-31　分布绕组的合成电动势波形

13.2.8　同步电机绕组的磁动势

无论同步电机还是异步电机，当定子绕组有交变电流流过时将产生电枢磁动势，它对电机的机电能量转换和运行性能有很大的影响。因此，在研究同步电机运行理论之前，必须分析电枢磁动势的性质、大小和分布情况。下面先分析单相交流绕组形成的脉振磁动势，再研究三相交流绕组形成的旋转磁动势。

1. 单相交流绕组的磁动势——脉振磁动势

一相交流绕组产生的磁动势既是空间函数，又是时间函数。以基波磁动势为例，其表达式为

$$F_{\phi1}(x,t) = F_{\phi1}\cos\frac{\pi}{\tau}x\sin\omega t = 0.9\frac{NI}{p}K_{W1}\cos\frac{\pi}{\tau}\times\sin\omega t \tag{13-13}$$

一对磁极下一相线圈组合成磁动势的情况，也是一相绕组的磁动势。

当一个整距线圈中通以一个随时间按正弦规律变化的交流电流时，所产生的基波磁动势在定子内圆空间作余弦波形分布，而这个余弦波的幅值又随时间按正弦规律变化。当电流达到正的最大值时，余弦波的幅值也达到正的最大值；当电流为零时，余弦波的幅值为零；当电流为负值时，余弦波的幅值也随之改变。**这种幅值空间位置固定不动，而波幅大小和正负随时间变化的磁动势称为脉振磁动势。**

综上分析可得出如下结论：

1) 单相交流绕组产生的基波磁动势是脉振磁动势，它在空间按余弦规律分布，其空间位置固定不动，各点的磁动势大小又随时间按照正弦规律变化。磁动势的脉振频率为电流的频率。

2) 单相脉振基波磁动势的最大幅值为 $F_{\phi1} = 0.9\dfrac{NI}{p}K_{W1}$，其幅值位置处在相绕组的轴线上（即构成一对磁极下的每相线圈组中心线上）。

3) 单相脉振基波磁动势即是一对磁极下一相线圈组的磁动势，对于双层绕组来说含有两个线圈组，而对于单层绕组来说，只含有一个线圈组。

2. 单相脉振磁动势的分解

利用三角函数公式可将式(13-13)进行积化和差得

$$\begin{aligned}f_{\phi1}(x,t) &= F_{\phi1}\cos\frac{\pi}{\tau}x\sin\omega t \\ &= \frac{1}{2}F_{\phi1}\sin\left(\omega t-\frac{\pi}{\tau}x\right)+\frac{1}{2}F_{\phi1}\sin\left(\omega t+\frac{\pi}{\tau}x\right) \\ &= f_{\phi1}^{+}(x,t)+f_{\phi1}^{-}(x,t)\end{aligned} \tag{13-14}$$

式(13-14)表明一个脉振磁动势可以分解成两个磁动势分量，下面分析这两个磁动势分量的性质。

如图 13-32 所示为磁动势波的移动，$f_{\phi1}^{+}(x,t)$ 是一个随时间的推移，整个正弦波沿 $\pi x/\tau$ 轴正方向移动也即沿气隙圆周正向旋转的旋转磁动势波，（转动）的线速度为

$$v = \frac{\mathrm{d}x}{\mathrm{d}t} = \frac{\omega\tau}{\pi} = 2f_1\tau$$

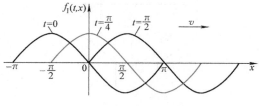

图 13-32　磁动势波的移动

转速为

$$n_1 = \frac{60 \times 2f_1\tau}{2p\tau} = \frac{60f_1}{p}$$

式中　n_1——同步转速，即基波磁动势的旋转速度。

同理可以推出

$$f_{\phi1}^{-}(x,t) = \frac{1}{2}F_{\phi1}\sin\left(\omega t + \frac{\pi}{\tau}x\right)$$

上式也是一个幅值为脉振磁动势幅值一半的旋转磁动势，但以同步转速反向旋转。

综上所述，可以得出这样的结论：

1）一个空间按余弦规律分布的脉振磁动势，可以分解为两个转速相同，转向相反的旋转磁动势。

2）每个旋转磁动势的幅值为脉振磁动势幅值的一半。

3）转速为同步转速。

上述结论反过来也成立，即两个转向相反、转速相同、幅值相等的旋转磁动势可以合成为一个脉振磁动势。

3. 三相交流绕组的基波合成磁动势——旋转磁动势

1）一般三相交流电机的定子三相绕组、绕组流过的三相电流及其产生的磁动势具有以下特点：

① 三相绕组是对称的。

② 三相电流是对称的。

③ 三相绕组各自产生的基波磁动势均为脉振磁动势，空间位置互差120°电角度，时间相位上也互差120°电角度。

根据以上特点，可以分别写出 U、V、W 三相绕组基波磁动势的表达式。若取 U 相绕组中电流为零的瞬间作为时间 t 的起点，并将空间位置坐标纵轴取在 U 相绕组轴线上，且相序正方向为 U 相至 V 相至 W 相，则三相绕组各自产生的单相脉振磁动势的基波表达式为

$$\left.\begin{aligned}
f_{U1}(x,t) &= F_{\phi1}\cos\frac{\pi}{\tau}x\sin\omega t \\
f_{V1}(x,t) &= F_{\phi1}\cos\left(\frac{\pi}{\tau}x - \frac{2\pi}{3}\right)\sin\left(\omega t - \frac{2\pi}{3}\right) \\
f_{W1}(x,t) &= F_{\phi1}\cos\left(\frac{\pi}{\tau}x - \frac{4\pi}{3}\right)\sin\left(\omega t - \frac{4\pi}{3}\right)
\end{aligned}\right\} \tag{13-15}$$

将式(13-15)等号右边进行积化和差分解得

$$\left.\begin{aligned}
f_{U1}(x,t) &= \frac{1}{2}F_{\phi1}\sin\left(\omega t - \frac{\pi}{\tau}x\right) + \frac{1}{2}F_{\phi1}\sin\left(\omega t + \frac{\pi}{\tau}\right) \\
f_{V1}(x,t) &= \frac{1}{2}F_{\phi1}\sin\left(\omega t - \frac{\pi}{\tau}x\right) + \frac{1}{2}F_{\phi1}\sin\left(\omega t + \frac{\pi}{\tau}x - \frac{2\pi}{3}\right) \\
f_{W1}(x,t) &= \frac{1}{2}F_{\phi1}\sin\left(\omega t - \frac{\pi}{\tau}x\right) + \frac{1}{2}F_{\phi1}\sin\left(\omega t + \frac{\pi}{\tau}x - \frac{4\pi}{3}\right)
\end{aligned}\right\} \tag{13-16}$$

将式(13-16)中等号右边的三分解式相加，便可得到三相绕组的合成基波磁动势为

$$\begin{aligned}
f_1(x,t) &= f_{U1}(x,t) + f_{V1}(x,t) + f_{W1}(x,t) \\
&= \frac{3}{2}F_{\phi1}\sin\left(\omega t - \frac{\pi}{\tau}x\right)
\end{aligned} \tag{13-17}$$

将 $F_{\phi 1} = 0.9\dfrac{NI}{p}K_{W1}$ 代入得

$$F_{1m} = \frac{3}{2}F_{\phi 1} = 1.35\frac{NI}{p}K_{W1} \tag{13-18}$$

将式(13-17)与单相脉振磁动势中分解后的 $f_{\phi 1}^{+}(x,t) = \dfrac{1}{2}F_{\phi 1}\sin\left(\omega t - \dfrac{\pi}{\tau}x\right)$ 进行对比可以看出：三相合成磁动势基波也是一个幅值不变的正向旋转磁动势波，转速也为 $n_1 = 60f_1/p$，幅值为一相绕组基波磁动势幅值的 3/2 倍，转向沿 x 轴的正方向，即由 U 相绕组转向 V 相，再转向 W 相。

2）三相对称绕组合成磁动势基波的特点：

① 当对称三相绕组流过对称三相电流时，其合成磁动势基波是一个旋转磁动势波。在空间上按正弦规律分布且幅值不变，随时间的推移整个波沿正方向旋转。

② 三相合成磁动势基波在任何时刻都保持着恒定的幅值，并且它是单相脉振磁动势基波幅值的 3/2 倍。三相合成磁动势基波的幅值为

$$F_{1m} = 1.35\frac{NI}{p}K_{W1}$$

③ 三相合成磁动势基波的转速是 $n_1 = 60f/p$，也称同步转速。

④ 转向可由三相绕组中电流的相序决定。

⑤ 以上结论还能推广到任意多相绕组，如果对两相或其他多相交流电机再进行分析，同样可得到类似的结论，即"多相对称绕组通入多相对称电流，能产生幅值恒定的（圆形的）基波旋转磁动势波"。这是一条具有普遍性的规律。如果通入的是不对称电流，那么产生的是椭圆形旋转磁动势。

⑥ 一个单相脉振磁动势可以分解为幅值相等、转速相同、转向相反的两个旋转磁动势。

13.2.9　同步发电机的电枢反应

1. 空载运行

同步发电机被原动机拖动到同步转速，励磁绕组中通以直流电流，定子绕组开路时的运行称为空载运行。

空载运行时三相定子电流均为零，只有直流励磁电流产生的主磁场，又叫空载磁场。

空载磁场的一部分既交链转子，又经过气隙交链定子的磁通，称为主磁通，用 Φ_0 表示；而另一部分不穿过气隙，仅和励磁绕组本身交链的磁通，称为主磁极漏磁通，用 Φ_σ 表示，这部分磁通不参与电机的机电能量转换。图 13-33 所示为同步电机的磁通。由于主磁通的路径（即主磁路）主要由定子、转子铁心和两段气隙构成，而漏磁通的路径主要由空气和非铁磁性材料组成，因此主磁路的磁阻比漏磁路的磁阻小得多，主磁通数值远大于漏磁通。

2. 空载电动势

空载运行时，当转子以同步转速旋转时，即在气隙中形成一个旋转磁场，它"切割"对称的三相定子绕组后，就会在定子绕组内感应出一组频率为 f 的对称三相电动势，该电动势称为励磁电动势，也叫空载电动势，其数学表达式为

$$\dot{E}_{0U} = E_0\angle 0°,\quad \dot{E}_{0V} = E_0\angle -120°,\quad \dot{E}_{0W} = E_0\angle 120° \tag{13-19}$$

忽略谐波时，励磁电动势（相电动势）的有效值为

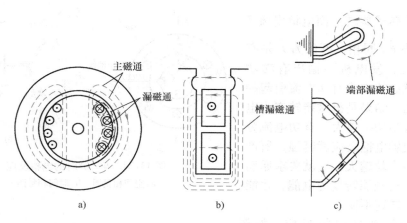

图 13-33　同步电机的磁通

a)同步电机的磁路　b)定子槽漏磁通　c)定子端部漏磁通

$$E_0 = 4.44 f N_1 K_{W1} \Phi_0$$

式中　Φ_0——每极基波磁通（Wb）；

　　　N_1——定子绕组每相串联匝数；

　　　K_{W1}——基波电动势的绕组系数。

3. 电枢反应

（1）电枢反应的概念　同步发电机空载运行时，气隙中只有转子的励磁磁动势产生的主磁场，在定子绕组中感应空载电动势 $\dot{E}_0$。带上负载后，三相定子绕组中流过三相对称电流，产生电枢磁动势。因而，负载时同步发电机的气隙中同时存在着励磁磁动势和电枢磁动势。由于定子绕组感应电动势和电流的频率决定于转子的转速 n 和磁极对数 p，即 $n=60f/p$，而且定子绕组的磁极对数是按与转子同一磁极对数设计的，所以电枢磁动势基波的转速 n_1 $=60f/p=n$。这两个磁动势以相同的转速和方向旋转，彼此没有相对运动，两者共同建立负载时气隙中的合成磁动势。因此，对称负载时，电枢磁动势基波将对励磁磁动势基波产生影响，称为电枢反应。

（2）电枢反应的性质　由于励磁磁动势 $\vec{F}_f$ 产生主磁通使定子绕组感应电动势 $\dot{E}_0$，而电枢磁动势基波 $\vec{F}_a$ 是由定子电流 $\dot{I}$ 建立的。因此，电枢反应的性质本来决定于电枢磁动势基波 $\vec{F}_a$ 与励磁磁动势基波 $\vec{F}_f$ 在空间上的相对位置，而今可归结为研究电动势 $\dot{E}_0$ 与定子电流 $\dot{I}$ 在时间上的相位差 Ψ（称为内功率因数角）。Ψ 的大小与同步发电机的内阻抗及外加负载性质有关，即外加负载性质不同（电阻性、电感性或电容性），$\dot{E}_0$ 与 $\dot{I}$ 之间的相位差 Ψ 随之不同，电枢反应性质也随之不同。

下面分析不同性质负载的电枢反应时，设各相电流和电动势的正方向为"相尾端进、相首端出"，磁动势正方向与电流正方向符合右手螺旋定则，定子绕组每一相均用一个"集中"绕组表示。为画图清晰起见，以一对极的凸极同步发电机为例。

1）$\Psi = 0°$时的电枢反应。如图 13-34 所示，因为 $\vec{F}_a$ 落在交轴上，故 $\dot{I}$ 和 $\dot{E}_0$ 同相时的电枢反应称为交轴电枢反应。交轴电枢反应对转子电流产生电磁转矩，其方向和转子的转向相反，企图阻止转子旋转。而电枢电流 $\dot{I}$ 与空载电动势 $\dot{E}_0$ 同相，可认为 $\dot{I}$ 是有功分量。可见，发电机要输出有功功率，原动机就必须克服有功电流引起的阻力转矩做功，结果是机械能转变为电能。输出的有功功率越大，有功电流分量就越大，交轴电枢反应就越强，所产生的阻力转矩也就越大，这就要求原动机输入更多的机械能转变为电能，才能维持发电机的转速不变。

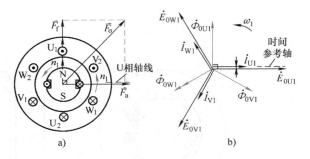

图 13-34　$\Psi = 0°$ 时的电枢反应
a)空间相量图　b)时间相量图

2）$\Psi = 90°$ 时的电枢反应。如图 13-35所示，因为 $\vec{F}_a$ 落在直轴上，该电枢反应称为直轴电枢反应，是纯粹起去磁作用的。直轴电枢反应对转子电流所产生的电磁力不形成转矩，不妨碍转子的旋转。

3）$\Psi = -90°$ 时的电枢反应。如图 13-36 所示，因为 $\vec{F}_a$ 落在直轴上，也称为直轴电枢反应，是纯粹起增磁作用的。直轴电枢反应对转子电流所产生的电磁力不形成转矩，不妨碍转子的旋转。

4）$0° < \Psi < 90°$ 时的电枢反应。如图 13-37所示，在一般情况下（$0° < \Psi < 90°$）的电枢反应既非单纯交磁性质也非纯去磁性质，而是兼有两种性质。

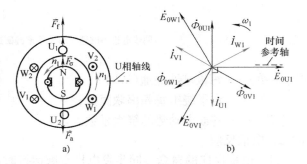

图 13-35　$\Psi = 90°$ 时的电枢反应
a)空间相量图　b)时间相量图

（3）电枢反应与机电能量转换的关系　同步发电机空载时不存在电枢反应，也不存在机电能量转换关系。带上负载后，定子电流产生了电枢磁场，它与转子之间有相互电磁作用。由于负载性质不同，电枢磁场与转子之间的电磁作用

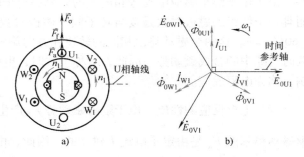

图 13-36　$\Psi = -90°$ 时的电枢反应
a)空间相量图　b)时间相量图

也不同。下面分析不同负载性质时，电机内部的机电能量转换情况。

1）有功电流在电机内部产生制动转矩。$\Psi = 0°$ 时的电流主要为有功电流，电枢反应为交轴电枢反应，呈交磁作用。交轴电枢反应对转子电流产生电磁转矩，它的方向和转子的旋转方向相反，企图阻止转子旋转，为阻力转矩，如图 13-38a 所示。显然，当发电机输出有功电流即有功功率时，原动机必须克服交轴电枢反应对转子的制动转矩而做功。负载电流越大，输出的有功功率就越大，对转子的制动转矩也就越大，为了维持转子转速（或频率）不变，就需要相应地增大汽轮机的进气量（或增大水轮机的进水量），用于克服制动转矩而做功，机械能就转变为电能。

2）感性无功电流使发电机的端电压降低。$\Psi = 90°$时的电流主要是感性无功电流，此时电枢磁动势产生直轴电枢反应。直轴电枢磁场与励磁电流共同作用，在励磁绕组上产生电磁力，但不形成电磁转矩，如图 13-38b 所示。这说明发电机带感性无功负载时，不需要原动机增加机械能，但是直轴去磁电枢反应对气隙磁场有去磁作用，会使发电机端电压下降，为维持电压恒定所需的励磁电流也需要相应增加。

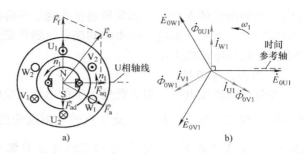

图 13-37　$0° < \Psi < 90°$的电枢反应
a) 空间相量图　b) 时间相量图

3）容性无功电流使发电机的端电压升高。$\Psi = -90°$时的电流主要是容性无功电流，此时电枢磁动势产生直轴电枢反应。直轴电枢磁场与励磁电流共同作用，在励磁绕组上产生电磁力，但不形成电磁转矩，如图 13-38c 所示。这说明发电机带容性无功负载时，不需要原动机增加机械能，但是直轴助磁电

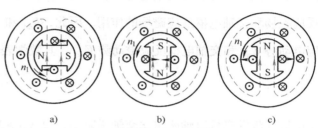

图 13-38　不同性质负载下的电枢反应
与机电能量转换示意图
a) $\Psi = 0°$　b) $\Psi = 90°$　c) $\Psi = -90°$

枢反应对气隙磁场有助磁作用，会使发电机端电压上升，为维持电压恒定所需的励磁电流也需要相应减小。

4）在一般情况下($0° < \Psi < 90°$)的电枢反应既非单纯交磁性质也非纯去磁性质，此时电枢电流既有有功分量，又有无功分量，也就是发电机既带有功负载，又带感性无功负载。有功电流的变化会影响发电机的转速，从而影响到发电机的频率；无功电流的变化会影响发电机的电压。为了保持发电机的电压和频率的稳定，必须随负载的变化及时调节发电机的输入机械功率和励磁电流。

综上所述，电枢反应是同步发电机在负载运行时的重要物理现象，它不仅是引起端电压变化的主要原因，而且交轴电枢反应的存在是实现机电能量转换的关键。

13.2.10　同步电抗

同步电抗包含电枢反应电抗和定子漏电抗，它表征同步发电机在对称稳态运行时，三相定子电流产生的电枢反应磁通和定子漏磁通对定子一相绕组所造成的影响。下面分别介绍定子漏电抗和电枢反应电抗。

1. 定子漏电抗

由于漏磁通(包含定子槽漏磁通、绕组端部漏磁通和差漏磁通)具有基波频率f_1，故称为定子漏磁通。与变压器一样，可用一个漏电抗 X_σ 表征漏磁场的作用。因此，与定子漏磁通对应的电抗叫定子漏电抗。故漏磁通在定子绕组中感应电动势可以表示为

$$\dot{E}_\sigma = -j\dot{I}X_\sigma$$

定子漏电抗对同步电机的运行性能有很大影响，如槽漏磁通将使导体内的电流产生趋肤

效应，增加绕组的铜损；端部漏磁通将在绕组端部附近的压板、螺栓等构件中产生涡流，引起局部发热；同时，漏电抗还影响到端电压随负载变化的程度，也影响到稳定短路电流及短路瞬变过程中电流的大小。

2. 电枢反应电抗

在分析同步发电机一般负载情况下的电枢反应时，通常把负载电流分解为直轴分量和交轴分量。直轴分量 $I_d = I\sin\varphi$，建立直轴电枢反应磁动势 $\vec{F}_{ad}$；交轴分量 $I_q = I\cos\varphi$，建立交轴电枢反应磁动势 $\vec{F}_{aq}$。它们将相应地建立直轴电枢反应磁通 $\dot{\Phi}_{ad}$ 和交轴电枢反应磁通 $\dot{\Phi}_{aq}$，$\dot{\Phi}_{ad}$ 和 $\dot{\Phi}_{aq}$ 经过的磁路不同。对于凸极式同步发电机，交轴磁路的磁阻远大于直轴磁路的磁阻，同样，可以用直轴电枢反应电抗 X_{ad} 和交轴电枢反应电抗 X_{aq} 来分别表征直轴电枢反应磁场和交轴电枢反应磁场的作用。因此，$\dot{\Phi}_{ad}$ 和 $\dot{\Phi}_{aq}$ 在定子绕组中分别感应直轴电枢反应电动势 $\dot{E}_{ad}$ 和交轴电枢反应磁动势 $\dot{E}_{aq}$，其数学表达式为

$$\dot{E}_{ad} = -j\dot{I}_d X_{ad}$$

$$\dot{E}_{aq} = -j\dot{I}_2 X_{aq}$$

由于凸极同步发电机直轴磁阻比交轴磁阻小，故 $X_{ad} > X_{aq}$。

3. 同步电抗的概念及其意义

（1）同步电抗的概念　由于凸极式同步发电机和隐极式同步发电机的主磁通磁路有很大差别，所以与电枢磁通对应的同步电抗也有很大差别，而同步电抗 = 电枢反应电抗 + 定子漏电抗，下面将分别讨论。

1）凸极式同步发电机的同步电抗。如图 13-39 所示，由于凸极式同步发电机的气隙不均匀，所以直轴和交轴磁路的磁阻不相等，因此直轴和交轴同步电抗也不

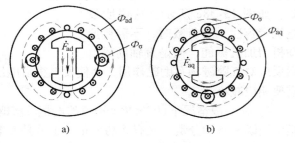

图 13-39　凸极式同步发电机电枢反应磁通及
漏磁通所经磁路及磁导

a）直轴电枢反应磁通　b）交轴电枢反应磁通

相等。直轴同步电抗 $X_d = X_{ad} + X_\sigma$，交轴同步电抗 $X_q = X_{aq} + X_\sigma$，因交轴气隙大于直轴气隙，所以 $X_d > X_q$。

由于直轴和交轴电枢反应磁通均通过定子铁心和转子铁心，故对应的电抗值有未饱和值和饱和值之分。

2）隐极式同步发电机的同步电抗。如图 13-40 所示，因为隐极式同步发电机的气隙均匀，交轴与直轴磁路的磁阻相同，交轴和直轴同步电抗相等，则 $X_{ad} = X_{aq} = X_a$，X_a 称为电枢反应电抗。

隐极同步发电机的同步电抗可以表示为 $X_t = X_\sigma + X_a$。

（2）同步电抗的意义　同步电抗是同步发电机最重要的参数之一，它是表征同步发电机在对称稳态运行时，三相电枢电流合成产生的电枢反应磁场和定子漏磁场的一个

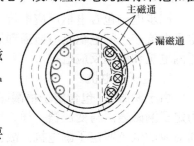

图 13-40　隐极式同步发电机电枢
反应磁通及漏磁通

综合参数，综合反映了电枢反应磁场和漏磁场对定子各相电路的影响。同步电抗的大小直接影响同步发电机端电压随负载变化的程度以及运行的稳定性等。不同类型同步发电机的同步电抗和漏电抗的标幺值见表 13-1。

表 13-1　不同类型同步发电机的同步电抗和漏电抗的标幺值

电 机 类 型	参　数		
	X_{d*}	X_{q*}	$X_{\sigma*}$
汽轮发电机（隐极式）	1.60	1.55	0.12
发电机和电动机（凸极式）	1.00	0.62	0.11
同步调相机（凸极式）	1.9	1.15	0.14

13.2.11　同步发电机的电动势方程式、相量图及等效电路

1. 隐极式同步发电机的电动势方程式、相量图及等效电路

（1）有关各物理量之间的关系

$$\text{转子励磁电流 } I_f - \bar{F}_f - \dot{\Phi}_0 - \dot{E}_0 \begin{array}{c} \rule[0.5ex]{0.5em}{0.4pt}\ \dot{\Phi}_{f\sigma} \end{array}$$

$$\text{定子三相电流 } \dot{I} - \begin{cases} \bar{F}_a - \dot{\Phi}_a - \dot{E}_a \\ \dot{\Phi}_\sigma - \dot{E}_\sigma \end{cases}$$

根据电磁感应定律及磁路问题电路化处理得电枢反应电动势及漏磁电动势为

$$\dot{E}_a = -j\dot{I}X_a$$

$$\dot{E}_\sigma = -j\dot{I}X_\sigma \tag{13-20}$$

式中　X_a——对应于电枢反应磁通的电抗，称为电枢反应电抗，该值相当于变压器中的励磁电抗 X_m，由于同步电机具有较大的空气隙，在数值上 X_a 要比变压器的 X_m 小；

　　　X_σ——对应于漏磁通的电抗，称为漏电抗，该值相当于变压器中的漏电抗 $X_{1\sigma}$，同样由于气隙的原因，在数值上 X_σ 要比变压器的 $X_{1\sigma}$ 大。

（2）电枢回路的电动势方程式

$$\dot{E}_0 = \dot{U} + \dot{I}R_a + j\dot{I}X_\sigma + j\dot{I}X_a = \dot{U} + \dot{I}R_a + j\dot{I}X_t \tag{13-21}$$

式中　X_t——隐极同步发电机的同步电抗，$X_t = X_\sigma + X_a$。

X_t 表征在对称负载下每相负载电流 I 为 1A 时，三相共同产生的电枢总磁场（包括电枢反应磁场和漏磁场）在电枢每一相绕组中感应的电动势 $E_\sigma + E_a$，即 $X_t = (E_\sigma + E_a)/I$。

（3）相量图　作图步骤如下：

1）以端电压 $\dot{U}$ 为参考相量，先画 $\dot{U}$。

2）根据负载阻抗角 φ 画 $\dot{I}$。

3）以 $\dot{U}$ 的顶端为起点画与 $\dot{I}$ 同相位的 $\dot{I}R_a$。

4）以 $\dot{I}R_a$ 的顶端作起点画超前 $\dot{I}$ 为 90°的相量 $j\dot{I}X_t$。

5）从 $\dot{U}$ 的起点到 $\mathrm{j}\dot{I}X_\mathrm{t}$ 的顶端用直线箭头连接起来就得到 $\dot{E}_0$。

不考虑磁路饱和时，如果已知发电机带负载的情况，即已知 $\dot{U}$ 与 $\dot{I}$ 及 $\cos\varphi$，并且知道发电机的参数 R_a 和 X_t，根据式（13-21）可以画出隐极式同步发电机电动势相量图如图 13-41 所示。根据相量图可直接计算出 E_0 和 Ψ 的值，即

$$E_0 = \sqrt{(U\cos\varphi + IR_\mathrm{a})^2 + (U\sin\varphi + IX_\mathrm{t})^2}$$

$$\psi = \arctan\frac{IX_\mathrm{t} + U\sin\varphi}{IR_\mathrm{a} + U\cos\varphi}$$

（4）等效电路 式（13-21）表明，隐极式同步发电机等效电路相当于直流励磁电动势 $\dot{E}_0$ 和同步阻抗 $Z_\mathrm{t} = R_\mathrm{a} + \mathrm{j}X_\mathrm{t}$ 串联的电路，如图 13-42 所示。其中，$\dot{E}_0$ 反映了励磁磁场的作用，R_a 代表电枢电阻，X_t 反映了漏磁场和电枢反应磁场的共同作用。由于这个电路极为简单，而且物理概念明确，故在隐极式同步发电机的分析和工程计算上得到了广泛的应用。

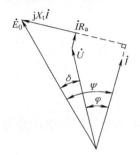

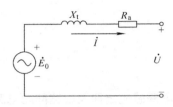

图 13-41　隐极式同步发电机电动势相量图　　图 13-42　隐极式同步发电机等效电路

2. 凸极式同步发电机的电动势方程式、相量图

（1）有关各物理量之间的关系

$$\text{转子励磁电流 } I_\mathrm{f} - \bar{F}_\mathrm{f} - \dot{\Phi}_0 \begin{array}{l} - \dot{\Phi}_{\mathrm{f}\sigma} \\ - \dot{E}_0 \end{array}$$

$$\text{定子三相电流 } \dot{I} \begin{cases} \dot{I}_\mathrm{d} - \bar{F}_\mathrm{ad} - \dot{\Phi}_\mathrm{ad} - \dot{E}_\mathrm{ad} \\ \dot{I}_\mathrm{q} - \bar{F}_\mathrm{aq} - \dot{\Phi}_\mathrm{aq} - \dot{E}_\mathrm{aq} \\ \dot{\Phi}_\sigma - \dot{E}_\sigma \end{cases}$$

其中，不计磁路饱和时有下列关系：

$$\dot{E}_\mathrm{ad} = -\mathrm{j}\dot{I}_\mathrm{d}X_\mathrm{ad}$$

$$\dot{E}_\mathrm{aq} = -\mathrm{j}\dot{I}_\mathrm{q}X_\mathrm{aq}$$

$$\dot{E}_\sigma = -\mathrm{j}\dot{I}X_\sigma$$

由于 $\dot{I} = \dot{I}_\mathrm{d} + \dot{I}_\mathrm{q}$，且令 $X_\mathrm{d} = X_\mathrm{ad} + X_\sigma$，$X_\mathrm{q} = X_\mathrm{aq} + X_\sigma$，则 X_d、X_q 分别为凸极式同步发电机的直轴和交轴同步电抗，它们分别表征在对称负载下，对称三相直轴电流 I_d 或交轴电流 I_q 每相为 1A 时，三相共同产生的电枢总磁场（包括电枢反应磁场和漏磁场）在电枢一相绕组中感应的电动势 E_d 或 E_q，即

$$X_{\mathrm{d}} = \frac{E_{\mathrm{ad}} + E_{\sigma}}{I_{\mathrm{d}}} = \frac{E_{\mathrm{d}}}{I_{\mathrm{d}}} \ \text{或} \ X_{\mathrm{q}} = \frac{E_{\mathrm{aq}} + E_{\sigma}}{I_{\mathrm{q}}} = \frac{E_{\mathrm{q}}}{I_{\mathrm{q}}}$$

（2）电枢回路的电动势方程式

$$\dot{E}_0 = \dot{U} + \dot{I}R_{\mathrm{a}} + \mathrm{j}\dot{I}_{\mathrm{d}}X_{\mathrm{d}} + \mathrm{j}\dot{I}_{\mathrm{q}}X_{\mathrm{q}}$$

（3）相量图　对于隐极式同步发电机，只要已知发电机带负载的情况，即已知 $\dot{U}$、$\dot{I}$ 及 $\cos\varphi$，并且知道发电机的参数 R_{a} 和 X_{t}，就可以方便地画出隐极式同步发电机的相量图。而凸极式同步发电机的相量图却要在先确定 Ψ 后才能将 $\dot{I}$ 按照 Ψ 正交分解成 $\dot{I}_{\mathrm{d}}$、$\dot{I}_{\mathrm{q}}$ 后才可以画出。下面就是引入虚拟电动势 $\dot{E}_{\mathrm{Q}}$ 确定 Ψ 的过程：

引入虚拟电动势 $\dot{E}_{\mathrm{Q}}$，使 $\dot{E}_{\mathrm{Q}} = \dot{E}_0 - \mathrm{j}\dot{I}_{\mathrm{d}}(X_{\mathrm{d}} - X_{\mathrm{q}})$，可证明 $\dot{E}_{\mathrm{Q}}$ 与 $\dot{E}_0$ 也是同相位，如图 13-43 所示。

将端电压 $\dot{U}$ 沿着 $\dot{I}$ 和垂直于 $\dot{I}$ 的方向分成 $U\sin\varphi$ 和 $U\cos\varphi$ 两个分量，由相量图不难确定

$$\psi = \arctan\frac{U\sin\varphi + IX_{\mathrm{q}}}{U\cos\varphi + IR_{\mathrm{a}}}$$

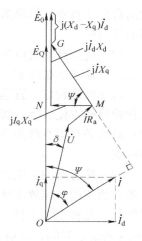

图 13-43　相量图

由此做出凸极式同步发电机的相量图如图 13-43 所示。其作图步骤如下：

1）以 $\dot{U}$ 作为参考相量，先做出电压相量 $\dot{U}$。

2）根据负载的功率因数角 φ，画出相量 $\dot{I}$。

3）在相量 $\dot{U}$ 顶端画出与 $\dot{I}$ 平行（同相位）的相量 $\dot{I}R_{\mathrm{a}}$。

4）在相量 $\dot{I}R_{\mathrm{a}}$ 顶端画出超前 $\dot{I}$ 90°的相量 $\mathrm{j}\dot{I}X_{\mathrm{q}}$，把 $\mathrm{j}\dot{I}X_{\mathrm{q}}$ 相量的端点 G 与 O 连接并延长，显然相量 $\dot{E}_0$ 的位置线就在直线 $\overline{GO}$ 上，ψ 便可确定。

5）按 ψ 将 $\dot{I}$ 分解为 $\dot{I}_{\mathrm{d}} = I\sin\psi, \dot{I}_{\mathrm{q}} = I\cos\psi$。

6）在 $\dot{I}R_{\mathrm{a}}$ 顶端画超前 $\dot{I}_{\mathrm{q}}$ 90°的相量 $\mathrm{j}\dot{I}_{\mathrm{q}}X_{\mathrm{q}}$。

7）在相量 $\mathrm{j}\dot{I}_{\mathrm{q}}X_{\mathrm{q}}$ 顶端画超前 $\dot{I}_{\mathrm{d}}$ 90°的相量 $\mathrm{j}\dot{I}_{\mathrm{d}}X_{\mathrm{d}}$。

8）连接原点 O 和相量 $\mathrm{j}\dot{I}_{\mathrm{d}}X_{\mathrm{d}}$ 的顶端，即可得 $\dot{E}_0$。

13.2.12　同步发电机的选用

1. 应急柴油发电机的选用

应急柴油发电机主要用于重要场所，在瞬间停电等紧急情况或事故停电后，通过应急发电机组迅速恢复并延长一段供电时间。这类用电负载称为一级负载。对断电时间有严格要求的设备、仪表及计算机系统，除配备发电机外还应设电池或 UPS 供电。

应急柴油发电机的工作有两个特点：第一个特点是作应急用，连续工作的时间不长，一

般只需要持续运行几小时（≤12h）；第二个特点是作备用，应急发电机组平时处于停机等待状态，只有当主用电源全部故障断电后，应急柴油发电机组才起动运行供给紧急用电负载，当主用电源恢复正常后，随即切换停机。

（1）应急柴油发电机容量的确定　应急柴油发电机组的标定容量为经大气修正后的 12h 标定容量，其容量应能满足紧急用电总计算负荷，并按发电机容量能满足一级负载中单台最大容量电动机起动的要求进行校验。应急发电机一般选用三相交流同步发电机，其标定输出电压为 400V。

（2）应急柴油发电机组台数的确定　有多台发电机组备用时，一般只设置一台应急柴油发电机组，从可靠性考虑也可以选用两台机组并联进行供电。供应急用的发电机组台数一般不宜超过三台。当选用多台机组时，机组应尽量选用型号、容量相同，调压、调速特性相近的成套设备，所用燃油性质应一致，以便进行维修保养及共用备件。当供应急用的发电机组有两台时，自起动装置应使两台机组能互为备用，即市电电源故障停电经过延时确认以后，发出自起动指令，如果第一台机组连续三次自起动失败，应发出报警信号并自动起动第二台柴油发电机。

（3）应急柴油发电机的选择　应急机组宜选用高速、增压、油耗低、同容量的柴油发电机组。高速增压柴油发电机单机容量较大，占据空间小；柴油机选用配电子或液压调速装置，调速性能较好；宜选用配无刷励磁或相复励装置的同步电机，运行较可靠，故障率低，维护检修较方便；当一级负载中单台用电设备容量较大时，宜选用三次谐波励磁的发电机组；机组装在附有减振器的共用底盘上；排烟管出口宜装设消声器，以减小噪声对周围环境的影响。

（4）应急柴油发电机组的控制　应急柴油发电机组的控制应具有快速自起动及自动投入装置。当主用电源故障断电后，应急机组应能快速自起动并恢复供电，一级负载的允许断电时间从十几秒至几十秒，应根据具体情况确定。当重要工程的主用电源断电后，首先应以过 3~5s 的确定时间，以避开瞬时电压降低及市电网合闸或备用电源自动投入的时间，然后再发出起动应急发电机组的指令，因此从指令发出、机组开始起动、升速到能带全负载需要一段时间。一般大、中型柴油机还需要预润滑及暖机过程，使紧急加载时的机油压力、机油温度、冷却液温度符合产品技术条件的规定。预润滑及暖机过程可以根据不同情况预先进行。例如，军事通信、大型宾馆的重要外事活动、公共建筑夜间进行大型群众活动、医院进行重要外科手术等的应急机组平时就应处于预润滑及暖机状态，以便随时快速起动，尽量缩短故障断电时间。

应急机组投入进行后，为了减少突加负载时的机械及电流冲击，在满足供电要求的情况下，紧急负载最好按时间间隔分级增加。根据国家标准和国家军用标准规定，自动化机组自起动成功后的首次允许加载量如下：对于标定功率不大于 250kW 者，首次允许加载量不小于 50% 标定负载；对于标定功率大于 250kW 者，按产品技术条件规定。如果瞬时电压降及过渡过程要求不严格时，一般机组突加或突卸的负载量不宜超过机组标定容量的 70%。

（5）常用柴油发电机组的选择　某些柴油发电机组在某段时间或经常需要长时间连续地运行，以作为用电负载的常用供电电源，这类发电机组称为常用发电机组。常用发电机组可作为常用机组与备用机组。在远离大电网的乡镇、海岛、林场、矿山、油田等地区或工矿企业，为了供给当地居民生产及生活用电，需要安装柴油发电机，这类发电机组平时应不间断地运行。

国防工程、通信枢纽、广播电台、微波接力站等重要设施，应设有备用柴油发电机组。这类设施用电平时可由市电电力网供给。但是，由于地震、台风、战争等自然灾害或人为因素，使市电网遭受破坏而停电以后，已设置的备用机组应迅速起动，并坚持长期不间断地进行，以保证对这些重要工程用电负载的连续供电。

常用发电机组持续工作时间长，负载曲线变化较大，机组容量、台数、型式的选择及机组的运行控制方式与应急机组不同。

（6）柴油发电机组的订货要求　柴油发电机组的订货一般应标明以下内容：

1）机组的型号、额定功率、额定频率、额定电压、额定电流、相数、功率因素和接线方式等。

2）对机组自动化功能和性能的要求。

3）对柴油机、发电机和控制屏的结构、性能、安装尺寸的要求。

4）对机组的并联运行要求：同时购买多台机组，是否要求并联运行，如需要并联运行，还应提出是否需要提供并行所需的测量仪器和装置。

5）对机组的附属设备要求：国内许多厂商把冷却液箱（散热器）、燃油箱、排气消声器、蓄电池等也算作附属设备，订货时容许提出安装的要求。

（7）柴油发电机（常见类型）（见图 13-44）

1）康明斯系列 30～1300kW（见图 13-44a）。此机组以著名的康明斯发动机为动力，性能稳定可靠，结构紧凑。

2）超静音柴油发电机系列（见图 13-44b）。直喷式燃烧室燃烧效率高，噪声低。该发电机组具有超强的降噪声功能，广泛应用与医院，学校等多个行业，采用一体化设计，完全独立的配置，可满足任何情况下的用电要求。

3）上柴柴油发电机系列（见图 13-44c）。上柴柴油发电机组特点：安装使用方便，征集结构紧凑，体积小，重量轻。柴油机的功率范围广，性能好，燃油耗低，噪声低，排放达到国家以前的各项标准。该机组具有优良的动力性、经济性、稳定性、可靠性。

4）通柴柴油发电机系列（见图 13-44d）。通柴柴油发电机组特点：直流电起动、四冲程、水冷、直喷、150r/min 自带风扇闭式循环冷却、废气涡轮增压；引进奥地利 AVL 公司先进技术生产的新一代节能产品，独特的燃烧系统使柴油机冷起动更迅速，具有油耗省、功率大、动力性经济指标更优越的特点。

5）济柴柴油发电机系列（见图13-44e）。济柴柴油发电机组特点：技术成熟，性能稳定，长期为我国石油行业提供装备及军用设施的使用，特别适合野外施工和恶劣环境下使用。

6）无动柴油发电机系列（见图 13-44f）。无动柴油发电机组特点：直立式 4 缸、直立式 6 缸、V 型 12 缸，功率 100～630kW；满足不同用户的需求，优良的动力性、经济性、可靠性，采用闭式循环系统；操作简单，维修方便。

7）潍柴柴油发电机系列（见图 13-44g）。潍柴柴油发电机组特点：成熟的产品品质，档次、稳定性、可靠性、经济效益性进一步提高。

8）玉柴柴油发电机系列（见图 13-44h）。该机组的特点：大马力、大扭矩、可靠性高、震动低、噪声小、使用寿命长；燃油消耗率和润滑油消耗率远低于国内同类产品；排放低，符合国家环保要求，产品质量全面达到或超过国家有关标准；具有较高的动力性，使用维修方便。

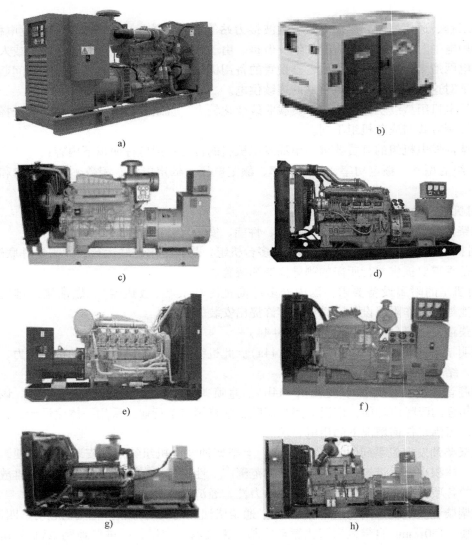

图 13-44　柴油发电机常见类型

2. 同步发电机的选用

一个水电厂的同步发电机的选型，其过程很复杂，是由不同单位、很多的人共同完成的，是一个团队的精诚合作的结晶。首先是业主立项，请勘探单位进行勘探，得出年最大流量、年最小流量、年平均流量，水头；选择建坝地址，坝高；确定库容，继而确定总装机容量、装机台数等，根据水头、流量确定机组转速，也就确定了机组的磁极对数，有了上面两个参数，再进行初步设计，编写设备规范，组织评审，根据设备规范，寻找有能力的设备生产厂家，要求发电机生产厂家帮忙设计满足要求的发电机，生产厂家根据设备规范组织设备的设计、生产。这里不再赘述。

【例题 13-1】　某一中型卖场(地理气候条件：海拔 400m，环境温度 25℃，空气相对湿度为 50%)拟设一台容量最小的柴油发电机组，消防时作消防负荷备用电源，平时作重要的非消防负荷备用电源。其中重要的非消防负荷(营业厅照明、弱电机房用电等)计算值为 60kW。仅一个防烟分区，投入服务的消防设备总安装功率为 192kW。其中喷淋泵 $P_1 = 30kW$，喷淋稳压泵 $P_2 = 1.5kW$，消火栓泵 $P_3 = 15kW$，消火栓稳压泵 $P_4 = 7.5kW$(均不计备用泵)；消防风机共 4 台，功率均为 $P_5 = 22kW$，其他为应急照明等负荷 $P_6 = 50kW$。设计时电动机中仅稳压泵采用直接起动，其余大容量电机均采用 丫 - △ 起动。计算选用的最小柴油发电机功率是多大。

解：计算过程如下。

(1)按重要负荷计算发电机容量，有

$$S_{c1} = \alpha \frac{P_{\Sigma}}{\eta_{\Sigma} \cos\varphi} = \alpha \left(\frac{P_1}{\eta_1} + \frac{P_2}{\eta_2} + \cdots + \frac{P_6}{\eta_6} \right) \frac{1}{\cos\varphi} = \frac{\alpha}{\cos\varphi} \sum_{k=1}^{6} \frac{P_k}{\eta_k} \qquad (13\text{-}22)$$

式中　P_{Σ}——总负荷(kW)；

P_k——每个或每组负荷容量(kW)；

η_k——每个或每组负荷的效率；

η_{Σ}——总负荷的计算效率；

α——负荷率；

$\cos\varphi$——发电机额定功率因数，可取 0.8。

征得建设方同意火灾时切除重要的非消防电源，因 192kW > 60kW，故机组容量选择以消防负荷计算为准。

喷淋泵电机效率取值 $\eta_1 = 92.2\%$，喷淋稳压泵电机效率取值 $\eta_2 = 78\%$，消火栓泵电机效率取值 $\eta_3 = 88.5\%$，消火栓稳压泵电机效率取值 $\eta_4 = 87\%$，消防风机效率取值 $\eta_5 = 91.5\%$，照明效率取值 $\eta_6 = 65\%$，发电机功率因数取 $\cos\varphi = 0.8$，发电机负荷取 $\alpha = 0.8$。

$$S_{c1} = \alpha \left(\frac{P_1}{\eta_1} + \frac{P_1}{\eta_1} + \frac{P_2}{\eta_2} + \cdots + \frac{P_6}{\eta_6} \right) \frac{1}{\cos\varphi} = \frac{\alpha}{\cos\varphi} \sum_{k=1}^{6} \frac{P_k}{\eta_k}$$

$$= 0.8 \times \left(\frac{30}{92.2\%} + \frac{1.5}{78\%} + \frac{15}{88.5\%} + \frac{7.5}{87\%} + 4 \times \frac{22}{91.5\%} + \frac{50}{65\%} \right) \frac{1}{0.8} kV \cdot A = 233 kV \cdot A$$

(2)按最大的单台电动机或成组电动机起动的需要，计算发电机容量，有

$$S_{c2} = \left(\frac{P_{\Sigma} - P_m}{\eta_{\Sigma}} + P_m K C \cos\varphi_m \right) \frac{1}{\cos\varphi} \qquad (13\text{-}23)$$

式中　P_m——起动最大的电动机或成组电动机容量(kW)；

P_{Σ}——总负荷(kW)；

η_{Σ}——总负荷的计算效率；

$\cos\varphi$——发电机额定功率因数，可取 0.8。

$\cos\varphi_m$——电动机的起动功率因数，一般取 0.4；

K——电动机的起动倍数，一般取 6 ~ 7；

C——按电动机起动方式确定的系数，全压起动 $C = 1.0$，丫 - △ 起动 $C = 0.67$，自耦
　　　变压器起动：50% 抽头 $C = 0.25$，65% 抽头 $C = 0.42$，80% 抽头 $C = 0.64$。

起动最大电动机喷淋泵 $P_m = 30kW$，采用 丫 - △ 起动 $C = 0.67$，采用加权平均 $\eta_{\Sigma} = 0.84$。

$$S_{c2} = \left(\frac{P_\Sigma - P_m}{\eta_\Sigma} + P_m KC\cos\varphi_m \right) \frac{1}{\cos\varphi}$$

$$= \left(\frac{30 + 1.5 + 15 + 7.5 + 22 \times 4 + 50 - 30}{0.84} + 30 \times 6.5 \times 0.67 \times 0.4 \right) \frac{1}{0.8} \text{kV} \cdot \text{A}$$

$$= \left(\frac{192 - 30}{0.84} + 52.26 \right) \frac{1}{0.8} \text{kV} \cdot \text{A} = 306 \text{kV} \cdot \text{A}$$

直接起动最大稳压泵时 $P_m = 7.5\text{kW}$，$C = 1$，采用加权平均 $\eta_\Sigma = 0.84$。

$$S'_{c2} = \left(\frac{P_\Sigma - P_m}{\eta_\Sigma} + P_m KC\cos\varphi_m \right) \frac{1}{\cos\varphi}$$

$$= \left(\frac{30 + 1.5 + 15 + 7.5 + 22 \times 4 + 50 - 7.5}{0.84} + 7.5 \times 6.5 \times 1 \times 0.4 \right) \frac{1}{0.8} \text{kV} \cdot \text{A}$$

$$= \left(\frac{192 - 7.5}{0.84} + 19.5 \right) \frac{1}{0.8} \text{kV} \cdot \text{A} = 299 \text{kV} \cdot \text{A}$$

比较 S_{c2} 及 S'_{c2}，丫 - △起动喷淋泵要求选用发电机容量大，此种方法选用发电机容量为 306kV · A。

(3)当柴油发电机按起动电动机时母线容许电压降计算发电机容量。在起动大容量的电动机时，在起动电流的突然冲击下，发电机内阻抗上产生电压降，而励磁系统来不及快速调压，使输出端电压下降。因此发电机容量必须满足电动机起动要求，即

$$S_{c3} = P_n KCX''_d \left(\frac{1}{\Delta E} - 1 \right) \tag{13-24}$$

式中　P_n——造成母线压降最大的电动机或成组电动机总容量(kW)；

　　　X''_d——发电机的暂态电抗，一般取 0.25；

　　　ΔE——应急负荷中心母线允许的瞬时电压降，一般 ΔE 取 0.25 ~ 0.3(有电梯时取 $0.2U_H$)；

　　　K——电动机的起动倍数，一般取 6 ~ 7；

　　　C——按电动机起动方式确定的系数，全压起动 $C = 1.0$，丫 - △起动 $C = 0.67$，自耦变压器起动：50% 抽头 $C = 0.25$，65% 抽头 $C = 0.42$，80% 抽头 $C = 0.64$。

本工程没有电梯用电，应急负荷中心母线允许的瞬时电压降 ΔE 取 0.25。计算时，丫 - △起动，造成母线压降最大的 P_n 为喷淋泵容量；直接起动，造成母线压降最大的 P_n 为消防稳压泵容量，由(2)可知此影响小于丫 - △起动喷淋泵的影响。由公式

$$S_{c3} = P_n KCX''_d \left(\frac{1}{\Delta E} - 1 \right)$$

$$= 30 \times 6.5 \times 0.67 \times 0.25 \left(\frac{1}{0.25} - 1 \right) \text{kV} \cdot \text{A} = 98 \text{kV} \cdot \text{A}$$

得出丫 - △直接起动的喷淋泵对柴油发电机的母线压将影响最大，此种方法选用的柴油发电机容量为 98kV · A。

比较(1)、(2)、(3)计算结果，选择最大值作为电动机容量：306kV · A。

根据地理气候条件进行校正：海拔 400m，环境温度 25℃，空气相对湿度为 50%，得校正系数 $C\% = 92\%$。发电机的额定功率为 306/92% = 332kV · A，取值 350kV · A。

13.3 技能培养

13.3.1 技能评价要点

该学习情境的技能评价要点见表 13-2。

表 13-2 "同步电机的选用"学习情境的技能评价要点

序号	技能评价要点	权重(%)
1	能正确认识同步发电机的结构	10
2	能正确说出同步发电机各部分的作用及工作原理	10
3	能正确说出同步发电机励磁系统的基本类型及其特点	10
4	能正确说出同步发电机电枢绕组的分类及其特点	5
5	能正确说出同步发电机的感应电动势、电磁转矩、主磁场、电枢磁场、电枢反应及其性质，以及电枢反应与机电能量转换的关系	25
6	能根据工程实际要求正确选择同步发电机的型号	20
7	强化时空结合的思维能力；强化爱国主义精神；提高利用信息化手段搜集、整理信息的能力	20

13.3.2 技能实训

1. 应知部分

（1）填空题

1）交流旋转电机的同步转速是指定子旋转磁场的转速，若电机转子转速等于同步转速，则该电机叫_____。

2）同步电机按结构分有_____式和_____，而_____又分为_____和_____。

3）同步电动机因为没有_____故不能自行起动，因此同步电动机常采用_____法起动。

4）同步电机按运行方式和功率转换方法可分为_____、_____、_____。

5）在同步电机中，只有存在_____电枢反应才能实现机电能量转换。

6）同步电机主要由定子和转子两部分组成，在定子上有_____和_____，转子上有_____和_____及转轴。

7）同步电机的电枢反应是指_____的影响。

8）隐极同步发电机转速较_____，磁极对数较_____，当磁极对数 $p = 3$ 时，$n =$ _____ r/min。

9）同步电机的一个主要特点是_____和_____之比为恒定。

10）隐极式同步电机的气隙是_____的，而凸极式电机的气隙是_____的。

11）从异步电机和同步电机的理论分析可知，同步电机的空气隙应比异步电机的空气隙要_____，其原因是_____。

12）同步电机工作时励磁绕组中应通入_____。

（2）判断题（对：√；错：×）

1）对于电动机，当 U 小于 E 时处于发电机状态。

2）同步电机的主磁场与电枢反应磁场均以同步转速同向旋转，在空间上保持相对静止，所以定、转子间没有电磁转矩作用。

3）同步电机转子主磁场是直流励磁产生的，电枢反应磁场是交流产生的。

4）同步发电机电枢反应的性质取决于负载的性质。

5）凸极同步电机中直轴电枢反应电抗大于交轴电枢反应电抗。

6）负载运行的凸极同步发电机，励磁绕组突然断线，则电磁功率为零。

7）同步发电机的功率因数总是滞后的。

8）与直流电机相同，在同步电机中，$E > U$ 还是 $E < U$ 是判断电机作为发电机还是电动机运行的依据之一。

9）在同步发电机中，当励磁电动势 $\dot{E}$ 与 $\dot{I}$ 电枢电流同相时，其电枢反应的性质为直轴电枢反应。

10）同一台直流电机，只要改变外部条件既可作发电机运行，也可作电动机运行。

（3）选择题

1）同步电动机中，电枢磁场与主磁场之间的关系为（　　　）。

A. 同向同步转速旋转　　　　B. 反向同步转速旋转　　　　C. 相对静止及不旋转

2）同步电机处于电动机运行状态，则有（　　　）。

A. $E_0 > U$　　　　　　B. $E_0 < U$　　　　　　C. $\psi > 0$　　　　　D. $\psi < 0$

3）同步发电机的额定功率指（　　　）。

A. 转轴上输入的机械功率　　B. 转轴上输出的机械功率

C. 电枢端口输入的电功率　　D. 电枢端口输出的电功率

4）同步电动机的额定功率指（　　　）。

A. 转轴上输入的机械功率　　B. 转轴上输出的机械功率

C. 电枢端口输入的电功率　　D. 电枢端口输出的电功率

5）同步发电机稳态运行时，若所带负载为感性 $\cos\psi = 0.8$，则其电枢反应的性质为（　　　）。

A. 交轴电枢反应　　　　　B. 直轴去磁电枢反应　　　　C. 直轴去磁与交轴电枢反应

D. 直轴增磁与交轴电枢反应

6）对称负载运行时，凸极同步发电机阻抗大小顺序排列为（　　　）。

A. $X_\sigma > X_{ad} > X_d > X_{aq} > X_q$　B. $X_{ad} > X_d > X_{aq} > X_q > X_\sigma$

C. $X_q > X_{aq} > X_d > X_{ad} > X_\sigma$　D. $X_d > X_{ad} > X_q > X_{aq} > X_\sigma$

（4）问答题

1）三相同步电动机和三相异步电动机在结构上和工作原理上有何不同？

2）同步发电机的转速为什么与磁极对数成反比？一台已经制好的同步发电机，为什么转速等于常数？

3）同步发电机的"同步"是什么意思？

4）同步发电机的定子电动势是怎样产生的？与变压器二次电压有什么不同？

5）同步电机的励磁方式有哪几种？它们各有什么优缺点？

6）同步发电机的励磁绕组流入反向的直流励磁电流，转子转向不变，定子三相交流电动势的相序是否改变？若转子转向改变，直流励磁电流也反向，相序是否改变？

7）为什么现代大容量同步电机都做成旋转磁极式？

8）汽轮发电机和水轮发电机的主要结构特点是什么？为什么汽轮发电机转子总是做成细而长的形状？而水轮发电机都做成粗而短的形状？

9）为什么同步电机的气隙要比容量相同的感应电机的大？

10）一台 250r/min、50Hz 的同步电机，其极数是多少？

11）为什么同步发电机的电枢磁动势 $\vec{F}_a$ 的转速 n_1 总是与转子（主磁极）的转速 n 相同？

12）说明定子漏抗和电枢反应电抗的物理意义。希望它们大好还是小好？

2. 应会部分

某学校拟设一台容量最小的柴油发电机组作为重要的非消防负荷备用电源。其中重要的非消防负荷（教学楼、食堂、办公用电）计算值为 100kW，其他为应急照明等负荷，$p = 10kW$。计算选用的最小柴油发电机功率是多大。

学习情境 14 同步电机的运行管理

14.1 学习目标

【知识目标】 理解同步发电机的空载特性、短路特性、外特性、调整特性和效率特性等运行特性；掌握同步发电机并列运行条件和并列运行操作方法；掌握同步发电机的电磁平衡关系和功角特性；掌握同步发电机并列运行时有功功率、无功功率的调节方法；理解同步发电机的静态稳定和 V 形曲线；了解同步调相机和同步电动机的运行原理；了解磁链守恒原理；掌握三相突然短路对同步发电机的影响；掌握同步发电机的异常运行种类及现象。

【能力目标】 培养学生电气设备规程规范的使用能力；培养学生根据生产实际需要管理同步电机的能力。

【素质目标】 培养质量第一、安全第一意识；培育服从调度命令的意识；提高综合分析能力。

14.2 基础理论

14.2.1 同步发电机的运行特性

同步发电机对称稳态运行时，在保持同步转速不变的前提下，其端电压 U、定子电流 I、励磁电流 I_f 均可在运行中测得。这三个物理量之间的相互关系可用运行特性曲线的形式来描述。在分析正常负载运行时还要注意负载性质（即功率因数 $\cos\varphi$）的影响。

同步发电机的稳态运行特性包括空载特性、短路特性、外特性、调整特性和效率特性。从这些特性中可以确定同步发电机的同步电抗、电压调整率、额定励磁电流和额定效率，这些都是标志同步发电机运行性能的基本数据。

1. 空载特性

同步发电机转速为同步转速空载运行时，即 $n = n_1$，$I = 0$ 时，端电压 U_0 与励磁电流 I_f 的关系 $U_0 = f(I_f)$ 即为空载特性。

空载特性可以通过空载试验测出。试验时，电枢绕组开路（空载），用原动机把被试同步发电机拖动到同步转速，改变励磁电流 I_f，并记取相应的电枢端电压 U_0（空载时即等于 E_0），直到 $U_0 \approx 1.25U_N$，可得空载特性曲线的上升分支。然后逐步减小励磁电流，同样记取对应的 U_0 和 I_f 值，便可得空载特性的下降分支。空载特性曲线如图 14-1 所示。因为电机有剩磁，当 I_f 减至零时，U_0 不为零，其值为剩磁电压。实际的空载特性取上升和下降两条分支的平均值，如图 14-1 中虚线所示，其开始部分是直线，铁心未饱和；弯曲部分，表明铁心已有不同程度的饱和；其后段，铁心已达到深度饱和。

将空载特性的直线段延长后所得直线称为气隙线，对应于空载额定电压 U_N，磁路的饱和系数为 $K_\mu = I_{f0}/I_{f1} = E_0'/U_N$。一般同步发电机对应于 U_N 的饱和系数 K_μ 为 1.2～1.25。

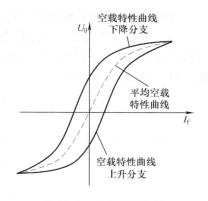

图 14-1　空载特性曲线

空载特性是发电机的基本特性之一。它一方面表征了磁路的饱和情况，另一方面把它和短路特性、零功率因数负载特性配合，可确定电机的基本参数、额定励磁电流和电压变化率等。实际生产中，它还可以检查三相电枢绕组的对称性、匝间短路，判断励磁绕组和定子铁心有无故障等。如空载损耗超过常规数值，即可能是定子铁心有片间短路或转子绕组匝间短路等故障。

2. 短路特性和短路比

（1）短路特性　短路特性指同步发电机保持同步转速下，定子三相绕组的出线端持续稳态短路时，定子相电流 I（即稳态短路电流）与励磁电流 I_f 的关系，即 $n = n_1$、$U = 0$ 时的 $I = f(I_f)$。

短路特性可由三相稳态短路试验测得，试验接线图如图 14-2 所示。实验时，先将被试同步发电机的电枢绕组端点三相短路，用原动机拖动被试同步发电机到同步转速，调节励磁电流 I_f 使电枢电流 I 从 0 起一直增加到 $1.25I_N$ 左右，记取对应的 I 和 I_f 便可做出短路特性曲线 $I = f(I_f)$。空载特性与短路特性如图 14-3 所示。

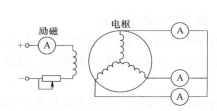

图 14-2　三相稳态短路试验接线图

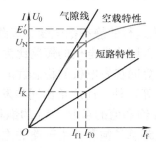

图 14-3　空载特性与短路特性

短路特性为一条直线，因为当定子绕组短路时，端电压 $U = 0$，短路电流仅受电机本身阻抗的限制。通常电枢电阻远小于同步电抗，因此短路电流可认为是纯感性的，此时电枢磁动势接近于纯去磁性的直轴磁动势，气隙合成磁动势就很小，它所产生的气隙磁通也就很小，因而电机的磁路处于不饱和状态，故短路特性是一条直线。若忽略隐极式同步发电机定子绕组电阻，则短路时，隐极式同步发电机电动势方程式为 $\dot{E}_0 = j\dot{I}_K X_t$，即 $I_K = \dfrac{E_0}{X_d} \propto I_f$。利用空载特性和短路特性可确定直轴同步电抗 X_d 的不饱和值和短路比。

（2）用空载特性和短路特性确定同步电抗 X_d 的不饱和值　当发电机三相短路试验时，$\psi_0 \approx 90°$，短路电流是纯感性的去磁电枢反应，磁路处于不饱和状态，故确定 X_d 不饱和值时 E_0' 和短路电流 I_K（每相值）应从气隙线和短路特性线上查取，如图 14-4 所示。

所以 $$X_d = \frac{E_0'}{I_K} \tag{14-1}$$

求出的 X_d 值为不饱和值，X_d 为常数；磁路饱和时，X_d 随磁通 Φ 上升而下降。

（3）短路比的确定　　短路比是空载时建立额定电压所需的励磁电流 I_{f0} 与短路时产生额定电流所需励磁电流的 I_{fN} 的比值，用 K_C 表示，即

$$K_C = \frac{I_{f0(U_0 = U_N)}}{I_{fN(I_K = I_N)}} = \frac{I_K}{I_N} \qquad (14\text{-}2)$$

由式（14-1）得

$$I_K = \frac{E_0'}{X_d} \qquad (14\text{-}3)$$

$$K_C = \frac{E_0'/X_d}{I_N} = \frac{E_0'/U_N}{I_N X_d/U_N} = K_\mu \frac{1}{X_{d*}} \qquad (14\text{-}4)$$

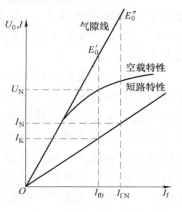

图 14-4　X_d 的不饱和
值及饱和值的确定

式中　K_μ——饱和系数。

式（14-4）表明，短路比 K_C 等于 X_d 不饱和值标幺值的倒数乘以饱和系数 K_μ。显然，短路比 K_C 是一个计及饱和影响的参数。

（4）短路比 K_C 对电机的影响

1）影响电机尺寸。短路比大，即 X_{d*} 小，气隙就大，转子励磁安匝将增加，导致电机的用铜量、尺寸和造价都增加。

2）短路比大，则 X_{d*} 小，负载电流引起的端电压的波动幅度较小，但短路电流则较大。

3）影响运行的静态稳定度。短路比大，X_{d*} 小，静态稳定极限越高。

通常隐极同步发电机的短路比为 $0.5 \sim 0.7$，凸极同步发电机的短路比为 $1.0 \sim 1.4$。

为了计算同步发电机的稳态性能，除需知道同步发电机的工作状况（端电压、电枢电流和功率因数等）外，还应给出同步发电机的参数。

（5）X_d 饱和值的求取　　X_d 的饱和值与主磁路的饱和情况有关。由于发电机在额定电压下运行，磁路总是饱和。主磁路的饱和程度可近似认为取决于电枢的端电压，所以通常用对应于额定电压时的 X_d 值作为其饱和值。为此，从空载曲线上查出对应于额定端电压 U_N 时的励磁电流 I_{f0}，再从短路特性上查出对应 I_{f0} 的短路电流 I_K，如图 14-4 所示，这样即可求出 $X_{d(饱和)}$，即

$$X_{d(饱和)} \approx \frac{U_N}{I_K} \qquad (14\text{-}5)$$

式中　U_N——额定相电压。

对于隐极同步电机，X_d 就是同步电抗 X_t。在凸极同步发电机中，可用上述方法求直轴同步电抗 X_d，再用经验公式求交轴同步电抗：$X_q = 0.6X_d$。

3. 外特性和电压变化率

（1）外特性　　外特性表示同步发电机的转速为同步转速，且励磁电流 I_f 和负载功率因数 $\cos\varphi$ 不变时，发电机的端电压 U 与电枢电流 I 之间的关系，即 $n = n_1$、I_f 为常值、$\cos\varphi$ 为常值时的 $U = f(I)$。

图 14-5 表示带有不同功率因数的负载时，同步发电机的外特性。由图可见，在感性负

载 $\cos\varphi = 0.8$ 和纯电阻负载 $\cos\varphi = 1$ 时，外特性是下降的，这是由电枢反应的去磁作用和漏阻抗压降所引起。在容性负载 $\cos(-\varphi) = 0.8$ 且内功率因数角为超前时，由于电枢反应的增磁作用和容性电流的漏抗电压上升，外特性是上升的。

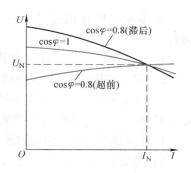

图 14-5　同步发电机的外特性

（2）电压变化率　外特性用曲线形式表明了发电机端电压变化的情况，而电压变化率则定量地表示出运行时端电压随负载波动的程度。

从外特性可以求出发电机的电压变化率。电压变化率是指同步发电机在保持同步转速和额定励磁电流（发电机在额定运行状态下所对应的励磁电流 I_{fN}）下，从额定负载（$I = I_N$，$\cos\varphi = \cos\varphi_N$）变到空载时端电压变化与额定电压的比值，用百分数表示，即

$$\Delta U = \left.\frac{E_0 - U_{N\phi}}{U_{N\phi}}\right|_{I_f = I_{fN}} \times 100\%$$

电压变化率是表征同步发电机运行性能的数据之一。现代同步发电机大多数装有快速自动调压装置，故 ΔU 值可大些。但为了防止卸去负载时端电压上升过高，可能导致击穿定子绕组绝缘，ΔU 最好小于 50%。隐极式同步发电机由于电枢反应较强，ΔU 通常在 30% ~ 48% 这一范围内；凸极式同步发电机的 ΔU 通常在 18% ~ 30% 以内（均为 $\cos\varphi = 0.8$ 滞后时的数据）。

4. 调整特性

从外特性可见，当负载发生变化时端电压也随之变化，为了保持发电机的端电压不变，必须同时调节发电机的励磁电流。

调整特性表示发电机的转速为同步转速、端电压为额定电压、负载的功率因数不变时，励磁电流 I_f 与电枢电流 I 之间的关系，即 $n = n_1$、U 为常值、$\cos\varphi$ 为常值时的 $I_f = f(I)$。

图 14-6 表示带有不同功率因数的负载时，同步发电机的调整特性。由图可见，在感性负载和纯电阻负载时，为补偿电枢电流所产生的去磁电枢反应和漏阻抗压降，随着电枢电流的增加，必须相应地增加励磁电流，此时调整特性是上升的，如图 14-6 中 $\cos\varphi = 0.8$ 和 $\cos\varphi = 1$ 的曲线所示。在容性负载时，为了抵消电枢反应的助磁作用，保持发电机端电压不变，必须随负载电流的增加相应地减少励磁电流，因此调整特性是下降的，如图中 $\cos(-\varphi) = 0.8$ 的曲线所示。

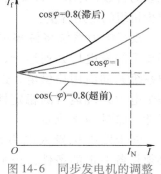

图 14-6　同步发电机的调整特性曲线

发电机的额定功率因数一般规定为 0.8（滞后），制造厂是根据电力系统要求的功率因数来设计制造的。因此，电机运行在额定情况下时，功率因数如果低于额定值，励磁电流超过额定值，转子绕组将过热。

5. 效率特性

效率特性是指转速为同步转速、端电压为额定电压、功率因数为额定功率因数时，发电机的效率与输出功率的关系，即 $n = n_1$、$U = U_N$、$\cos\varphi = \cos\varphi_N$ 时的 $\eta = f(P_2)$。

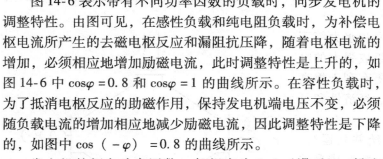

同步发电机在机械能转化为电能的过程中，会产生各种损耗，下面分别介绍这些损耗。

1）定子铜损 p_{Cu1}：指三相绕组的电阻损耗。

2）定子铁损 p_{Fe}：指主磁通在定子铁心中所引起的磁滞损耗和涡流损耗。

3）励磁损耗 p_{Cuf}：指包括励磁绕组基本铜损在内的整个励磁回路中的所有损耗，如同轴有励磁机，也包括励磁机的损耗在内。

4）机械损耗 p_{Ω}：包括轴承、电刷的摩擦损耗和通风损耗。

5）附加损耗 p_{ad}：主要包括定子端部漏磁在各金属部件内引起的涡流损耗，定子、转子铁心由齿槽引起的表面损耗，以及定子的高次谐波磁场在转子表面引起的损耗等。

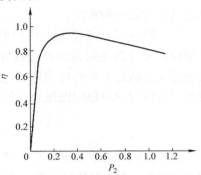

综合上述同步发电机的总损耗 $\sum p$，输入功率 P_1 与输出功率 P_2 具有如下关系：

$$P_1 = P_2 + \sum p \qquad \sum p = p_{Cu1} + p_{Fe} + p_{Cuf} + p_{\Omega} + p_{ad}$$

总损耗 $\sum p$ 求出后，效率即可确定，为

$$\eta = \left(1 - \frac{\sum p}{p_2 + \sum p}\right) \times 100\%$$

图 14-7　同步发电机的效率特性

效率也是同步发电机运行性能的重要数据之一。现代空气冷却的大型水轮发电机，额定效率大致在 96%～98.5% 这一范围内；空冷汽轮发电机的额定效率大致在 94%～97.8% 这一范围内；氢冷时，额定效率可增高约 0.8%。图 14-7 是国产 300MW 双水内冷水轮同步发电机的效率特性。

14.2.2　同步发电机的并列运行

发电厂通常采用多台发电机并列运行的方式，这有利于根据负载的变化来调整投入并列机组的台数，不仅可以提高机组的运行效率，也便于机组的检修，从而提高供电的可靠性，减少机组的备用容量。

现代电力系统将许多火力和水力等不同类型的发电厂并列运行，组成强大的电力系统共同向用户供电，这更有利于提高整个电力系统运行的稳定性、经济性和可靠性，如图 14-8 所示。

同步发电机投入电力系统并列运行，必须具备一定的条件，否则可能造成严重的后果。因此下面首先讨论同步发电机的并列条件和方法，然后分析运行时有功功率和无功功率调节过程中的电磁关系，以及静态稳定等问题。

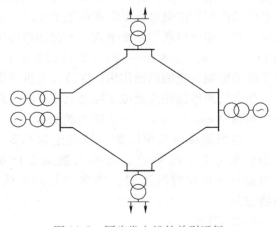

图 14-8　同步发电机的并列运行

1. 准同期法

（1）并列条件　同步发电机与电力系统并列合闸时，为了避免产生冲击电流和并列后能

稳定运行，需要满足一定的并联条件。根据待并联的发电机励磁情况的不同，并联方法和条件也不同。

1）待并发电机电压与电力系统电压大小相等且波形相同。

2）待并发电机电压相位与电力系统电压相位相同。

3）待并发电机的频率与电力系统频率相等。

4）待并发电机相序与电力系统的相序要相同。

上述条件中发电机电压波形在制造电机时已得到保证，而条件"4）"一般在安装发电机时，根据发电机规定的旋转方向，来确定发电机的相序，因而得到满足。这样并列投入时只要调节待并发电机电压大小、相位和频率与电网相同，即满足了并列条件。事实上绝对地符合并列条件只是一种理想，通常允许在小的冲击电流下将发电机投入电网并列运行。下面以隐极式发电机为例，分别讨论前三个条件中有一个条件不满足而进行并列时，对发电机所造成的不良后果（条件"4）"除外）。

1）待并发电机电压 U_g 与电力系统电压 U_c 大小不相等。如图 14-9a 所示，当 $\dot{U}_g$ 不等于 $\dot{U}_c$ 时，则在断路器 a、b 两端存在着电压差 $\Delta\dot{U} = \dot{U}_g - \dot{U}_c$，在 $\Delta\dot{U}$ 的作用下发电机与电力系统所组成的回路中将产生冲击电流，假定电力系统为无穷大容量系统（即 $\dot{U}$ 为常数，f 为常数，综合阻抗为零），若忽略待并发电机的定子绕组电阻，根据图中所示的电压正方向，断路器合闸冲击电流为

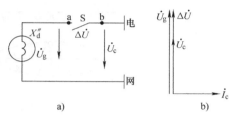

图 14-9 电压大小不相等时并网
a）原理图 b）相量图

$$\dot{I}_c = \frac{\Delta\dot{U}}{jX_d''} = \frac{\dot{U}_g - \dot{U}_c}{jX_d''}$$

式中的 $X_d'' \ll X_d$，为同步发电机的次暂态同步电抗。从相量图 14-9b 可知，$\dot{U}_g$ 与 $\dot{U}_c$ 同相位，$\dot{I}_c$ 落后 $\Delta\dot{U}$ 90°，是无功性质的，不会加重原动机的负担。由于发电机电抗 X_d'' 属于次暂态性质，其值很小，即使电压差 $\Delta\dot{U}$ 很小，也会产生很大的冲击电流 $\dot{I}_c$，该冲击电流将对发电机的定子绕组产生巨大的电磁力，使电枢绕组端部受冲击力的作用而变形，绕组发热加剧，严重时则会断裂。

2）待并发电机电压相位与电力系统电压相位不相同。如图 14-10a 所示，此时在发电机与电力系统所组成的回路中，将因相位不相同而产生电压差 $\Delta\dot{U} = \dot{U}_g - \dot{U}_c$，因而断路器合闸时，也将产生冲击电流。

如图 14-10b 所示，当 $\dot{U}_g$ 与 $\dot{U}_c$ 相位相差 180°时电压差最大，冲击电流有最大值，可达额定电流的 20 ~ 30 倍，其巨大的电磁力将损坏发电机。

3）待并发电机的频率和电力系统频率不相等。如图 14-11 所示，由于频率不相等，$\dot{U}_g$ 与 $\dot{U}_c$ 两个电压相量的旋转角速度也不相等，两相量之间出现了相对运动，两相量之间的相

位差 α 在 $0° \sim 360°$ 之间变化，电压差 $\Delta\dot{U}$ 的值忽大忽小，其值在 $(0 \sim 2)U$ 之间变化，这个变化的电压差称为拍振电压，在拍振电压的作用下将产生大小和相位都不断变化的拍振电流，拍振电流滞后电压差 $\Delta\dot{U}$ $90°$，拍振电流的有功分量和转子磁场相互作用所产生的转矩也时大时小，导致发电机产生振动和噪声。

因此，频率差过大的电机不能并列；频率差较小时，靠自整步作用，可以把发电机拉入同步。下面分两种情况分别讨论自整步作用。

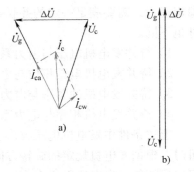

图 14-10　电压相位不相同时并列
a）相位差小于 $90°$　b）相位差等于 $180°$

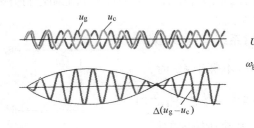

图 14-11　频率不相等时并列

① 当 $f_g > f_c$ 时，$\dot{U}_g$ 超前 $\dot{U}_c$，冲击电流 $\dot{I}_c$ 的有功分量 $\dot{I}_{ca}$ 对转轴产生制动转矩，使转子减速，直到 $f_g = f_c$ 而牵入同步，如图 14-12a 所示。

② 当 $f_g < f_c$ 时，$\dot{U}_g$ 落后于 $\dot{U}_c$，冲击电流 $\dot{I}_c$ 的有功分量 $\dot{I}_{ca}$ 对转轴产生驱动转矩，使转子加速，直到 $f_g = f_c$ 而牵入同步，如图 14-12b 所示。

通常使待并发电机的频率稍高于电力系统频率，并且在 $\Delta\dot{U} = 0$ 的瞬间将待并发电机投入电力系统。

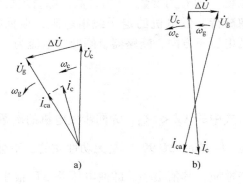

图 14-12　自整步
a）$f_g > f_c$ 的自整步　b）$f_g < f_c$ 的自整步

4）相序不同　相序不同的发电机绝对不能并列，因为此时 $\dot{U}_g$ 与 $\dot{U}_c$ 恒差 $60°$，$\Delta\dot{U}$ 恒等于 $\sqrt{3}U_g$，它将产生巨大的冲击电流而危及发电机的安全。

发电机实际并列时，除了相序必须一致外，其他条件允许有一定的偏差，如 $\Delta\dot{U}$ 不超过 10%，相位差不超过 10%，频率偏差不超过 $0.2\% \sim 0.5\%$（$0.1 \sim 0.25\mathrm{Hz}$）。

准同期法的优点是投入瞬间，发电机与电力系统间无电流冲击；缺点是操作复杂，需要较长的时间进行调整。尤其是电力系统处于异常状态时，电压和频率都在不断地变化，此时要用准同期法并列就相当困难。故其主要用于电力系统正常运行时的并列。

（2）同步操作方法　按准同步条件进行并列操作，可采用同步表法，也可采用灯光法，其中灯光法不安全，已很少使用。

1）同步表法。同步表法是在仪表的监视下，调节待并发电机的电压和频率，使之符合与电力系统并列的条件，其原理接线图如图 14-13a 所示。

电力系统的电压和待并发电机的电压分别由电压表 V_1 和 V_2 监视，调节待并发电机的励磁电流，可达到调节电压的目的。电力系统的频率和待并发电机的频率分别由频率表 Hz_1 和 Hz_2 监视，调节待并发电机的原动机转速，可达到调节频率的目的。准同步并列的前三个条件都可由同步表 S 监视（见图 14-13a）。同步表的外形如图 14-13b 所示，若其指针向"快"的方向摆，则表明待并发电机的频率高于电力系统的频率，此时应减小原动机转速，反之亦然。调节待并发电机的励磁和转速，使仪表 V_2、Hz_2 与 V_1、Hz_1 的读数分别相同，同步表 S 的指针偏转缓慢。当同步表 S 的指针接近红线时，表示待并发电机与电力系统已达同步，满足并列条件，应迅速合闸，完成并列操作。

这一操作过程，包括各量的调节及并列断路器的投入，可由运行人员手动完成，也可用一套自动准同步装置来完成。

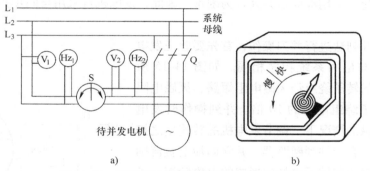

图 14-13　同步表法的原理接线及同步表外形

a) 同步表法原理接线图　b) 同步表外形

2）旋转灯光法［此方法只适用于交流三相低压系统（AC 380V/220V）的低压发电机的并列］。检查准同步并列条件，还可以用跨接在待并发电机和电力系统之间的灯光的明暗情况来判断，这是最简单的准同步指示器，原理接线图如图 14-14a 所示。在相序正确的前提下，当发电机的频率和电力系统的频率不等时，从相量图中可见，三只指示灯的端电压交替变化，如果发电机的频率高于电力系统的频率，应先"1"灯亮，然后"2"灯亮，最后"3"灯亮。这时灯光在旋转，可调节发电机的转速使灯光旋转速度逐渐缓慢，同时调节发电机的励磁，使电压差的大小接近于零，当接在同名相上的 U 相的灯光"1"完全熄灭，交流电压表 V 读数为零时，可将发电机投入电力系统。

在并列操作过程中，可能不是出现三个灯光旋转，而是三个指示灯光同时明暗的现象，这说明待并发电机与电力系统的相序不相同，这时绝对不允许投入并列，而应先停下机组，改正发电机的相序后再进行并列操作。

灯光法在电力系统中一般不采用，但在分析如何满足并列条件时较为直观形象。

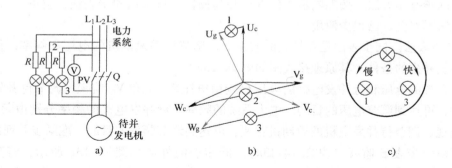

图14-14 旋转灯光法的接线图、相量图及发电机转速与灯光旋转方向的关系

a）接线图 b）相量图 c）效果图

2. 自同步并列法

准同步并列虽然可避免过大的冲击电流，但操作复杂，要求有较高的精确性，需要较长时间进行调整，因而要求操作人员具有熟练的技能。特别是电力系统在发生故障时，其电压和频率均在变化，采用准同步并列较为困难。因此，发电机可采用自同步并列法将发电机投入电力系统。

用自同步并列法进行并列操作，首先要验证发电机的相序是否与电力系统相序相同。如图14-15所示，将发电机的转子绕组经灭磁电阻短路，灭磁电阻的阻值约为转子绕组电阻的10倍。并列操作时发电机是在不给励磁的情况下，调节发电机的转速使之接近于同步转速，合上并列断路器，并立即加上直流励磁，此时依靠定子和转子磁场间形成的电磁转矩，可把转子迅速牵入同步。

通过自同步并列法投入电力系统时，发电机励磁绕组不能开路，以免励磁绕组产生高电压，击穿绕组

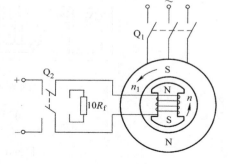

图14-15 自同步并列法的原理接线图

匝间绝缘；但也不能短路，以免合闸时定子电流出现很大的冲击值。所以，励磁回路应串入起限流作用的灭磁电阻 R_f。

自同步并列法操作简单迅速，不需要增加复杂的设备，但待并发电机投入电力系统瞬间，将产生较大冲击电流，故一般用于事故状态下的并列操作。

14.2.3 同步发电机的电磁功率和功角特性

1. 功率方程

（1）功率流程图 同步发电机的功率流程如图14-16所示，原动机输入机械能，扣除机械损耗、铁损、励磁铜损即为同步发电机通过气隙磁场从转子传递给定子的电磁功率，再扣除定子铜损即为从发电机三相绕组端输出的电能。

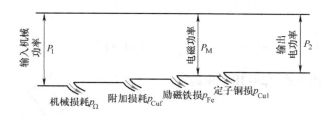

图 14-16　同步发电机的功率流程

（2）功率平衡方程　功率平衡方程为

$$P_1 - (p_\Omega + p_{Fe} + p_{Cuf}) = P_1 - p_0 = P_M \tag{14-7}$$

式中　p_0——空载损耗，$p_0 = p_\Omega + p_{Fe} + p_{Cuf}$。

从转子方向通过气隙合成磁场传递到定子的电磁功率，扣除定子铜损 p_{Cu1} 便得到发电机定子端输出的电功率 P_2，即

$$P_2 = P_M - p_{Cu1} \tag{14-8}$$

式中　p_{Cu1}——定子铜损，$p_{Cu1} = mI^2 R_a$。

在大型同步发电机中，p_{Cu1} 不超过额定功率的 1%，因而有

$$P_M \approx P_2 = mUI\cos\varphi \tag{14-9}$$

式中　φ——功率因数角，$\varphi = \psi - \delta$；

　　m——定子相数。

2. 转矩方程

因为功率和转矩间的关系是 $P = T\Omega$，其中 P 为功率，T 为转矩，Ω 为转子的机械角速度，$\Omega = 2\pi n/60$。所以将式（14-7）除以 Ω 可得转矩方程式为

$$T_1 = T_M + T_0$$

式中　T_1——从原动机输入的驱动转矩，$T_1 = \dfrac{P_1}{\Omega}$；

　　T_M——发电机负载时制动性质的电磁转矩，$T_M = \dfrac{P_M}{\Omega}$；

　　T_0——发电机空载制动转矩，$T_0 = \dfrac{P_0}{\Omega}$。

3. 同步发电机的功角特性

（1）凸极式同步发电机的功角特性　当忽略定子铜损时，利用图 14-17 所示的凸极式同步发电机相量图可得

$$\begin{aligned}
P_M &\approx mUI\cos\varphi \\
&= mUI\cos(\psi - \delta) \\
&= mUI\cos\psi\cos\delta + mUI\sin\psi\sin\delta \\
&= mUI_q\cos\delta + mUI_d\sin\delta
\end{aligned} \tag{14-10}$$

从图 14-18 中可知

$$I_q = \frac{U\sin\delta}{X_q}$$

$$I_d = \frac{E_0 - U\cos\delta}{X_d} \qquad (14\text{-}11)$$

将式（14-11）代入式（14-10）中即得

$$P_M = m\frac{E_0 U}{X_d}\sin\delta + m\frac{U^2}{2}\left(\frac{1}{X_q} - \frac{1}{X_d}\right)\sin2\delta = P_M' + P_M'' \qquad (14\text{-}12)$$

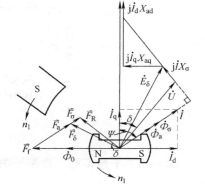

图 14-17　凸极式同步发电机的相量图

式中　P_M'——基本电磁功率，$P_M' = m\dfrac{E_0 U}{X_d}\sin\delta$；

　　　　P_M''——附加电磁功率，$P_M'' = m\dfrac{U^2}{2}\left(\dfrac{1}{X_q} - \dfrac{1}{X_d}\right)\sin2\delta$。

对于隐极式同步发电机，$X_d = X_q = X_t$，所以只有基本电磁功率，即

$$P_M = m\frac{E_0 U}{X_t}\sin\delta \qquad (14\text{-}13)$$

对于凸极式同步发电机，因为 $X_d \neq X_q$，电磁功率 P_M 包括两部分：一是基本电磁功率 P_M'；二是附加电磁功率 P_M''。从式（14-12）可知，附加电磁功率是由于直轴、交轴磁阻不同（$X_d \neq X_q$）引起的，它与励磁电流无关，故附加电磁功率也称磁阻功率。附加电磁功率必有一相对应的附加电磁转矩，产生转矩的物理模型如图 14-18 所示，分析其物理意义：当凸极式发电机的转子不加励磁时，因定子与电力系统相连，仍有定子

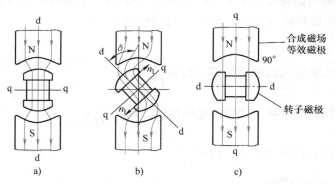

图 14-18　产生转矩的物理模型

a）旋转磁场的轴线与直轴方向一致　b）旋转磁场的轴线与直轴夹角小于 90°
c）旋转磁场的轴线与交轴方向一致

电流产生气隙磁场，用 N、S 表示定子旋转磁场的磁极。当旋转磁场轴线与转子直轴方向一致时，定子磁通所经磁路的磁阻最小，如图14-18a所示；旋转磁场处于其他位置时，磁路磁阻则介于上述两者之间，如图14-18b所示；若旋转磁场轴线与转子交轴方向一致，磁路磁阻最大，如图14-18c所示。图14-18b表明了旋转磁场的轴线与转子直轴错开了一个角度 δ，这时磁力线被拉长并扭曲了，由于磁力线有收缩的特性，使其所经磁路磁阻最小，因此转子

受到了磁力线收缩时的转矩作用,这一转矩称为附加电磁转矩（又称磁阻转矩）。附加电磁转矩的方向,趋向于将转子磁极轴线拉回,使其与定子磁极的轴线重合。

式（14-12）说明,转子励磁电流和电力系统电压恒定时,电磁功率只取决于功率角 δ,用 $P_M = f(\delta)$ 表示,称为同步发电机的功角特性,如图 14-19 中曲线 3 所示。

（2）隐极式同步发电机的功角特性　对于隐极式同步发电机,$X_d = X_q = X_t$,所以只有基本电磁功率,即

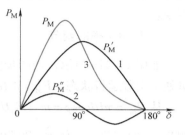

$$P_M = mUI\cos\varphi = m\frac{E_0 U}{X_t}\sin\delta$$

隐极式同步发电机的功角特性如图 14-19 中曲线 1 所示。当功率角在 $\delta = 90°$ 时将发出最大的电磁功率,即 $P_{Mmax} = mE_0 U/X_t$,称为功率极限值。

图 14-19　同步发电机的功角特性

（3）功角 δ 与同步电机的运行状态　对于隐极式同步发电机,当 δ 在 $0° \sim 90°$ 范围内时,随着功角 δ 的增大,电磁功率 P_M 将增大;当 δ 在 $90° \sim 180°$ 范围内时,随着功角 δ 的增大,电磁功率 P_M 将减小;当 $\delta = 180°$ 时,电磁功率为零。当 δ 超过 $180°$ 时,电磁功率 P_M 为负值,这说明同步电机不向电力系统输送有功功率,而是从电力系统吸收有功功率,同步电机运行在电动机工作状态。对于凸极式同步发电机,由于附加电磁功率 P_M'' 的存在,在 $\delta < 90°$ 时就达到功率极限值,如图 14-19 中曲线 3 所示。通常,附加电磁功率 P_M'' 只占电磁功率的百分之几。

（4）功角 δ 的双重含义　一是表示空载电动势 $\dot{E}_0$ 和端电压 $\dot{U}$ 这两个时间相量的夹角;另一种含义是主磁极励磁磁动势 $\vec{F}_f$ 和合成等效磁极磁动势 $\vec{F}_R$ 两个空间相量的夹角。

$\vec{F}_R$ 是指主极励磁磁动势 $\vec{F}_f$、电枢反应磁动势 $\vec{F}_a$ 和电枢漏磁动势 $\vec{F}_\sigma$ 矢量之和（见图 14-17）,而磁动势 $\vec{F}_f$、$\vec{F}_a$ 和 $\vec{F}_\sigma$ 分别对应主极励磁磁通 $\dot{\Phi}_0$、电枢反应磁通 $\dot{\Phi}_a$ 和电枢漏磁通 $\dot{\Phi}_\sigma$。在相量图中,$\vec{F}_f$ 超前 $\dot{E}_0$ $90°$,$\dot{U}$ 和合成等效磁极 $\vec{F}_R$ 相对应,同样 $\vec{F}_R$ 超前 $\dot{U}$ $90°$。

据空间相量和时间相量的对应关系,主磁极的磁通和合成等效磁极的磁通之间的时间相位角,也就是转子磁极轴线和合成等效磁极轴线在空间的夹角,如图 14-20 所示。功率角 δ 的存在使两磁极间的气隙中通过的磁力线扭斜了,产生了磁拉力,这些磁力线像弹簧一样有弹性地将两磁极联系在一起。对于并列运行在无穷大容量电力系统的同步发电机,在励磁电流不变的情况下,功率角 δ 越大,相应的电磁转矩和电磁功率也越大。

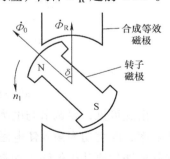

图 14-20　功率角的空间示意图

功率角 δ 是同步发电机并列运行的一个重要的物理量,它不仅反映了转子主磁极的空间位置,也决定着并列运行时输出功率的大小。功率角的变化势必引起同步发电机的有功功率和无功功率的变化,这样,通过功率角把同步发电机的电磁关系和机械运动关系紧密联系起来。下面将分别进行分析。

14.2.4　同步发电机并列运行时有功功率的调节

为了简化分析，下面以并列在无穷大容量电力系统的隐极式同步发电机为例来分析并列运行时有功功率的调节，不考虑磁路饱和及定子电阻的影响，且维持发电机的励磁电流不变。

1. 有功功率的调节

如图14-21a所示，当同步发电机投入电力系统运行时，因 $\dot{E}_0 = \dot{U}$，故当 $\delta = 0°$ 时，发电机处于空载运行状态，$P_M = 0$ 在功角特性上的 O 点工作。

从 $P_M = mUI\cos\varphi = m(E_0U/X_t)\sin\delta$ 可知，要使发电机输出有功功率 $P_2 \approx P_M$，就必须调节 $\dot{E}_0$ 的相位角，使 $\dot{E}_0$ 和端电压 $\dot{U}$（即恒定不变的无穷大容量电力系统电压）之间的功率角 $\delta \neq 0°$。这就需要增加原动机的输入功率（增大汽门或水门的开度），使原动机的驱动转矩大于发电机的空载制动转矩，于是，转子开始加速，主磁极的位置就逐步超前气隙等效磁极位置，故 $\dot{E}_0$ 将超前 $\dot{U}$ 一个功率角 δ。电压差 $\Delta\dot{U}$ 将产生输出的定子电流 $\dot{I}$，如图14-21b所示。显然，功率角 δ 逐步增大将使电磁功率 P_M 及其对应的电磁制动转矩 T_M 也逐渐增大，当电磁制动转矩增大到与输入的驱动转矩相等时，转子就停止加速。这样，发电机输入功率与输出功率将逐步达到新的平衡状态，同步发电机便在新的运行点 A 稳定运行，如图14-21c所示。

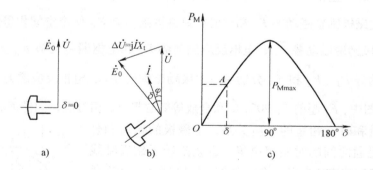

图14-21　与无穷大容量电力系统的同步发电机并联时，同步发电机有功功率的调节

a) 空载运行　b) 负载运行　c) 在功角特性上 A 点运行

由此可见，要调节与电力系统并列运行的同步发电机输出功率，就必须调节原动机的输入功率，改变功率角 δ 使电磁功率改变，输出功率也随之改变。还需要指出的是，并不是无限制地增加原动机的输入功率，发电机的输出功率都会相应地增加，这是因为发电机的电磁功率有一功率极限值，即存在最大的电磁功率 P_{Mmax} 的缘故。

2. 静态稳定

（1）静态稳定分析　并列在无穷大容量电力系统的同步发电机，经常会受到来自电力系统或原动机方面某些微小瞬息即逝的扰动，导致发电机输入功率发生微小扰动。同步发电机能否在这种瞬间扰动消除后，恢复到原来的稳定运行状态，这是同步发电机运行的稳定性问题。如果能够恢复到原来的稳定运行状态，则发电机处于静态稳定状态；反之，则处于静态不稳定状态。

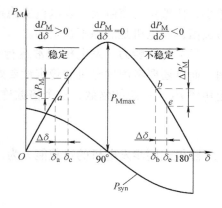

图 14-22　同步发电机的静态稳定分析

　　同步发电机的静态稳定分析如图 14-22 所示。设发电机原先在 a 点工作，对应的功率角为 δ_a，原动机的输入功率为 P_1，不考虑发电机内部损耗时 $P_1 = P_M$，此时发电机的电磁功率为 P_{Ma}。假设由于某种原因，原动机的输入功率瞬时增加了 ΔP_1，则功率角将从 δ_a 增大到 $\delta_c = \delta_a + \Delta\delta$，相应地发电机的电磁功率将增加 ΔP_M，发电机运行在工作点 c，电磁功率为 P_{Mc}。当扰动很快消失时，发电机的功率角仍为 δ_c，电磁功率 P_{Mc} 仍为 $P_{Ma} + \Delta P_M$。P_{Mc} 将大于输入功率 P_1 一个功率差 ΔP_M，此 ΔP_M 对应的转矩差 ΔT_M 具有制动性质，使转子减速，功率角由 δ_c 减小到 δ_a，功率恢复到 P_{Ma}，输入与输出功率得到了平衡，发电机又恢复到 a 点稳定运行。

　　若发电机工作在 b 点，对应的功率角为 δ_b，电磁功率为 P_{Mb}。当原动机由于某种原因发生瞬时扰动，导致功率角从 δ_b 增加到 $\delta_e = \delta_b + \Delta\delta$，这时 δ_e 处在 $90° \sim 180°$ 范围内，功率角增大反而使电磁功率减小为 $P_{Mb} - \Delta P_M'$，即使扰动很快消失，发电机的输入功率（$P_1 = P_{Mb}$）将大于发电机的电磁功率 $P_{Mb} - \Delta P_M'$，此功率差 $\Delta P_M'$ 对应的转矩差 $\Delta T_M'$ 具有驱动性质，使转子继续加速。随着功率角 δ_e 继续增大，电磁功率 P_M 将进一步减小。所以，输入与输出功率得不到平衡，在 b 点发电机不能稳定运行，最终将导致转子主磁极与气隙等效磁极失去同步，这种情况称为同步发电机"失步"。

　　（2）静态稳定判据　综上所述，从发电机功角特性曲线上可看出，凡是发电机功率角 δ 和电磁功率 P_M 同是增大的部分（即曲线的上升部分），发电机运行是静态稳定的，用数学式表示为

$$P_{syn} = \frac{\mathrm{d}P_M}{\mathrm{d}\delta} > 0$$

这是发电机静态稳定的条件。

　　反之，凡是功率角 δ 增大而电磁功率 P_M 减小的部分（即曲线下降的部分），则

$$P_{syn} = \frac{\mathrm{d}P_M}{\mathrm{d}\delta} < 0$$

发电机的运行是不稳定的。

　　在 $P_{syn} = \dfrac{\mathrm{d}P_M}{\mathrm{d}\delta} = 0$ 处，就是同步发电机的静态稳定极限。

　　显然，$\dfrac{\mathrm{d}P_M}{\mathrm{d}\delta}$ 所具有的大小及其正、负数值，表征了该同步发电机抗干扰，即保持静态稳定的能力，故把它称为比整步功率。

　　对于隐极式同步发电机的比整步功率为

$$P_{syn} = \frac{\mathrm{d}P_M}{\mathrm{d}\delta} = m\frac{E_0 U}{X_t}\cos\delta$$

据此做出比整步功率的曲线，如图 14-22 所示。

可见，功率角 δ 在 0°～90°范围内时，比整步功率为正值，发电机是静态稳定的。δ 值越小，比整步功率越大，发电机的稳定性越好。功率角在 90°～180°范围内时，比整步功率为负值，发电机是静态不稳定的。

（3）过载能力　发电机正常运行时所能发出的功率，不但要受到发电机本身温升的限制，而且还要考虑发电机的稳定性要好。实际运行时，要求发电机的功率极限值 P_{Mmax} 比额定功率 P_N 大一定的倍数，这个倍数称为静态过载能力，即

$$\lambda = \frac{P_{Mmax}}{P_N}$$

隐极式同步发电机的过载能力为

$$\lambda = \frac{P_{Mmax}}{P_N} = \frac{m\dfrac{E_0 U}{X_t}}{m\dfrac{E_0 U}{X_t}\sin\delta_N} = \frac{1}{\sin\delta_N}$$

一般要求 $\lambda = 1.7 \sim 3$，与此相对应的发电机额定运行时的功率角 δ_N 为 20°～35°，过载能力 λ 取大于 1 是从提高静态稳定度考虑的。但是，λ 值提高，额定功率角 δ_N 必须减小。减小 δ_N 的途径，一是增大 E_0，二是减小同步电抗 X_t。增大 E_0 需要增大励磁电流，这将引起励磁绕组的温升提高；减小 X_t 则需要加大气隙，这将导致励磁安匝的增加，电机尺寸加大，电机造价也随之提高。因此，根据对发电机运行提出的要求，设计时应当综合地考虑这些问题。

14.2.5　同步发电机并列运行时无功功率的调节

电力系统的负载中包括有功功率和无功功率，并列在无穷大容量电力系统上的发电机，若只向电力系统输送有功功率，而不能满足电力系统对无功功率的要求，就会导致电力系统电压的降低。因此并网后的发电机，不仅要输送有功功率，还应输送无功功率。为了简单起见，以隐极式同步发电机为例，并忽略定子绕组电阻，说明并列运行时发电机无功功率的调节。

1. 无功功率的功角特性

同步发电机输出的无功功率为

$$Q = mUI\sin\varphi \tag{14-14}$$

图 14-23 所示为不计定子绕组电阻的隐极式发电机相量图，由图可见

$$IX_t\sin\varphi = E_0\cos\delta - U \qquad (X_t = X_d)$$

或

$$I\sin\varphi = \frac{E_0\cos\delta - U}{X_t} \tag{14-15}$$

将式（14-15）代入式（14-14）得

$$Q = mUI\sin\varphi = m\frac{E_0 U}{X_t}\cos\delta - m\frac{U^2}{X_t} \tag{14-16}$$

式（14-16）即为无功功率的功角特性。无功功率 Q 与功率角 δ 的关系如图 14-24 中 $Q = f(\delta)$ 曲线所示。

2. 无功功率的调节

从能量守恒的观点来看，同步发电机与电力系统并列运行，如果仅调节无功功率，是不需要改变原动机的输入功率的。从无功功率的功角特性式（14-16）可知，只要调节励磁电流，就可改变同步发电机发出的无功功率。

如图 14-24 所示，设发电机原来运行的功率角为 δ_a，此时对应于有功功率和无功功率的功角特性曲线上的运行点分别为 a 和 Q_a。维持从原动机输入的有功功率 P_1 不变，而只增大励磁电流（电动势 E_0 随之增大），有功功率和无功功率的功角特性的幅值都将随之增大，如图中的功角特性曲线 $P_2 = f(\delta)$ 和 $Q_2 = f(\delta)$ 所示。发电机的功率角将从 δ_a 减小到 δ_b，对应于有功功率和无功功率的功角特性曲线上的运行点分别为 b 和 Q_b。显然，增大励磁电流后，无功功率的输出将增加（$Q_b > Q_a$），功率角将减小（$\delta_b < \delta_a$）。反之亦然。

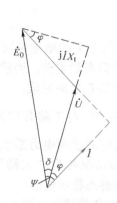

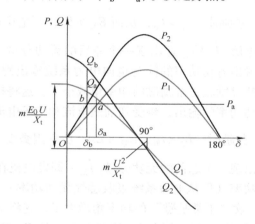

图 14-23　隐极式发电机相量图　　　　图 14-24　励磁电流改变时的功率角与无功功率的关系

上述分析说明，调节无功功率，对有功功率不会产生影响，这是符合能量守恒的。但是调节无功功率将改变功率极限值和功率角的大小，从而影响静态稳定度。这里必须指出，当调节有功功率时，由于功率角大小发生变化，无功功率也随之改变，如图 14-24 所示。

3. V 形曲线

发电机并列运行时，改变励磁电流调节无功功率，也可以用相量图来加以说明，如图 14-25 所示。

下面仍以隐极式同步发电机为例，不计磁路饱和的影响，且忽略电枢电阻。当发电机的端电压恒定，在保持发电机输出的有功功率不变时，应有

$$P_M = \frac{mE_0 U}{X_t}\sin\delta = 常数，即 E_0\sin\delta = 常数$$

$$P_2 = mUI\cos\varphi = 常数，即 I\cos\varphi = 常数$$

上述两式说明，无论励磁电流如何变化，定子电流 $\dot{I}$ 在 $\dot{U}$ 纵坐标上的投影 $I\cos\varphi$ 和电动势 $\dot{E}_0$ 在 $\dot{U}$ 的垂直线上横坐标的投影 $E_0\sin\delta$ 都是常数。可见，当调节励磁电流使电动势 $\dot{E}_0$ 和定子电流 $\dot{I}$ 均发生变化时，$\dot{E}_0$ 和 $\dot{I}$ 相量顶端的轨迹都应是一条直线。$\dot{E}_0$ 端点的轨迹为图 14-25 中的 CD 线，它与 $\dot{U}$ 平行；电流相量 $\dot{I}$ 端点的轨迹为 AB 线，它与 $\dot{U}$

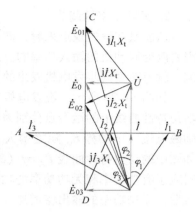

垂直。不同励磁电流时的 $\dot{E}_0$ 和 $\dot{I}$ 的相量端点在轨迹线上有不同的位置。

在图 14-25 中，画出了四种不同励磁电流时发电机的相量图，分别讨论如下：

1）正常励磁时，$I_f = I_{f0}$，$\dot{E}_0$ 为正常励磁电流下功率因数为 1 时的空载电动势，此时 $\dot{I}$ 与 $\dot{U}$ 同相位，定子电流只有有功分量，为最小值 $\dot{I}$。发电机只输出有功功率，无功功率为零。此状态下的励磁情况称为正常励磁。

图 14-25　四种不同励磁电流时发电机的相量图

2）过励时，$I_{f1} > I_{f0}$，从而 $E_{01} > E_0$，则电枢电流 $\dot{I}_1$ 中除有功电流 $\dot{I}$ 外，还出现一个滞后的无功分量 $\dot{I}_{1r}$，即发电机在输出有功功率的同时也向电力系统输出感性无功功率。此状态下的励磁情况称为过励。显然过励较正常励磁的功率角减小了，这将提高发电机运行的静态稳定性。当然，增加感性无功功率的输出，将受到励磁电流和定子电流的限制，均不允许超过额定值。

3）欠励时，$I_{f2} < I_{f0}$，$E_{02} < E_0$，功率因数变为超前，则电枢电流 $\dot{I}_2$ 中除有功分量 $\dot{I}$ 外，还出现一个超前的无功分量 $\dot{I}_{2r}$，即发电机在输出有功功率的同时也向电力系统输出容性无功功率（即从电力系统吸收感性无功功率）。此状态下的励磁情况称为"欠励"。显然"欠励"较"正常励磁"的功率角增大了，这将降低发电机运行的静态稳定性。

4）当进一步减小励磁电流到 I_{f3} 时，使 E_{03} 将进一步减小，功率角将增大，当 $\delta = 90°$ 时，发电机达到稳定运行的极限。所以，发电机在"欠励"状态下增加容性无功功率输出时，不仅要受到定子电流的限制，还要受到静态稳定的限制。若再进一步减小励磁电流，发电机将失去同步。

综上所述，从图 14-26 可知，对应于一个给定的有功功率，若调节励磁电流使 $\cos\varphi = 1$，则定子电流有最小值。这时，无论增大或减小励磁电流都将使定子电流增加。

因此在有功功率保持不变时，将电枢电流 I 和励磁电流 I_f 的关系 $I = f(I_f)$ 绘制成曲线，由于其形状像字母 "V"，故称为 V 形曲线，如图 14-26 所示。图中可见，对应于不同的有功功率，有不同的一条 V 形曲线，功率越大，曲线越向上移。各条 V 形曲线的最低点都是 $\cos\varphi = 1$ 的情况，这点的电枢电流最小，全为有功分量，这点的励磁就是正常励磁。

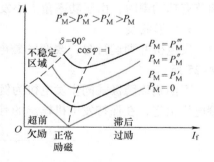

图 14-26　同步发电机的 V 形曲线

连接 $\cos\varphi = 1$ 的各点的曲线略微向右倾斜，这可以从图 14-26 中看出，当输出的有功功率增大时，将出现功率角 δ 增大，输出的无功功率随之减少，要保持 $\cos\varphi = 1$，必须相应地增加励磁电流。在这条虚线的右方，发电机处于过励状态，功率因数是滞后的，发电机向电力系统发出感性无功功率；该虚线的左方，发电机处于欠励状态，功率因数是超前的，发电机向电力系统发出容性无功功率（即从电力系统吸收感性无功功率）。

Ｖ形曲线左上方有一不稳定区，对应于 $\delta > 90°$，发电机在该区内不能保持静态稳定。这是因为对应一定的有功功率输出，励磁电流有一最小值，此时发电机运行于功率角 $\delta = 90°$，电磁功率 P_M 即为功率极限值 $P_{Mmax} = mE_0U/X_t$，如果再继续减小励磁电流，发电机的功率极限值将小于原动机输入的机械功率，发电机将因功率得不到平衡而被加速，以至于失去同步。为了维持发电机的稳定运行，对应于不同的无功功率输出，励磁电流就有不同的最小限值，输出的有功功率越大，最小励磁电流的极限也就越大。现代的同步发电机额定运行时，励磁电流的额定值都定在过励状态，一般额定功率因数为 0.8～0.85（滞后）。

14.2.6　同步电机的调相运行及同步电动机

电力负载中，异步电动机与变压器应用得最多，它们运行时需要吸取感性无功功率。如果仅靠同步发电机在向电力系统输送有功功率的同时，供给一部分感性无功功率，往往是不能满足需求的。为此，还须装设适当数量的专用无功电源，如电容器、调相机、静止无功补偿器、静止无功发生器等，也可使系统中的少数同步发电机作调相运行，即将同步发电机运行于同步电动机的空载状态。

同步发电机的调相运行实质上是同步电机在不带负载的情况下，专门向电力系统输送或吸收感性无功功率的同步电动机空载运行状态，其维持空载转动和补偿各种损耗的功率都取自电力系统。下面以隐极式同步电机为例先介绍可逆原理，然后说明调相运行。

1. 同步电机的可逆原理

同步发电机与其他电机一样，具有可逆性，它既可以作为发电机运行，也可以作为电动机运行。作为发电机运行时，除向电力系统输送有功功率外，还可以向电力系统输送或吸收感性无功功率；作为电动机运行时，除从电力系统吸收有功功率外，还可以从电力系统吸收或输送感性无功功率。这完全取决于它的输入功率是机械功率还是电功率。下面以一台已投入电网运行的隐极式同步电机为例，说明其从同步发电机过渡到同步电动机运行状态的物理过程（见图 14-27）。

如前所述，同步电机运行于发电机状态时，其转子主磁极轴线超前于气隙合成磁场的等效磁极轴线一个功率角 δ，它可以想象成为转子磁极拖着合成等效磁极以同步转速旋转，如图 14-27a 所示。这时发电机产生的电磁制动转矩与输入的驱动转矩相平衡，把机械功率转变为电功率输送给电网。因此，此时电磁功率 P_M 和功率角 δ 均为正值，励磁电动势 $\dot{E}_0$ 超前于电网电压 $\dot{U}$ 一个 δ 角度。

如果逐步减少发电机的输入机械功率，转子将随之减速，δ 减小，相应的电磁功率 P_M 也减小。发电机的输入机械功率只能抵偿空载损耗；而维持空载转动时，发电机的电磁功率和相应的功率角 δ 等于零，如图 14-27b 所示。此时发电机处于空载运行状态，并不向电网输送有功功率。

若继续减少发电机的输入机械功率，把原动机的汽门或水门关闭，转子磁极开始落后于气隙合成磁场等效磁极，但仍然以同步速度旋转，此时功率角 δ 开始变为负值，电磁功率也开始变为负值（驱动转矩），电机开始从电力系统吸收空载转动所需的少量有功功率，同步电机处于电动机的空载运行状态。此时同步电机不带机械负载（$|\delta|$ 很小）。调节励磁电流，

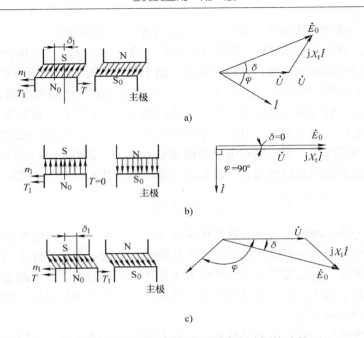

图 14-27　同步发电机过渡到同步电动机的过程

a）发电机状态　b）发电机空载运行　c）电动机状态

仅向电力系统输送或吸收感性无功功率，同步电机即处于调相运行状态。如果在轴上加上机械负载，而由机械负载产生的制动转矩使转子磁极更为落后，则负值功率角 δ 的绝对值将增大，即 $\dot{E}_0$ 滞后于 $\dot{U}$，从电力系统吸收的电功率和作为驱动性质的电磁转矩亦将变大，即 P_M 变大，以平衡电动机的输出机械功率，此时同步电机处于电动机负载运行状态，如图 14-27c 所示。所以同步电机调相运行时功率角 δ 较之同步电动机负载运行时是很小的。

从以上分析可知，δ 的不同范围决定了同步电机的运行状态：

$0° < \delta < 90°$ 时，同步电机处于发电机运行状态，向电力系统输送有功功率，同时也向电力系统输送或吸收无功功率。

$\delta = 0$ 时，同步电机处于发电机空载运行状态，只向电力系统送出或吸收无功功率。

$|\delta| \approx 0$（负值）时，同步电机处于电动机空载运行状态，从电力系统吸收少量的有功功率，供给同步电机空载运行的各种损耗，并可向电力系统送出或吸收无功功率，此为同步电机调相运行状态。

$-90° < \delta < 0°$ 时，同步电机处于电动机负载运行状态，从电力系统吸收有功功率，同时可向电力系统送出或吸收无功功率。

2. 同步电动机

（1）同步电动机的基本方程式和相量图　隐极式同步电动机的相量图和等效电路如图 14-28 所示。按照发电机惯例，同步电动机为一台输出负的有功功率的发电机，其隐极式电机的电动势方程式为

$$\dot{E}_0 = \dot{U} + \dot{I} R_a + j \dot{I} X_t \tag{14-17}$$

此时，$\dot{E}_0$ 滞后于 $\dot{U}$ 一个功率角 δ，$\varphi > 90°$，其相量图和等效电路如图 14-28a、c 所示。但习惯上，人们总是把电动机看作是电网的负载，它从电网吸取有功功率。

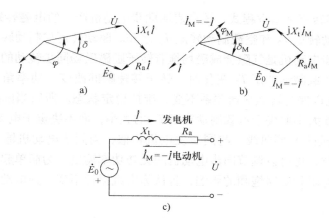

图 14-28　隐极式同步电动机的相量图和等效电路

a）发电机观点　b）电动机观点　c）等效电路

按照电动机惯例重新定义，把输出负值电流看成是输入正值电流，则 $\dot{I}$ 应转过 180°，其电动势相量图和等效电路如图 14-28b、c 所示。此时 $\varphi < 90°$，表示电动机自电网吸取有功功率。其电动势方程式为

$$\dot{U} = \dot{E}_0 + \dot{I}_M R_a + j\,\dot{I}_M X_t \tag{14-18}$$

同步电动机的电磁功率 P_M 与功率角 δ 的关系，和发电机的 P_M 与 δ 关系一样，所不同的是在电动机中功率角 δ 变为负值。因此，只需在发电机的电磁功率公式中用 $\delta_M = -\delta$ 代替 δ 即可。于是，同步电动机的电磁功率公式为

$$P_M = \frac{mE_0 U}{X_t}\sin\delta_M \tag{14-19}$$

式（14-19）除以同步机械角速度 Ω_1，便得到同步电动机的电磁转矩为

$$T_M = \frac{mE_0 U}{X_t \Omega_1}\sin\delta_M \tag{14-20}$$

当同步电动机的负载转矩大于最大电磁转矩时，电动机便无法保持同步旋转状态，即产生"失步"现象。为了衡量同步电动机的过载能力，常以最大电磁转矩与额定转矩的比值作为过载能力的表征。对隐极式同步电动机，则有

$$\lambda_m = \frac{T_{Mmax}}{T_N} = \frac{1}{\sin\delta_N} \tag{14-21}$$

式中　λ_m——同步电动机的过载能力；

　　　δ_N——额定运行时的功率角。

同步电动机稳定运行时，一般 λ_m 为 2～3，δ_N 为 20°～30°。

从机电能量转换角度来看，由于同步电动机的运行状态是同步发电机运行状态的逆过程，由此可得同步电动机的功率方程式为

$$P_1 = p_{Cu} + P_M$$
$$P_M = p_{Fe} + p_\Omega + p_{ad} + P_2 = P_2 + p_0 \tag{14-22}$$

将式（14-22）两边同除同步角速度 Ω_1，得

$$T_M = T_2 + T_0 \tag{14-23}$$

式（14-23）即转矩平衡方程式，该式表明同步电动机产生的电磁转矩 T_M 是驱动转矩，其大小等于负载制动转矩 T_2 和空载制动转矩 T_0 之和。驱动转矩与制动转矩相等时，电动机稳定运行。由于同步电动机是气隙合成磁场拖着转子励磁磁场同步转动的，因此其转速总是同步转速不变。当负载制动转矩 T_2 变化时，转子转速瞬间改变，功率角 δ 随之改变，电磁转矩 T_M 也相应变化以保持转矩平衡关系不变，维持稳定状态。所以当励磁电流不变时，同步电动机的功率角 δ 大小取决于负载制动转矩 T_2 的大小，而不决定于电动机本身。

（2）同步电动机的 V 形曲线　与同步发电机相似，当同步电动机输出的有功功率恒定而改变其励磁电流时，也可以调节同步电动机的无功功率输出。为简单起见，仍以隐极式电机为例，不计电枢电阻和磁路饱和的影响，且认为空载损耗不变，则电动机的电磁功率即为输入功率不变，即

$$P_M = \frac{mE_0 U}{X_t}\sin\delta = mUI_M\cos\varphi = 常数$$

由此可得，$E_0\sin\delta = 常数$，$I_M\cos\varphi = 常数$。

如图 14-29 所示，当励磁电流变化时，$\dot{E}_0$ 的端点将在垂直线 CD 上移动，$\dot{I}_M$ 的端点将在水平线 AB 上移动。

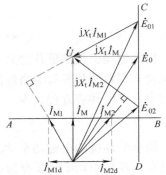

图 14-29　同步电动机励磁电流变化时的相量图

1）正常励磁时，$I_{f1} = I_{f0}$，电动机的功率因数等于 1，电枢电流全部为有功电流，故电枢电流的数值最小。此时，同步电动机从电网吸收有功功率，无功功率为零。

2）当励磁电流大于正常励磁电流，即 $I_{f2} > I_{f0}$ 时，电动机处于过励状态，电枢电流除有功电流外，还将出现一个超前的无功电流分量，即电枢电流增大。此时，同步电动机从电网吸收有功功率，还向电网输出感性无功功率。

3）当励磁电流小于正常励磁电流，即 $I_{f3} < I_{f0}$ 时，电动机处于欠励状态，电枢电流将出现一个滞后的无功电流分量，即电枢电流也增大。此时，同步电动机从电网吸收有功功率，还向电网输出容性无功功率（即吸收感性无功功率）。

所以，电动机在过励时，自电网吸取超前的无功电流和无功功率，功率因数是超前的；在欠励时，自电网吸取滞后的无功电流和无功功率，功率因数是滞后。

由于同步电动机的最大电磁功率 P_{Mmax} 与 E_0 成正比，所以当励磁电流减小时，其过载能力也要降低，而对应的功率角 δ 则增大。这样一来，当励磁电流减小到一定数值时，电动机就不能稳定运行而失去同步。图 14-30 所示为同步电动机的 V 形曲线，其中虚线表示出同步电动机不稳定区的界限。

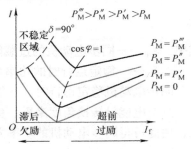

图 14-30　同步电动机的 V 形曲线

调节励磁电流可以调节同步电动机的无功电流和功率因数，这是同步电动机最可贵的特点。由于电网上的主要负载是异步电动机和变压器，它们都要从电网中吸取感性的无功功率。如果使同步电动机工作在过励状态，从电网吸取容性无功功率，则可就地向其他感性负载提供感性无功功率，从而提高电网的总功率因数。因此，为了改善电网的功率因数和提高同步电动机的过载能力，现代同步电动机的额定

功率因数一般均设计为 $1 \sim 0.8$（超前）以保证同步电动机具有足够的励磁容量。

由以上分析可知，同步电动机在输出有功功率恒定的情况下，励磁电流的改变将引起电枢电流的变化，曲线 $I_M = f(I_f)$ 仍旧形似 V 形，故称为同步电动机的 V 形曲线，如图 14-30 所示。图 14-30 中为对应于不同的电磁功率的 V 形曲线，其中 $P_M = 0$ 这一条曲线对应于同步调相机的运行状态。

（3）同步电动机的起动　同步电动机的电磁转矩是定子旋转磁场与转子励磁磁场间产生吸引力而形成的，只有两个磁场相对静止时，才能得到恒定方向的电磁转矩。如给同步电动机加励磁并直接投入电网，由于转子在起动时是静止的，故转子磁场静止不动，定子旋转磁场以同步转速 n_1 对转子磁场做相对运动，则一瞬间定子旋转磁场将吸引转子磁场向前。又由于转子所具有的转动惯量，还来不及转动，另一瞬间定子磁场又推斥转子磁场向后，转子上受到的便是一个方向在交变的电磁转矩，如图 14-31 所示。转子所受的平均转矩为零，同步电动机不能自行起动，因此要起动同步电动机，必须借助于其他方法。

常用的起动方法有三种，即辅助电动机起动法、变频起动法和异步起动法。这里主要介绍应用最广的异步起动法。

异步起动法是通过在凸极式同步电动机的转子极靴上装置阻尼绕组来获得起动转矩的。阻尼绕组和异步电动机的笼型绕组相似，只是它装在转子磁极的极靴上，有时就称同步电动机的阻尼绕组为起动绕组。

同步电动机的异步起动方法如下：

第一步，将同步电动机的励磁绕组通过一个电阻短接，如图 14-32 所示。短路电阻的大小约为励磁绕组本身电阻的 10 倍。串联电阻的作用主要是削弱由转子绕组产生的对起动不利的单轴转矩，而起动时励磁绕组开路是很危险的，因为电动机刚起动时定子旋转磁场与转子之间的相对速度很大，而励磁绕组的匝数很多，定子旋转磁场将在该绕组中感应很高的电压，可能击穿励磁绕组的绝缘。

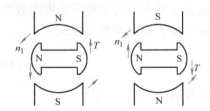

图 14-31　同步电动机起动时定子
磁场对转子磁场的作用

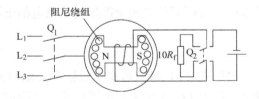

图 14-32　同步电动机异步起动法原理线路图

第二步，将同步电动机的定子绕组接通三相交流电源。这时定子旋转磁场将在阻尼绕组中感应电动势和电流，此电流与定子旋转磁场相互作用而产生异步电磁转矩，同步电动机便作为异步电动机而起动。

第三步，当同步电动机的转速达到同步转速的 95% 左右时，将励磁绕组与直流电源接通，则转子磁极就有了确定的极性。这时转子上增加了一个频率很低的交变转矩，即是转子磁场与定子磁场之间的吸引力产生的整步转矩，将转子逐渐牵入同步。凸极式同步电动机由于有磁阻转矩比隐极式同步电动机更易牵入同步，当容量小、惯性小时，仅靠磁阻转矩也常可牵入同步。同步电动机牵入同步是一个复杂的过渡过程，如果条件不满足，还不一定能成功。一般地说，在牵入同步前转差越小，同步电动机的转动惯量越小，负载越轻，牵入同步越容易。

如果电动机在正常励磁电流下牵入同步运行失败，可采用强迫励磁措施，将励磁电流增大，这时最大电磁转矩将大幅度增加，牵入同步就比较容易。

三相同步电动机的异步起动和三相异步电动机一样，为了限制过大的起动电流，可以采用降压方法起动。通常采用自耦变压器或电抗器来降压，在转速接近同步转速时，应先恢复全电压，然后再给予直流励磁使同步电动机牵入同步运行。

（4）同步电机调相运行及同步调相机　接到电网上的负载，除少数外，绝大多数负载既消耗有功功率，也消耗无功功率，因此电力系统除了要供给负载有功率外还供给无功功率。一个现代化的电力系统，异步电动机负载需要的无功功率占电网供给的总无功功率的70%，变压器占20%，其他设备占10%。这些无功功率完全由电网供给，就会导致电网功率因数的降低。电网的传输能力是一定的，负载功率因数越低，电网能输送到负载点的有功功率越小，致使整个电力系统的设备利用率降低。此外，功率因数降低也会使线路损耗和电压降增大，同时输电质量下降，运行很不经济。为此在负载需要大量无功功率的负载点，需装上同步调相机以补偿负载所需的无功功率来提高电网的功率因数。另外，还可以让同步电动机作调相运行向电网提供无功功率。

1）同步调相机运行时无功功率的调节。通常所说的发电机和电动机，仅指有功功率而言，当电机向电网输出有功功率时便为发电机运行，当电机从电网吸收有功功率时便为电动机运行。同步电机也可以专门供给无功功率，特别是感性无功功率，其方式为增加转子励磁电流，使电机在过励状态下运行，向电网输送无功功率。此时，应当控制转子电流和定子电流不超过额定值，定子端电压不超过额定值的10%。这种专供无功功率的同步电机称为同步调相机或同步补偿机。

同步调相机实际上就是一台在空载运行情况下的同步电动机。它从电网吸收的有功功率仅供给同步电机本身的损耗，因此同步调相机总是在接近于零电磁功率和零功率因数的情况下运行。忽略调相机的全部损耗，则电枢电流全是无功分量，其电动势方程式为

$$\dot{U} = \dot{E}_0 + \mathrm{j}\,\dot{I}\,X_\mathrm{t} \tag{14-24}$$

根据式（14-24）可画出过励和欠励时同步调相机的相量图，如图14-33所示。由图可见，过励时，$E_0 > U$，电流 $\dot{I}$ 超前 $\dot{U}$ 90°，同步电机向电力系统输出感性无功功率，即从电力系统吸收容性无功功率，如同电力系统中接入电容器的作用相同；欠励时，$E_0 < U$，电流 $\dot{I}$ 滞后 $\dot{U}$ 90°，同步电机从电力系统吸收感性无功功率，如同电力系统中接入电抗器的作用相同。所以只要调节励磁电流，就能灵

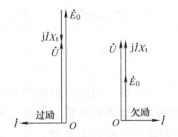

图14-33　同步调相机的相量图

活地调节它的无功功率的性质和大小。同步调相机的 V 形曲线如图14-30中的 $P_\mathrm{M} = 0$ 的曲线所示。由于电力系统大多数情况下带感性无功功率，故调相机通常都是在过励状态下运行，即向电网提供无功功率，提高功率因数。

因为电力系统中对感性无功功率的需求量较大，故同步电机作为调相机运行时，主要运

行在过励状态。只有电力系统在轻负载下，由于高电压长距离输电线路分布电容的影响，当用电端电压偏高时，才能让调相运行处于欠励状态，以维持电力系统电压的稳定。

在冬季枯水季节，水力发电站往往把一部分水轮发电机作调相机运行，担负电力系统的无功功率调节；在丰水期，让水轮发电机多输出有功功率，使靠近负载中心的火力发电厂里一些汽轮发电机作调相运行。

2）同步调相机的用途。同步调相机的用途是改善电力系统的功率因数和调节电力系统的电压。为此，一般调相机往往安装在靠近负载中心的变电所中。

3）同步调相机的特点。

① 同步调相机的额定容量是指它在过励时的视在功率，通常按过励状态时所允许的容量而定，这时的励磁电流称为额定励磁电流。考虑到稳定等因素，欠励时的容量为过励时额定容量的 50% ~ 65%。

② 调相机轴上不带机械负载，转轴较细，没有过载能力的需求，气隙可小些，故同步电抗 X_t 较大，一般 $X_{t*} = 2$ 以上。

③ 为节省材料，调相机的转速较高。

④ 调相机的转子上装有笼型绕组，作异步起动之用。起动时常采用电抗器减压法，以限制起动电流和起动时对电网的影响。

【例题 14-1】 某工厂电源电压为 6000V，厂中使用了多台异步电动机，设其总输出功率为 1500kW，平均效率为 7%，功率因数为 0.7（滞后），由于生产需要又增添一台同步电动机。设当该同步电动机的功率因数为 0.8（超前）时，已将全厂的功率因数调整到 1，求此同步电动机承担多少视在功率（单位为 kV·A）和有功功率（单位为 kW）。

解： 这些异步电动机总的视在功率 S 为

$$S = \frac{P_2}{\eta \cos\varphi} = \frac{1500}{0.7 \times 0.7} kV \cdot A \approx 3060 kV \cdot A$$

由于 $\cos\varphi = 0.7$，$\sin\varphi = 0.713$，故这些异步电动机总的无功功率为

$$Q = S\sin\varphi = 3060 \times 0.713 kvar = 2185 kvar$$

同步电动机运行后，$\cos\varphi = 1$，故全厂的感性无功全由该同步电动机提供，即有

$$Q' = Q = 2185 kvar$$

因 $\cos\varphi' = 0.8$，$\sin\varphi' = 0.6$，故同步电动机的视在功率为

$$S' = \frac{Q'}{\sin\varphi'} = \frac{2185}{0.6} kV \cdot A \approx 3640 kV \cdot A$$

有功功率为 $P' = S'\cos\varphi' = 3640 \times 0.8 kW \approx 2910 kW$

14.2.7 磁链守恒原理

超导体指电阻为零的闭合线圈，如图 14-34a 所示。

如果将一个永久磁铁移近该线圈，由于改变了该闭合线圈的磁链，在线圈中将感应出电动势，即

$$e_0 = -\frac{d\psi_0}{dt}$$

式中 ψ_0——外磁场对超导回路的磁链。

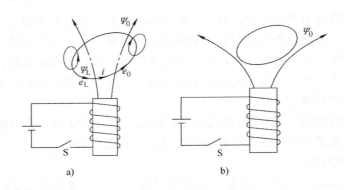

图 14-34 超导体闭合回路磁链守恒

a）超导体闭合回路 b）接通电路初瞬，超导体闭合回路磁通实际路径

在此电动势作用下，在线圈中产生电流 i，由电流产生磁链，并产生自感电动势，即

$$e_L = -\frac{d\psi_L}{dt}$$

于是

$$e_0 + e_L = iR = 0$$

即

$$\left(-\frac{d\psi_0}{dt}\right) + \left(-\frac{d\psi_L}{dt}\right) = -\frac{d}{dt}(\psi_0 + \psi_L) = 0$$

显然

$$\psi_L + \psi_0 = 常数$$

由此可以看出，对于超导体闭合回路，无论外磁场与它所交链的磁链如何变化，回路中感应电流所产生的磁链恰好抵消这种变化，超导体闭合回路所交链的总磁链总是保持不变，这就是超导体闭合回路的磁链守恒原理。

在研究同步发电机突然短路初瞬的情况时，可以把定子绕组、励磁绕组和阻尼绕组看成是超导体闭合回路，然后再计入上述各绕组电阻的影响，引入各绕组时间常数，说明突然短路电流的衰减过程。

14.2.8 三相突然短路

前面所讨论的是同步发电机的稳态运行，本节将讨论发电机出线端发生三相突然短路的过渡过程。突然短路时巨大的短路电流将对发电机的一些关键部件以及电力系统的运行产生不利影响。因此，研究突然短路的过渡过程有利于采取有效措施，合理选择发电机的控制和保护装置。

电机稳态运行时，电枢磁场是一个恒幅、恒速的旋转磁场，与转子主磁极无相对运动，不会在转子励磁绕组和阻尼绕组中感应电动势和电流。但是突然短路时，定子电流及相应的电枢电流幅值都将发生突然变化，转子的励磁绕组和阻尼绕组因而感应出电动势和电流。转子各绕组感应的电流将建立各自的磁场，反过来又将影响电枢磁场的大小和分布，这种定子、转子绕组之间的相互影响致使突然短路过程中，定子绕组的电抗减少，从而引起定子电流的剧增。

突然短路时定子、转子绕组之间的相互影响，使得突然短路后的过渡过程变得十分复杂。本节着重分析突然短路时电机内部的物理过程。为了简化分析，作如下的假设：

1）突然短路后，发电机转速以及励磁电流保持不变。

2）突然短路前，发电机空载运行，突然短路发生在发电机出线端。

3）发电机的磁路不饱和，分析时可用叠加原理。

1. 突然短路时定子电抗的变化

前已述及，绕组中的电抗表征了磁场的存在，电抗的大小取决于该磁通所经路径的磁阻。任意绕组产生一定磁通所需电流的大小，将因磁通所经路径上遇到的磁阻不同而不同。如果磁路是铁心，其磁阻较小，产生一定磁通时绕组所需的电流也较小，对应的绕组电抗则较大；反之，如果磁路主要是空气，其磁阻较大，产生一定磁通时绕组所需的电流也较大，对应绕组电抗则较小。下面就同步发电机突然短路后，电枢磁通所经路径的变化情况，来说明突然短路时定子绕组电抗的变化情况，这是突然短路时定子电流剧增的根本原因之一。

根据前面的分析，三相稳态短路时定子电流所产生的电枢反应磁链 ψ_{ad} 为去磁作用，它与励磁绕组所产生的磁链 ψ_0 方向相反，其所经磁路如图 14-35a 所示。图中 $\psi_{f\sigma}$ 和 ψ_σ 分别为励磁绕组和定子绕组的漏磁链。可见 ψ_{ad} 经过转子铁心闭合所遇到的磁阻较小，因而电枢反应电抗 X_{ad} 较大，说明三相稳态短路时定子电流受到较大的电枢反应电抗 X_{ad} 的限制，稳态短路电流并不很大。

（1）突然短路的物理过程　当满足图 14-35a，发生短路时（在这里，U 相绕组用一个等效线圈 U1-U2 来代表；转子上的励磁绕组及阻尼绕组，各用短路线圈来代表，并假定这些都是超导体闭合回路），转子的阻尼绕组和励磁绕组仅交链主磁链 Ψ_0。当发电机发生突然短路时，按照超导体磁链守恒原理，阻尼绕组和励磁绕组所交链的总磁链均不能突变，在这两个绕组中都会感应电流，产生各自的反磁链，去抵制电枢反应磁链 ψ''_{ad} 对它们的交链，从而迫使电枢反应磁链 ψ''_{ad} 不能穿过阻尼绕组和励磁绕组，而是被挤到这两个绕组外侧的漏磁路径通过，如图 14-35b 所示。这条磁路的主要组成部分是空气，因此电枢反应磁链所经路径的磁阻明显增大，与之相应的定子绕组电抗明显变小，此时用 X''_{ad} 表示称为直轴次暂态电枢反应电抗，其数值很小。不难理解，再考虑定子绕组漏磁链 ψ_σ 的存在，及其相对应的漏抗 X_σ 的影响，突然短路初瞬，定子绕组直轴次暂态电抗 X''_d 由 X''_{ad} 和 X_σ 决定，其数值仍很小。随着转子旋转，主磁场对定子绕组作正弦变化，所以定子绕组中将产生正弦变化的交流电流，所以突然短路电流的冲击值可能大到（10~20）I_N。

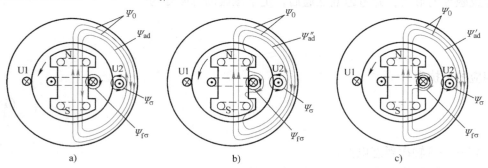

图 14-35　发电机三相突然短路的物理过程

a）稳态短路时的电枢磁链　b）突然短路次暂态时的电枢磁链　c）突然短路暂态时的电枢磁链

由于同步发电机中的各绕组都存在电阻，励磁绕组和阻尼绕组中的感应电流都会衰减。阻尼绕组匝数少，电流衰减最快，可认为阻尼绕组中的感应电流先衰减到零，然后励磁绕组中的感应电流才开始衰减。所以，电枢反应磁链 ψ'_{ad} 先穿过阻尼绕组，但仍被挤到励磁绕组外侧的漏磁路通过（这时电枢反应磁链 ψ'_{ad} 所经磁路的情况与发电机未装设阻尼绕组的情况是相同的），如图 14-35c 所示。因此，此电枢反应磁链 ψ'_{ad} 所经磁路的磁阻，显然小于短路初瞬时 ψ''_{ad} 所经磁路的磁阻。同理，与此电枢磁链相对应的情况可用直轴暂态电抗 X'_d 表示，其数值稍大于 X''_d，此时突然短路电流还是很大的。由于励磁绕组中有电阻存在，最后感应电流也衰减到零，电枢反应磁链 ψ_{ad} 将穿过励磁绕组，对应该电枢磁链即为直轴同步电抗 X_d，短路电流降到稳定值。

（2）突然短路时定子绕组的电抗　同步发电机发生突然短路瞬间，会产生一个很大的冲击电流，叫作次暂态短路电流，而相应地在此电流流过的路径会对应产生相应的电抗，从电路的角度来看，同步发电机短路电流的大小决定于电路的参数，即同步电抗的大小。同步电抗的大小是由磁路磁通来决定的，所以要研究定子绕组的电抗 X_d，首先要研究它的磁阻及磁导。在此，先介绍稳态短路时的电抗，然后再介绍突然短路时的电抗，以便于比较。

1）稳态短路时的电抗。如图 14-36a 所示，转子绕组中没有感应电流，电枢反应磁通可以顺利地通过定子、转子铁心及两个气隙，此时的电抗为 $X_d = X_\sigma + X_{ad}$，它就是直轴同步电抗。所以稳态短路电流的大小为 $I_K = E_0/X_d$。

2）突然短路时的电抗。在发生突然短路时，为了共同抵制短路初瞬的电枢反应磁链对它们的交链，转子上励磁绕组及阻尼绕组中都感应了电流，因此励磁绕组及阻尼绕组对电枢反应磁链的进入起反抗作用，使电枢反应磁链被挤到它们的漏磁路径上，如图 14-36b 所示。电枢反应磁链经过气隙磁阻、励磁绕组漏磁路及阻尼绕组漏磁路，所以突然短路瞬间，电枢反应磁链 ψ''_{ad} 在磁路路径上的总磁阻 R''_{ad} 是由两个气隙的直轴电枢磁阻 R_{ad}、励磁绕组漏磁路的磁阻 $R_{f\sigma}$、直轴阻尼绕组漏磁路的磁阻 $R_{Dd\sigma}$ 三部分串联组成的，即

$$R''_{ad} = R_{ad} + R_{f\sigma} + R_{Dd\sigma}$$

由于电抗与磁路的磁阻成反比，即与磁路的磁导成正比，为了求得电抗的表达式，将上式改写成磁导的形式，并考虑漏磁通后，定子磁链的总磁导为

$$\Lambda''_{ad} = \Lambda_\sigma + \Lambda''_{ad} = \Lambda_\sigma + \cfrac{1}{\cfrac{1}{\Lambda_{ad}} + \cfrac{1}{\Lambda_{f\sigma}} + \cfrac{1}{\Lambda_{Dd\sigma}}}$$

相应的电抗为

$$X''_d = X_\sigma + \cfrac{1}{\cfrac{1}{X_{ad}} + \cfrac{1}{X_{f\sigma}} + \cfrac{1}{X_{Dd\sigma}}} \tag{14-25}$$

式中　X''_d——直轴次暂态电抗；

$X_{Dd\sigma}$、$X_{f\sigma}$——阻尼绕组及励磁绕组的漏磁电抗。

这样，$I''_K = E_0/X''_d$ 为次暂态电抗所决定的电流，I''_K 为短路初瞬次暂态电流周期分量的有效值。由于电阻的存在，在发生短路后的极短时间内，阻尼绕组中的感应电流已衰减完毕，

此时电枢反应磁链的路径如图 14-36c 所示，它经过气隙磁路及励磁绕组漏磁路，对应的电抗为

$$X'_\mathrm{d} = X_\sigma + \cfrac{1}{\cfrac{1}{X_\mathrm{ad}} + \cfrac{1}{X_\mathrm{f\sigma}}} \qquad (14\text{-}26)$$

式中　X'_d——直轴暂态电抗。

由 X'_d 所决定的电流，是短路时暂态电流周期分量的有效值，即 $I'_\mathrm{K} = E_0/X'_\mathrm{d}$。还需指出，同步发电机的定子绕组出线端若通过电阻短路，则突然短路电流所产生的电枢磁场既有直轴分量，也有交轴分量。对于凸极同步发电机来说，相应的次暂态电抗和暂态电抗也不相等，突然短路时交轴电枢磁场相对应的交轴暂态电抗和交轴次暂态电抗分别用 X'_q 和 X''_q 表示。同样可推导出 X'_q 和 X''_q 的表达式，即

$$X''_\mathrm{q} = X_\sigma + \cfrac{1}{\cfrac{1}{X_\mathrm{aq}} + \cfrac{1}{X_\mathrm{Dq\sigma}}} \qquad (14\text{-}27)$$

式中　X_aq——交轴电枢反应电抗；

　　　$X_\mathrm{Dq\sigma}$——交轴阻尼绕组漏抗。

如果交轴没有阻尼绕组，或者交轴阻尼绕组中感应电流已经衰减完毕，则式（14-27）中应去掉 $X_\mathrm{Dq\sigma}$ 这条并联支路，则得交轴暂态电抗 $X'_\mathrm{q} = X_\sigma + X_\mathrm{aq} = X_\mathrm{q}$。一般阻尼绕组在直轴起的作用比交轴大，所以 X''_q 略大于 X''_d。

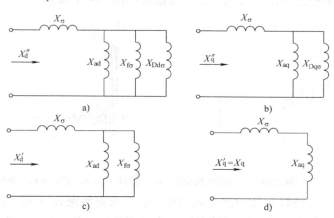

图 14-36　X''_d、X''_q、X'_d 和 X'_q 的等效电路

同步发电机的次暂态电抗和暂态电抗（标幺值）见表 14-1。

表 14-1　同步发电机的次暂态电抗和暂态电抗（标幺值）

电机类型 电抗	汽轮发电机	有阻尼绕组的水轮发电机	无阻尼绕组的水轮发电机
$X''_\mathrm{d*}$	0.10 ~ 0.15	0.14 ~ 0.26	0.23 ~ 0.41
$X'_\mathrm{d*}$	0.15 ~ 0.24	0.20 ~ 0.35	0.26 ~ 0.45
$X_\mathrm{q*}$	0.10 ~ 0.15	0.15 ~ 0.35	

2. 突然短路电流的计算

我们已经知道，同步发电机发生突然短路后，由于受电阻的影响，短路电流是逐渐衰减的。短路初瞬，短路电流交流分量幅值为 $I''_{Km} = \dfrac{\sqrt{2}E_0}{X''_d}$，也可看成由次暂态部分 $\dfrac{\sqrt{2}E_0}{X''_d} - \dfrac{\sqrt{2}E_0}{X'_d}$、暂态部分 $\dfrac{\sqrt{2}E_0}{X'_d} - \dfrac{\sqrt{2}E_0}{X_d}$ 和稳态部分 $\dfrac{\sqrt{2}E_0}{X_d}$ 三部分组成。次暂态部分 $\dfrac{\sqrt{2}E_0}{X''_d} - \dfrac{\sqrt{2}E_0}{X'_d}$ 是由阻尼绕组中感应电流的直流分量引起的，它将按照阻尼绕组的时间常数 $\tau''_d = \dfrac{L''_D}{R_D}$ 衰减；暂态部分 $\dfrac{\sqrt{2}E_0}{X'_d} - \dfrac{\sqrt{2}E_0}{X_d}$ 是由励磁绕组中感应电流的直流分量引起的，它将按照励磁绕组的时间常数 $\tau'_d = \dfrac{L'_f}{R_f}$ 衰减。此外还有各相绕组中突然短路电流的直流分量，它们将以定子绕组的时间常数 $\tau_a = \dfrac{L''_a}{R_a}$ 衰减（相应的阻尼绕组和励磁绕组中的交流分量也是按照时间常数 $\tau_a = \dfrac{L''_a}{R_a}$ 衰减）。综上所述，以 U 相为例考虑衰减时，突然短路电流瞬时值的表达式为

$$i_U = \sqrt{2} \left[(I''_K - I'_K)\, e^{-t/\tau''_d} + (I'_K - I_K)\, e^{-t/\tau'_d} + I_K \right] \sin(\omega t + \alpha_0)$$
$$= \sqrt{2}E_0 \left[\left(\frac{1}{X''_d} - \frac{1}{X'_d} \right) e^{-t/\tau''_d} + \left(\frac{1}{X'_d} - \frac{1}{X_d} \right) e^{-t/\tau'_d} + \frac{1}{X_d} \right] \sin(\omega t + \alpha_0)$$

突然短路时励磁绕组和阻尼绕组中的电流曲线如图 14-37 所示。

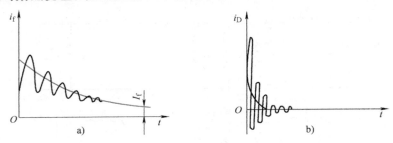

图 14-37　突然短路时励磁绕组和阻尼绕组中的电流曲线

a) 突然短路时励磁绕组中的电流曲线　b) 突然短路时阻尼绕组中的电流曲线

如果要知道突然短路时 U 相短路电流的最大值，只需考虑 $\alpha_0 = 90°$ 时的情况，而此时 U 相绕组交链的磁通为最大，则此时短路电流中除了交流分量外，还应存在直流分量，因此 U 相突然短路电流瞬时值的表达式可以写为

$$i_U = \sqrt{2} \left[(I''_K - I'_K)\, e^{-t/\tau''_d} + (I'_K - I_K)\, e^{-t/\tau'_d} + I_K \right] \sin(\omega t + \alpha_0) + \sqrt{2}I''_K e^{-t/\tau_a}$$
$$= \sqrt{2}E_0 \left[\left(\frac{1}{X''_d} - \frac{1}{X'_d} \right) e^{-t/\tau''_d} + \left(\frac{1}{X'_d} - \frac{1}{X_d} \right) e^{-t/\tau'_d} + \frac{1}{X_d} \right] \sin(\omega t + \alpha_0) + \frac{\sqrt{2}E_0}{X''_d} e^{-t/\tau_a}$$

$$(14\text{-}28)$$

由于现在分析的是空载短路，$t = 0$ 时 $i_U = 0$，代入式（14-28），则当 U 相短路电流达到最大值时，其所对应的突然短路电流的直流分量初始值可达到 $\dfrac{\sqrt{2}E_0}{X''_d}$，此时短路电流的交流

分量初始值为 $-\dfrac{\sqrt{2}E_0}{X_{\mathrm{d}}''}$。由于受定子绕组电阻的影响，直流分量要衰减，衰减的快慢决定于时间常数 $\tau_{\mathrm{a}}=\dfrac{L_{\mathrm{a}}''}{R_{\mathrm{a}}}$，这样就可以做出 U 相突然短路时电流的波形（见图 14-38）。显然，从式（14-28）可得 $i_{\mathrm{U}}=\dfrac{\sqrt{2}E_0}{X_{\mathrm{d}}''}（1-\cos\omega t）$，表明短路后再经过半个周期（$\omega t=180°$），U 相短路电流可达到最大值，即 $i_{\mathrm{U}}=\dfrac{2\sqrt{2}E_0}{X_{\mathrm{d}}''}$，它是次暂态短路电流交流分量 $\sqrt{2}I_{\mathrm{K}}''$ 的两倍，如图 14-38所示。但考虑到衰减，经过半个周期后，则突然短路电流的最大值减为 $K\dfrac{\sqrt{2}E_0}{X_{\mathrm{d}}''}$，其中 K 为冲击系数，一般为 $1.8\sim1.9$。实际上的最大电流一般为次暂态短路电流分量的 $1.8\sim1.9$ 倍。例如，一台汽轮发电机，$E_{0*}=1.05$，$X_{\mathrm{d}*}''=0.1347$，则三相突然短路的最大冲击电流为

$$i_{\mathrm{Km}*}=(1.8\sim1.9)\times\frac{\sqrt{2}E_{0*}}{X_{\mathrm{d}*}''}=19.8\sim20.9$$

可见，最大冲击电流可达额定电流的 **20** 倍左右。因而国家标准规定，同步发电机必须能承受空载电压等于 105％ 额定电压下的三相突然短路电流的冲击。

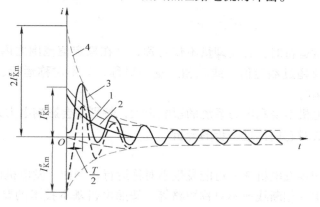

图 14-38　U 相突然短路电流的波形（$\alpha_0=90°$，$\psi_{\mathrm{A}}（0）=\psi_{\mathrm{m}}$）

1—交流分量曲线　2—直流分量曲线　3—短路电流曲线　4—包络线

3. 三相突然短路的影响

同步发电机突然短路时，冲击电流持续时间很短，一般只有几秒，由此引起的绕组发热并不严重。冲击电流最大的危害是在于它所产生的巨大的电磁力和转矩对发电机的影响。

（1）突然短路对同步发电机的影响

1）定子绕组端部承受巨大的电磁力作用（见图 14-39）。该电磁力包括：

① 作用于定子绕组和转子绕组端部之间的电磁力 F_1。由于短路时电枢磁动势基本上是去磁的，

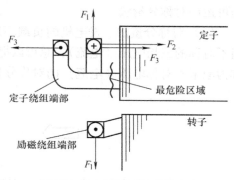

图 14-39　短路时的电磁力

故定子绕组和励磁绕组中电流方向相反，该电磁力将趋向于使定子绕组端部向外张开。

② 定子绕组端部电流建立定子铁心端面闭合的漏磁通，导致定子绕组端部与定子铁心之间的吸引力 F_2。

③ 作用于定子绕组端部各相邻导体之间的力 F_3，其方向取决于两导体中电流的方向。若两导体中电流方向相同，则 F_3 为吸引力，反之为斥力。

上述三种电磁力的作用趋向于使定子绕组端部向外张开。最危险的区域显然在线棒伸出的槽口处。

2）转轴受到冲击电磁转矩的作用。突然短路时转轴主要受到交变转矩的作用，这是由定子绕组中短路电流的直流分量所建立的静止磁场与转子的主磁极磁场之间的相互作用引起的，因而其转矩是交变的，时而驱动，时而制动，该转矩将随短路电流中的直流分量一同衰减。

（2）突然短路对电力系统的影响

1）破坏电力系统运行的稳定性。

2）产生过电压现象。

3）产生高频干扰现象。

目前，冲击电流的主要危害是产生极大的电磁力，使绕组端部变形甚至拉断。

14.2.9 同步发电机的异常运行

同步发电机正常运行时，各物理量不仅对称，且在额定值范围之内。而在某些情况下，有些物理量的大小或超过额定值，或三相严重不对称，如不对称运行、无励磁运行、振荡等，这些均属异常运行。

异常运行对发电机本身和电力系统的影响很大，特别是会影响电力系统运行的可靠性和稳定性。因此，需要对它们作进一步的分析。

1. 不对称运行

实际运行中的同步发电机随时可能发生不对称运行。例如，发电机供给容量较大的单相负载，电气设备发生一相断线或不对称短路等。按照电机基本技术的要求，对 10 万 kV·A 以下的三相同步发电机和调相机（不包括导体内部冷却的电机），若每相电流均不超过额定值，且负序分量不超过额定电流的 8%（汽轮发电机）或 12%（凸极式同步发电机、调相机）时应能长期工作。因此，对发电机运行问题的分析，具有实际意义。分析不对称的问题可运用对称分量法。

（1）对称分量法 发电机的负载不对称时，其定子电流和端电压均会变得不对称，一组不对称的三相电压（电流），总可以把它分解为正序、负序和零序三组对称电压（电流），称为原来不对称电压（电流）的对称分量，如

$$\dot{U}_{\mathrm{U}} \quad \dot{U}_{\mathrm{V}} \quad \dot{U}_{\mathrm{W}} \Longrightarrow \begin{cases} \dot{U}_{\mathrm{U}} = \dot{U}_{\mathrm{U}+} + \dot{U}_{\mathrm{U}-} + \dot{U}_{\mathrm{U}0} = \dot{U}_+ + \dot{U}_- + \dot{U}_0 \\ \dot{U}_{\mathrm{V}} = \dot{U}_{\mathrm{V}+} + \dot{U}_{\mathrm{V}-} + \dot{U}_{\mathrm{V}0} = a^2 \dot{U}_+ + a\dot{U}_- + \dot{U}_0 \\ \dot{U}_{\mathrm{W}} = \dot{U}_{\mathrm{W}+} + \dot{U}_{\mathrm{W}-} + \dot{U}_{\mathrm{W}0} = a\dot{U}_+ + a^2 \dot{U}_- + \dot{U}_0 \end{cases}$$

由此可知，不论电压还是电流，对正序、负序、零序来说都是三相对称系统，因此只分

析一相即可。

（2）各相序电动势、相序阻抗和等效电路　发电机的负载不对称时，其定子电流和端电压均变得不对称。应用对称分量法将其不对称系统分为三组对称的正序、负序和零序。然后分别根据三个相序的电动势、电流和阻抗列出各相序电动势方程式，最后，用叠加法求得不对称系统的各相物理量。为此，首先要弄清各相序电动势、相序阻抗的物理概念。

1）相序电动势。空载电动势是转子主极磁场在定子绕组中的感应电动势。空载电动势的相序是作为正序的依据，故正序电动势就是正常运行时的空载电动势。由于同步发电机不存在反转主极磁场，所以不会有负序的空载电动势，也不会有零序的空载电动势。

2）相序阻抗。相序阻抗包括正序、负序和零序阻抗，均属同步发电机不对称时的内阻抗。由于各序电阻很小，下面讨论阻抗时可不予考虑，仅考虑电抗。

① 正序电抗和正序等效电路。正序电流通过定子绕组时所遇到的电抗即为正序电抗。由于发电机的空载电动势即为正序电动势，因此前面所讨论的对称运行时的各物理量，都可看成正序分量的各物理量，即正序电抗 X_+ 就是同步电抗 X_t。对于隐极式同步发电机，$X_+ = X_t$。

$$\dot{E}_+ = \dot{U}_+ + \dot{I}_+ Z_+$$

$$\dot{E}_+ = \frac{1}{3}(\dot{E}_{0U} + a\dot{E}_{0V} + a^2\dot{E}_{0W})$$

$$= \frac{1}{3}[\dot{E}_0 + a(a^2\dot{E}_0) + a^2(a\dot{E}_0)]$$

$$= \dot{E}_0$$

式中　$\dot{E}_{0U}$，$\dot{E}_{0V}$，$\dot{E}_{0W}$——三相对称电动势。

对于凸极式同步发电机：X_+ 究竟是等于 X_d 还是 X_q，关键取决于电枢反应磁动势的位置，所以有 $X_q \leq X_+ \leq X_d$。

正序等效电路如图 14-40 所示。

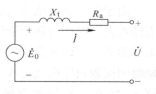

图 14-40　正序等效电路

② 负序电抗和负序等效电路。负序电流通过定子绕组时所遇到的电抗即为负序电抗。三相负序电流通过三相定子绕组时除了产生各相的负序漏磁场，还产生反向旋转的负序电枢反应磁场。

在前面已讨论过，电路中反映磁场存在的参数是电抗，因此，可认为负序漏磁场对应于负序漏电抗 $X_{\sigma-}$；负序电枢反应磁场对应于负序电枢反应电抗 X_{a-}。负序漏电抗 X_σ 与负序电枢反应电抗 X_{a-} 之和称为负序电抗 X_-。

负序电流产生漏磁场和正序电流产生的漏磁场是没有什么区别的，因此负序漏电抗 $X_{\sigma-}$ 与正序漏电抗 $X_{\sigma+}$ 相等，即为定子漏电抗 $X_{\sigma-} = X_{\sigma+} = X_\sigma$。

但是，负序电枢反应电抗不同于正序电枢反应电抗。对于正序系统，三相合成磁动势产生的旋转磁场与转子同步旋转，即为正序旋转磁场。而在负序系统，负序电枢反应磁场虽然仍具有同步转速，但其转向与转子转向相反，相对转子则为两倍同步速度 $2n_1$ 的转速差。因此，转子的励磁绕组、阻尼绕组及转子的铁心都将切割负序旋转磁场，而感应两倍频率的电动势和电流，从而建立起转子的反磁动势。这种转子的反磁动势对定子负序磁动势的作用，与突然短路时转子方面也有反磁动势对定子电枢反应磁动势作用的情况相类似，定子负序磁链也被挤到励磁绕组和阻尼绕组的漏磁路上去，故可用导出次暂态电抗或暂态电抗相类似的方法，得到负序电抗的表达式。

图 14-41 所示为转子上有励磁绕组和阻尼绕组时，直轴与交轴负序电抗对应的等效电路。图中 X_σ 是定子漏电抗，$X_{f\sigma}$ 是转子励磁绕组折算到定子方面的漏电抗，$X_{Dd\sigma}$、$X_{Dq\sigma}$ 分别为折算到定子方面的直轴和交轴阻尼绕组的漏电抗，X_{ad}、X_{aq} 分别为电枢反应直轴和交轴电抗。

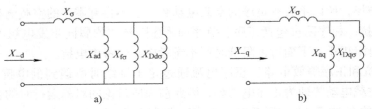

图 14-41　负序电抗对应的等效电路

a）直轴等效电路　b）交轴等效电路

由图 14-41a 可写出直轴负序电抗，即

$$X_{-d} = X_\sigma + \cfrac{1}{\cfrac{1}{X_{ad}} + \cfrac{1}{X_{f\sigma}} + \cfrac{1}{X_{Dd\sigma}}}$$

由图 14-41b 可写出交轴负序电抗，即

$$X_{-q} = X_\sigma + \cfrac{1}{\cfrac{1}{X_{aq}} + \cfrac{1}{X_{Dq\sigma}}}$$

由于负序旋转磁场与转子之间以 $2n_1$ 转速差相对运动，负序旋转磁场的轴线时而与转子直轴重合，时而与转子交轴重合。当负序旋转磁场与转子直轴重合时，定子绕组的直轴负序电抗为 X_{-d}，即为定子的直轴次暂态电抗 X_d''；而当负序旋转磁场与转子交轴重合时，定子绕组的交轴负序电抗为 X_{-q}，即为定子绕组的交轴次暂态电抗 X_q''。因此，负序电抗的平均值 X_- 将介于直轴和交轴负序电抗之间，可近似地认为 X_- 等于 X_{-d} 和 X_{-q} 的算术平均值，即

$$X_- = \frac{X_{-d} + X_{-q}}{2} = \frac{X_d'' + X_q''}{2}$$

对于没有阻尼绕组的同步发电机，直轴和交轴的负序电抗分别为

$$X_{-d} = X_\sigma + \cfrac{1}{\cfrac{1}{X_{ad}} + \cfrac{1}{X_{f\sigma}}} = X_d'$$

$$X_{-q} = X_\sigma + \cfrac{1}{\cfrac{1}{X_{aq}}} = X_\sigma + X_{aq} = X_q$$

则负序电抗为

$$X_- = \frac{X_{-d} + X_{-q}}{2} = \frac{X_d' + X_q}{2}$$

负序电抗的大小与转子结构及铁心的饱和程度有关，其数值范围为 $X_\sigma < X_- < X_d$。

负序等效电路如图 14-42 所示。

③ 零序电抗 X_0 及零序等效电路。零序电流通过定子绕组时所遇到的电抗，即为零序电抗。由于各相零序电流大小相等、相位相同，通入三相绕组时，三相的零序磁动势在空间互差 120°，它们将相互抵消不形成旋转磁场。所以，零序电流只产生定子绕组的漏磁场。

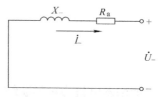

图 14-42　负序等效电路

反映定子绕组漏磁场的零序电抗与定子绕组的节距有关。零序电流的漏磁通分布如图 14-43 所示。对于单层绕组和双层整距绕组的任一瞬间，每一槽内导线的电流方向总是相同的，如图 14-43a 所示，故零序电抗等于正序漏抗。对于双层短距绕组，在一些槽内，上、下层导线圈边属于不同相，故两线圈边中的电流的大小相等、方向相反，零序漏磁通互相抵消，如图 14-43b 所示，绕组节距为 $2\tau/3$ 时零序电抗则小于正序漏抗，其数值范围为 $0 < X_0 < X_\sigma$。零序等效电路如图 14-44 所示。

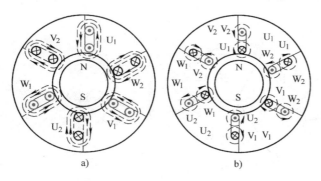

图 14-43　零序电流的漏磁通分布

a) 整距绕组　b) 短距绕组

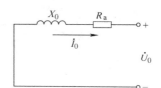

图 14-44　零序等效电路

同步发电机的负序和零序电抗（标幺值）见表 14-2。

表 14-2　同步发电机的负序和零序电抗（标幺值）

电机型式	X_{-*}（额定电流时）	X_{0*}（额定电流时）
二极汽轮发电机	0.155/0.134 ~ 0.18	0.015 ~ 0.08
装有阻尼绕组的水轮发电机	0.24/0.13 ~ 0.35	0.02 ~ 0.20
不装阻尼绕组的水轮发电机	0.55/0.30 ~ 0.70	0.04 ~ 0.25

注：表中斜线以后的数字为参数范围，斜线以前的数字为平均值。

（3）隐极式同步发电机的各种典型不对称运行分析　同步发电机不对称运行，会引起端电压的不对称。下面以隐极式同步发电机为例分析如下。

1）隐极式同步发电机带不对称负载运行。首先列出任一相各序的电动势方程式，当忽略各序电阻时，其通用式为

$$\begin{cases} \dot{E}_0 = \dot{U}_+ + j\,\dot{I}_+ X_+ \\ 0 = \dot{U}_- + j\,\dot{I}_- X_- \\ 0 = \dot{U}_0 + j\,\dot{I}_0 X_0 \end{cases} \qquad (14\text{-}29)$$

因为 $\dot{U} = \dot{U}_+ + \dot{U}_- + \dot{U}_0$，则从式（14-29）得三相端电压为

$$
\begin{cases}
\dot{U}_U = \dot{E}_U - j\dot{I}_{U+}X_+ - j\dot{I}_{U-}X_- - j\dot{I}_{U0}X_0 \\
\dot{U}_V = \dot{E}_V - j\dot{I}_{V+}X_+ - j\dot{I}_{V-}X_- - j\dot{I}_{V0}X_0 \\
\dot{U}_W = \dot{E}_W - j\dot{I}_{W+}X_+ - j\dot{I}_{W-}X_- - j\dot{I}_{W0}X_0
\end{cases}
\tag{14-30}
$$

如果发电机为星形联结且中性点不接地，电流中将不存在零序分量。只含有正序和负序分量。由于各对称分量的电流各自构成独立的对称系统，因此各序电流流过定子绕组时均会产生对应的电动势，如图 14-45 所示。由于发电机为星形联结且中性点不接地，只存在正序和负序电流，故式（14-30）可改写为

$$
\begin{cases}
\dot{U}_U = \dot{E}_U - j\dot{I}_{U+}X_+ - j\dot{I}_{U-}X_- \\
\dot{U}_V = \dot{E}_V - j\dot{I}_{V+}X_+ - j\dot{I}_{V-}X_- \\
\dot{U}_W = \dot{E}_W - j\dot{I}_{W+}X_+ - j\dot{I}_{W-}X_-
\end{cases}
\tag{14-31}
$$

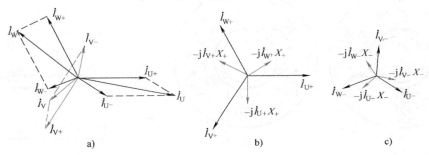

图 14-45　不对称电流的对称分量及产生的电动势

a）三相不对称电流及分量　b）正序电流及电动势　c）负序电流及电动势

根据式（14-31）做出发电机不对称运行时的相量图如图 14-46a 所示，此外还作出发

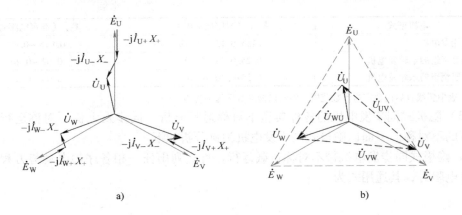

a）

图 14-46　同步发电机不对称运行时的相量图及电压相量图

a）同步发电机不对称运行时相量图　b）电压相量图

电机不对称时的线电压 $\dot{U}_{UV}$、$\dot{U}_{VW}$、$\dot{U}_{WU}$ 和相电压 $\dot{U}_U$、$\dot{U}_V$、$\dot{U}_W$ 相量图如图 14-46b 所示。从图 14-46 中可见，三相的相电压和线电压均出现不对称的情况，显然造成电压不对称的主要原因是发电机中存在负序电压降 $j\dot{I}_-X_-$。

电压不对称的程度以负序电压降占额定电压的百分值计算，如果这个值太大，作为负载的异步电动机、照明等电气设备将不能正常工作，甚至被损坏。此外，电压不对称的程度过大对发电机本身的正常运行也有不利影响。

2）隐极式同步发电机的不对称短路。电力系统中最常见的故障短路多属不对称短路，如单相短路、相间短路等。前面已经分析了突然短路的暂态过程，下面将分析暂态过程结束后进入稳态的不对称问题。在讨论时假定发电机短路前运行在空载状态，并且短路发生在定子绕组的出线端。

① 单相稳态短路。设为 U 相短路，V、W 相开路，如图 14-47 所示，I_K 表示短路电流。

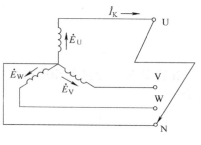

图 14-47　单相稳态短路

该问题的约束条件是
$$\begin{cases} \dot{U}_U = 0 \\ \dot{I}_U = \dot{I}_K \\ \dot{I}_V = 0 \\ \dot{I}_W = 0 \end{cases}$$

设发电机的各相序阻抗已知并且忽略定子电阻，求单相短路后的各相电压、电流。由图 14-47 所示的端点情况，根据对称分量法得各相端电压为

$$\begin{cases} \dot{U}_U = 0 \\ \dot{U}_V = a^2\dot{U}_{U+} + a\dot{U}_{U-} + \dot{U}_{U0} = \left[(a^2-1)X_0 + (a^2-a)X_-\right]\left(-j\dfrac{1}{3}\dot{I}_K\right) \\ \dot{U}_W = a\dot{U}_{U+} + a^2\dot{U}_{U-} + \dot{U}_{U0} = \left[(a-1)X_0 - (a^2-a)X_-\right]\left(-j\dfrac{1}{3}\dot{I}_K\right) \end{cases}$$

式中，$a - a^2 = e^{j120°} - e^{j240°} = j\sqrt{3}$，$a^2 - a = -(a - a^2) = -j\sqrt{3}$。

从以上分析可知：三个相电压和线电压也不对称。

单相负载的分析方法与单相短路类似。

② 相间稳态短路。假设 V、W 相之间短路，U 相开路，如图 14-48 所示。假设已知发电机在短路前的一相空载电动势为 $\dot{E}_U$，发电机的各相序阻抗已知，根据图 14-49 求相间短路后的各相电压、电流。

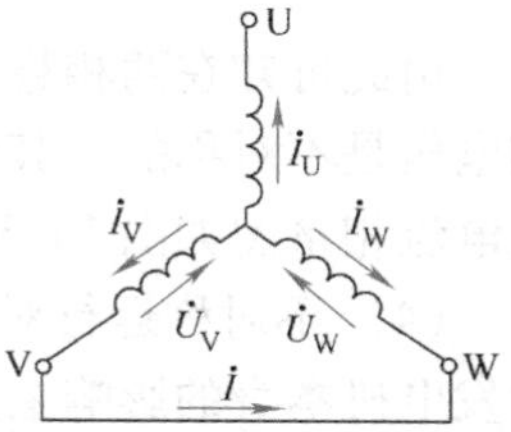

图 14-48　V、W 两相短路

该问题的约束条件是
$$\begin{cases} \dot{I}_U = 0 \\ \dot{I}_U + \dot{I}_V + \dot{I}_W = 0 \\ \dot{U}_{VW} = \dot{U}_V - \dot{U}_W = 0 \end{cases}$$
(14-32)

由式（14-32）得 $\qquad \dot{I}_V = -\dot{I}_W$

解得各相电流为

$$\dot{I}_{U+} = -\dot{I}_{U-} = \frac{j\sqrt{3}}{3}\dot{I}_K = -j\frac{\dot{E}_U}{X_+ + X_-} \qquad (14\text{-}33)$$

$$\dot{I}_V = -\dot{I}_W = a^2\dot{I}_{U+} + a\dot{I}_{U-} + \dot{I}_{U0} = (a^2 - a)\dot{I}_{U+} = j\frac{\sqrt{3}\dot{E}_U}{X_+ + X_-}$$

下面再分析三相电压，从图 14-48 得 $\dot{U}_{VW} = \dot{U}_V - \dot{U}_W = 0$，利用对称分量法得

$$\begin{cases} \dot{U}_{U+} = \dfrac{1}{3}(\dot{U}_U + a\dot{U}_V + a^2\dot{U}_W) \\[2mm] \dot{U}_{U-} = \dfrac{1}{3}(\dot{U}_U + a^2\dot{U}_V + a\dot{U}_W) \\[2mm] \dot{U}_{U0} = \dfrac{1}{3}(\dot{U}_U + \dot{U}_V + \dot{U}_W) = \dfrac{1}{3}(\dot{U}_U + 2\dot{U}_V) \end{cases} \qquad (14\text{-}34)$$

在得到对称分量各相序的电压和电流后，通过合成即可求出实际的各相电压、电流值为

$$\dot{I}_U = \dot{I}_{U+} + \dot{I}_{U-} + \dot{I}_{U0} = 0$$

$$\dot{I}_V = -\dot{I}_W = a^2\dot{I}_{U+} + a\dot{I}_{U-} + \dot{I}_{U0} = (a^2 - a)\dot{I}_{U+} = (a^2 - a)\left(-j\frac{\dot{E}_U}{X_+ + X_-}\right) = j\frac{\sqrt{3}\dot{E}_U}{X_+ + X_-}$$

$$\dot{U}_U = \dot{U}_{U+} + \dot{U}_{U-} + \dot{U}_{U0} = 2j\dot{I}_{U+}X_- = \frac{2\dot{E}_U X_-}{X_+ + X_-}$$

$$\dot{U}_V = \dot{U}_W = a^2\dot{U}_{U+} + a\dot{U}_{U-} + \dot{U}_{U0}$$

$$= (a^2 + a)\dot{U}_{U+} = -\dot{U}_{U+} = -j\dot{I}_{U+}X_-$$

$$= -\frac{\dot{E}_U X_-}{X_+ + X_-}$$

由此可知在两相稳定短路情况下，发电机的三相电压是不对称的，其线电压也是不对称的。可画出电流相量图如图 14-50 所示。

（4）不对称运行对发电机的影响　不对称运行对发电机本身的影响主要有两个方面。

1）引起转子表面发热。不对称运行时，负序旋转磁场以两倍同步转速切割转子表面，从而使转

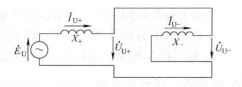

图 14-49　V、W 两相短路的等效电路

子铁心表面槽楔、励磁绕组、阻尼绕组以及转子的其他金属构件中感应出两倍于定子电流频率的电流。这种频率较高的电流在转子表面流通，引起转子表面的损耗，这使隐极式同步发电机励磁绕组的散热更加困难。同时在护环与转子本体搭接的区域，由于接触电阻较大，将产生局部过热甚至烧坏。

2）引起发电机振动。不对称运行时的负序磁场相对转子以两倍同步转速 $2n_1$ 旋转，它与正序主极磁场相互作用，将在转子上产生一个交变的附加转矩，引起机组振动并产生噪声。凸极式同步发电机由于直轴和交轴磁阻的差别，交变的附加转矩作用使机组振动更为严重。

综上所述，对于汽轮发电机，不对称负载的允许值由转子发热条件决定；对于水轮发电机，不对称负载允许值由振动的条件决定。

同步发电机要减少不对称运行的不良影响，就必须削弱负序磁场的作用。因此，发电机的转子上装设阻尼绕组，可有效地削弱负序磁场。汽轮发电机转子本身就起着阻尼作用，水轮发电机中装设阻尼绕组后，不但负序磁场可大为削弱，同时还对励磁绕组起屏蔽作用，使负序磁场在励磁绕组里感应的两倍频率的电流大为减小。负序磁场引起的转子表面环流如图 14-51 所示。

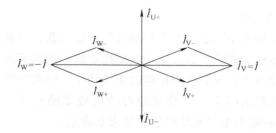

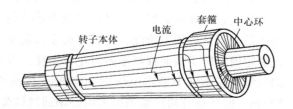

图 14-50　V、W 两相短路的电流相量图　　　　图 14-51　负序磁场引起的转子表面环流

2. 无励磁运行

同步发电机具有交流、直流从定子双边励磁的工作特点。它依靠同步旋转的定子、转子磁场的相互作用而产生电磁转矩，也称同步转矩。原动机的驱动转矩在克服电磁转矩的过程中，将机械能转变成电能。

发电机在运行中，可能因灭磁开关受振动而跳闸，或者因励磁回路的某种原因而断路，从而造成发电机失去励磁，失磁后的运行方式称为无励磁运行。

（1）无励磁运行的物理状况　并联于无穷大容量电力系统的同步发电机正常运行时，从原动机输入的驱动转矩与同步发电机的电磁转矩相平衡，失磁时转子磁场将迅速减小，导致 E_0 的减小，同步转矩随之迅速减小。上述变化过程时间很短，原动机来不及自动调整，转矩失去平衡，在原动机的驱动转矩的作用下，转子加速脱出同步，同时 E_0 减小，发电机的励磁状态变为欠励，从电力系统吸收感性无功功率，以维持气隙旋转磁场。此时，转子电路切割定子旋转磁场而感应交变电流，其频率 f_2 决定于转差 n_2 的大小，即 $n_2 = n - n_1$，$f_2 = pn_2/60$，其中 n 是转子转速，n_1 是旋转磁场的同步转速，n_2 是转子磁动势相对于转子的转速。转子电路感应的交变电流和定子旋转磁场相互作用，产生另一种电磁转矩，称为异步电磁转矩。该转矩也是制动性质的，发电机处于异步运行状态。此时，原动机的驱动转矩克服异步电磁转矩而做功，使发电机继续向电力系统送出有功功率。此外，由于失磁时转子转速升高，将引起原动机的调速器动作，从而减少输给发电机的机械功率，发电机向电力系统输送的有功功率将比失磁前要小。据有关试验可知，一般转子外冷的汽轮发电机无励磁运行时可担负 50% ~60% 额定功率，水内冷转子的发电机可担负 40% ~50% 额定功率。水轮发电机由于是凸极式结构，异步转矩很小，失磁后转子转速尽管超过同步转速很多，有功功率仍然很小，故不允许无励磁运行。

（2）发电机失磁后各物理量的变化 通过上述物理过程的分析，可知道失磁后各物理量将随之变化。

1）由于发电机失磁后需要从电力系统吸收很大的感性电流来维持气隙磁场，故失磁后定子电流增大，而且发电机产生交变电磁转矩，使定子电流波动。

2）无励磁运行时，由于电力系统仍然向发电机输入很大的感性无功电流，这将引起线路压降增大，导致发电机端电压的降低；了解失磁后各物理量的变化情况，在实际工作中，便可以从仪表指示中判断发电机是否失去励磁，从而采取必要的措施。

（3）无励磁运行对发电机和电力系统的影响

1）发电机转子可能过热，这是异步运行造成的。

2）定子绕组温升增加，这是定子电流增大造成的。

发电机无励磁运行时，将导致电力系统的无功功率不足，发电机端母线电压降低，以及由此带来不良后果。因此，运行人员在判明发电机失磁后，如果定子电流摆动的平均值不超过额定值，转子表面损耗不超过正常损耗，以及电力系统能供给足够的无功功率，使发电机的母线电压不低于额定电压的 90% 时，可允许发电机带一定数量的有功负载无励磁运行 30min，但所带有功负载的最大值必须通过试验和根据电力系统稳定的要求来确定。

对于允许无励磁运行的发电机，当发电机失磁后，应当立即减少发电机的负载，使定子电流的平均值降低到允许值以下，然后检查故障情况，若在 30min 内无法恢复励磁，则必须停机处理。

3. 振荡

同步发电机正常运行时，相对静止的合成等效磁场与转子磁场之间依靠磁力线弹性联系。当负载增加时，功率角 δ 将增大，这相当于把磁力线拉长；当负载减少时，功率角 δ 将减小，这相当于磁力线缩短。当负载突然改变时，由于磁力线的弹性作用，δ 不能立即达到新的稳定，而要经过多次周期性的往复摆动，称为同步发电机的振荡。在振荡时，随着功率角的往复摆动，发电机的定子电流、电压、功率以及转矩也将发生周期性的变化，而不再是恒值。振荡现象有时会导致发电机失去同步，因此研究同步发电机的振荡具有重要意义。

（1）振荡的概念 同步发电机振荡的物理模型如图 14-52 所示。当发电机并列在无穷大容量电力系统上稳定运行时，其输入功率与电机损耗及输出功率相平衡，原动机输入驱动转矩与电磁转矩相平衡。此时，电机的功率角 δ 有一确定的数值。在发电机运行过程中，假如其输入或输出功率发生了变化，则发电机应由原来的稳定运行状态转入到另一个新的稳定运行状态，而功率角 δ 的值也必然做相应的改变。但由于发电机组的转动系统具有惯性，因此功率角 δ 的变化不可能从原来的稳定运行状态所对应的功率角 δ_0，立即变到与新的稳定运行状态相对应的功率角 δ_1，而是围绕着新的功率角

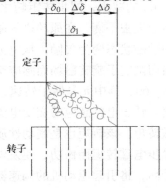

图 14-52 同步发电机振荡
的物理模型

δ_1 多次往复摆动之后才能渐趋稳定，如图 14-52 所示，振荡过程中功率角 δ_1 最大可达到 $\delta_1 + \Delta\delta$，最小为 $\delta_1 - \Delta\delta$。

同步发电机当输入或输出功率改变时，振荡可能发生两种情况：一种是由于存在阻尼作用，振荡振幅将逐渐衰减，最后转子磁极在新的平衡状态下与气隙磁场同步稳定运行，称为同步振荡；另一种是功率角 δ 的摆动越来越大，直至脱出稳定范围，使发电机失步，称为非同步振荡。

发电机受到较大的干扰后，经过短暂的振荡能恢复并保持稳定的同步运行，称为同步发电机的动态稳定，否则为动态不稳定。

（2）发电机出现振荡失步时各物理量的变化及其防止振荡的措施　当发电机同步振荡时，转子磁场与定子磁场并不同步，功率角 δ 忽大忽小，这将引起定子电流、电压和功率的周期性变化，励磁电流在正常值附近有微小的波动。如果振荡导致发电机失步，将出现定子电流、电压和有功负载大幅度摆动，转子电流也有较大幅度的摆动。同时发电机发出不是恒速转动的声音变化，并与表盘上指针的摆动频率相对应。

发电机振荡失步时，应通过增加励磁电流和减少发电机的有功负载，有效地恢复同步。

在发电机转子上装设阻尼绕组，对抑制发电机的振荡是较为有效的。因为振荡时阻尼绕组中的感应电流与定子磁场所产生的阻尼转矩是阻碍转子摆动的。

在采取恢复同步的措施后，仍不能抑制住振荡时，为使发电机免遭持续过电流的损害，应在 2min 之内将发电机与系统解列。

14.3　技能培养

14.3.1　技能评价要点

该学习情境的技能评价要点见表 14-3。

表 14-3　"同步电机的运行管理"学习情境的技能评价要点

序号	技能评价要点	权重（%）
1	能正确认识同步发电机并联运行的必要性并掌握并联运行的方法	5
2	能正确认识同步发电机的功角特性及有功和无功的调节	10
3	能正确认识同步发电机的 V 形曲线的定义及作用	10
4	能正确认识同步发电机的功角的两重含义	5
5	能正确认识同步发电机的运行状态与功角的关系	10
6	能正确认识同步发电机的 V 形曲线与励磁状态的关系	5
7	能正确认识同步发电机静态稳定的基本概念及判断方法	10
8	能正确认识同步电动机的主要特点以及同步调相机的功能	5
9	能正确认识同步电动机的起动方法	5
10	能正确认识同步发电机突然短路时内部各电气参数及物理量的变化情况	5
11	能正确认识同步发电机不对称运行时内部各电气参数及物理量的变化情况	5

（续）

序号	技能评价要点	权重（%）
12	能正确认识同步发电机无励磁运行时各物理量的变化情况	5
13	能正确认识同步发电机振荡的基本概念及动态稳定的定义	5
14	培养质量第一、安全第一意识；培育服从调度命令的意识；提高综合分析能力	15

14.3.2 技能实训

1. 应知部分

（1）填空题

1）同步电动机因为没有_____故不能自行起动，因此同步电动机常采用_____法起动。

2）同步补偿机只相当于_____的同步电动机，专门用来调节_____，所以又叫同步调相机。

3）同步电动机机械负载转矩的变化会引起电磁转矩的变化，但不会引起_____的变化。

4）电压相位不十分相同的两台同步发电机投入并联运行后，能自动调整相位进入正常运行，这一过程称为_____。

5）准同步法又叫相灯法，它分为_____和_____。其中_____还能鉴别发电机频率的高低。

6）常用同步电动机作电容性负载状态工作，起一定的_____作用，以改善电网的_____和_____。

7）三相同步电动机与三相异步电动机在电磁现象上的不同之处在于前者转子电流是靠_____通入的_____电流，而后者是以_____方式产生的_____电流。

8）同步发电机并网的条件是：（1）_____；（2）_____；（3）_____。

9）同步电机的功角 δ 有双重含义，一是_____和_____之间的夹角；二是_____和_____空间夹角。

（2）判断题（对：√；错：×）

1）同步电动机常作无功补偿用，以改善电网的功率因数和调压，此时励磁工作于过励状态。 （   ）

2）只有同步电动机转子的转速达到同步转速的95%左右时，才具有牵入同步的能力。 （   ）

3）通过改变同步发电机的励磁电流 I_f 既可以调节无功，又可以调节有功。 （   ）

4）当旋转灯光法将同步发电机并网时，发现各相灯是同亮同暗，则说明相序接反了。 （   ）

5）在实际工作中，同步发电机绝对满足并网条件是困难的，所以只要发电机与电网频率相差不超过 0.2% ~ 0.5%，电压有效值相差不超过 5% ~ 10%，相序相同且相位相差不超过 10°，即可并入电网。 （   ）

6）改变同步发电机的励磁电流，只能调节无功功率。 （   ）

7）同步发电机静态过载能力与短路比成正比，因此短路比越大，静态稳定性越好。 （   ）

8）同步发电机的短路特性曲线与其空载特性曲线相似。　　　　　　（　　　）

9）同步发电机的稳态短路电流很大。　　　　　　　　　　　　　　（　　　）

10）凸极同步电机中直轴电枢反应电抗大于交轴电枢反应电抗。　　（　　　）

（3）选择题

1）处于过励运行状态的同步补偿机，是从电网吸取（　　　）。

A. 电感性电流　　　　　　B. 电容性电流　　　　　　C. 电阻性电流

2）同步电动机转子的转速必须达到同步转速的（　　　）才能牵入同步。

A. 75%左右　　　　　　　B. 85%左右　　　　　　　C. 95%左右

3）在同步电动机异步起动中，为避免因励磁绕组感应出高压，一般先在励磁绕组中串联（　　　）倍励磁绕组阻值的电阻，再短接。

A. 3～5　　　　　　　　　B. 7～10　　　　　　　　C. 15～20

4）造成同步电机失磁故障的原因是（　　　）。

A. 负载转矩太大　　　　　B. 励磁回路断线　　　　　C. 励磁绕组有匝间短路

5）同步电动机起动时磁极虽已通励磁电流，但转子始终不能牵入同步，其原因是（　　　）。

A. 集电环发生跳火现象　　B. 起动电压太低　　　　　C. 磁极变阻器接触不良

6）在实际工作中，同步发电机并网时要求发电机与电网的频率相差不超过 0.2%～0.5%，电压有效值相差不超过 5%～10%，发电机的相序与电网相序相同，并且相位差不超过（　　　）。

A. 5°　　　　　　　　　　B. 10°　　　　　　　　　C. 20°

7）当同步电动机在额定电压下带额定负载运行时，调节励磁电流的大小，可以改变（　　　）。

A. 同步电动机的转速　　　B. 输入电动机的有功　　　C. 输入电动机的无功

8）同步电动机作同步补偿机使用时，若所接电网的功率因数是感性的，为了提高电网功率因数，那么应该使该机处于（　　　）。

A. 欠励运行　　　　　　　B. 过励运行　　　　　　　C. 正常励磁

9）同步发电机稳定短路电流不很大的原因是（　　　）。

A. 漏阻抗较大　　　　　　　　　　　　　B. 短路电流产生去磁作用较强

C. 电枢反应产生增磁作用　　　　　　　　D. 同步电抗较大

10）同步补偿机的作用是（　　　）。

A. 补偿电网电力不足　　　　　　　　　　B. 改善电网功率因数

C. 作为用户的备用电源　　　　　　　　　D. 作为同步发电机的励磁电源

（4）问答题

1）试简述三相同步发电机投入并联的条件。为什么通常不采用自同期法并车？为什么在采用自同期法并车时，励磁绕组需串电阻短路？

2）同步发电机并入电网时，或并联运行时，必须满足哪几个条件？哪些条件在具体操作时必须注意？

3）如果采用灯光熄灭法进行整步入网，却看见旋转灯光现象，试问是什么原因？应该如何处理？

4）功率角 δ 是电角度还是机械角度？说明它的物理意义。

5）并联于无穷大容量的电力系统的隐极式同步发电机，当保持励磁电流不变而增加有功功率输出时，功率角 δ 和无功功率输出是否改变？试用相量图说明之。

6）试述 φ、δ、ψ 这三个角度所代表的意义。同步电机在下列各种运行状态分别与哪个角度有关？角度的正、负号又如何？

① 功率因数滞后、超前。

② 过励、欠励。

③ 去磁、助磁、交磁。

④ 发电机状态、调相运行状态。

7）说明下列情况同步发电机的稳定性。

① 当有较大的短路比或较小的短路比时。

② 当过励状态下运行或欠励状态下运行时。

③ 在轻负载下运行或满负载下运行时。

8）改变励磁电流时，同步电动机的定子电流发生什么变化？对电网有什么影响？

9）什么叫同步电动机的 V 形曲线？它有什么用途？

10）同步电动机为什么不能自行起动？一般采用哪些起动方法？

11）为什么变压器的 $X_+ = X_-$，而同步发电机的 $X_+ \neq X_-$？

12）为什么同步发电机的稳态短路电流不太大，而变压器的稳态短路电流却很大？

13）试述同步发电机无励磁运行时各物理量的变化情况。

14）当同步发电机振荡时，为什么要采取增加励磁电流和减小有功功率等措施？

15）总结同步发电机各种电抗的物理意义。按大小次序排列之。

2. 应会部分

会用灯光法将同步发电机并入电网。

学习情境 15　同步发电机的维护

15.1　学习目标

【知识目标】　掌握发电机非同期并列对发电机的危害；掌握发电机温度升高的原因、现象及处理措施；掌握发电机定子绕组损坏的现象及处理措施；掌握发电机转子绕组接地的现象及处理措施；掌握发电机失磁的现象及处理措施；掌握发电机升不起电压的原因及处理措施；掌握发电机过载的危害。

【能力目标】　培养学生处理同步发电机一般故障的能力。

【素质目标】　强化自觉应用 6S（整理、整顿、清扫、清洁、素养和安全）规范；强化学生分析、解决问题能力；强化工匠精神和节约意识。

15.2　基础理论

15.2.1　同步发电机的运行与维护

1. 发电机完好的标准

1）持续地达到铭牌标示的输出功率，温升合格，运行参数正常，并能随时投入运行。

2）机组振动不大于规定值。

3）主体完整清洁，零部件完整齐全。

4）绝缘良好，电气试验符合我国电力行业标准 DL/T 596—1996《电力设备预防性试验规程》的要求。

5）定子绕组端部无严重油垢及变形，垫块及端部绑扎牢固，转子套箍及绑线良好。

6）冷却系统严密，无漏风现象，冷却效果良好。

7）电刷完整良好，不跳动、不过热，换向器火花不大于 3/2 级。

8）装有差动保护、过电流保护、接地保护及强行励磁、自动灭磁、灭火装置等主要保护装置的发电机，其信号和动作应可靠。

9）一次回路及励磁回路的设备技术状况良好。

10）温度表、电压表、电流表、功率表完好、准确。

11）轴承润滑良好，不漏油。

12）设备图样、设备履历、出厂试验及历次试验记录、检修记录及运行日志等技术资料齐全。

2. 同步发电机的试运行

试运行是在发电机的继电保护经过调试和整定后进行，其目的是对机组安装质量、电气性能及运行可靠性进行一次全面检查和鉴定。试运行应按照下列步骤进行：

（1）发电机起动前的检查

1）检查发电机各主回路、二次回路的接线是否良好可靠，发电机外壳接地电阻是否符合要求。

2）发电机轴承温度表、进出口温度表是否完好。

3）发电机励磁开关和复合开关是否在断开位置。

4）装有油断路器的发电机组，应检查油断路器的油位是否正常。

5）检查一、二次回路熔断器是否完整，熔体额定电流是否符合要求。

6）将各仪表指针调至零位，频率表和功率因数表指针应在自由位置。

7）装有继电保护的机组，应检查直流电源回路熔断器是否装上，并对油断路器或空气开关进行试跳试合。

8）测量发电机定子绕组对地绝缘和转子绕组对地绝缘及吸收比。

9）检查励磁机电刷位置和接线是否正确。电刷在刷握内是否灵活、弹簧压力是否适当。

10）测量励磁机励磁回路和电枢绕组的对地绝缘电阻（半导体励磁发电机测量绝缘时应将半导体励磁装置从励磁回路断开）。

11）将励磁变阻器调到电阻最大值。

12）如有硅整流器，应按规定条件保证它有一定的冷却方式（水冷、风冷或自冷），对晶闸管励磁装置，应将电位器调到零位。

13）检查保护回路连接板是否投入。

14）水轮发电机除上述检查外应增加表 15-1 中的检查内容。

表 15-1　水轮发电机起动前检查的补充内容

检 查 项 目	备　　注
推力油槽给排油阀是否全关闭	
推力油槽油面是否合格	不得高于标准线 5mm、低于 20mm
下导排油阀是否全关闭	
下导油面是否合格	在顶丝中心
水导油面是否合格	在顶丝中心
各轴承油温不得低于 5℃、高于 50℃	在低于 5℃ 时不准开机
推力轴承冷却水阀是否打开	

（2）发电机起动

1）在柴油机或水轮机起动时，用听针仔细倾听发电机内部有无摩擦和异常声响，如有异常声响应立即停止运行，查明原因并及时排除故障。

2）如无异常音响，可在柴油机或水轮机达到额定转速后投入励磁开关，调节磁场变阻器电阻，缓慢地升起电压，观察励磁电流表和励磁电压表。当定子电压表指针升至 1/2 额定值时，暂停升压，检查三相电压是否平衡，检查发电机音响和电刷有无异常，如正常，可继续升压至额定值。然后再检查发电机的轴承温度、绕组温度以及母线和开关设备等是否正常。

3）如需做发电机定子绕组匝间耐压试验，可在此时配合试验人员进行试验。

4）向柴油机或水轮机发带负载信号，大容量机组宜在 50% 负载下运转 5～10min，然后逐步增加负载至额定值。

3. 正常情况下对发电机的监视

（1）一般要求

1）发电机不允许长期过载运行。

2）发电机电压应符合铭牌规定，最低允许运行电压不低于额定值的 90%，最高不得大于额定值的 10%。

3）发电机频率变动范围不超过 ±0.2Hz（电网装机容量 300 万 kW 及以上）和 ±0.5Hz（电网装机容量 300kW 以下）。

4）转子电流不允许超过额定值。

5）在额定负载连续运行时，三相不平衡电流之差不得超过额定值的 10%，水轮发电机不得超过 20%，且其中任何一相不得超过额定值。

6）发电机并联运行时，应注意有功功率和无功功率的分配。

（2）发电机在运行中的巡回检查内容

1）发电机的定子温度、励磁机或蒸馏元件的温度是否正常。

2）发电机的冷却空气的进口和出口温度是否正常，进口空气滤网是否畅通。

3）用听针仔细倾听发电机两轴承声音是否和谐正常，并倾听定子声音（正常情况下，定子内部是轻微、匀称的"嗡嗡"电磁声）。

4）轴承润滑和温度是否正常，冷却水流量是否足够。

5）发电机出线电缆和励磁机出线是否有过热引起的变色、漏油和流胶等现象。

6）换向器和集电环电刷的火花情况以及电刷磨损情况。

7）观察整个发电机的振动情况。

8）对发电机有关的电气回路应进行下列检查：

① 一次回路上的所有设备与电缆或母线的连接接点是否有因接触不良或过热引起的变色、放电或烧红等现象。

② 高压设备上的断路器油色、油位是否正常。对电压互感器、电流互感器进行外观检查，看有无漏油，或因内部故障引起过热、流胶或电磁声音异常等现象。

③ 断路器上支持绝缘子表面是否清洁，是否有放电或裂纹的痕迹。

4. 发电机不正常运行和事故处理

1）在事故情况下，发电机允许在短时间内过载运行。表 15-2 是发电机定子允许过载的数值和时间。值班人员应密切监视定子绕组及转子绕组的温度，保证在允许范围内运行。

表 15-2 发电机事故过载允许数值

定子绕组短时过载电流/额定电流	1.1	1.12	1.15	1.25	1.5
持续时间/min	60	30	15	5	2

2）发电机的温升不得超过铭牌规定值；当无铭牌规定时，应按照该发电机绕组绝缘等级限定的范围运行。各级绝缘温升限度见表 15-3。

表 15-3　电机的温升限度（环境温度为 40°C） 　　　　（单位：℃）

电机部件	温升限度									
	A 级绝缘		E 级绝缘		B 级绝缘		F 级绝缘		H 级绝缘	
	温度计法	电阻法	温度计法	电阻法	温度计法	电阻法	温度计法	电阻法	温度计法	电阻法
电机绕组	50	60	65	75	70	80	85	100	105	125
不与绕组接触的铁心及其他部件	这些部分的温升不应该达到足以使任何相近的绝缘或其他材料有损坏危险的数值									
与绕组接触的铁心及其他部件	60	—	75	—	80	—	100	—	125	—
换向器或集电环	60	—	70	—	80	—	90	—	100	—
滑动轴承 滚动轴承	在环境温度为 40°C 时，滑动轴承的允许温度不应该超过 80°C，滚动轴承的允许温度不应超过 95°									

3）发电机出现不正常运行或事故时，应根据仪表指示，判明原因，采取措施，详见表 15-4。

表 15-4　发电机不正常运行及处理方法

配电屏仪表指示现象	故障原因	处理方法
1. 定子电流表指针摆动剧烈 2. 发电机电压表摆动剧烈，端电压降低 3. 功率表的指针在全表盘上摆动 4. 转子电流表指针在正常值附近摆动 5. 发电机发出鸣音，其节奏与上列各表指针摆动合拍	与系统并列的发电机发生振荡及失去同期	增强励磁电流，争取恢复同期，有自动调整励磁的发电机，应减少有功负载。上述措施无效时，应将发电机解列
1. 有功功率表指示反向 2. 无功功率表通常指示升高 3. 定子电流表指示可能稍低 4. 定子电压表、转子电流表和励磁电压表指示正常	电力倒送、发电机变为电动机运行	提高原动机转速，增加有功负载使发电机脱出电动机运行方式，如无效，应将发电机解列，查明原动机故障
1. 转子电流表指示等于或近于零 2. 功率表指示较正常数值低 3. 定子电流指示升高 4. 功率因数表指向进相 5. 无功功率表倒转	与系统并列的发电机励磁中断	设法恢复励磁，如无效，应断开励磁开关和断路器。水轮发电机失去励磁时，应立即从电网断开
1. 转子电流表、励磁电压表指示反向到头 2. 定子电流表和定子电压表指示正常	励磁机的极性反向	如安全条件允许，不必停机处理，只需将励磁电压表接线在端子处互换，转子电流表则应设法将回路短接，将电流表接线在端子处互换，然后拆除短接线。对装有分流器的转子电流表，可直接在二次接线处互换
1. 定子电流表指示最大值，甚至撞击针挡 2. 定子电压表指示明显降低 3. 转子电流表指示升高	外部短路而保护拒动或熔丝未能熔断	降低励磁电流，断开断路器，查明并处理短路部位

4）当发电机轴承由于润滑不足或轴承冷却水中断，引起轴承温度升高时，应立即设法恢复，如短时间无法恢复而轴承温度持续上升，应立即停机处理。

5）当发电机内有发出严重焦臭味、冒烟、发火、严重振动等情况时，应立即停机。

6）当发电机内部着火时，应立即断开励磁开关和主开关，并降低转速至 10% 左右运转，堵塞进风道，向机内喷水或用四氯化碳、干粉灭火器等灭火，禁止使用泡沫灭火器或砂子灭火，当确认火灾扑灭后，方可停机检修。

7）在运行中若某一仪表指示失常，使某一参数不能反映发电机的真实情况，这时可能引起误判断而造成事故扩大，应根据具体情况和其余仪表指示，进行认真的分析。例如：

① 定子电压表突然指示为零，频率表失去指示，定子电流表、转子电流表和励磁电压表均指示正常，则说明电压表本身或电压表回路故障。

② 定子电压表指示为零，频率表失去指示，定子电流表和转子电流表指示正常，则说明是仪用电压互感器故障或其二次回路内熔丝熔断。

③ 定子电流表的一相指示为零，但定子电压表三相电压平衡，转子电流表和励磁电压表指示正常，则可能是该相电流互感器故障或二次回路断线。

④ 运行中发电机负载正常，定子电流表及定子电压表指示正常，但转子电流表、励磁电压表指针反向，则说明发电机逆励磁。

发现上述情况，运行人员应尽可能不改变发电机出力，采取措施，迅速排除故障。

8）励磁机换向器允许在有轻微火花时长期运行，但当火花达到 2 级或 3 级时，应找出原因，及时加以排除。

5. 同步发电机的维护

1）发电机应定期用 $3 \sim 5 kg/cm^2$ 的压缩空气吹净换向器和集电环上的灰尘。

2）运行中的发电机，如由于换向器或集电环上油垢引起电刷火花增大，运行人员应用不掉纤维的干净白布小心擦拭。如无效，可用白布浸蘸微量工业酒精在离火花最远处进行擦拭，以防引燃酒精。

3）定期清洗冷却空气进风滤网，擦拭轴承座绝缘垫周围的油泥积垢。

4）发电机停用时的检查维护：

① 测量励磁系统绝缘电阻，对晶体管励磁的发电机，应将晶体管自励磁回路断开，以防高阻表的高电压将晶体管击穿。

② 检查换向器电刷和集电环电刷，对磨损过短，碎裂和严重灼伤的电刷应更换与原牌号一致的电刷，更换后的电刷应用 00 号玻璃砂纸仔细研磨，使刷面与换向器、集电环有良好的弧形接触面。

③ 检查励磁机各接线头有无松动。磁场变阻器动静触头是否接触良好，如有松动、脏污，应检查和清扫。

④ 检查轴承润滑情况，滑动轴承在运行 $500 \sim 1000h$ 后，应更换为新的润滑油。对于滚动轴承的电机，在运行 $2500 \sim 3000h$ 后应用汽油清洗后再更换润滑脂，在运行 1000h 后应添一次油。

15.2.2　同步发电机的常见故障及对策

发电机在运行中会不断受到振动、发热、电晕等各种机械力和电磁力的作用，加之由于设计、制造、运行管理以及系统故障等原因，常常引起发电机温度升高、转子绕组接地、定子绕组绝缘损坏、励磁机电刷打火、发电机过载等故障，同步发电机运行中常见的一些故障分析如下。

1. 发电机非同期并列

发电机用准同期法并列时，应满足电压、周波、相位相同这三个条件，如果由于操作不当或其他原因，并列时没有满足这三个条件，发电机就会非同期并列。它可能使发电机损坏，并对系统造成强烈的冲击，因此应注意防止此类故障的发生。

当待并发电机与系统的电压不相同，其间存有电压差，在并列时就会产生一定的冲击电流。一般当电压相差在 ±10% 以内时，冲击电流不太大，对发电机也没有什么危险。如果并列时电压相差较多，特别是大容量电机并列时，如果其电压远低于系统电压，那么在并列时除了产生很大的电流冲击外，还会使系统电压下降，可能使事故扩大。一般在并列时，应使待并发电机的电压稍高于系统电压。

如果待并发电机电压与系统电压的相位不同，并列时引起的冲击电流将产生同期转矩，使待并发电机立刻牵入同步。如果相位差在 ±3° 以内，产生的冲击电流和同期转矩不会造成严重影响。如果相位差很大，冲击电流和同期转矩将很大，可能达到三相短路电流的两倍，它将使定子线棒和转轴受到一个很大的冲击应力，可能造成定子端部绕组严重变形，联轴器螺栓被剪断等严重后果。为防止非同期并列，有些厂家在手动准同期装置中加装了电压差检查装置和相角闭锁装置，以保证在并列时电压差、相角差不超过允许值。

2. 发电机温度升高

1）定子绕组温度和进风温度正常，而转子温度异常升高，这时可能是转子温度表失灵，应作检查。发电机三相负载不平衡超过允许值时，也会使转子温度升高，此时应立即降低负载，并设法调整系统以减少三相负载的不平衡度，使转子温度降到允许范围之内。

2）转子温度和进风温度正常，而定子温度异常升高，可能是定子温度表失灵。测量定子温度用的电阻式测温元件的电阻值有时会在运行中逐步增大，甚至开路，这时就会出现某一点温度突然上升的现象。

3）若进风温度和定子、转子温度都升高，就可以判定是冷却水系统发生了故障，这时应立即检查空气冷却器是否断水或水压太低。

4）当进风温度正常而出风温度异常升高时，这就表明通风系统失灵，这时必须停机进行检查。有些发电机组通风道内装有导流挡板，如因操作不当就会使风路受阻，这时应检查挡板的位置并纠正。

3. 发电机定子绕组损坏

发电机由于定子线棒绝缘击穿，接头开焊等情况将会引起接地或相间短路故障。当发电机发生相间短路事故或在中性点接地系统运行的发电机发生接地时，由于在故障点通过大量电流，将引起系统突然波动，同时在发电机旁往往可以听到强烈的响声，视察窗外可以看见电弧的火光，这时发电机的继电保护装置将立即动作，使主开关、灭磁开关和危急遮断器跳闸，发电机停止运行。

如果发电机内部起火，对于空冷机组则应在确知开关均已跳闸后，开启消防水管，用水进行灭火，同时保持发电机在 200r/min 左右的低速盘车。火势熄灭后，仍应保持一段时间的低速运转，待其完全冷却以后再将发电机停转，以免转子由于局部受热而造成大轴弯曲。

氢冷和水冷发电机一般不会引起端部起火。对于在中性点不接地的系统中运行的发电机，发生定子绕组接地故障时，只有发电机的接地保护装置动作报警。运行人员应立即查明接地点，如接地点在发电机内部，则应立即采取措施，迅速将其切断；如接地点在发电机外部，则应迅速查明原因，并将其消除。对于容量为 15MW 及以下的汽轮机，当接地电容电流小于 5A 时，在未消除前允许发电机在电网一点接地情况下短时间运行，但至多不超过 2h；对容量或接地电容电流大于上述规定的发电机，当定子回路单相接地时，应立即将发电机从电网中解列，并断开励磁。发电机在运行中，有时运行人员没有发现系统的突然波动，汽机操作员也没有发来危急信号，但发电机因差动保护动作使主断路器跳闸，这时值班人员应检查灭磁开关是否也已跳闸，若由于操作机构失灵没有跳闸，应立即手动将其跳闸，并把磁场变阻器调回到阻值最大的位置，将自动励磁调解装置停用，然后对差动保护范围内的设备进行检查，当发现设备有烧损、闪络等故障时应立即进行检修。发现任何不正常情况时，应用 2500V 绝缘电阻表测量一次回路的绝缘电阻，如测得的绝缘电阻值换算到标准温度下的阻值与以往测量的数值比较时，已下降 1/5 以下，就必须查明原因，并设法消除。如测得的绝缘电阻值正常，则发电机可经零起升压后并网运行。

4. 发电机转子绕组接地

发电机转子绝缘损坏、绕组变形、端部严重积灰时，将会引起发电机转子接地故障。转子绕组接地分为一点接地和两点接地。转子一点接地时，线匣与地之间尚未形成电气回路，因此在故障点没有电流通过，各种表的指示正常，励磁回路仍能保持正常状态，只是继电保护信号装置发出"转子一点接地"信号，其发电机可以继续进行。但转子绕组一点接地后，如果转子绕组或励磁系统中任一处再发生接地，就会造成两点接地。

转子绕组发生两点接地故障后，部分转子绕组被短路，因为绕组直流电阻减小，所以励磁电流将会增大。如果绕组被短路的匝数较多，就会使主磁通大量减少，发电机向电网输送的无功功率显著降低，发电机功率因数增高，甚至变为进相运行，定子电流也可能增大。同时，由于部分转子绕组被短路，发电机磁路的对称性被破坏，它将引起发电机产生剧烈的振动，这时凸极式发电机更为显著。转子线圈短路时，因励磁电流大大超过额定值，如不及时停机，切断励磁回路，转子绕组将会烧损。为了防止发电机转子绕组接地，运行中要求每个值班人员均应通过绝缘监视表测量一次励磁回路绝缘电阻。若绝缘电阻低于 0.5MΩ，值班人员必须采取措施，对运行中励磁回路可能清扫到的部分进行吹扫，使绝缘电阻恢复到 0.5MΩ 以上；当转子绝缘电阻下降到 0.01MΩ 时，就应视作已经发生了一点接地故障。当转子发生一点接地故障后，就应立即设法消除，以防发展成两点接地。如果是稳定的金属性接地故障，而一时没有条件安排检修时，就应投入转子两点接地保护装置，以防止发生两点接地故障后，烧坏转子，使事故扩大。

转子绕组发生匝间短路事故时，情况与转子两点接地相同，但一般这时短路的匝数不多，影响没有两点接地严重。如果转子两点接地保护装置投入，则它的继电器也将动作，此时应立即切断发电机主断路器，使发电机与系统解列并停机，同时切断灭磁开关，把磁场变阻器放在电阻最大位置，待停机后对转子和励磁系统进行检查。

5. 发电机失磁

（1）发电机失磁原因　运行中的发电机，由于灭磁开关因振动或误动而跳闸，磁场变阻器接触不良，励磁机磁场线圈断线或整流器严重打火，自动电压调整器故障等原因，造成励磁回路断路时，将使发电机失磁。

（2）失磁后各仪表上反映的情况　发电机失磁后转子励磁电流突然降为零或接近于零，励磁电压也接近为零，且有转差率的摆动，发电机电压及母线电压均较原来降低。定子电流表指示升高，功率因数表指示进相，无功功率表指示为负，表示发电机从系统中吸取无功功率，各仪表的指针都摆动，摆动的频率为转差率的2倍。

（3）失磁后产生的影响　发电机失磁后，就从同步运行变成异步运行，从原来向系统输出无功功率变成从系统吸取大量的无功功率，发电机的转速将高于系统的同步转速。这时由定子电流产生的旋转磁场将在转子表面感应出频率等于转差率的交流感应电动势，它在转子表面产生感应电流，使转子表面发热。发电机所带的有功负载越大，则转差率越大，感应电动势越大，电流也越大，转子表面的发热也越大。

在发电机失磁瞬间，转子绕组两端将有过电压现象产生。转子绕组与灭磁电阻并联时，过电压数值与灭磁电阻值有关，灭磁电阻值大，转子绕组的过电压值也大。试验表明，如果灭磁电阻值选择为转子热态电阻值的5倍，则转子的过电压值为转子额定电压值的2~4倍。

（4）失磁后允许运行时间及所带负载　发电机失磁后是否可以继续运行，与失磁运行的发电机容量和系统容量的大小有关。大容量的发电机失磁后，应立即从电网中切除，停机处理。若发电机容量较小，电网容量较大，一般允许发电机在短时间内、低负载下失磁运行，以待处理失磁故障。对于允许励磁运行的发电机，发生失磁故障后，应立即减小发电机负载，使定子电流的平均值降低到规定的允许值以下，然后检查灭磁开关是否跳闸。如已跳闸就应立即合上，如灭磁开关未跳闸或合上后失磁现象仍未消失，则应停用自动调节励磁装置，并转动磁场变阻器手轮，尝试增加励磁电流。此时若仍未能恢复励磁，可以再尝试换用备用励磁机供给励磁。经过这些操作后，如果仍不能使失磁现象消失，就可以判断为发电机转子发生故障，必须在30min以内安排停机处理。

（5）如何判断发电机失磁　当有下列现象时，可判断为转子失磁：

1）转子电流表指示等于零或接近零（转子线圈的匝间短路，则转子电流不为零）。

2）转子电压表指示将偏高，转子失磁瞬间，线圈两端将产生过电压。

3）定子电流表指示升高并摆动。由于机组既发出有功功率又吸收大量无功功率，电流表指示将升高，摆动是因为转子中有交流电流及转子的纵轴、横轴磁阻不对称。

4）有功功率表指示降低并不断摆动。由于失磁，转速升高；又由于调速器通过自动调整作用将导水叶关小，主动力矩减小，所以有功功率随即降低；因定子电流摆动，故功率表指示亦摆动。

5）发电机母线电压降低。因发电机向系统吸收无功功率，电流大，沿路压降大，所以母线电压降低；由于发电机电流摆动，因此发电机电压摆动。

6）无功功率表指示为负值，功率因数表则指示超前。因发电机失磁后，该机从系统吸收无功功率。

针对以上仪表指针指示情况，可判断该机是否失磁。假如失磁，则应采取安全措施，对不允许无励磁运行的发电机应立即从电网上解列，查明失磁原因，消除故障，尽快使机组投入运行。

6. 发电机升不起电压

此类故障多发生在自励式同轴直流励磁机励磁的发电机上。

（1）故障现象　　发电机升速到额定转速后，给发电机励磁时，励磁电压和发电机定子电压升不上去或有励磁电压，而发电机电压升不到额定值。

（2）故障原因

1）励磁机剩磁消失。

2）励磁机并励线圈接线不正确。

3）励磁回路断线。

4）励磁机换向器片间有短路故障，励磁机电刷接触不好或安装位置不正确。

5）发电机定子电压测量回路故障。

（3）一般处理　　当发电机起动到额定转速后升压时，如励磁机电压和发电机电压升不起来，就应检查励磁回路接线是否正确，有无断线或接触不良，电刷位置是否正确，接触是否良好等。如以上各项都正常，而励磁机电压表有很小指示时，表示励磁机磁场线圈极性接反，应把它的正、负两根连线对换。如果励磁机电压表没有指示，则表明剩磁消失，应该对励磁机进行充磁。

7. 发电机过载运行

运行中的发电机应在规定的额定负载或以下运行，否则发电机定子、转子温度将超过其允许数值，使发电机定子、转子绝缘会很快老化而损坏，所以当发电机过载时，应进行调整，降低负载。

当系统发生事故，使电力不足或因系统运行情况突变而威胁到系统的静态稳定时，允许发电机在短时间内过载运行，此时值班人员应密切监视定子、转子绕组温度，其数值不得超过正常允许的最高监视温度。转子绕组也允许在事故情况有相应的过载。但是对任何发电机，都禁止在正常情况下使用这些过载裕量。

15.2.3　同步发电机的振荡与失步

同步发电机正常运行时，定子磁极和转子磁极之间可看成有弹性的磁力线联系。当负载增加时，功率角将增大，这相当于把磁力线拉长；当负载减小时，功率角将减小，这相当于磁力线缩短。当负载突然变化时，由于转子有惯性，转子功率角不能立即稳定在新的数值，而是在新的稳定值左右要经过若干次摆动，这种现象称为同步发电机的振荡。

振荡有两种类型：一种是振荡的幅度越来越小，功率角的摆动逐渐衰减，最后稳定在某一新的功率角下，仍以同步转速稳定运行，称为同步振荡；另一种是振荡的幅度越来越大，功率角不断增大，直至脱出稳定范围，使发电机失步，发电机进入异步运行，称为非同步振荡。

1. 发电机振荡或失步时的现象

1）定子电流表指示超出正常值，且往复剧烈运动。这是因为各并列发电机电动势间夹角发生了变化，出现了电动势差，使发电机之间流过环流。由于转子转速的摆动，使电动势间的夹角时大时小，转矩和功率也时大时小，因而造成环流也时大时小，故定子电流的指针就来回摆动。这个环流加上原有的负载电流，其值可能超过正常值。

2）定子电压表和其他母线电压表指针指示低于正常值，且往复摆动。这是因为失步发电机与其他发电机电动势间夹角在变化，引起电压摆动。因为电流比正常时大，电压降也大，引起电压偏低。

3）有功负载与无功负载大幅度剧烈摆动。因为发电机在未失步时的振荡过程中送出的功率时大时小，以及失步时有时送出有功功率，有时吸收有功功率的缘故。

4）转子电压表、电流表的指针在正常值附近摆动。发电机振荡或失步时，转子绕组中会感应交变电流，并随定子电流的波动而波动，该电流叠加在原来的励磁电流上，就使得转子电流表指针在正常值附近摆动。

5）频率表忽高忽低地摆动。振荡或失步时，发电机的输出功率不断变化，作用在转子上的转矩也相应变化，因而转速也随之变化。

6）发电机发出有节奏的轰鸣声，并与仪表指针摆动节奏合拍。

7）低电压继电器过载保护可能动作报警。

8）在控制室可听到有关继电器发出有节奏的动作和释放的响声，其节奏与仪表指针摆动节奏合拍。

9）水轮发电机调速器平衡表指针摆动；可能有剪断销剪断的信号；压油槽的油泵电动机起动频繁。

2. 造成发电机振荡和失步的几种原因

1）静态稳定破坏。这往往发生在运行方式的改变，使输送功率超过当时的极限允许功率。

2）发电机与电网联系的阻抗突然增加。这种情况常发生在电网中与发电机联络的某处发生短路，一部分并联元件被切除，如双回线路中的一回被断开，并联变压器中的一台被切除等。电力系统的功率突然发生不平衡，如大容量机组突然甩负荷，某联络线跳闸，造成系统功率严重不平衡。

3）大机组失磁。大机组失磁，从系统吸收大量无功功率，使系统无功功率不足，系统电压大幅度下降，导致系统失去稳定。

4）原动机调速系统失灵。原动机调速系统失灵，造成原动机输入转矩突然变化，功率突升或突降，使发电机转矩失去平衡，引起振荡。

5）发电机运行时电动势过低或功率因数过高。

6）电源间非同期并列未能拉入同步。

7）增加发电机有功功率时，未能及时和相应增加无功功率，将会导致机组失步。

3. 单机失步引起的振荡与系统性振荡的区别

1）失步机组的仪表指针摆动幅度比其他机组仪表指针摆动幅度要大。

2）失步机组的有功功率表指针摆动方向正好与其他机组的相反，失步机组有功功率表指针摆动可能满刻度，其他机组在正常值附近摆动。

系统性振荡时，所有发电机仪表指针的摆动是同步的。

当发生振荡或失步时，应迅速判断是否为本厂误操作引起，并观察是否有某台发电机发生了失磁。如本厂情况正常，应了解系统是否发生故障，以判断发生振荡或失步的原因。

4. 发电机发生振荡或失步的处理

1）如果不是某台发电机失磁引起，则应立即增加发电机的励磁电流，以提高发电机电动势，增加功率极限，提高发电机稳定性。这是由于励磁电流的增加，使定子、转子磁极间的拉力增加，削弱了转子的惯性，在发电机达到平衡点时拉入同步。这时，如果发电机励磁系统处在强励状态，1min 内不应干预。

2）如果是由于单机高功率因数引起，则应降低有功功率，同时增加励磁电流。这样既可以降低转子惯性，也由于提高了功率极限而增加了机组稳定运行的能力。

3）当振荡是由于系统故障引起时，应立即增加各发电机的励磁电流，并根据本厂在系统中的地位进行处理。如本厂处于送端，为高频率系统，应降低机组的有功功率；反之，本厂处于受端且为低频率系统，则应增加有功功率，必要时采取紧急拉闸措施以提高频率。

4）如果是单机失步引起的振荡，采取上述措施经一定时间仍未进入同步状态时，可根据现场规程规定，将机组与系统解列，或按调度要求将同期的两部分系统解列。

以上处理，必须在系统调度统一指挥下进行。

5. 发电机因失磁失步产生的不良后果

发电机正常运行时，定子旋转磁场与转子磁场以同步转速一同运转，此时水轮机的主动转矩与发电机的电磁阻转矩相平衡，发电机以额定转速运行。当转子电流消失时，则转子磁极电磁转矩将减少，水轮机的主动转矩没有变，于是就存在过剩转矩而使发电机转速升高的现象。这样转子和定子磁场间就产生了转差，即发电机失步。该故障将对发电机和电力系统产生不良后果，主要体现在如下几方面：

1）将在转子的阻尼系统、转子铁心表面、转子绕组中（经灭磁电阻成回路）、定子铁心上引起高温，直接危及转子安全。

2）在定子绕组中出现脉动电流，将产生交变转矩，使机组振动摆度值增大，噪声明显，影响发电机的安全。

3）发电机失磁后，将从系统吸收无功功率，导致失磁发电机附近的电力系统电压下降。

4）由于电力系统电压下降，必然引起其他发电机过电流。

5）由于上述过电流的存在，有可能引起保护动作使系统中其他发电机解列，从而导致系统电压进一步下降，严重时将使系统瓦解（以失磁发电机在电力系统中地位，容量越大，这种后果越严重）。

发电机失磁的后果十分严重，故在发电机电气保护中设置有失磁保护回路，一旦失磁发生，保护将动作，使机组与系统立即解列。但实际运行中仍然存在灭磁开关偷跳、误操作、保护失灵，使事故屡屡发生，这就要求运行人员能够对发电机失磁做出准确判断，果断采取措施，杜绝事故恶化。

以某水电厂为例：

2009 年 1 月 17 日，某水电站 3 号机组并网运行过程中监控系统发出"励磁装置故障灭磁"信号后 3 号机组紧急动作停机。在检查监控历史曲线中发现，励磁装置直流工作电源消失时，励磁电压快速下降为零，定子绕组 U 相电流快速升至 22.8kA，机端电压随即降至 10kV，机组有功功率由 290MW 降至 104MW，无功功率由 −65Mvar 变为 −380Mvar。查明原因为相关工作人员施工过程中误碰导致 3 号机组直流馈电屏直流 I 段失电，励磁调节器直流工作电源消失，在切换至交流电源供电时，交流电源空气断路器跳闸，励磁调节器交直流工作电源消失，机组失磁。而引入发电机保护 A 柜 P345、发电机保护 B 柜 P343 保护装置的 CT 电流极性接反，导致发电机失磁保护未动作。机组过速后由机械过速 155% Ne 起动水机保护回路停机。

在这种情况下，由于发电机励磁突然减少或失磁，发电机电动势突然降低，发电机的功率瞬间突然变小，如上所述，发电机输入功率与发电机发出有功功率不能平衡，造成了失步，给发电机带来严重影响。

6. 发电机运行中失磁失步应采取的措施

发电机失磁失步后,会造成定子铁心和绕组发热,并使轴系受到异常的机械力冲击,威胁机组的安全,严重时会损坏设备,应立即采取以下措施:

1) 对于不能失磁运行的发电机,当发电机失磁后,失磁保护动作,"发电机失磁保护动作"信号发出,发电机出口开关(GCB)跳闸,表明保护已动作解列灭磁,应按发电机事故跳闸处理,并在第一时间检查厂用电切换情况;若失磁保护拒动,则应该立即手动解列发电机;在发电机失磁过程中,应注意调整好其他正常运行的发电机的定子电流和无功功率。

2) 对于可以短时欠励或失磁运行的设备,立即增加发电机的励磁,以提高发电机电动势,增加功率极限,有利于恢复同步。对于有自动调节器的发电机,不要退出调节器和强励,可由调节器动作调整励磁。对于无自动电压调节器的发电机,则要手动增加励磁。增加励磁的作用是为了增加定子、转子磁极间的拉力,以削弱转子的惯性作用,使发电机较易在到达平衡点附近拉入同步。

3) 发电机在手动励磁方式下运行时,在机组起动自动加负载过程中,必须随着发电机有功功率的增加,同步增加无功功率,严防因单机高功率因数引起的发电机失步。若因单机高功率因数引起失步,应减少发电机的有功输出,同时增加励磁电流,以利于发电机的同步。

4) 若一台电机失步,可适当减轻它的有功功率输出,这样容易拉入同步。若是系统解列,则电厂根据具体情况增减负载,不能一概减少功率输出。因为这时送端系统周波升高,受端系统的周波降低,周波低的电厂应增加有功功率输出,同时将电压提高到最大允许值,周波高的电厂应降低有功功率输出,以降低周波尽量接近于受端的周波,同时也要将电压提高到最大允许值。

5) 采取上述措施,经 1~2min 后仍未将机组拉入同步状态时,即可将失步电机与系统解列,或按调度要求,将非同期两部分系统解列。

6) 处理发电机失步事故时,一要冷静沉着地分析,准确地判断;二要有整体观念,及时报告调度,听从指挥,服从调令。

15.3 技能培养

15.3.1 技能评价要点

该学习情境的技能评价要点见表15-5。

表 15-5 "同步发电机的维护"学习情境的技能评价要点

序号	技能评价要点	权重(%)
1	能正确说出同步发电机非同期并列对发电机的危害	10
2	能正确说出同步发电机温度升高的原因、现象及处理措施	10
3	能正确说出同步发电机定子绕组损坏的现象及处理措施	10

（续）

序号	技能评价要点	权重（%）
4	能正确说出同步发电机转子绕组接地的现象及处理措施	10
5	能正确说出同步发电机失磁的现象及处理措施	20
6	能正确说出同步发电机升不起电压的原因及处理措施	10
7	能正确说出同步发电机过载的危害	10
8	强化自觉应用 6S 规范；强化分析、解决问题能力；强化工匠精神和节约意识	20

15.3.2　技能实训

1. 应知部分

（1）同步发电机应该做哪些运行维护工作？

（2）同步发电机的常见故障有哪些？

（3）什么是同步发电机失步？导致失步的原因是什么？怎么处理？

（4）什么是同步发电机失磁？失磁的原因如何？失磁会产生什么后果？

（5）同步发电机升不起电压的原因是什么？怎么处理？

（6）同步发电机过载的危害有哪些？

（7）到有设备检修的电厂制定同步发电机一般检修计划和质量验收后的检修总结。

2. 应会部分

能针对同步发电机的常见故障进行处理。

参 考 文 献

[1]　李付亮，阮湘梅. 电机及应用 [M]. 2 版. 北京：机械工业出版社，2015.

[2]　顾绳谷. 电机及拖动基础 [M]. 4 版. 北京：机械工业出版社，2007.

[3]　孟宪芳. 电机及拖动基础 [M]. 3 版. 西安：西安电子科技大学出版社，2017.

[4]　刘保录，张池. 电机与拖动 [M]. 北京：中国电力出版社，2009.

[5]　袁维义，陈锐. 电机与电气控制技术 [M]. 北京：北京理工大学出版社，2013.

[6]　许晓峰. 电机及拖动 [M]. 5 版. 北京：高等教育出版社，2019.

[7]　赵承荻，罗伟. 电机及应用 [M]. 2 版. 北京：高等教育出版社，2009.

[8]　胡幸鸣. 电动及拖动基础 [M]. 3 版. 北京：机械工业出版社，2017.

[9]　魏涤非，戴源生. 电机技术 [M]. 北京：中国水利水电出版社，2004.

[10]　张永花，杨强. 电机及控制技术 [M]. 2 版. 北京：中国铁道出版社，2015.

[11]　姜玉柱. 电机与电力拖动 [M]. 北京：北京理工大学出版社，2011.

[12]　程龙泉. 电机与拖动 [M]. 2 版. 北京：北京理工大学出版社，2011.